［Pico W / Pico 2 W対応］

ラズパイ Pico W 本格入門 with MIT App Inventor2

後閑哲也

技術評論社

■ご注意

本書は電子工作やプログラミングの経験があり、ハードウェアやソフトウェアなどについて一定の知識がある方、回路図が読める方を対象としています。初心者の方は、本書の前に別途、電子工作の入門書を読むことをお勧めします。チャレンジするのもまた楽しめるかと思います。

本書に記載された内容は、情報の提供のみを目的としています。本書の記載内容については正確な記述に努めて制作をいたしましたが、内容に対して何らかの保証をするものではありません。本書を用いた運用は、必ずお客様自身の責任と判断によって行ってください。これらの情報の運用の結果について、技術評論社および著者はいかなる責任も負いません。

本書記載の情報については、2025年3月現在のものを掲載しています。それぞれの内容については、ご利用時には変更されている場合もあります。

以上の注意事項をご承諾いただいた上で、本書をご利用願います。これらの注意事項をお読みいただかずに、お問い合わせいただいても、技術評論社および著者は対処しかねます。あらかじめ、ご承知おきください。

はじめに

IoT技術の発展に伴い、電子工作の世界は大きく変化しています。その中心となるのがRaspberry Pi Pico Wです。高性能なマイコンと無線通信機能により、IoTに必須の機能が揃っていますから、これだけでIoTデバイスの製作を始めることができます。これだけのものが千円ちょっとで手に入ります。

しかもMicroPythonやArduinoに対応しているので、プログラミングもこれまでのマイコンに比べて圧倒的に易しくなります。これだけ条件が揃えば、なんでもできてしまうという気にさえなります。

さらに本書執筆中にRaspberry Pi Pico 2Wの技適が取れて日本での発売が開始されました。筆者も早速手に入れて本書の製作例をひととおり試してみましたが、問題なく動作しました。性能もアップし、メモリも倍増しましたからさらに活用範囲が拡がります。

無線機能をフル活用すれば、インターネット接続によりクラウドを自由自在に使うことはもちろんのこと、ChatGPTさえも活用できてしまいます。まさにMtoMという世界が実現できます。最近流行のホームオートメーション用SwitchBotもWi-Fiでコントロールできますし、Wi-FiやBluetooth/BLEでスマホやタブレットと接続することもできます。

スマホ/タブレットのアプリを作成することを考えたとき、「MIT App Inventor2」が公式に日本語に対応したということで、使わない手はないと思いました。MIT App Inventor2を使えば、Scratchと同じ要領のブロックプログラミングでスマホ/タブレットのアプリはいとも簡単にできてしまいます。しかもScratchと異なり画面デザインも自由にできますから、Raspberry Pi Pico W/2Wの表示操作はすべてスマホ/タブレットで賄えます。

このRaspberry Pi Pico W/2WとMIT App Invenmtor2、クラウド、ChatGPTの組み合わせは、これまでの電子工作の世界を一変させることができます。

センサやモータ、LEDなどを接続して単体で動かすだけでなく、スマホ/タブレットと連携してリモートコントロールしたり、インターネットとクラウドを使ってデータを保存、グラフ化してネットに公開したりすることができます。さらに、ChatGPTに問い合わせをして、新たなデータをもらったりすることもできます。

この面白い世界を是非多くの方々に味わって頂きたいという思いで、本書を執筆いたしました。読者の方々の電子工作の世界をアップグレードするために、本書が少しでもお役に立てば幸いです。

末筆になりましたが、本書の編集作業で大変お世話になった技術評論社の藤澤 奈緒美さんに大いに感謝いたします。

2025年3月　　後閑 哲也

目次

第1章　最高に面白い組み合わせ　9

1-1 本書で製作する電子工作 …… 10

第2章　Raspberry Pi Pico Wとは　13

2-1 Raspberry Pi Pico Wの概要 …… 14
- 2-1-1 Raspberry Pi Pico Wの外観と仕様 …… 14
- 2-1-2 Raspberry Pi Pico Wの特徴と得手不得手 …… 15
- 2-1-3 Raspberry Pi Pico Wのピン配置 …… 16
- 2-1-4 電源の供給方法 …… 17
- 2-1-5 バッテリで電源供給する場合 …… 18
- 2-1-6 リセットスイッチ …… 18

2-2 プログラミング環境 MicroPython …… 19
- 2-2-1 MicroPython Firmwareのダウンロード …… 19
- 2-2-2 開発環境Thonnyのインストール …… 20
- 2-2-3 プログラミングの開始 …… 22
- 2-2-4 ライブラリのインストール方法 …… 23
- 2-2-5 単独で実行できるようにする方法 …… 24

2-3 プログラミング環境Arduino …… 26
- 2-3-1 開発環境Arduino IDEのインストール …… 26
- 2-3-2 プログラミングの開始 …… 27
- 2-3-3 ライブラリのインストール方法 …… 31

2-4 テストボードの製作 Basic Board …… 32
- 2-4-1 Basic Boardの構成 …… 32
- 2-4-2 周辺デバイスの概要 …… 32
- 2-4-3 Basic Boardの組み立て …… 34

2-5 テストボードの製作 IoT Board …… 36
- 2-5-1 IoT Boardの構成 …… 36
- 2-5-2 周辺デバイスの概要 …… 37
- 2-5-3 IoT Boardの組み立て …… 39

2-6 テストボードの製作 Pico Board …… 42
- 2-6-1 Pico Boardの全体構成 …… 42
- 2-6-2 周辺デバイスの概要 …… 44
- 2-6-3 回路設計と組み立て …… 44
- コラム プリント基板の発注方法 …… 48

第3章　Raspberry Pi Pico Wの使い方　49

3-1 入出力ピンとGPIO割り込みの使い方 …… 50
- 3-1-1 入出力ピンの基本的な使い方 …… 50
- 3-1-2 入出力ピンのハードウェア動作 …… 51
- 3-1-3 MicroPythonによる記述方法 …… 52
- 3-1-4 GPIO割り込みの使い方 …… 53

3-2 タイマと割り込みの使い方 …… 56
- 3-2-1 sleepを使う方法 …… 56
- 3-2-2 タイマの割り込みを使う方法 …… 57

3-3　時計（リアルタイムクロック）の使い方 ……60

3-4　I²C接続のセンサとprint文の使い方 ……62
3-4-1　I²C通信とは ……62
3-4-2　BME280センサの使い方 ……64
3-4-3　print文の使い方 ……65
3-4-4　例題　センサの値の表示 ……66

3-5　I²C接続の表示器の使い方 ……68
3-5-1　液晶表示器AQM0802の使い方 ……68
3-5-2　例題　液晶表示器の制御 ……72
3-5-3　有機EL表示器の使い方 ……73
3-5-4　例題　有機EL表示器の制御 ……75

3-6　アナログ出力センサの使い方 ……77
3-6-1　センサの外観と仕様 ……77
3-6-2　ADコンバータの使い方 ……79
3-6-3　例題　アナログ出力センサの接続 ……80

3-7　シリアル通信（UART）の使い方 ……82
3-7-1　UARTモジュールの概要 ……82
3-7-2　例題１　単純な送受信 ……83
3-7-3　例題２　UARTの受信の割り込み処理 ……85

3-8　SPI接続のカラーOLEDの使い方 ……87
3-8-1　MicroPythonによるOLED（SD1331）の使い方 ……87
3-8-2　例題　カラーOLEDの制御 ……89

3-9　ギヤードモータのPWM制御方法 ……91
3-9-1　DCモータの外観と仕様 ……91
3-9-2　PWMモジュールの使い方 ……92
3-9-3　例題　ギヤードモータの制御 ……95

3-10　RCサーボモータの制御方法 ……96
3-10-1　RCサーボモータの外観と仕様 ……96
3-10-2　例題　RCサーボの制御 ……97

3-11　Wi-Fiの使い方 ……99
3-11-1　例題の構成と機能 ……99
3-11-2　例題のプログラム作成 ……100

3-12　Bluetooth Classicの使い方 ……103
3-12-1　例題の構成と機能 ……103
3-12-2　Bluetoothのライブラリの使い方 ……103
3-12-3　例題のプログラム作成 ……104
3-12-4　スマホ/タブレット側のアプリ ……105

3-13　BLE通信の使い方 ……108
3-13-1　BLE通信の基本 ……108
3-13-2　例題の構成と機能 ……109
3-13-3　BLEライブラリの使い方 ……110
3-13-4　例題プログラムの作成 ……112
3-13-5　スマホ/タブレット側アプリの使い方 ……113

3-14　PIOとテープLEDの使い方 ……115
3-14-1　PIOの内部構成 ……115
3-14-2　MicroPythonで使う手順 ……117
3-14-3　例題１　LED点滅 ……118
3-14-4　例題２　３色のLED制御 ……119

3-14-5 例題3　テープLEDの制御 …… 120
3-14-6 例題3の接続構成 …… 121
3-14-7 例題3のプログラム作成 …… 122

3-15 マルチコアの使い方 …… 124
3-15-1 デュアルコアとは …… 124
3-15-2 例題の構成と機能 …… 124
3-15-3 例題のプログラム作成 …… 125

3-16 SwitchBotの使い方 …… 129
3-16-1 SwitchBotとは …… 129
3-16-2 SwitchBotアプリによる準備作業 …… 130
3-16-3 MicroPythonの制御プログラム …… 132
3-16-4 例題 SwitchBotの制御 …… 136

第4章　MIT App Inventor2とは　139

4-1 MIT App Inventor2とは …… 140
4-1-1 MIT App Inventor2とは …… 140
4-1-2 MIT App Inventor2の基本概念 …… 140
4-1-3 MIT App Inventor2の始め方 …… 141
4-1-4 情報源 …… 144

4-2 MIT App Inventor2のシステム構成 …… 145

4-3 MIT App Inventor2のアプリの作成手順 …… 146
4-3-1 MIT App Inventor2のアプリの作成ステップ …… 146
4-3-2 デザイナーで画面を作成 …… 146
4-3-3 ブロックエディタでプログラミング …… 149
4-3-4 アプリのローカルパソコンへの保存方法 …… 153

4-4 アプリのダウンロード方法 …… 154

第5章　MIT App Inventor2の使い方　159

5-1 パレットとコンポーネント …… 160
5-1-1 コンポーネントとは …… 160
5-1-2 拡張コンポーネントの追加方法 …… 161

5-2 画面デザインの基本 …… 163
5-2-1 レイアウトの水平配置と垂直配置 …… 163
5-2-2 コンポーネントの削除、名前の変更 …… 164
5-2-3 左右、中央配置と上下、中央配置 …… 164
5-2-4 横幅と高さの設定 …… 166
5-2-5 スペースはラベルで構成 …… 166
5-2-6 アプリのアイコンの作成と設定方法 …… 167

5-3 ブロックプログラミングの基本 …… 169
5-3-1 内蔵ブロックの使い方 …… 169
5-3-2 ブロックエディタの便利機能 …… 177

5-4 ユーザーインターフェース …… 180
5-4-1 例題による説明（プロジェクト名 RoboCar） …… 180

5-5　メディアのコンポーネント …… 186

5-5-1　例題のデザイン（プロジェクト名 VoiceRecog） …… 186
5-5-2　例題のブロックの設定 …… 187
5-5-3　アイコンの作成 …… 190

5-6　ドローイングとアニメーション …… 191

5-6-1　例題のデザイン（プロジェクト名 Canvas） …… 191
5-6-2　例題のブロックの設定 …… 192

5-7　地図 …… 196

5-7-1　例題のデザイン（プロジェクト名 Map Marker） …… 196
5-7-2　例題のブロックの設定 …… 198

5-8　センサ …… 200

5-8-1　例題1のデザイン（プロジェクト名 Internal_Sensors） …… 200
5-8-2　例題1のブロックの設定 …… 201
5-8-3　例題2のデザイン（プロジェクト名 houi） …… 205
5-8-4　例題2のブロックの設定 …… 208

5-9　チャート …… 209

5-9-1　例題のデザイン（プロジェクト名 Accel Chart） …… 209
5-9-2　例題のブロックの設定 …… 211

5-10　接続性　Bluetooth …… 214

5-10-1　例題の全体構成 …… 214
5-10-2　サーバ側のデザイン（プロジェクト名 BT_Server） …… 214
5-10-3　サーバ側のブロックの作成 …… 215
5-10-4　クライアント側のデザイン（プロジェクト名 BT_Client） …… 217
5-10-5　クライアント側のブロック作成 …… 218

5-11　接続性　Bluetooth Classic …… 222

5-11-1　例題の全体構成と機能 …… 222
5-11-2　Pico側のプログラム作成 …… 223
5-11-3　例題のデザインの作成（プロジェクト名 BME280_Bluetooth） …… 225
5-11-4　例題のブロックの作成 …… 227

5-12　接続性　BLE …… 230

5-12-1　例題の全体構成と機能 …… 230
5-12-2　Pico側のプログラム作成 …… 231
5-12-3　例題のデザイン（プロジェクト名 LED_Cont_Pico_BLE） …… 234
5-12-4　例題のブロックの作成 …… 235

5-13　接続性　Wi-Fi通信とChatGPTo …… 241

5-13-1　例題の全体構成 …… 241
5-13-2　ChatGPT4oとの通信方法 …… 241
5-13-3　デザインの作成（プロジェクト名 Quiz） …… 244
5-13-4　ブロックの作成 …… 245

5-14　接続性　Wi-Fi IoTエッジ …… 249

5-14-1　例題のシステム構成 …… 249
5-14-2　Pico側のプログラム作成 …… 250
5-14-3　例題のデザイン（プロジェクト名 Web_Sensor_IoT） …… 253

5-14-4 例題のブロックの作成……254
5-14-5 動作確認……257

5-15 ストレージ……258
5-15-1 例題の全体構成……258
5-15-2 Pico側のプログラム作成……259
5-15-3 例題のデザイン（プロジェクト名 Data_Save）……260
5-15-4 例題のブロックの作成……261
5-15-5 動作確認……264

第6章 製作例 265

6-1 リモコンカーの製作……266
6-1-1 リモコンカーシステムの全体構成……266
6-1-2 ハードウェアの製作……269
6-1-3 Pico側のプログラムの作成……271
6-1-4 スマホ/タブレット側のプログラム作成（プロジェクト名 RoboCar）……275
6-1-5 動作確認……278

6-2 CO_2モニタの製作……279
6-2-1 CO_2モニタの全体構成……279
6-2-2 ハードウェアの製作……281
6-2-3 プログラムの作成……283
6-2-4 動作確認……287

6-3 リチウム電池充電器の製作……288
6-3-1 充電器の全体構成……288
6-3-2 ハードウェアの製作……290
6-3-3 Pico側のプログラムの作成……291
6-3-4 画面デザイン（プロジェクト名 Charger）……295
6-3-5 ブロックデザイン（プロジェクト名 Charger）……296
6-3-6 動作確認……298

6-4 植栽水やり器の製作……300
6-4-1 植栽水やり器の全体構成と機能……300
6-4-2 ハードウェアの製作……303
6-4-3 プログラムの作成……304
6-4-4 動作確認……310

6-5 クイズマシンの製作……311
6-5-1 クイズマシンの全体構成……311
6-5-2 ハードウェアの製作……312
6-5-3 OpenAIのAPIの取得と課金……314
6-5-4 APIの使い方……318
6-5-5 プログラムの作成……318
6-5-6 動作確認……324

6-6 作詞マシンの製作……325
6-6-1 作詞マシンの全体構成と機能……325
6-6-2 ハードウェアの製作……328
6-6-3 プログラムの構成とOpenWeatherMapの使い方……331
6-6-4 プログラムの作成……335
6-6-5 動作確認……345

索引……346
図の出典……349
ダウンロード案内と参考文献……351

第1章
最高に面白い組み合わせ

1-1 本書で製作する電子工作

本書では、次の4つを組み合わせた製作方法を紹介します。

①Raspberry Pi Pico WによるハードパーツとMicroPythonやArduinoによるプログラム作成
②MIT App Inventor2によるスマホ/タブレットのアプリ作成
③ChatGPT 4oを使ったマシン同士の会話
④インターネット経由のクラウドを使った各種データ取得とグラフ化

この4つを組み合わせた電子工作は、スマホ/タブレットのアプリを自分で創って操作し、端末をWi-FiやBluetoothの無線で接続ができ、クラウドサーバやChatGPTをいつでも使えるという夢のような世界が拡がります。

特にRaspberry Pi Pico W*は写真1-1のように小型でありながら十分なメモリと処理能力を持ち、しかもBluetoothとWi-Fiいずれも使える無線機能を搭載しています。基板端のピンを使って多くのデバイスを直接接続して自由に動かすことができます。これを使えば「できないことはない」という気にさえなります。

* 本書執筆中にRaspberry PI Pico 2Wが発売されてさらに性能がアップした

残念ながら、カメラや音楽などのマルチメディア関連は、本家のRaspberry Pi 4/5に譲ることになりますが。

●写真1-1 Raspberry Pi Pico Wの外観

MIT App Inventor2では、ブロックプログラミングでスマホ/タブレットのアプリができてしまうという簡単さで、しかもかなり本格的なアプリまで作ることが可能です。Wi-Fi通信やBluetooth通信もサポートされていて、ブロックをつなぎ合わせるだけで構成できます。この無線を使えばRaspberry Pi Pico Wとの連携も簡単にできてしまいます。

例えば図1-1のようなブロックを作成すると、ボタンをタップするといきなりしゃべりだします。わずか3個のブロックを組み合わせただけです。

●図1-1　超簡単なテキストスピーチのブロック

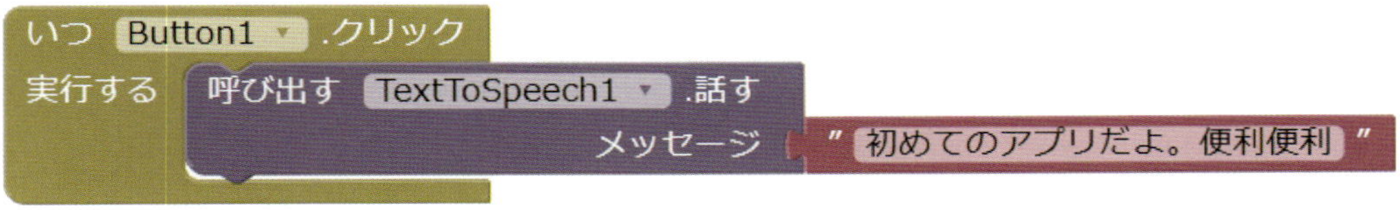
いつ Button1 .クリック
実行する
呼び出す TextToSpeech1 .話す
メッセージ
" 初めてのアプリだよ。便利便利 "

ChatGPTはOpenAIのAPIを入手すれば、Raspberry Pi Pico Wからでも質問を投げかけ、回答を得ることができます。いきなりMachine to Machine*の世界が実現できてしまいます。

*MtoMとも呼ばれる。機械どうしが直接、自動的に情報をやりとりし、処理や制御を行うこと

また、パソコンからChatGPTを使えば、図1-2のように、ちょっとした文章で依頼するだけで画像を生成してくれます。これまで手書きやペイントアプリで苦労して作成していた画像も、あっという間に作成してくれます。これほど便利な道具を利用しない手はありません。

●図1-2　ChatGPTで図を生成する

音声認識のアイコンを作成して
音声認識を表す64×64ピクセルのアイコンを作成しました。こちらをご確認ください。

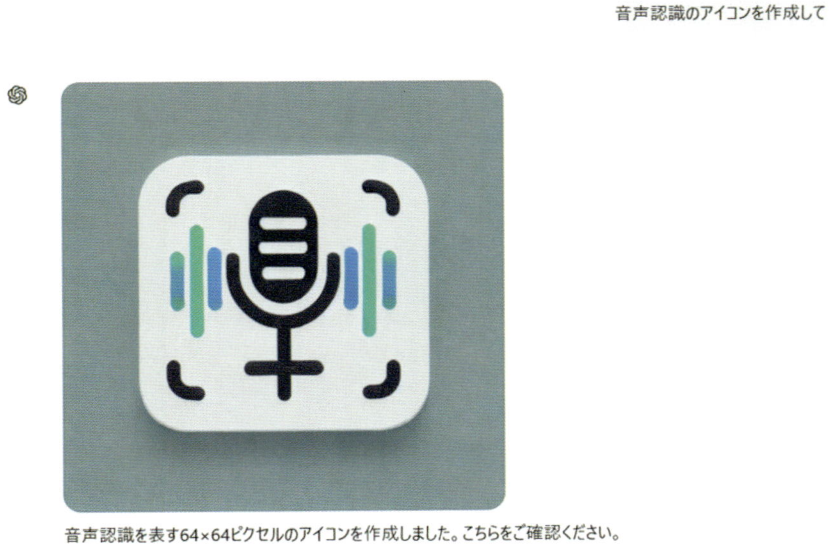

今はインターネット経由で活用できるクラウドサービスがたくさん存在し、しかも無料で使うことができます。天気予報や、正確な時刻を簡単に入手できますし、図1-3のようにデータを送るだけでグラフを作成し、インターネットに公開できるサービスも用意されています。しかもありがたいことに無料で使えるようになっています。これらを思いっきり使ってみましょう。

●図 1-3　クラウドで作成したグラフ

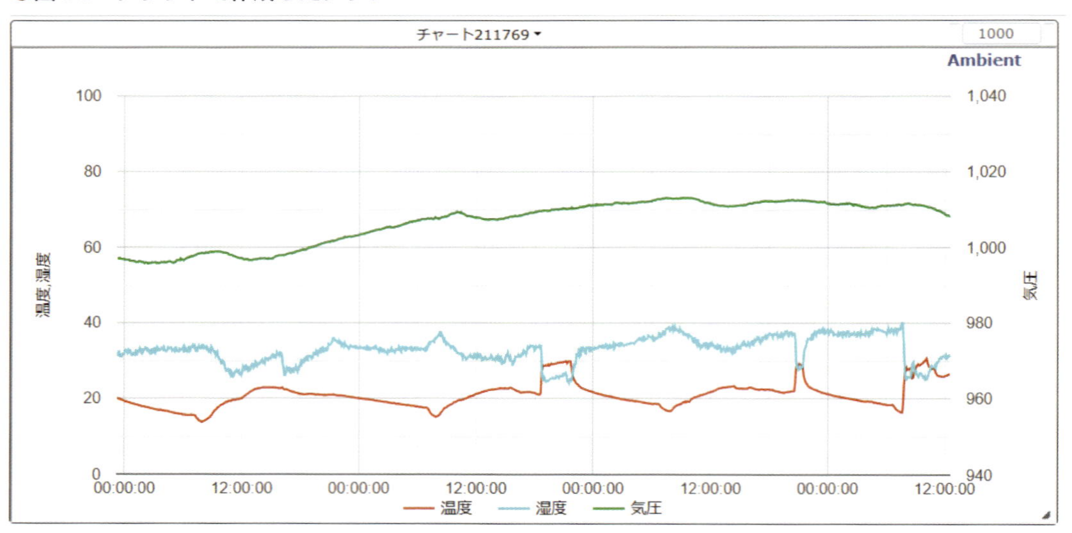

本書では、ハードウェアはできるだけ簡単に組み立てができるように、ブレッドボードを使ったテストボードで多くの例題を説明しています。どなたでも組み立てができると思います。

少し高機能なボードはプリント基板にしましたが、回路そのものは簡単な構成なので、必要な部分だけブレッドボード化することができると思います。

Raspberry Pi Pico Wでできること、MIT App Inventor2でできることを例題により解説しました。例題を実際に試していただけば、すぐ応用できるようになると思います。

では早速始めましょう！！

第2章
Raspberry Pi Pico W とは

2-1 Raspberry Pi Pico Wの概要

2-1-1 Raspberry Pi Pico Wの外観と仕様

Raspberry Pi Pico Wは、もともとのRaspberry Piとは大きく異なり、ワンボードマイコンとなっていて、LinuxなどのOSも搭載されていません。当初発売されたRaspberry Pi PicoにWi-FiとBluetoothの無線機能が追加されたものがRaspberry Pi Pico W*となっています。

* Raspberry Pi Pico WHという品番のものは、Pico Wにピンヘッダがハンダ付けされたもの

その外観と仕様は図2-1-1のようになっています。金属ケースの部分が新たに追加された無線モジュールです。

●図2-1-1　Raspberry Pi Pico Wの外観と仕様

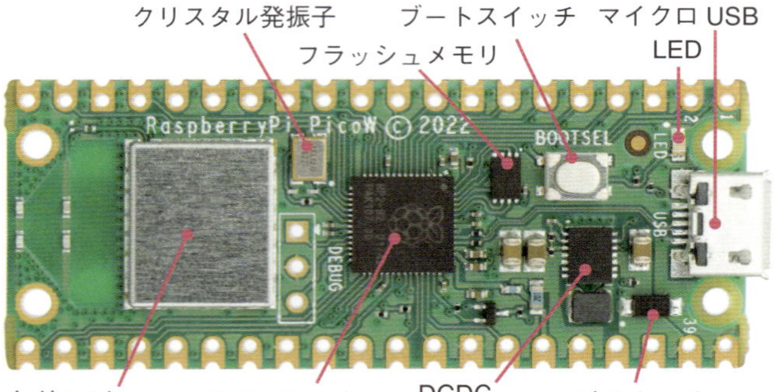

主な仕様

CPU	：	32ビット デュアルコア Cortex M0＋
クロック	：	133MHz
メモリ		
RAM	：	264kB
Flash	：	2MB
USB	：	マイクロUSB B
GPIO	：	デジタル I/O×23
	：	アナログ ×3
	：	PIO State Machine×8
無線機能	：	Wi-Fi/Bluetooth/BLE
周辺	：	UART×2 I2C×2 SPI×2
	：	PWM×16 12bit ADC
RTC	：	あり
動作電源	：	1.8V ～ 5.5V 最大 400mA
電源	：	USBの5V
		外部電源 2.5V ～ 5.5V
外部供給	：	3.3V出力 Max500mA
その他	：	ブートスイッチ、LED

本書執筆中に機能強化版のRaspberry PI Pico 2Wが発売されました。2025年3月には日本の技適もとれて正式発売となりました。筆者も早速入手して試してみました。

本書の範囲では特に互換性に問題はなく、MicroPythonもArduinoも問題なく使うことができました。ただしMicroPythonのFirmwareは2Wに対応したものが必要ですし、ArduinoはBoardで2Wを選択する必要があります。

Wと2Wの差異は仕様では表のようになっています。CPUが機能アップし、メモリが倍増となっていますが、周辺などの内容は同じとなっています。CPUがM33になったことでセキュリティ機能が強化されています。またおまけでCPUにRISC-Vも同梱されいてどちらかを選択*して使うことができます。

* 同時使用は不可

Wと2Wは本書の範囲で使う分にはどちらでも問題なく使えます。

▼表2-1-1　Wと2Wの差異

項　目	Raspberry PI Pico W	Raspberry PI Pico 2W
CPU	RP2040 ARM Cortex M0＋ デュアルコア　133MHz	RP2350A　ARM Cortex M33 デュアルコア　150MHz ＋　RISC-V Core
メモリ	SRAM：264kBオンチップ Flash　：2MBオンボード	SRAM　：520kBオンチップ Flash　：４MB　オンボード
無線	CYW43439　2.4G Wi-Fi、Bluetooth5.2、BLE	
周辺	GPIO×26（ADC×3）、UART×2、SPI×2、I2C×2、PWM×16 RTC、USB1.1 micro B、PIOステートマシン	

2-1-2　Raspberry Pi Pico Wの特徴と得手不得手

Raspberry Pi Pico Wの特徴は次のようになっています。

❶安価な高速マイコンボード

小型で千円台という価格のワンボードマイコンですが、高性能でメモリも大容量のマイコンが搭載されています。

❷複数のプログラム開発環境がある

当初は複雑な開発環境でしたが、最近整理されて、Arduino IDEという開発環境を使ったスケッチと、Thonnyという開発環境を使ったMicroPythonが標準的な言語となりました。当初のC言語での開発環境も用意されていますが使い方は難しいです。プログラムはUSB経由でパソコンからアップロードできますから、使い方は簡単です。

❸周辺デバイスは実装されていない

ボードにはブートスイッチとLEDの実装のみです。入出力ピンとして基板端にあるピンに外部デバイスを接続して使うことになります。I²C*やSPI*というマイコンの内蔵モジュールを使って制御しますが、多くのセンサなどのライブラリが用意されていますから、Arduino UNOなどと同じ考え方で使うことができます。なおマイコンのRP2040に温度センサが内蔵されていますが、精度は高くありません。

I²Cは2本の線で多数のデバイスを接続できる方式。センサや液晶表示器などに使われる

SPIは3本か4本の線で比較的高速な通信ができる方式。大容量メモリICやフルカラーグラフィック表示器などに使われる

❹無線モジュール標準実装なのでIoTシステムには好都合

Wi-FiやBluetooth/BLEが標準で組み込まれていて、ArduinoやMicroPythonのライブラリも用意されていますから、インターネット接続するアプリは製作しやすくなっています。

❺単独動作の場合、電源は別途用意する必要がある

本体にはUSB経由の電源と外部接続の電源端子があるだけですから、単独で使う場合には、一般のマイコンボードと同じように何らかの電源装置が必要となります。

単体の消費電流は無線モジュールだけで最大300mA消費するので、全体として*400mA程度と考えたほうがよさそうです。

外部接続デバイスの分は除いた単体の消費電流

2-1-3 Raspberry Pi Pico Wのピン配置

GPIO:General Purpose Input/Output

Raspberry Pi Pico Wの基板端のピン配置は図2-1-2のようになっています。図中のGP0からGP22と記述されているピンは、入出力ピン(GPIO*)と呼ばれるデジタルの入出力ができるピンとなっています。さらに、GP26、GP27、GP28の3ピンはデジタル入出力以外にアナログ入力もできるピンとなっています。汎用のデジタル入出力ピンとして使う場合には、電圧レベルは3.3Vとなります。アナログ電圧入力も0Vから3.3Vの範囲となります。

さらに内蔵モジュールごとにピンが複数のピンに接続できるようになっていて、プログラムでピンを指定して使うことになります。内蔵モジュールも複数実装されているものについては、I2C0、I2C1、UART0、UART1のように区別されているので、使う場合には注意が必要です。

●図2-1-2 Raspberry Pi Pico Wのピン配置

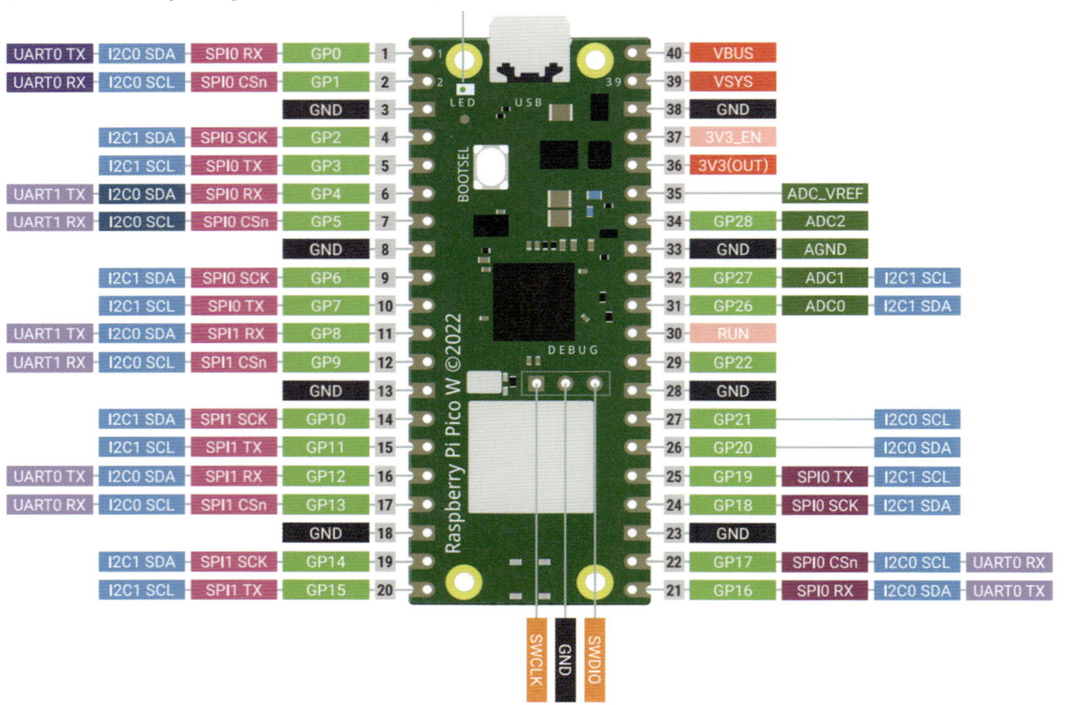

2-1-4 電源の供給方法

Raspberry Pi Pico WをパソコンとUSBケーブルで接続した場合には、USBから電源も供給されるので、そのまま問題なく使えます。

Picoをブレッドボードやプリント基板に実装して使う場合には、全部のGNDピンをGNDに接続したほうが安定な動作となります。3V3_ENピンは内部でプルアップされているので、無接続でも3V3（OUT）ピンには3.3Vが出力されます。またVBUSにはUSB電源の5Vが出力されます。

Raspberry Pi Pico Wをパソコンと接続することなく単独で動作させる場合には、外部からの電源を必要とします。この外部電源の供給方法ですが、供給部を簡単に図にすると、図2-1-3のようになります。

図のようにACアダプタなどの供給元からショットキーバリアダイオード*を経由して、Raspberry Pi Pico WのVSYS端子に接続します。VSYS端子はPico内部でもUSBからの電源（VBUS）にショットキーバリアダイオードが挿入されています。これらのダイオードにより、両方の電源を同時に接続しても、一方の電源からもう一方の電源に逆流して相手を壊すことがないようにしています。

＊順方向電圧が小さい（0.3Vから0.6V程度）ので挿入による電圧降下を低く抑えることができる

内蔵のDCDCコンバータの入力電圧が1.8Vから5.5Vと広くなっているので、外部電源もダイオードによる電圧降下を考慮して、2.5Vから5.5Vの範囲の電源が使えます。

●図2-1-3　外部電源供給方法

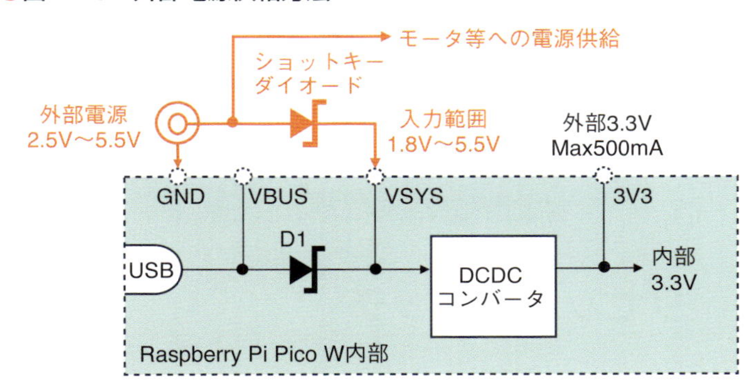

ここで、DCDCコンバータの出力は内部の3.3V電源と、3V3ピンからの外部への電源供給にも使われています。

このDCDCコンバータ（RT6154）の最大出力電流は、データシートによれば入力電圧が3.6V以上の場合3Aとなっています。しかし、内蔵のD1のショットキーバリアダイオードの最大電流が1Aとなっています。したがってUSB接続の場合は、供給能力は全体で1Aに制限されます。

Raspberry Pi Pico Wの無線モジュールを使うと300mA以上を消費します。本体の消費電流やGPIOへの供給電流などを加えて内部での消費電流を、余裕をみて500mAとみなすと、外部供給能力は500mA程度としたほうが良いと思われます。ACアダプタなどの外部電源を使った場合は、その電源の供給能力と、挿入したダイオードの最大電流により制限されます。供給能力の大きなものを使えば、3V3からの供給電流を増やすことが可能ですが、1ピンしかありませんから、やはり500mA程度に制限したほうが安全です。

2-1-5　バッテリで電源供給する場合

アルカリ電池や、ニッケル水素電池でRaspberry Pi Pico Wを駆動する場合には、図2-1-3の接続では、ダイオードの電圧降下で電池から供給できる電圧範囲が抑えられてしまい、供給時間が短くなってしまいます。このような場合には、図2-1-4のようにPチャネルのMOSFETトランジスタを使うことで、電圧降下を少なくできますから、供給時間を延ばすことができます。

USB電源が供給されている場合には、MOSFETがオフとなって、内部ボディダイオードが図2-1-3と同じ働きをします。USB電源がない場合には、MOSFETがオンとなって非常に小さな抵抗値の抵抗と同じになるため、ほとんど電圧降下がなくなります。これで電池電圧が1.8Vぎりぎりまで使えるようになります。

●図2-1-4　バッテリ電源供給方法

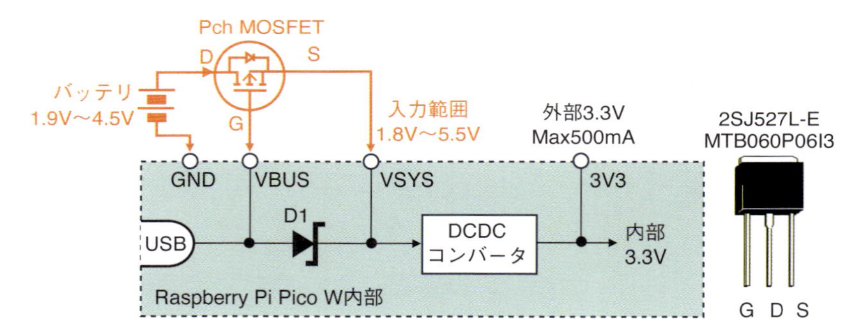

2-1-6　リセットスイッチ

Raspberry Pi Pico Wの基板上にはリセットのスイッチがありません。プログラムのデバッグをする際にはリセットスイッチがあると便利です。

MicroPython Firmwareを書き込む際にも、ブートスイッチを押しながらUSBコネクタを接続しなければならないのですが、リセットスイッチがあれば、USBケーブルを接続したままで、ブートスイッチを押しながらリセットするだけで済みますから、USBコネクタを頻繁に抜き差しする必要もなくなります。

このリセットは、図2-1-5のようにRUNピンをGNDに接続することで行うことができますから、ここにスイッチを接続すればリセットスイッチとして使うことができます。

●図2-1-5　リセットスイッチの接続方法

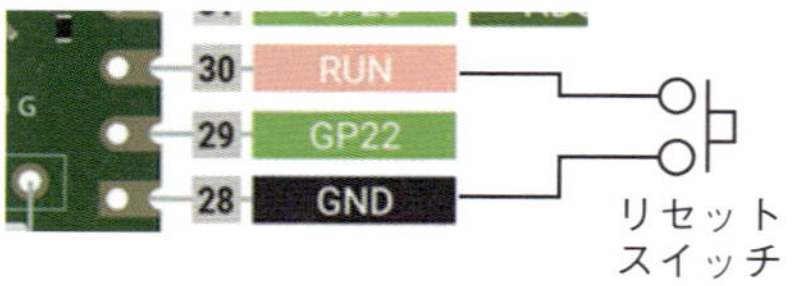

30 RUN
29 GP22
28 GND
リセットスイッチ

2-2 プログラミング環境 MicroPython

MicroPython*を使ってRaspberry Pi Pico Wのプログラムを開発する場合には、次の手順で行います。本書ではMicroPythonの開発環境としてThonnyを使うことにします。

* Python3と同じ文法でマイコンで使える軽量の言語処理系

2-2-1 MicroPython Firmwareのダウンロード

Raspberry Pi Pico WをMicroPythonで使う場合には、まず本体にMicroPythonのFirmwareをダウンロードし書き込む必要があります。その手順は次のようにします。

1 MicroPython Firmwareのダウンロード

MicroPythonのサイトから最新版のFirmwareをダウンロードします。本家のサイトからダウンロードします。本書執筆時点では、v1.24.1*となっています。

* 頻繁に更新されるので時々チェックする必要がある

https://micropython.org/download/RPI_PICO_W/

なお、Pico 2Wを使う場合は2Wに対応したFirmwareを使います。

https://micropython.org/download/RPI_PICO2_W/

2 最新バージョンを選択

●図2-2-1　MicroPython Firmwareのダウンロード

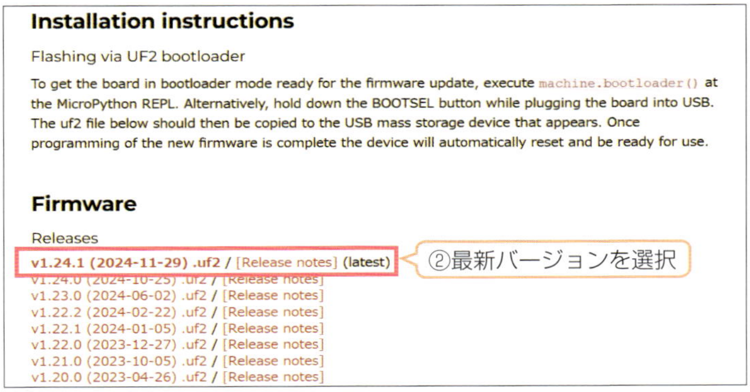

3 Raspberry Pi Pico Wに転送

Raspberry Pi Pico Wのブートスイッチを押しながらUSBケーブルでパソコンと接続します*。これでパソコンにRaspberry Pi Pico Wのメモリフォルダが開きます。

ここにダウンロードしたMicroPython Firmwareのプログラム（RPI_PICO_W-20241129-v1.24.1.uf2）*のファイルをドラッグしてコピーします。これだけでMicroPythonの環境でPicoのプログラムをアップロードし実行できるようになります。

* リセットスイッチを追加した場合は、ブートスイッチを押しながらリセットすればよい

* MicroPythonのプログラムの実行ファイルは拡張子がuf2となっている

2-2-2　開発環境Thonnyのインストール

次は開発環境のThonnyを入手しインストールします。その手順は次のようにします。

図2-2-2のようにThonny.orgのサイト（https://thonny.org/）を開き、ページの下のほうにあるdownloadサイトへのリンクをクリックして移動します。

●図2-2-2　Thonnyのダウンロード

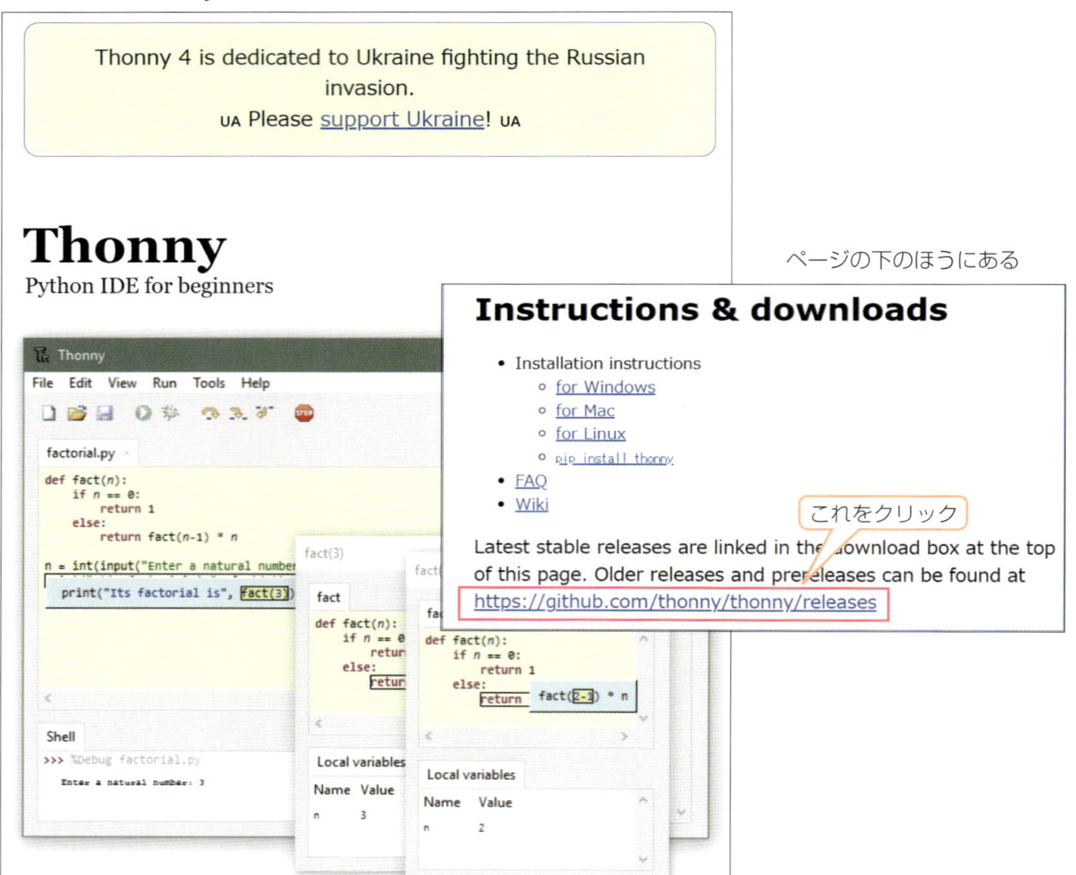

これで図2-2-3のページに移動します。このページの下のほうのAssetsという部分からダウンロードを実行します。本書執筆時点ではv4.1.6が最新版となっています。自己解凍式の、「thonny-4.1.6.exe」のファイルをダウンロードします。

●図2-2-3　Thonnyのダウンロード

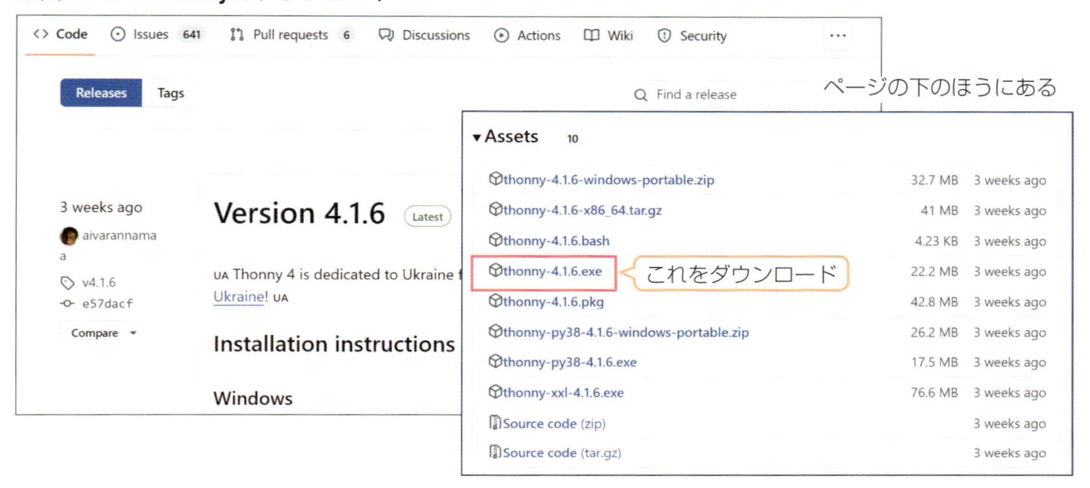

ダウンロードしたファイル(thonny-4.1.6.exe)を実行してインストールします。図2-2-4のように順次表示されるダイアログで[Next]として進めます。最後に[Finish]ボタンをクリックして完了です。

●図2-2-4　Thonnyのインストール

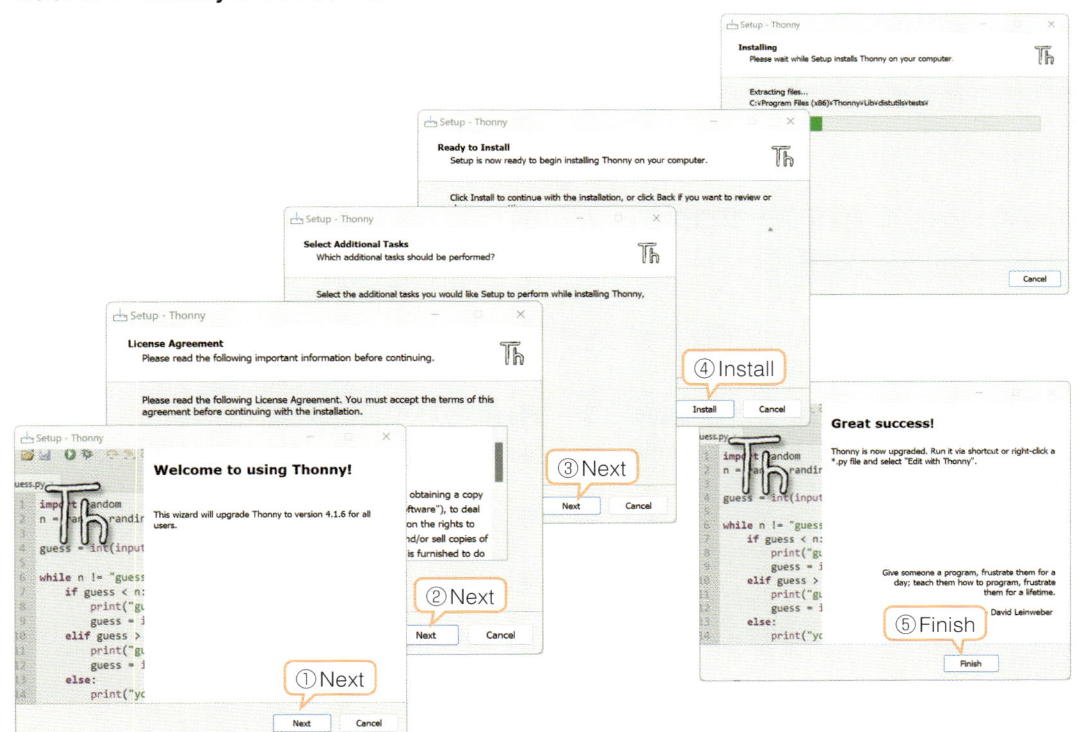

2-2-3　プログラミングの開始

プログラム作成はThonnyのエディタ画面を使って行います。プログラム入力ができたらRaspberry Pi Pico Wに書き込んで実行します。その前にPicoを対象マイコンとして選択できるようにする必要があります。

1 デバイスの指定

図2-2-5のように右下にある接続デバイス部をクリックすると表示される選択肢からPicoを選択します。これによりThonnyの左上にある緑の実行アイコンが有効になって、Thonnyで作成したプログラムをPicoで実行させることができます。

この選択肢はRaspberry Pi Pico WがUSBで接続されていて、さらにMicroPython Firmwareが書き込まれていないと表示されないので、先に2-2-1項の手順でFirmwareの書き込みを実行しておく必要があります。

●図2-2-5　デバイスの指定

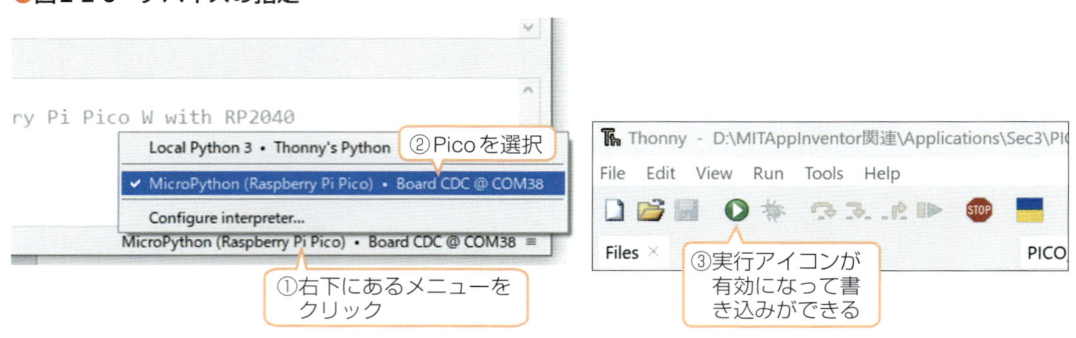

2 テストプログラミングの実行

環境構築の確認テストとしてPico Wの本体LEDを点滅させるプログラムをエディタで作成し、実行してみます。実行アイコンですぐ書き込まれ、本体のLEDが点滅します。［Stop］アイコンで実行が止まります。ソースコードの各行の意味は3-1-3項で説明します。

リスト 2-2-1　例題のリスト（Flash.py）

```
from machine import Pin
import time

#本体LED ピンを出力に設定
led = Pin("LED", Pin.OUT)

#****メインループ****
while True:
    led.value(1)    # LED On
    time.sleep(0.2) # 0.2秒待つ
    led.value(0)    # LED Off
    time.sleep(0.8) # 0.8秒待つ
```

2-2-4　ライブラリのインストール方法

MicroPythonでは、周辺デバイスの多くがライブラリとして用意されているので、これを読み込んでインストールして使います。その手順は次のようにします。

図2-2-6のようにThonnyのメインメニューから、

① [Tools] →② [Manage Packages] とすると開くダイアログで進めます。

③インストールしたいデバイスの名称を検索欄に入力し [Enter] とします。ここでは有機EL表示器の「SSD1306」のライブラリを探しています。

④表示された選択肢から適切なものを選択*します。

⑤これで表示されたダイアログで [Install] ボタンをクリックすればインストールが開始されます。

⑥インストールが完了すると左側の窓にデバイス名が表示され、正常に追加されたことがわかります。さらにライブラリの更新があれば [Upgrade] のボタンで更新ができます。また [Uninstall] ボタンで削除もできます。

* どれが適切かはネット情報や、ライブラリのドキュメントで調べる必要がある

●図2-2-6　ライブラリのインストール

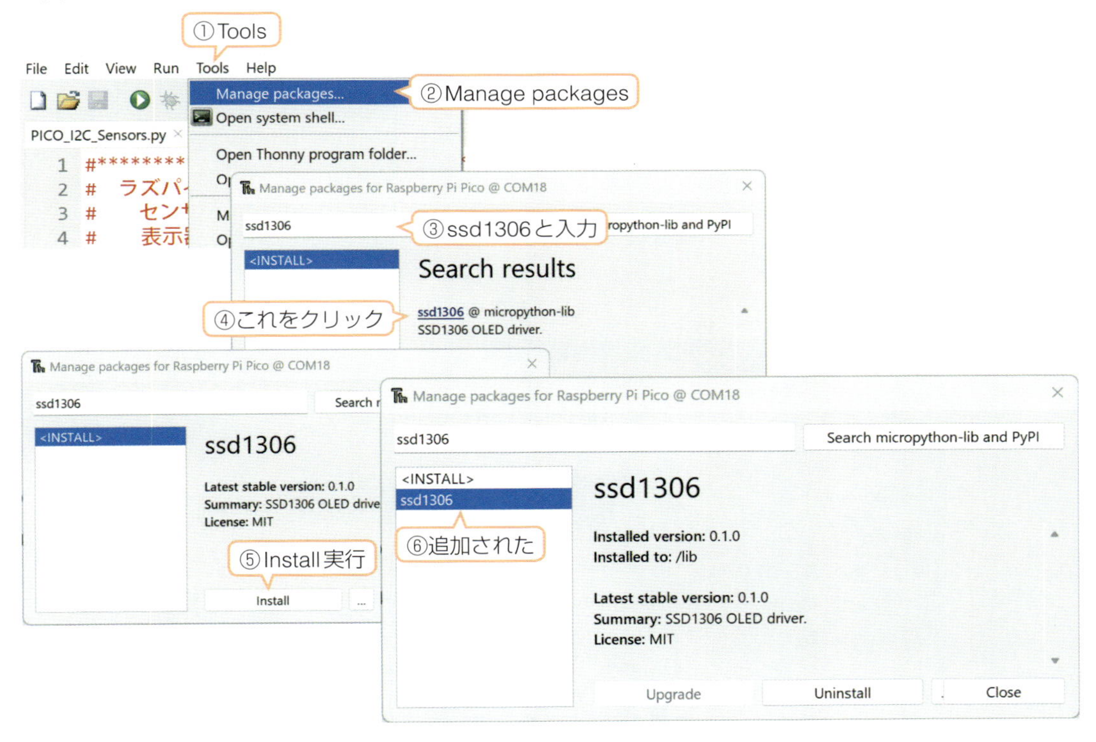

2-2-5 単独で実行できるようにする方法

MicroPythonでRaspberry Pi Pico Wを使う場合、USBケーブルを切り離して電源オフとすると、次にUSBを接続して電源をオンとしてもプログラムは実行されません。このため、外部電源*で動かすためには、プログラムが電源オンで自動起動するようにする必要があります。

その手順は次のようにします。

*外部電源の供給方法は2-1節を参照

1 ThonnyにFileの欄を追加

Thonnyのメインメニューから、図2-2-7のように①［View］→［Files］とすると図のようにThonnyの左側にファイル表示の欄が追加されます。上段がパソコン側のフォルダで、下側がPico側のフォルダ*になります。

*PicoをUSBでPCに接続した状態にする必要がある

2 ファイルの名称を変更

上側のパソコン側で実行したいファイルで②右クリックして開くドロップダウンメニューで、③［Rename］を選択します。これで開くダイアログで④「main.py」という名称にして［OK］とします。これで名前が変更になります。元のファイルを残しておきたい場合は、いったん別のフォルダにコピーしておく必要があります。

●図2-2-7　名称の変更

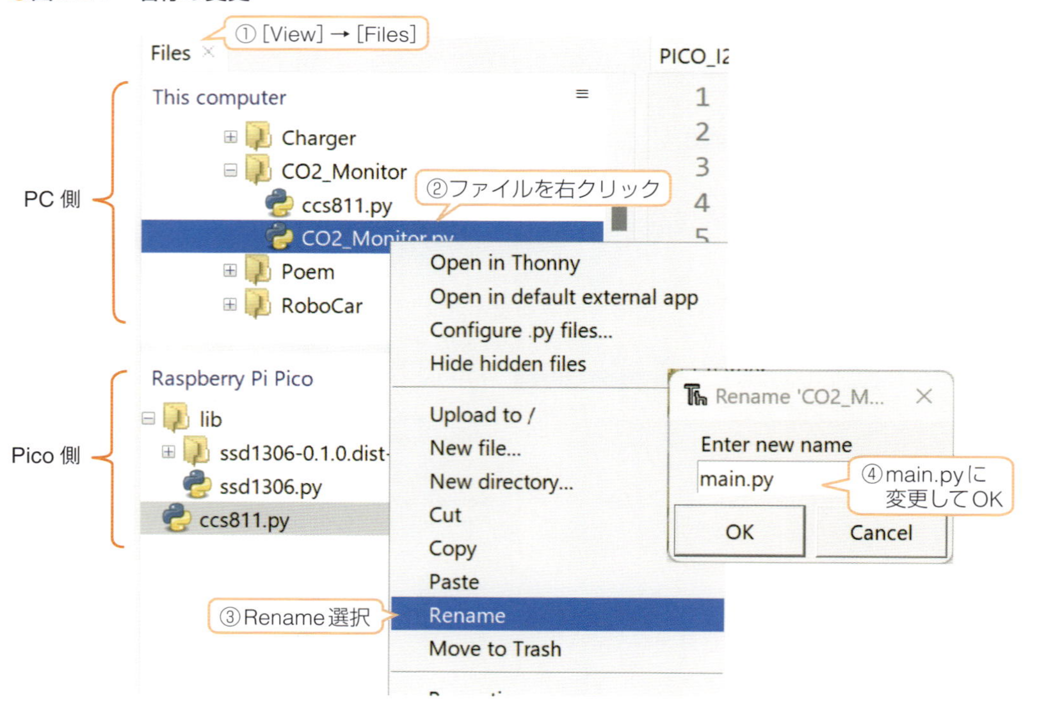

3 main.pyをUpload

図2-2-8のようにmain.pyとなったファイルを①右クリックします。これで開くドロップダウンメニューで②［Upload to /］を選択します。

これで③main.pyが下側のPico側にコピーされます。

以上で次からはPicoの電源をオンとするだけで、main.pyが自動起動され実行されます。外部電源でも電源を接続すれば、パソコンなしのスタンドアロンでプログラムは自動起動します。

●図2-2-8　main.pyのUpload

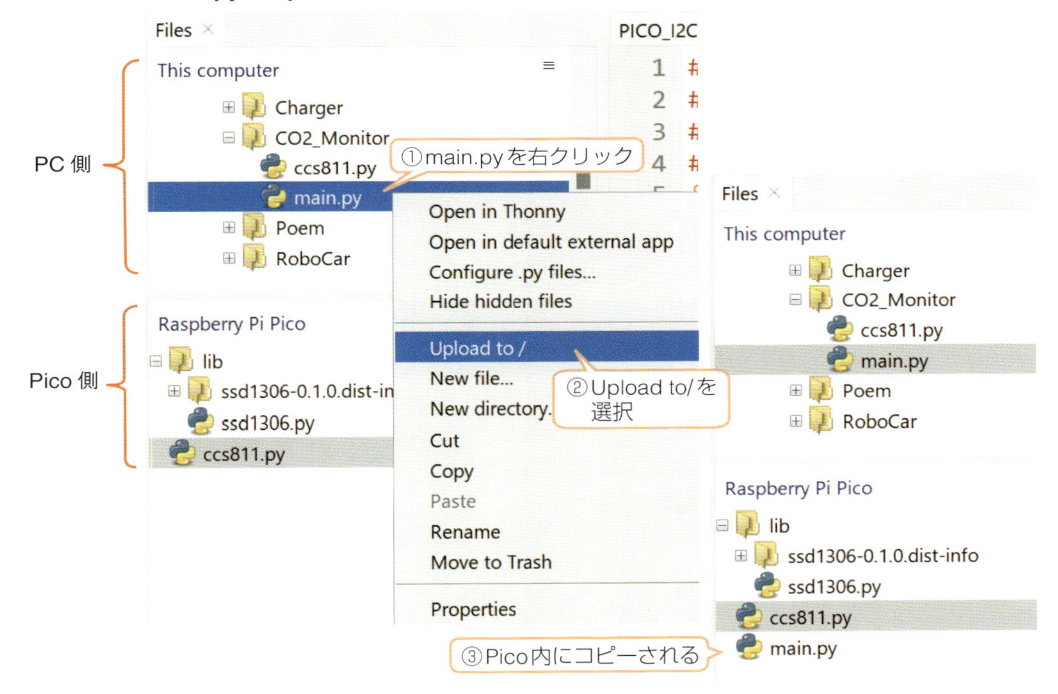

Pico Wからmain.pyを消去したいときは、パソコンに接続し、動作しているプログラムを［STOP］で止めたあと、下側の窓に表示されるmain.pyを右クリックして削除します。

2-3 プログラミング環境Arduino

Raspberry Pi Pico WをArduinoで使う場合*には、Arduino IDEを使います。使うための準備は次の手順で進めます。

本書でも一部Arduinoを使っている

2-3-1 開発環境Arduino IDEのインストール

Arduinoのプログラムは Arduino専用の開発環境であるArduino IDEを使います。このソフトウェアは下記サイトから自由にダウンロードできます。

https://www.arduino.cc/en/software

このページで図2-3-1のようにWindowsの64ビット版を選びます。本書執筆時点での最新版はVer2.3.3*となっています。

筆者の環境がWindows 64ビット版なので64bitsを選択している

●図2-3-1　Arduino IDEのダウンロード

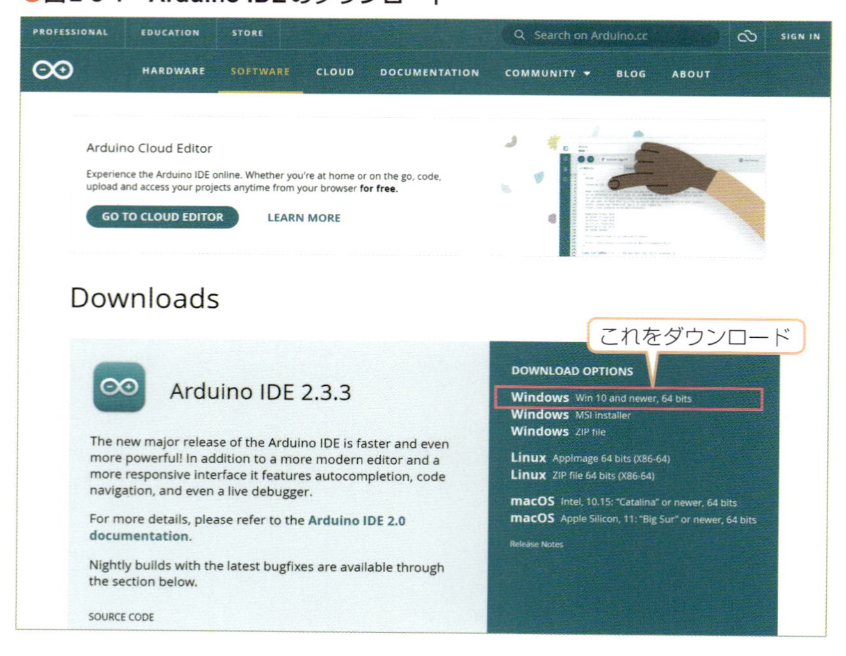

これで開くページで図2-3-2のように[JUST DOWNLOAD]*を2回クリックすれば、ダウンロードが開始されます。

[CONTRIBUTE AND DOWNLOAD]のボタンから、寄付してダウンロードすることもできる

インストールは、ダウンロードしたファイル「arduino-ide_2.3.3_Windows_64bit.exe」をダブルクリックして開くダイアログに従って順次進めます。ライセンスのダイアログでは、[同意する]をクリックして進めます。

●図2-3-2　JUST　DOWNLOAD

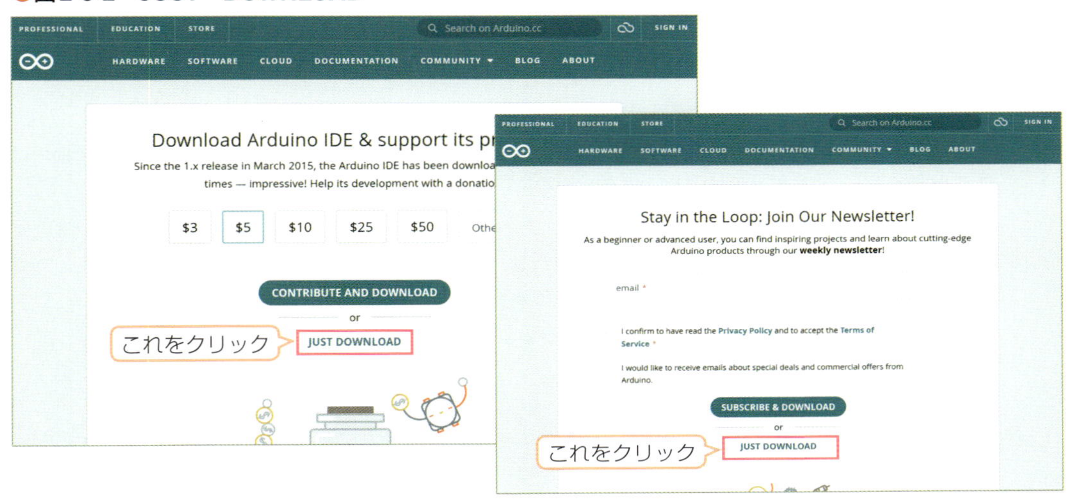

2-3-2　プログラミングの開始

インストールが完了したらIDEを起動します。

Arduino IDEの画面構成は図2-3-3のようになっています。起動するといきなりsetup()とloop()という関数が表示されていますが、これがスケッチで作成するプログラムの基本の構成となります。

setup()関数：起動時に1回だけ実行する関数で初期設定などをここに記述する
loop()関数　：繰り返し実行する部分で、ここに常時実行する内容を記述する

●図2-3-3　Arduino IDEの画面構成

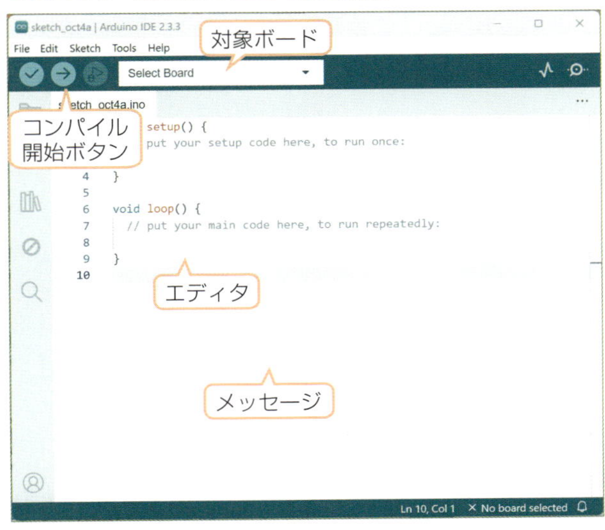

1 Preferenceの追加

Arduino IDEを起動したら、メインメニューで［File］→［Preference］で開くダイアログで図2-3-4のように下記URLを「Additional boards manager URLs」欄に入力して［OK］とします。

https://github.com/earlephilhower/arduino-pico/releases/download/global/package_rp2040_index.json

URL欄が見つからない場合、Preferencesダイアログにマウスを置くと右側スクロールバーが現れるので、スクロールすれば表示されます。もし他のURLが入力済みの場合は、URL欄の右側のアイコンをクリックすれば、URLを1行ずつ追加できる窓が開きます。改行して追加します。

●図2-3-4　Preferenceの設定

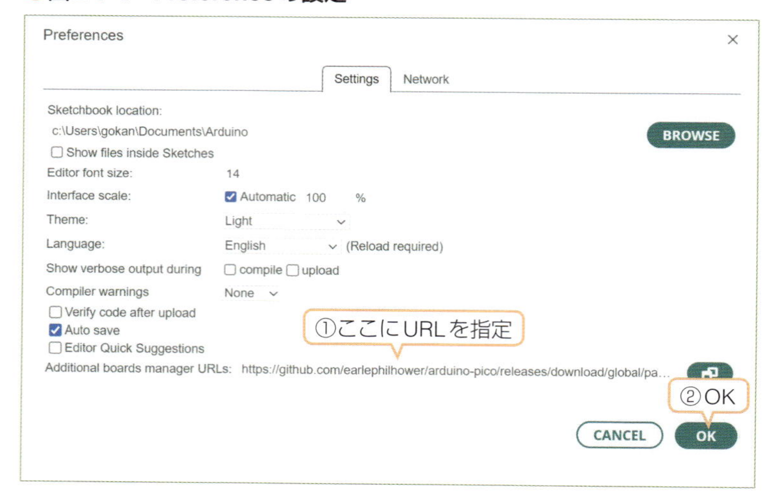

2 ボードのインストール

次に、［Tools］→［Board］→［Board Manager］を開き、図2-3-5のように④「Raspberry Pi Pico W」で検索して指定し、⑤「Raspberry Pi Pico・RP2040」をInstallかUpdate*を実行すればしばらくダウンロードが続きインストールされます。

すでにInstallされている場合はUPDATEかREMOVEとなる

3 ボードの選択

これで次に［Tools］→［Board］→「Raspberry Pi Pico/RP2040/RP2350」を選択すると図2-3-6のようにRaspberry Pi Pico Wのボードが選択できるようになります。

これで④Raspberry Pi Pico W*を選択すると、⑤図の下側のようにボード表示欄にPico Wが表示されます。しかし、まだ表示文字が細字でポートが正しく選択されていない状態となっています。

2Wの場合、ここでRaspberry Pi Pico 2Wを選択する

ここで、Raspberry Pi Pico WがUSBで接続された状態で、図2-3-7のように①再度ボード欄の▼マークをクリックすると、図のようにポートの選択肢が現れます。②いずれかのポートを選択すると図のように詳細ダイアログが表示されますから、

③Port(USB)を選択し④［OK］とします。これでボード欄が太字に変わり正常にポートが接続できたことを示します。この状態でプログラムの書き込みが可能になります。
あとはスケッチのプログラムを作成し書き込めば実行します。

●図2-3-5　Board ManagerでInstal

●図2-3-6　Boardの選択

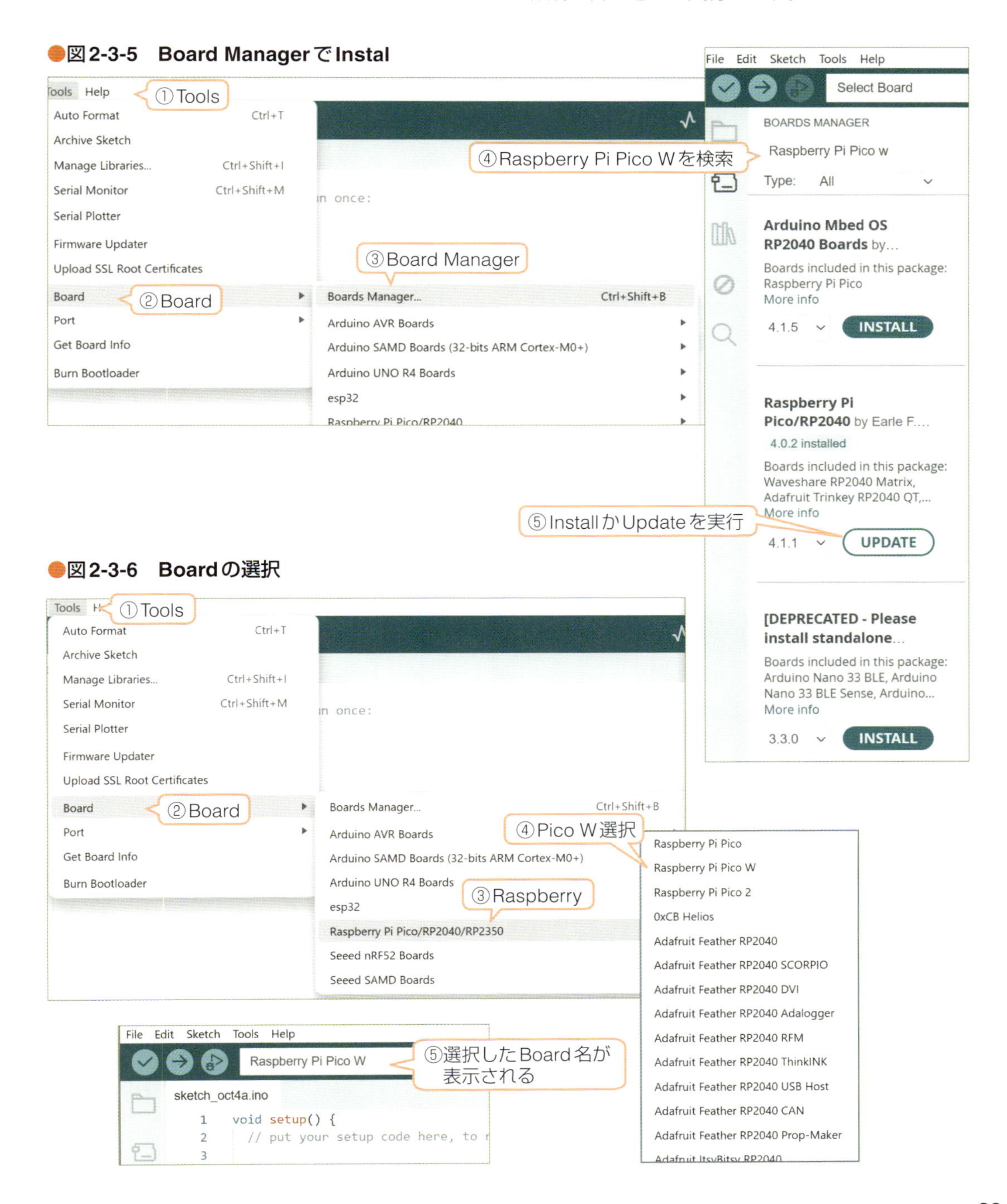

●図2-3-7 Portの選択

4 「No Drive to Deploy」の場合

ここで、MicroPythonで使ったあと、Arduinoで書き込もうとすると、図2-3-8のように「No drive to deploy」というメッセージが表示され、書き込みができない状態となります。

この場合は次のようにすれば書き込みができるようになります。

①Picoのブートスイッチを押しながらリセットするか、USBケーブルを接続し直してPicoのドライブ画面を表示する（表示させたままにする）②Arduino IDEのボード欄で▼をクリックして開くドロップダウンメニューで、③「Raspberry Pi Pico W UF2_Board」を選択する

次からは図2-3-7のように選択ができるようになり、自動的に書き込みができるようになります。

●図2-3-8 No driveの場合

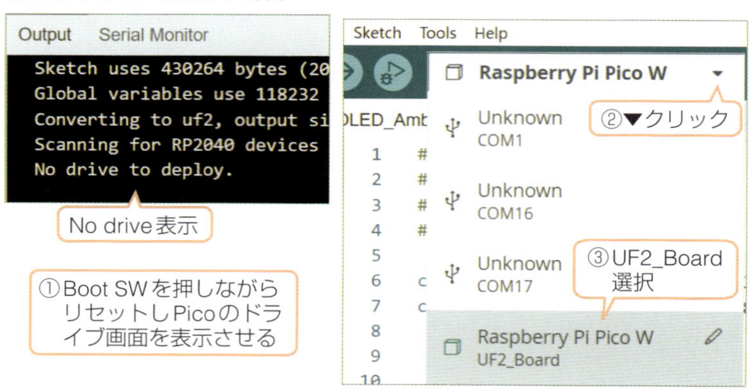

5 テストプログラミングの実行

Arduino IDEにはサンプルプログラムがいくつか用意されています。[Files]→[Examples]→[02.Digital]→[BlinkWithoutDelay]が、本体のLEDを点滅させるプログラムです。

このプログラムを読み込ませると新しくArduino IDEが立ち上がります。これで[Verify]ボタンをクリックすればコンパイルが始まります。意外と時間がかかりますが、進捗はメッセージ欄に表示されます。コンパイルが正常に終了したら、[Upload]ボタンをクリックすればPico Wに書き込まれてプログラムが実行され、Pico WのLEDが点滅します。

Arduino IDEの場合は、[Upload]後にパソコンから切り離し、別の電源に接続すると単体で動作します。

2-3-3　ライブラリのインストール方法

センサや液晶表示器などを使う場合、適切なライブラリを追加する必要があります。

その手順は次のようにします。例として複合センサのBME280を使う場合のライブラリの追加方法で説明します。

Arduino IDEのメインメニューから①[Tools]→[Manage Libraries]で開く図2-3-9のダイアログで、②検索窓にBME280と入力します。

これでいくつかのライブラリが候補として表示されますから、この中から③「Adafruit BME280 Library*」を選択して[INSATLL]ボタンをクリックします。

*最も簡単に扱える関数が用意されている。どのライブラリを使うかはネット情報などで調べる必要がある

さらに開くダイアログで④[INSTALL ALL]ボタンをクリックするとインストールが始まり、Outputの窓に状況が表示されますから「Installed」となったら完了です。

●図2-3-9　BME280センサ用ライブラリの追加方法

2-4 テストボードの製作 Basic Board

Raspberry Pi Pico Wの動作確認や、MIT App Inventor2との通信相手として使うために必要なテストボードを製作します。

最初は最も簡単な構成としたテストボードで、本書の中では「Basic Board」と呼ぶことにします。ブレッドボードで組み立てます。

2-4-1 Basic Boardの構成

Basic Boardの構成は図2-4-1のようにすることにしました。Raspberry Pi Pico W本体と3個のLED、2個のスイッチ、BME280の複合センサだけを周辺デバイスとします。それ以外はリセットスイッチと電源ランプ用のLEDだけとなります。

●図2-4-1　Basic Boardの構成と外観

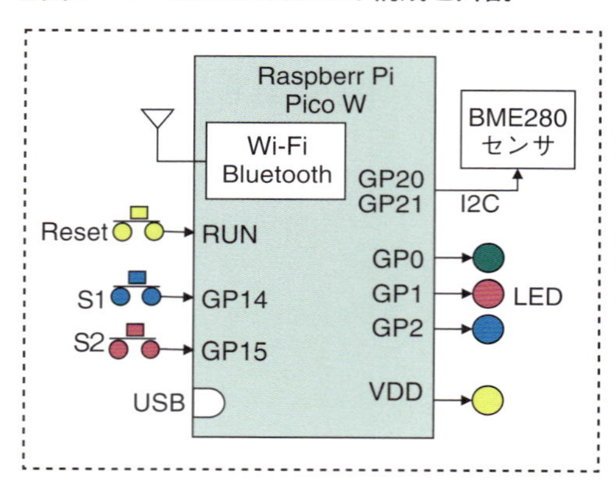

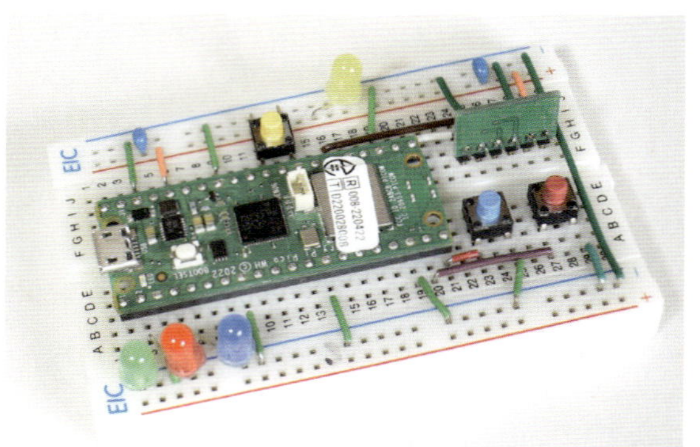

2-4-2 周辺デバイスの概要

周辺デバイスとして使っているのはLEDとスイッチとBME280のセンサだけです。それぞれの外観や仕様を説明します。

1 抵抗内蔵LEDの使い方

本書ではLEDとして5V用の抵抗内蔵のLEDを3.3Vで使っています。その外観と仕様は図2-4-2のようになっています。

グラフから電源電圧が3.3Vのとき、流れる電流は7.5mA程度で、明るさは5Vのときの70%くらいとなります。Raspberry Pi Pico WのデフォルトのGPIOピンの最大電流は4mAに制限*されています。7.5mAではこれを超えてしまいますが、自動的に電流制限される*ので問題なく接続できます。その代わり明るさが50%程度になります。

設定により最大12mAまで増やせるが全ピンの合計は50mAまでとなっている

出力電圧が下がって電流が減る

●図2-4-2　抵抗内蔵LEDの概要

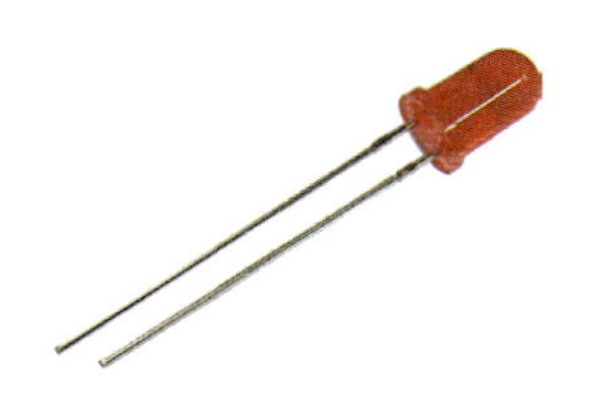

型番：OSR6LU5B64A-5V
電源：DC5V
直径：5mm

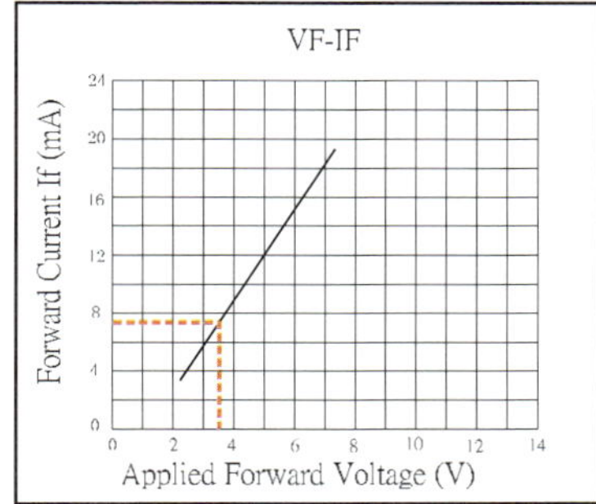

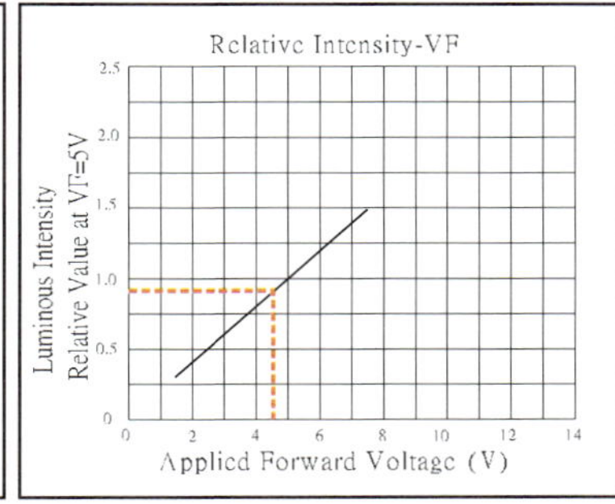

2 タクトスイッチ

スイッチには小型のタクトスイッチを使いました。仕様は図2-4-3のようになっています。もともとリード足は曲がっているのですが、これをまっすぐ伸ばしてブレッドボードに挿入して使います。

スイッチにはバウンスとかチャッタリングとは呼ばれる現象があり、図2-4-3のようにオンオフの瞬間に何度かオンとオフを繰り返してしまいます。このスイッチの場合は5msec程度これが継続します。プログラムでスイッチ入力をする際には、そのまま入力するとオンとオフの処理を何度か繰り返してしまうことになるので注意する必要があります。ハードウェアでこれを回避する方法もありますが、結構複雑になるので、通常はプログラムで回避するようにします。

●図2-4-3　タクトスイッチの外観と仕様

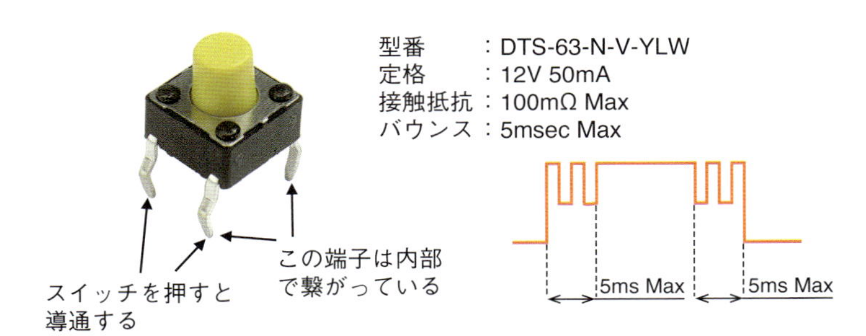

3 複合センサ BME280の使い方

ボッシュ社製の有名なセンサで、基板に実装したものが図2-4-4のような外観と仕様となっています。I^2CとSPI両方に対応しています。気圧、温度、湿度が計測できるセンサで、それほど高精度ではないのですが、3つのデータを1個のセンサで入手できるので便利に使えます。

このセンサは計測ごとに較正演算が必要で、初期化のときに較正用のデータを読み込み、その値で較正演算をします。このため、計測データの構成は結構複雑で、多くのデータを読み出す必要があります。32ビットの演算になるので結構大きな演算プログラムになってしまいます。

しかし、Arduino、MicroPython、C言語いずれもすでに完成されたライブラリがあるので、使うのは簡単です。気圧と温湿度は高速で計測する必要がないので、多くの場合I²C通信で使われます。実際にMicroPythonで使った例は第3章で説明します。

●図2-4-4 BME280センサの概要

ボッシュ社製
型番：BME280
I/F　：I2C または SPI
温度：−40℃〜 85℃ ±1℃
湿度：0 〜 100% ±3%
気圧：300 〜 1100hPa±1hPa
電源：1.7V 〜 3.6V
補正演算が必要
（秋月電子通商にて基板化したもの AE-BME280）

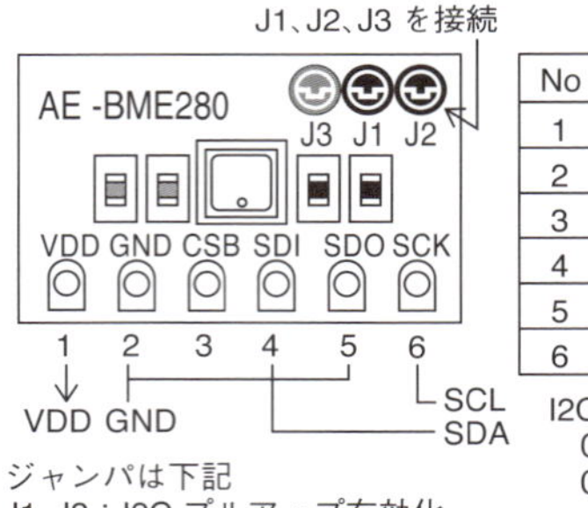

ジャンパは下記
J1, J2：I2C プルアップ有効化
J3：I2C（接続）と SPI（開放）切り替え

ピン配置

No	信号名
1	VDD
2	GND
3	CSB（無接続）
4	SDI（SDA）
5	SDO（ADR）
6	SCK（SCL）

I2C アドレス
0x76（ADR＝GND）
0x77（ADR＝VDD）

2-4-3　Basic Boardの組み立て

以上の周辺デバイスのデータを元に作成したBasic Boardの回路図が図2-4-5となります。LEDは抵抗内蔵タイプですから、直接GPIOピンに接続しています。

BME280接続用のI²Cラインに必要なプルアップ抵抗は、センサ内蔵のプルアップ抵抗を有効*にして省略しています。

電源はRaspberry Pi Pico Wから出力されている3.3Vをそのまま使い、LED4を接続して電源ランプとしています。またC1、C2のコンデンサをパスコン*としています。

*センサ基板のジャンパを接続する必要がある

*バイパスコンデンサとも呼ばれ、電源を安定化する機能を果たす

●図2-4-5　Basic Boardの回路図

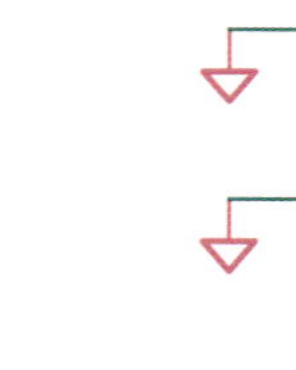
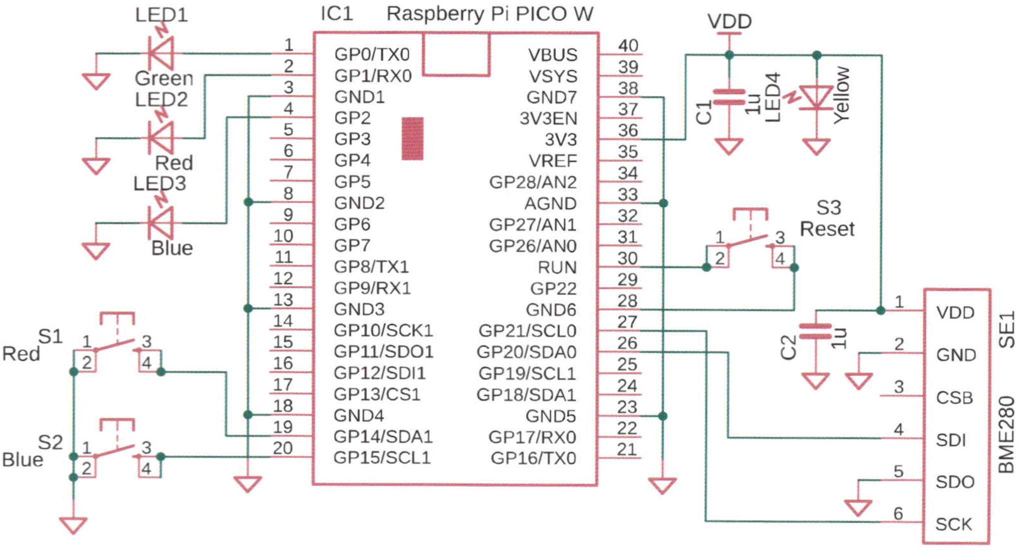

この回路図を元に作成したBasic Boardの組立図と完成した写真が図2-4-6となります。ほぼ電源とGNDとI^2Cのラインだけですから簡単です。

LEDはリード線を適当に曲げてブレッドボードのPicoのGPIOピンとGND間に挿入します。LEDには極性がありますから注意して下さい。リード線の長いほうをPico側に接続し、短いほうをGNDに接続します。

リセットスイッチは、タクトスイッチの片側の足を延ばしてブレッドボードに挿入し、反対側の足は水平に伸ばしてどこにも接続しません。ちょうどGNDピンとRUNピンがスイッチ*の間隔に合っているので直接挿入できます。ブレッドボードの右端にある長めの配線は、上下にある青のGNDのラインの接続用です。

* スイッチを押すとRUNピンがGNDに接続される

●図2-4-6　Basic Boardの組立図と完成写真

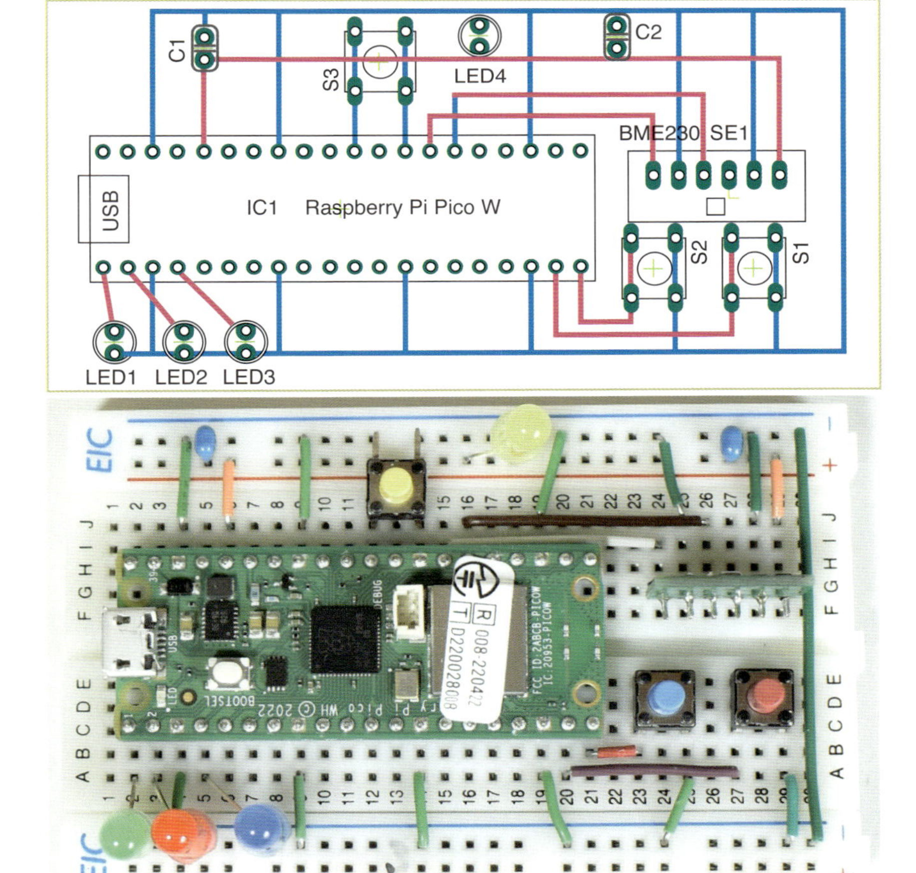

以上でBasic Boardは完成です。使う場合にはRaspberry Pi Pico WのUSBコネクタをパソコンと接続します。これで電源も供給され、LED4の黄色のLEDが点灯します。

2-5 テストボードの製作 IoT Board

Raspberry Pi Pico Wの動作確認や、MIT App Inventor2との通信相手として使うために必要なテストボードを製作します。

Basic Boardの構成に表示デバイスなど周辺デバイスを増やしたテストボードで、本書の中では「IoT Board」と呼ぶことにします。やはりブレッドボードで組み立てます。

2-5-1 IoT Boardの構成

IoT Boardの構成は図2-5-1のようにすることにしました。Raspberry Pi Pico W本体と3個のLED、電源ランプ用LED、リセットスイッチまではBasic Boardと同じですが、センサには温湿度センサ(SHT31)、気圧センサ(LPF25H)を接続し、さらに液晶表示器(AQM0802)と有機LED表示機(SSD1306)を追加しています。これらはすべて同じI^2Cで接続されています。

●図2-5-1　IoTボードの構成と外観

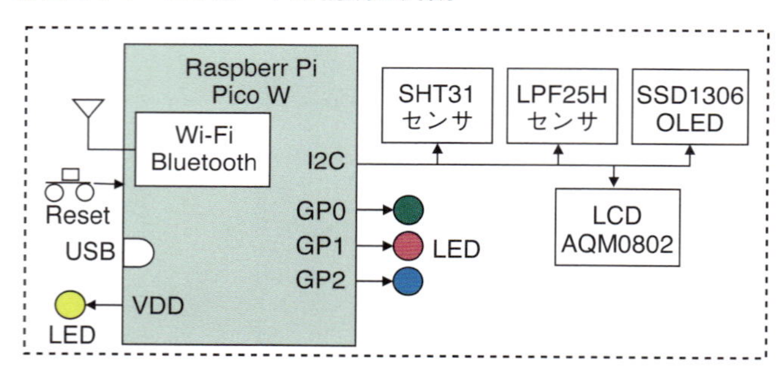

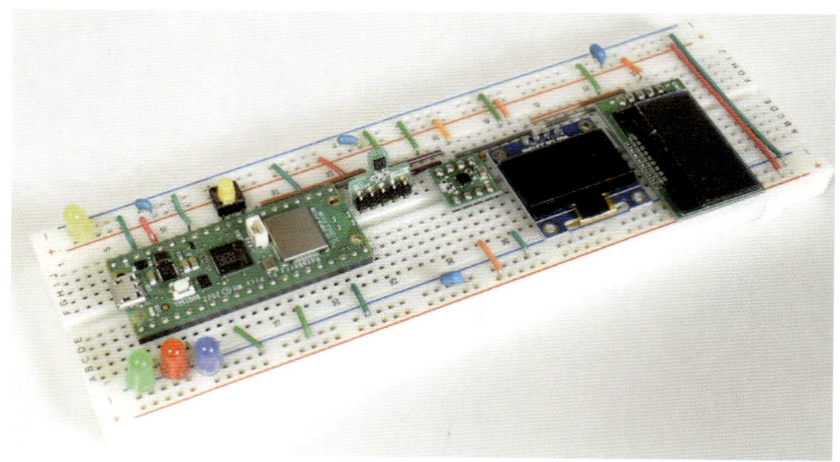

2-5-2　周辺デバイスの概要

使用した周辺デバイスの仕様や使い方を説明します。LEDはBasic Boardと同じものを使っています。

1 温湿度センサ　DHT31

このボードで使用した温湿度センサSHT31は、図2-5-2のような外観と仕様になっています。

こちらはI^2Cだけのインターフェースとなっていて、図2-5-2（a）、（b）のような使い方で、最初に測定コマンドを送信してから結果の6バイトのデータを連続で読み出します。

測定値から実際の温湿度に変換するのも、図2-5-2（c）のような簡単な式で変換できるので使いやすくなっています。

●図2-5-2　SHT31の外観と仕様

型番　：AE-SHT35
制御IC　：SHT35 SENSIRION社
電源　：DC2.4V～5.5V
　　　0.8mA（測定時）
通信方式　：I2C（Max 1MHz）
アドレス　：0x45（ADR Open）
　　　0x44（ADR GND）
　　　プルアップ抵抗内蔵
測定温度　：－40℃～125℃±0.1℃
測定湿度　：0%～100%±2%
分解能　：16ビット
ピンピッチ：2.54mm
販売　：秋月電子通商

No	信号名
1	VDD
2	SDA
3	SCL
4	ADR
5	GND

（a）測定コマンド送信

S	アドレス＋W	ACK	0x2C	ACK	0x06	ACK	P

0x2C06のコマンドで、繰り返し精度レベルは高
クロックストレッチ有効となる

（b）測定データ読み出し

S	アドレス＋R	ACK	（計測中 クロックストレッチ）	温度上位	ACK	温度下位	ACK	CRC	ACK	湿度上位	ACK	湿度下位	ACK	CRC	NAK	P

（c）変換式　T＝温度上位×256＋温度下位
温度＝（T×175）÷65535－45
RH＝湿度上位×256＋湿度下位
湿度＝（RH×100）÷65535

2 気圧センサ　LPF25HB

大気圧を計測できるセンサで、図2-5-3のような外観と仕様になっています。I^2Cインターフェースとなっていて、本体のICを基板に実装したものとなっています。

こちらのセンサは初期化でレジスタ0x20に0x90を書き込んで計測モードを設定し、その後は、毎回レジスタ0x28から連続3バイトのデータを読み出せば24ビットの気圧のデータが読み出せます。読み出した値を4096で割り算すれば実際のhPa単位の気圧データとなります。

●図2-5-3　気圧センサの外観と仕様

型番　　：AE-LPS25HB
制御 IC　：ST マイクロ社
電源　　：DC1.7 ～ 3.6V
　　　　　2mA（測定時）
通信方式：I2C/SPI（選択可能）
アドレス：0x5D（ADR VDD）
　　　　　0x5C（ADR GND）
測定気圧：260 ～ 1260hPa
測定精度：±0.1hPa（@25℃）
　　　　　±1hPa（0 ～ 80℃）
分解能　：24 ビット
販売　　：秋月電子通商

No	信号名	備考
1	VDD	電源
2	SCL	I2Cクロック
3	SDA	I2Cデータ
4	ADR	I2Cアドレス切替
5	CS	HighでI2C選択
6	NC	なし
7	INT	割り込み
8	GND	グランド

PressOut_H（2Ah）

Bit 23	Bit 22	Bit 21	Bit 20	Bit 19	Bit 18	Bit 17	Bit 16
0	0	1	1	1	1	1	1
3				F			

PressOut_L（29h）

Bit 15	Bit 14	Bit 13	Bit 12	Bit 11	Bit 10	Bit 9	Bit 8
1	1	1	1	0	1	0	1
F				5			

PressOut_XL（28h）

Bit 7	Bit 6	Bit 5	Bit 4	Bit 3	Bit 2	Bit 1	Bit 0
1	0	0	0	1	1	0	1
8				D			

Pressure Counts ＝ 2Ah & 29h & 28h ＝ 3FF58Dh ＝ 4191629(dec)

$$\text{Pressure hPa} = \frac{\#\text{counts}}{\text{Scaling factor}} = \frac{4191629\ \text{counts}}{4096\ \text{counts/hPa}} = 1023.3\ \text{hPa}$$

3 液晶表示器　AQM0802

使った液晶表示器は図2-5-4のような8文字2行の液晶表示器「AQM0802」です。これは表示器本体を専用の基板に実装したもので、裏面にI^2C用のプルアップ抵抗とそれを有効化するジャンパが用意されています。これでI^2Cのプルアップ抵抗を省略できますが、本書では接続しない状態*で使います。プログラムでの使い方は第3章で説明します。

＊温湿度センサSHT31でプルアップされるため

●図2-5-4　液晶表示器の外観と仕様

型番　　　：AE-AQM0802
制御IC　　：ST7032
電源　　　：DC3.1V～3.5V
　　　　　　Max 1mA
通信方式　：I2C（Max 100kHz）
アドレス　：0x3E
プルアップ：ジャンパで可　10kΩ
表示文字種：英数字記号　256文字
ピンピッチ：変換基板により
　　　　　　2.54mm
販売　　　：秋月電子通商

裏面配置

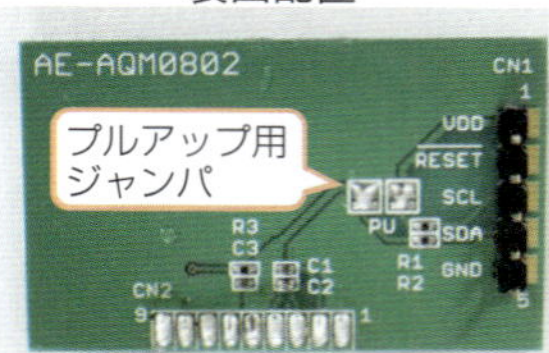

No	信号名
1	VDD
2	RESET
3	SCL
4	SDA
5	GND

この液晶表示器は8文字2行なのですが、実は、図2-5-5のような16文字2行の大

き目の液晶表示器も全く同じコントローラを使っていますので、接続を変更すればプログラムは同じように使うことができます。

●図2-5-5　16文字2行の液晶表示器の外観と仕様

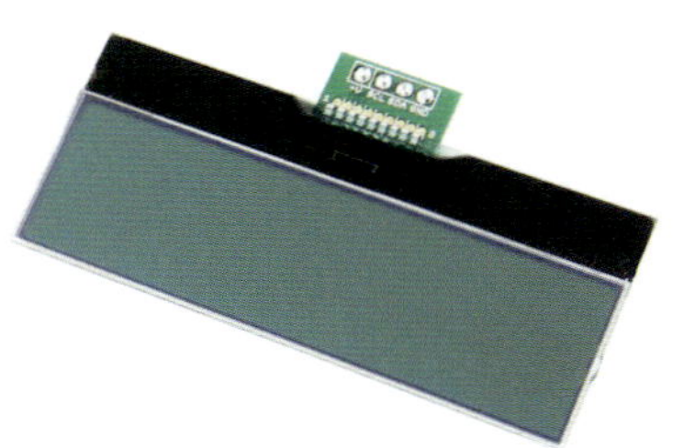

型番　：AE-AQM1602A
制御IC：ST7032
電源　：3.1V～5.5V 1mA
表示　：16文字×2行
　　　　英数字カナ記号
バックライト：無
I/F　　：I2C アドレス 0x3E
サイズ：66×27.7×2.0mm
販売　：秋月電子通商

NO	信号名
1	+V
2	SCL
3	SDA
4	GND

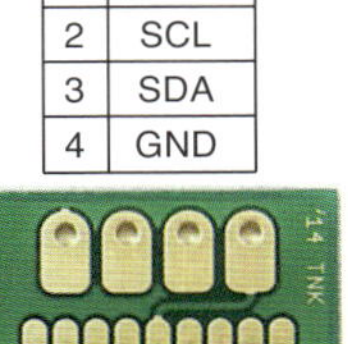

4 OLED表示器　SSD1306

I²C接続の有機EL表示器（OLED）の外観と仕様は図2-5-6のようになっています。表示は白だけのモノクロ表示で、128×64ドットのグラフィック表示となっています。これに文字を表示させるのはフォントが必要になりますし、ドットごとの制御になるので結構複雑な制御が必要です。しかし、ここに使われているコントローラSSD1306は、ArduinoやMicroPythonには、ライブラリが用意*されているので、簡単に使うことができます。

* Thonnyでライブラリを検索してインストールできる

用意されている関数や使い方については、次のサイトを参照して下さい。他のマイコン用ですが、同じように使えます。実際の使い方は第3章で説明します。

https://docs.micropython.org/en/latest/esp8266/tutorial/ssd1306.html

●図2-5-6　有機EL表示器の外観と仕様

SUNHOKEY 社製
品名　　　　：有機 EL ディスプレイ
サイズ　　　：0.96 インチ
解像度　　　：128×64 ドット
文字色　　　：白
制御チップ　：SSD1306
I/F　　　　：I2C　アドレス 0x3C
電源　　　　：3.3 ～ 5.5V
販売　　　　：秋月電子通商

No	信号名
1	GND
2	VCC
3	SCL
4	SDA

2-5-3　IoT Boardの組み立て

以上の周辺デバイスのデータを元に作成したIoT Boardの回路図が図2-5-7となります。

GPIO0、1、2ピンに3色のLEDを接続、I²Cのラインに温湿度センサSHT31、気圧センサLPS25HB、液晶表示器（AQM0802）、有機LED表示器（SSD1306）を接続しています。LED4は電源ランプです。

●図2-5-7　IoT Boardの回路図

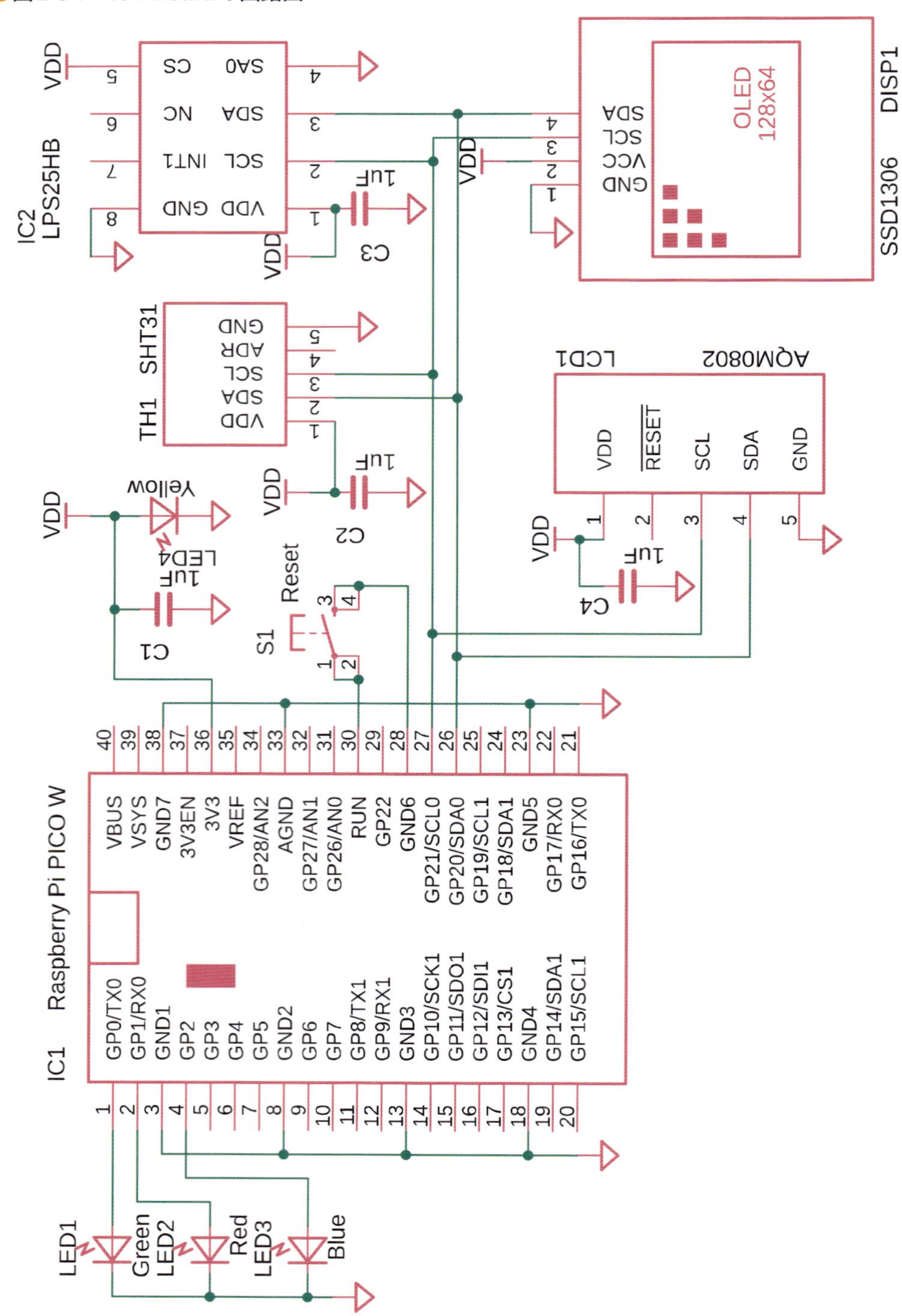

これをブレッドボードに組み立てます。組立図と完成した写真が図2-5-8となります。配線がやや多いですが、多くは電源とGNDですからそれほど難しくはないと思います。I²Cの配線がすべての周辺デバイスに接続されますので、間違わないようにして下さい。

リセットスイッチはBasic Boardと同じように接続しています。右端の長い配線は、ブレッドボードの上下にある電源とGNDの接続用です。

以上でIoT Boardの完成です。

●図2-5-8　IoT Boardの組立図と完成写真

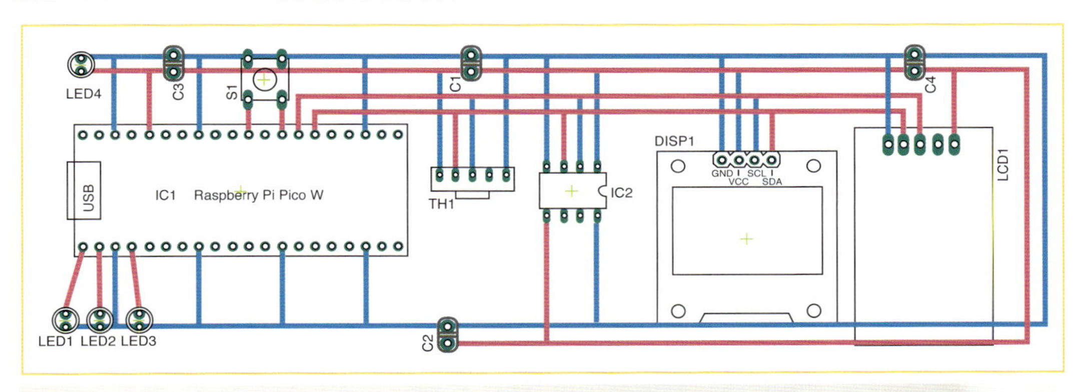

2-6 テストボードの製作 Pico Board

次は少し複雑なテストボードで、名前を「Pico Board」とします。外観が写真2-6-1となります。DCモータやRCサーボモータのドライブや、アナログセンサの入力などができるような汎用ボードとし、プリント基板*で作成しました。また電源には外部電源が使えるようにしています。使っている周辺デバイスは、他のボードと同じものが大部分です。

* 本書のオリジナルのもの。発注方法は章末のコラムに記載

●写真2-6-1　Pico Boardの外観

2-6-1 Pico Boardの全体構成

Pico Boardの内部全体構成は図2-6-1のようにしました。ほぼ全ピンを有効活用して次のようなことができます。

・UARTによるシリアル通信
　パソコンなどと通信できます。

・RCサーボの制御
　角度を制御できるRCサーボモータを2台まで制御できます。外部電源（5V）を使います。

・DCモータの制御
　2台のDCモータのオンオフ制御か回転数制御ができます。外部電源をモータ用電源として使います。ドライブICは最大5Aまでの電流が制御できますので、実力的には2A程度の制御*が可能です。

* ACアダプタの電流で制限される

・ 汎用のデジタル入出力
直接入出力が2ピン、MOSFET経由のデジタル出力が3ピンとなっています。このMOSFETは300mAの制御ができますから、実力的には150mA程度までは制御できます。Picoの3.3Vを電源*として利用できます。

*最大500mAまでなので要注意

・ スイッチ入力とLED制御
基板実装のスイッチが3個とLEDが2個の制御ができます。
・ 有機EL表示器（OLED）
カラーグラフィックでSPI接続のOLED（SSD1331）を実装しています。このデバイスが新規デバイスとなります。
・ 3系統のI^2C
I^2Cデバイスを接続できるGroveコネクタを3個実装しています。
・ リセットスイッチ
・ 3系統のアナログ入力
電圧出力のデバイスを1系統（AN1）、抵抗値出力のデバイスを2系統接続できます。Picoの3.3V電源をセンサ用電源として利用できます。
・ 外部電源供給が可能
ACアダプタ（DC5V）などの外部電源で動作させることができます。

●図2-6-1　Pico Boardの構成

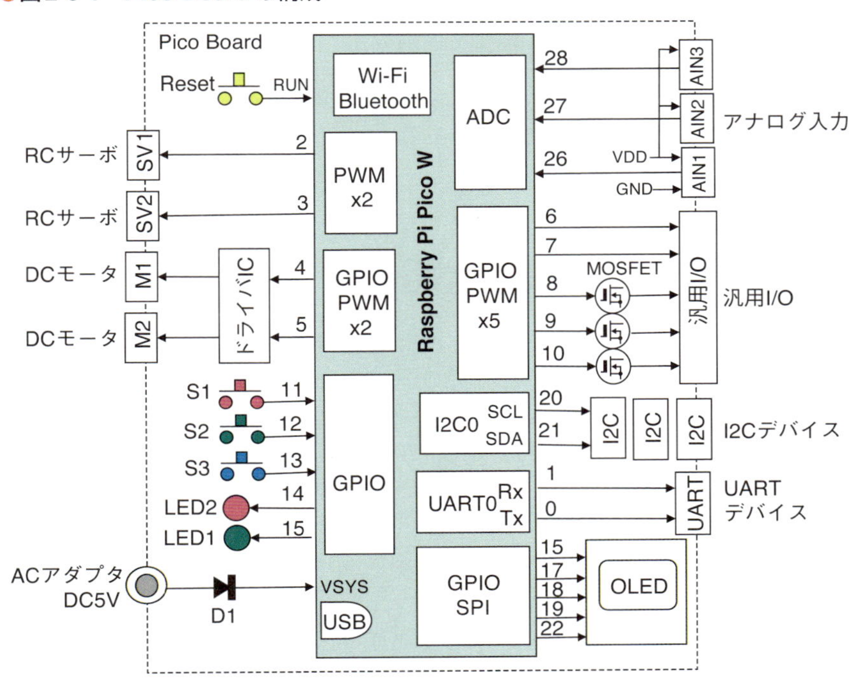

2-6-2　周辺デバイスの概要

フルカラーのOLED（SSD1331）が新規のデバイスとなり、その概要は図2-6-2となります。小型ですが、96×64ドットのフルカラー表示ができます。実際の使い方は第3章で説明します。

●図2-6-2　SPI接続の有機EL表示器の外観と仕様

有機ELの仕様
型番　：QT095B
制御IC：SSD1331
電源　：3.3V～5.0V
表示　：96×64ドットRGB
　　　　フルカラー65536色
I/F　：4線SPI　Max 6MHz
サイズ：27.3×30.7×11.3mm
　　　　（販売：秋月電子通商）

No	信号名	機能
1	GND	0V
2	VDD	3.3V～5V
3	SCLK	Clock
4	SDIN	Data In
5	RES	Reset
6	D/C	Data/Command
7	CS	Chip Select

モータなどの駆動用として図2-6-3のドライバICを使いました。最大で5Aまで駆動できるMOSFETが2個内蔵されています。

●図2-6-3　ドライバICの外観と仕様

型番　　　　：NDS9936
内部構成　　：Nch＋Nch
ドレイン電圧：Max 30V
ドレイン電流：Max 5A
オン抵抗　　：44mΩ
パッケージ　：SO8
　（販売 秋月電子通商）

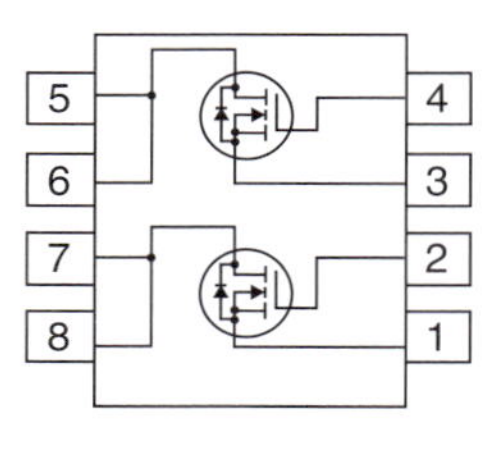

2-6-3　回路設計と組み立て

全体構成に基づいて作成した回路図が図2-6-4となります。サーボモータとDCモータ用に外部電源のDC5Vを直接供給しています。

アナログ入力のAIN1は、電圧出力のセンサ対応で電源とGNDも供給できます。AIN2とAIN3は抵抗値出力のセンサ用の入力で、電源供給し、GND側には抵抗を挿入していて、抵抗分圧された電圧を入力電圧として使います。

I^2C用のGroveコネクタは3系統接続できます。プルアップ抵抗も実装していますので、Groveコネクタ接続のいろいろなセンサが接続できます。

外部電源供給は、ACアダプタからダイオードを経由してRaspberry Pi Pico WのVSYSピンに接続しています。これでパソコンと外部電源の両方を同時に接続しても逆流することなく正常に動作させることができます。

●図2-6-4　Pico Boardの回路図

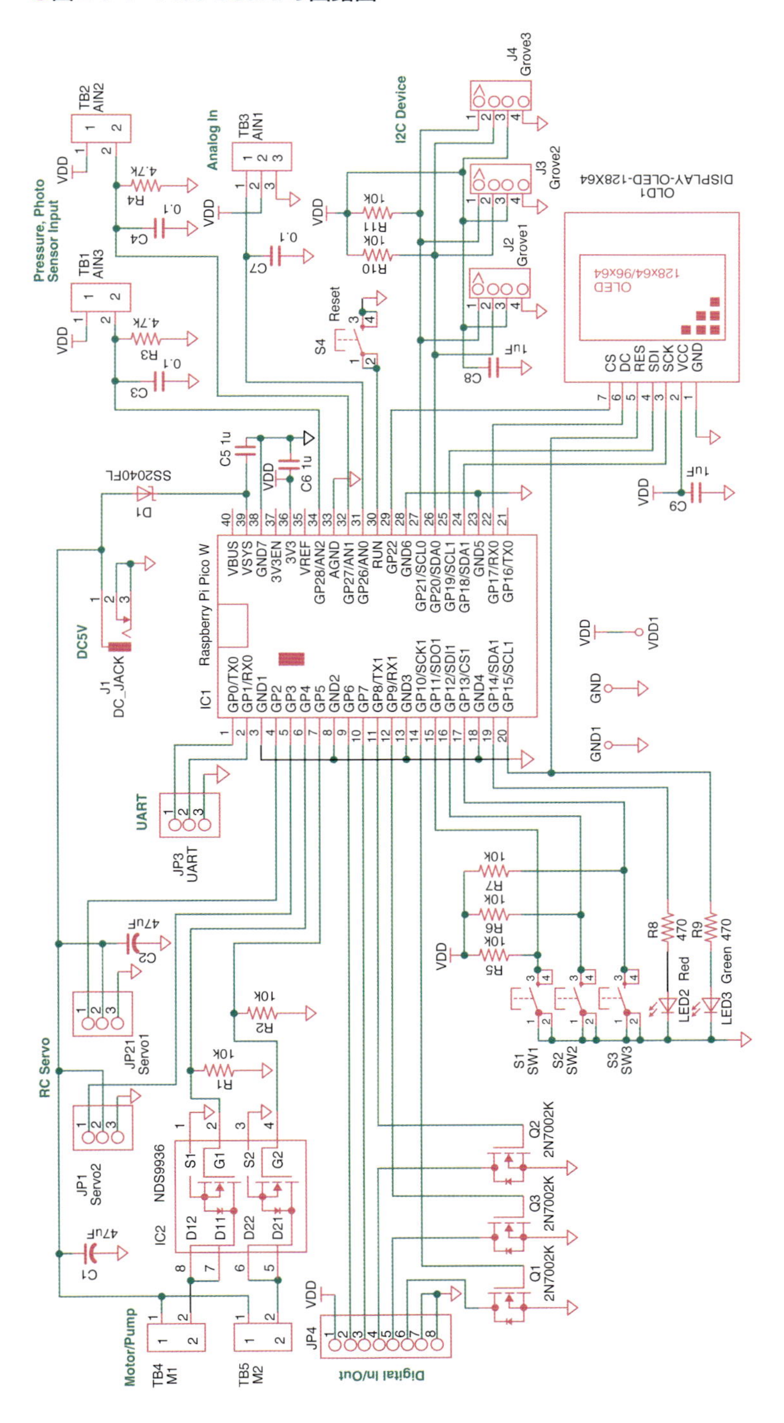

この回路図に基づいてプリント基板を作成しました。その基板の組立図が図2-6-5となります。アナログ入力とモータ出力には端子台を使っていますので、自由な配線で接続ができます。

●図2-6-5　基板の組立図

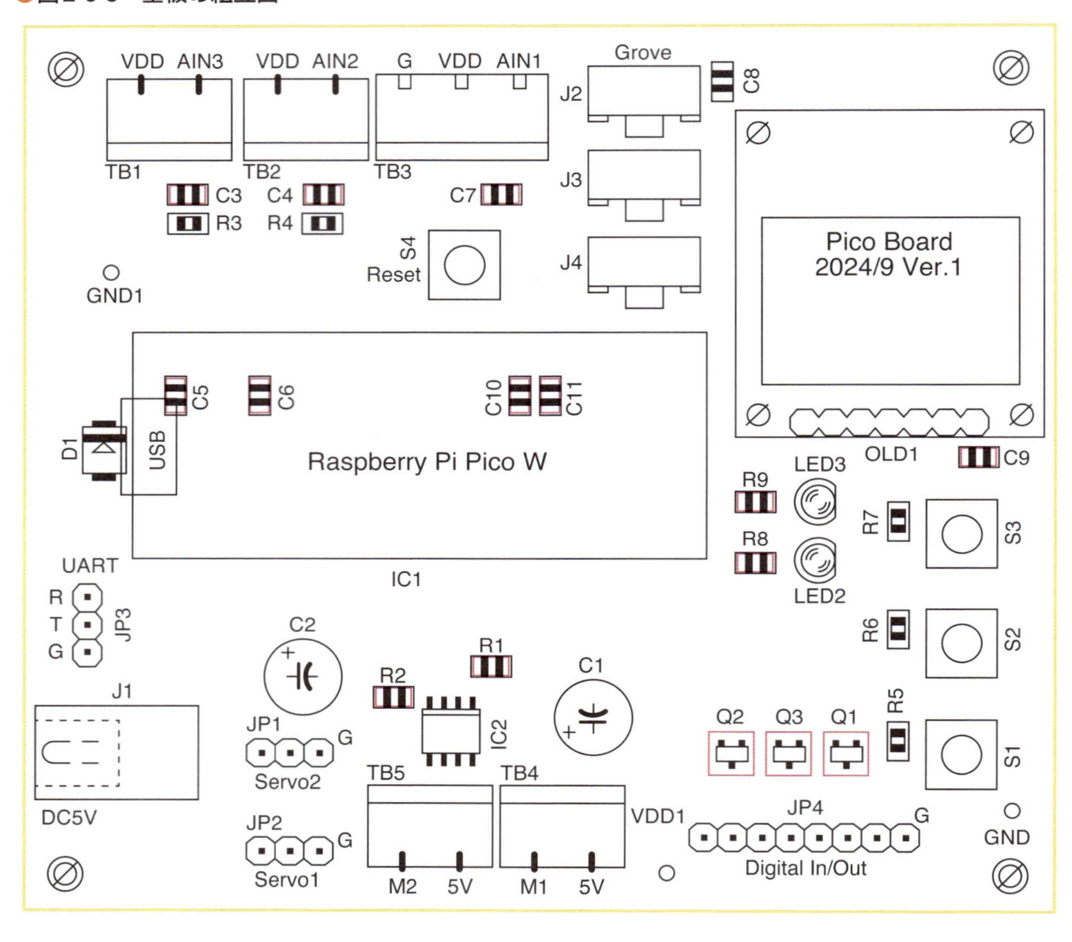

この組立図に基づいて完成した基板が写真2-6-2となります。

●写真2-6-2　完成したPico Boardの外観

コラム　プリント基板の発注方法

筆者はプリント基板を発注する際には、Seeed社のFusionを使っています。

本書ではPico Boardと第6章で扱うCO_2モニタ用のボード、作詞マシンの3種類をプリント基板化しています。この発注にはガーバーデータ（基板のパターンや配線、穴の位置などをまとめたデータ）が必要ですが、ガーバーデータは本書サポートサイトからダウンロードできますので、下記手順で発注ができます。

下記サイトを開き、アカウントを作成した上でログインします。

https://www.fusionpcb.jp/

ログインした最初の画面にある、［今すぐ発注］ボタンをクリックすれば図C-1のような発注画面となります。

●図C-1　発注画面

この画面で［ガーバーファイルを追加］のボタンをクリックしてから、ダウンロードしたZIPファイルを指定すればガーバーファイルの追加が完了します。画面下側の設定は、基本そのままで問題ないですが、基板のレジストの色を変更したい場合は色を指定することができます。それ以外はそのままのほうがよいでしょう。これで10枚の発注となり、基板代は4.9ドルで、あとは送料のみです。

第3章
Raspberry Pi Pico W の使い方

3-1 入出力ピンとGPIO割り込みの使い方

Raspberry Pi Pico Wには入出力ピン（GPIO）と呼ばれるデジタルの入出力ができるピンが多数用意されています。この入出力ピンでスイッチの入力をしたり、LEDを点滅制御したりする方法を説明します。さらに入力でGPIO割り込みを使って変化を検出する方法も説明します。

3-1-1 入出力ピンの基本的な使い方

まず入出力ピンで単純にスイッチの入力とLEDの点滅制御をする方法を具体的な例題で説明します。例題はBasic Boardで進めます。このボードには図3-1-1のように3個のLEDと2個のスイッチが接続されています。これをプログラムで指定して動作させる際には、このGPIO番号の0、1などを使います。

例題の機能を次のようにすることにします。

- S1がオンの間は赤のLEDを点灯し、オフの間は消灯する
- S2がオンの間は青のLEDを点灯し、オフの間は消灯する

●図3-1-1　Basic Boardの接続構成

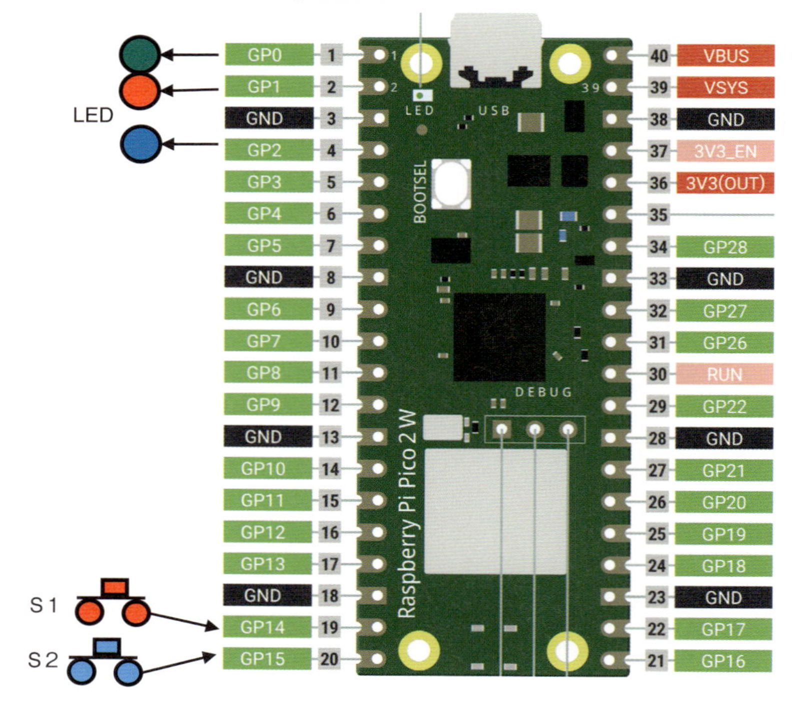

3-1-2　入出力ピンのハードウェア動作

入出力ピンをデジタル入出力としてスイッチやLEDを接続した場合の動作を説明します。

1 出力動作

Raspberry Pi Pico WでLEDを接続して出力ピンとした場合の動作は図3-1-2のようになります。

Picoを含め多くのマイコンの出力は図のようなプッシュプル構成となっています。出力ピンに0を出力すると、図3-1-2 (a) のように下側のトランジスタがオンとなって出力はLowとなり、ほぼ0Vとなります。この場合にはLEDには電流は流せませんからLEDは消灯します。

出力ピンに1を出力すると、図3-1-2(b)のように上側のトランジスタがオンとなって、出力はHighとなり、ほぼ電源電圧となります。この場合にはLEDに電流が流れ点灯することになります。これで、出力「1」で点灯、「0」で消灯と制御することができます。このとき流れる電流は、

電流 ＝（電源電圧 － LEDの順方向電圧*）÷ 電流制限抵抗

で決まることになります。LEDの順方向電圧は、赤LEDが約2V、青と緑が約3Vになります。例えば、330 Ωの抵抗で電源電圧が3.3Vのとき赤LEDに流れる電流は、

*ダイオードに順方向に電流が流れたとき発生する一定の電圧降下のこと

(3.3－2) ÷ 330 ＝ 3.9mA　となります。

●図3-1-2　出力ピンの動作

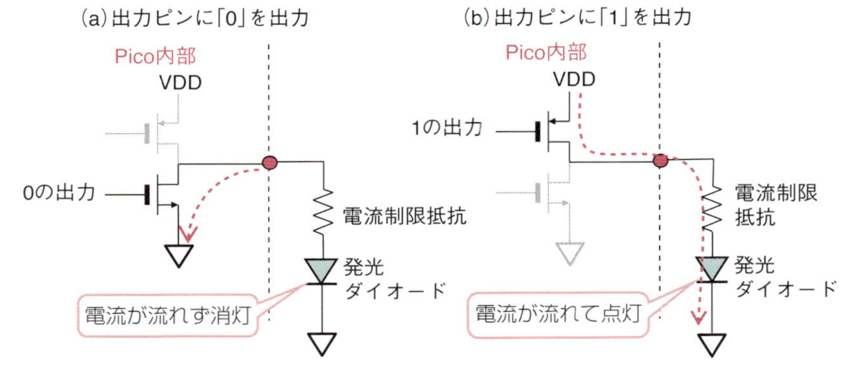

2 入力動作

スイッチを接続して入力ピンとした場合の動作は、図3-1-3のようになります。

入力ピンとした場合、Pico内部で図のようなプルアップ抵抗とプルダウン抵抗*がプログラムの設定により有効化できるようになっています。スイッチの場合にはプルアップ抵抗を有効化します。

*信号の電圧レベルを明確にして動作を安定させるために使う。抵抗値はいずれも数十kΩ。外部にプルアップ抵抗を接続することも可能

これでスイッチがオフのときは、図3-1-3 (a) のようにピンの電圧はプルアップ抵抗経由で電源電圧となるので、読み込むと「1」となります。スイッチがオンのと

きは、図3-1-3（b）のようにピンがスイッチでGNDに接続されますから、ピンの電圧は0Vとなります。これを読み込むと「0」ということになります。

これでスイッチがオフのときは「1」、オンのときは「0」として区別できます。

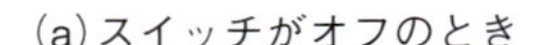
●図3-1-3　入力ピンの動作

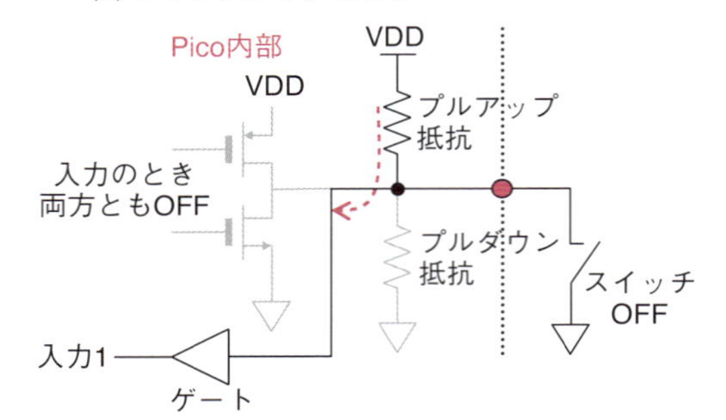

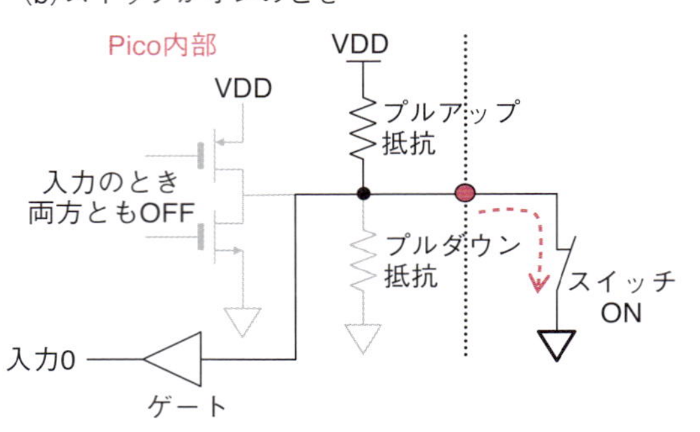

3-1-3　MicroPythonによる記述方法

MicroPythonで入出力ピンを使う場合には、次の手順で記述します。

❶インポートでPinを指定する（machineがハードウェア全体を示す）

```
from machine import Pin
```

❷インスタンスの生成とピンの名称指定

```
Name = machine.Pin(id, mode, pull)
Name = Pin(id, mode, pull)  (machineは省略可能)
  Name：インスタンス名（ハード部品名と揃えるとわかりやすい）
  id  ：ピン番号（0、1等）
  mode：Pin.IN（入力）  Pin.OUT（出力）
  pull：Pin.PULL_UP（プルアップ）  Pin.PULL_DOWN（プルダウン）
        指定なし、または  None（どちらもなし）
```

（例）

```
Red = machine.Pin(1, Pin.OUT)        #GPIO1ピンを出力 名前Red
S1 = Pin(14, Pin.IN, Pin.PULL_UP)    #GPIO14ピンをS1の入力
```

❸出力制御（複数の記述方法がある）

```
出力High制御：Name.value(1)、 Name.on()、 Name.high()
出力Low制御 ：Name.value(0)、 Name.off()、 Name.Low()
状態入力    ：Name.value()
```

（例）

```
Red.on()               #Redをオン
Green.value(1)         #Greenをオン
```

❹ 入力制御

```
state = Name.value()        #stateは単なる変数
```

（例）

```
if S1.value() == 0 :        #S1がオンなら
    Red.on()                #Redオン
```

以上の使い方で実際の例題のプログラムを作成したものがリスト3-1-1となります。Thonnyで作成しています。

この例題の場合、スイッチのチャッタリングの問題は無視しています。実際の動作では、オンオフ時に非常に短時間の点滅を繰り返していますが、人間の目には判別がつかない*ので、そのままとしています。

人間の目の残像現象により判別できない

リスト　リスト3-1-1　例題のリスト　(GPIO.py)

```
1   #***********************************
2   #  入出力ピンの使い方
3   #   S1,S2でRed,GreenのLED制御
4   #    GPIO.py
5   #***********************************
6   from machine import Pin
7
8   #インスタンス生成
9   Green = machine.Pin(0, Pin.OUT)
10  Red = machine.Pin(1, Pin.OUT)
11  Blue = machine.Pin(2, Pin.OUT)
12  S1 = machine.Pin(14, Pin.IN, Pin.PULL_UP)
13  S2 = machine.Pin(15, Pin.IN, Pin.PULL_UP)
14
15  #**** メインループ *********
16  while True:
17      if S1.value() == 0 :#S1 On
18          Red.on()
19      else :  #S1 Off
20          Red.off()
21      if S2.value() == 0 :#S2 On
22          Blue.on()
23      else :  #S2 off
24          Blue.off()
25
```

3-1-4　GPIO割り込みの使い方

リスト3-1-1ではスイッチの入力変化をif文で繰り返しチェックしています。この方法を「ポーリング方式」とか「センス方式」とか呼んでいます。

例題のようにLEDをオンオフするだけの短時間の処理の場合は、スイッチのオンオフ変化を見逃すことはありませんが、他の実行時間の長い処理が間に入った場合、入力チェックが間に合わず見逃してしまうことがあります。

このような問題を避けるには「割り込み」を使います。割り込みはハードウェアで処理され、変化があったことを記憶して、プログラムを強制的に「Callback関数」

と呼ばれる関数にジャンプさせ、Callback関数が終了したら割り込みが入ったときの元のプログラムに戻ります。戻る直前に割り込みの記憶は消去されます。

このように割り込みを使うと、強制的に先に処理されますので、変化を見逃すことがなくなります。

このGPIO割り込みを使う場合のMicroPythonのプログラミング手順は次のようにします。

❶ 対象ピンを入力ピンにする （S1、S2の名称は任意）

```
S1 = Pin(14, Pin.IN, Pin.PULL_UP)
S2 = Pin(15, Pin.IN, Pin.PULL_UP)
```

❷ Callback関数を記述

通常の関数として記述する。pinのパラメータは必須でピンの区別に使う

（例） S1、S2の名称は❶で定義したものを使う

```
def handle_ISR(pin):   #関数名は任意、pinでピン区別が可能
    if pin == S1:
        Red.value(not Red.value())         #Red反転
    elif pin == S2:
        Blue_value(not Blue.value())       #Blue反転
```

❸ GPIO割り込みの設定

```
S1.irq(trigger=Pin.IRQ_RISING, handler=handle_ISR)
S2.irq(trigger=Pin.IRQ_RISING, handler=handle_ISR)
    trigger：Pin.IRQ_FALLING、 Pin.IRQ_RISING、（ORも可能）
    handler：Callback関数の定義
```

GPIO割り込みを例題で試してみます。Basic Boardを使って次のような機能を実行してみます。

・ 常時2sec周期で緑LEDを点滅させる
・ S1をオンしたとき赤LEDを反転させる
・ S2をオンしたとき青LEDを反転させる

これを実際に実装したプログラムはリスト3-1-2となります。割り込みCallback関数の中身が少し複雑になっています。これは図2-4-2で説明したようなスイッチのチャッタリング対策です。何も対策しないとスイッチを押したときと離したときに何度も割り込みが入るため、同じ処理を何度も実行してしまいます。そこで、割り込みが入ったら10msec待ち*、スイッチがオン中であることを確認できたらLEDを反転する処理を実行するようにしています。これによりスイッチオンで確実に1回だけLEDが反転します。

* 図2-4-2のスイッチの仕様ではチャッタリング時間は最大5msecとなっている

このプログラムを実行すると、Thonnyのシェルでスイッチをオンオフしたときに何度か割り込みが入っていることが確認できますが、LEDは一度だけしか反転しないことがわかります。

この例題を割り込みを使わずポーリング方式で実行すると、2秒の遅延の間はプ

ログラムは他のことができないので、この間にスイッチが押された場合に見逃してしまいます。

リスト 3-1-2　例題のプログラム（GPIO_Interrupt.py）

```
1  #**********************************
2  #  GPIO割り込みの例題
3  #  S1,S2でLEDをトグル
4  #    GPIO_Interrupt.py
5  #*********************************
6  from machine import Pin
7  import time
8  
9  #インスタンス生成
10 Green = Pin(0, Pin.OUT)
11 Red = Pin(1, Pin.OUT)
12 Blue = Pin(2, Pin.OUT)
13 S1 = Pin(14, Pin.IN, Pin.PULL_UP)
14 S2 = Pin(15, Pin.IN, Pin.PULL_UP)
15 
16 #**************************
17 #  Callback関数
18 #**************************
19 def handle_ISR(pin):
20     # S1の処理
21     if pin == S1:
22         print("S1 On")                  # 割り込み確認
23         time.sleep(0.01)                # チャッタリング回避
24         if(S1.value() == 0):            # S1オン確認
25             Red.value(not Red.value())  # 赤反転
26     # S2の処理
27     elif pin == S2:
28         print("S2 On")                  # 割り込み確認
29         time.sleep(0.01)                # チャッタリング回避
30         if(S2.value() == 0):            # S2オン確認
31             Blue.value(not Blue.value())#青反転
32 
33 #割り込み設定
34 S1.irq(trigger=Pin.IRQ_FALLING, handler=handle_ISR)
35 S2.irq(trigger=Pin.IRQ_FALLING, handler=handle_ISR)
36 
37 #****** メインループ **************
38 while True:
39     Green.value(not Green.value())      # 緑反転
40     time.sleep(2)                       # 2秒待ち
```

3-2 タイマと割り込みの使い方

プログラムを一定間隔で実行したり、一定時間待たせたりする場合に、タイマ機能を使います。この時間を確保する方法には大きく2種類あります。

❶ Timerのsleep機能を使う方法

内蔵タイマで遅延時間を生成し、そのタイマがタイムアップするのを待つ方法で、この間プログラムは他のことを実行することができません。

❷ ハードウェアTimerの割り込み機能を使う方法

内蔵タイマで遅延時間を生成し、タイムアップで割り込みを生成する方法で、この場合、待っている間もプログラムは他の処理が実行可能です。

この両者の使い方を説明します。

3-2-1 sleepを使う方法

MicroPythonでsleep機能を使う場合には次のようにします。

❶ timeをインポート

```
import time
```

❷ Sleepを実行

```
time.sleep(delay)
```

delayは秒単位で小数も可能

（例）

```
time.sleep(0.1)     #0.1秒の遅延
```

実際の例題で試してみます。Basic Boardを使い次の機能を実行することにします。

・ 0.5秒間隔で緑LEDを点滅させ、1秒間隔で赤のLEDを点滅させる

この例題のプログラムはリスト3-2-1のようになります。

全体が2秒の周期で動作し、その中で緑は2回オンオフを繰り返し、赤は1回だけオンオフを繰り返しています。これで例題の課題ができます。

このようにsleepを使うと、その待ち時間の間は他に何もできないことになります。

リスト 3-2-1　sleepの例題　(sleep.py)

```
1  #*************************************
2  #  Sleepの例題
3  #    緑LED0.5秒間隔、赤LED1秒間隔で点滅
4  #    sleep.py
5  #*************************************
6  from machine import Pin
7  import time
8  
```

```
9   #インスタンス生成
10  Green = machine.Pin(0, Pin.OUT)
11  Red = machine.Pin(1, Pin.OUT)
12  Blue = machine.Pin(2, Pin.OUT)
13
14  #****** メインループ **************
15  while True:
16      Green.on()          # 緑オン
17      Red.on()            # 赤オン
18      time.sleep(0.5)
19      Green.off()         # 緑オフ
20      time.sleep(0.5)
21      Green.on()          # 緑オン
22      Red.off()           # 赤オフ
23      time.sleep(0.5)
24      Green.off()         # 緑オフ
25      time.sleep(0.5)
```


3-2-2　タイマの割り込みを使う方法

Raspberry Pi Pico Wはハードウェアタイマを内蔵していて、図3-2-1のような構成となっています。

タイマ本体は64ビットのカウンタで、1μsecのクロックでカウントアップします。このタイマの下位32ビットと、別に用意された4組の32ビットレジスタ（Alarm）とが常時比較されていて、カウンタの値とレジスタの値が一致したとき割り込みが発生します。1μsec単位で32ビットカウンタですから、1μsec×2^{32} =4295秒=72分という非常に長い時間のタイマが構成できます。

さらに、MicroPythonでは、このタイマをベースにして、任意の数のタイマ*をプログラムで作成できるようになっています。

* 仮想タイマとなっている

●図3-2-1　Picoの内蔵タイマの構成

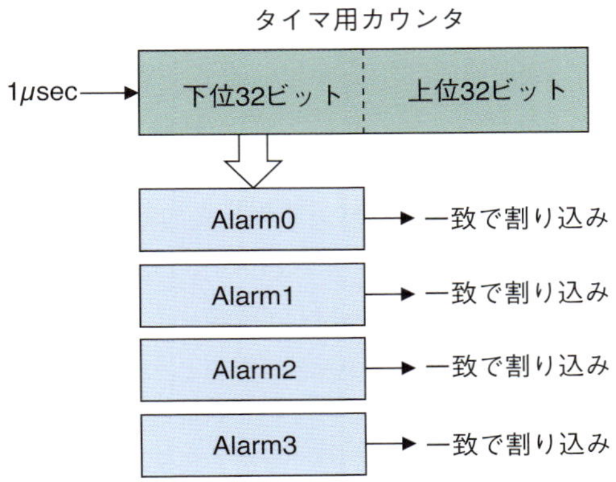

このハードウェアタイマをMicroPythonで使う場合は次のようにします。

❶Timerのインポート

```
from machine import Timer  #ハードウェアタイマを使う
```

❷タイマのインスタンス生成

```
Name = Timer(-1)          #-1でタイマを自動割付する、なくてもよい
Name は自由
```

❸割り込みCallback関数の用意

割り込み処理を実行する関数で名前は自由、引数tが必須だが使わない

```
def Func(t):              # Funcの名称は自由
  割り込み処理を記述
```

❹タイマを定義し起動

```
Name.init(mode=Timer.PERODIC,freq=xxx, [period=yyy],
callback=Func)
    mode：動作モード指定
        Timer.PERIODIC：周期繰り返し割り込み生成
        Timer.ONE_SHOT：1回のみ割り込み生成
    freq    ：周波数設定（Hz単位）（freqかperiodかいずれか）
    period  ：周期時間設定（msec単位）
    callback：割り込み発生時に実行する関数名
```

（例）

```
Timer1 = Timer(-1)    #インスタンス生成
Timer1.init(mode=Timer.PERIODIC, period=500, callback=T1)
           # 500msec周期の割り込みで関数T1を実行する
```

❺タイマを無効にして停止

```
Name.deinit()
```

実際の例題でタイマ割り込みの使い方を説明します。やはりBasic Boardで例題は次の機能を実行するものとします。

- Timer1の0.5秒間隔の周期割り込みで緑LEDを点滅
- Timer2の1秒間隔の周期割り込みで赤LEDを点滅
- S1が押されたら、Timer3の0.1秒間隔の周期割り込みで青LEDを点滅

この例題のプログラムがリスト3-2-2となります。各タイマの割り込み処理では、対応するLEDの表示を反転させているだけです。

この例題のように、タイマ割り込みで遅延や周期を生成すれば、待ち時間の間に他の処理もできますから、あたかも複数の処理を並行しているようにできます。

さらに割り込み処理を短時間で終わるようにすれば、メインループ処理のように、スイッチS1が押されたことを瞬時に検出できるようになります。sleepを使うと、この間はスイッチの検出ができませんから、検出時間がバラついたり、遅れたり、検出できなかったりしてしまいます。

リスト 3-2-2 例題のリスト（Timer_Interrupt.py）

```
1  ***********************************
2  #  ハードウェアタイマの例題
3  #    Timer1  0.5秒間隔 緑点滅
4  #    Timer2  1秒間隔  赤点滅
5  #    S1オンでTimer3  0.1秒間隔  青点滅
6  #   Timer_Interrupt.py
7  #***********************************
8  from machine import Pin, Timer
9  
10 #インスタンス生成
11 Green = machine.Pin(0, Pin.OUT)
12 Red = machine.Pin(1, Pin.OUT)
13 Blue = machine.Pin(2, Pin.OUT)
14 S1 = machine.Pin(14, Pin.IN, Pin.PULL_UP)
15 Timer1 = Timer(-1)
16 Timer2 = Timer(-1)
17 Timer3 = Timer(-1)
18 
19 #Timer1 Callback関数
20 def T1(t):
21     Green.value(not Green.value())  #緑反転
22 #Timer2 Callback関数
23 def T2(t):
24     Red.value(not Red.value())  #赤反転
25 #Timer3 Callback関数
26 def T3(t):
27     Blue.value(not Blue.value())
28 
29 #Timer1とTimer2の設定と起動
30 Timer1.init(mode=Timer.PERIODIC, period=500, callback=T1)
31 Timer2.init(mode=Timer.PERIODIC, period=1000, callback=T2)
32 
33 #***** メインループ ************
34 while True:
35     if S1.value() == 0: #S1がオンの場合
36         Blue.on()
37         #Timer3の設定と起動
38         Timer3.init(mode=Timer.PERIODIC, period=100, callback=T3)
```

3-3 時計（リアルタイムクロック）の使い方

Raspberry Pi Pico Wはハードウェアのリアルタイムクロック（RTC）を内蔵しています。

このRTCはPicoのシステムクロックをベースにしています。ボードに実装されているクリスタル発振子の精度となるので、50ppm程度の精度*です。したがって、それほど正確な時刻ではありません。正確にする場合には、Wi-Fi通信を使ってNTP（Network Time Protocol）サーバから定期的に正確な時刻を取得*して較正するなどの処理が必要です。

ここでこの時計機能をMicroPythonで使う方法を説明します。

月差30秒程度

実際の使い方は6-6節を参照

❶ ライブラリのインポート

```
from machine import RTC
```

❷ インスタンスの生成

```
Name = RTC()            #Nameの名称は任意
```

❸ 初期時間設定　リスト形式で定義

```
Name.datetime((2024, 10, 7, 1, 11, 3, 0, 0))
```

設定値は、年、月、日、曜日、時、分、秒、マイクロ秒　の順

❹ 現在時刻取得

```
now = Name.datetime()       #nowはリストデータとなる
```

取得結果はリストとなるのでインデックスで取得できる

now[0]→年　now[1]→月　now[2]→日　now[3]→曜日
now[4]→時　now[5]→分　now[6]→秒　now[7]→マイクロ秒

実際の例題で使い方を説明します。Basic Boardを使って次のような機能の例題とします。

- 3秒間隔でRTCの現在値を読み出し、Thonnyのシェルに出力する

例題のプログラムがリスト3-3-1となります。現在時刻をprint文でThonnyのシェルに出力していますが、format構文*を使って数値から文字に変換して出力しています。

format構文の使い方は3-4節を参照

リスト 3-3-1　例題のプログラム（RTC.py）

```
1   #********************************
2   # リアルタイムクロックの例題
3   #  現在時刻の読み出し送信
4   #    RTC.py
5   #*******************************
6   from machine import RTC
7   import time
8   
9   #インスタンスの作成
10  rtc = RTC()
11  
12  #初期値設定 年 月 日 曜日 時 分 秒 μsec
13  rtc.datetime((2024, 10, 7, 1, 10, 14, 0, 0))
14  
15  #**** メインループ *********
16  while True:
17      now = rtc.datetime()        #現在時刻取得
18      print('現在時刻：{}年{}月{}日 {}時{}分{}秒 '.format(now[0], now[1], now[2], now[4], now[5], now[6]))
19      time.sleep(3)
```

このプログラムの実行結果が図3-3-1となります。

図 3-3-1　例題の実行結果

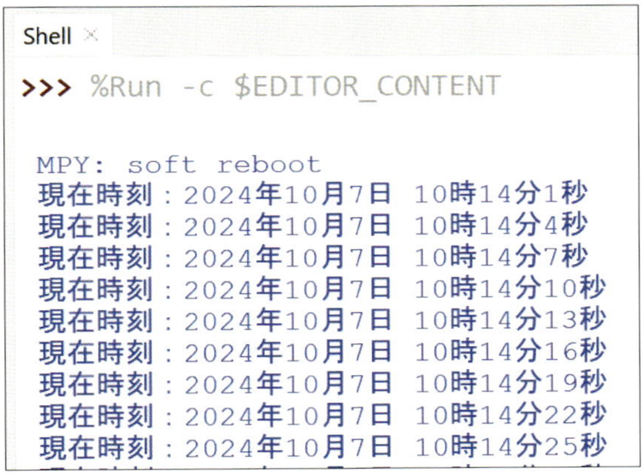

```
Shell
>>> %Run -c $EDITOR_CONTENT

MPY: soft reboot
現在時刻：2024年10月7日 10時14分1秒
現在時刻：2024年10月7日 10時14分4秒
現在時刻：2024年10月7日 10時14分7秒
現在時刻：2024年10月7日 10時14分10秒
現在時刻：2024年10月7日 10時14分13秒
現在時刻：2024年10月7日 10時14分16秒
現在時刻：2024年10月7日 10時14分19秒
現在時刻：2024年10月7日 10時14分22秒
現在時刻：2024年10月7日 10時14分25秒
```

3-4 I²C接続のセンサとprint文の使い方

本節では、I²C通信で接続する複合センサの使い方を説明します。

Basic Boardには、I²C接続のBME280という気圧、温度、湿度が計測できる複合センサを実装しています。これを実際に使ってデータを取得し、print文を使ってデータをThonnyのシェルに送信します。

3-4-1 I²C通信とは

I²C（Inter-Integrated Circuit）通信は、多くのセンサやメモリIC、液晶表示器などの接続に使います。比較的低速度の通信ですが、2線で多数のデバイスを接続できるためよく使われています。

I²C通信の基本の接続構成は図3-4-1（a）となっています。 図のように1台のマスタと複数のスレーブとの間を、SCL（Serial Clock）とSDA（Serial Data）という2本の線でパーティーライン状に接続します。マスタが常に権限を持っており、マスタが送信するクロック信号SCLを元にして、データ信号がSDAライン上で転送されます。Wired OR（複数の信号を1本にまとめ、いずれかのオンを負論理で検知する方法）で接続するため、数kΩのプルアップ抵抗を必要とします。

実際のI²C通信は図3-4-1（b）のように行われます。

最初にマスタからStart Condition*を送信したあと、7ビットアドレス*とReadかWriteを指定する1ビットを追加した8ビットデータが送信されます。スレーブ側はこれを受信したら自身のアドレスと一致するかを確認します。アドレスが一致したらACKを返送して次の受信または送信を継続します。

* SCLがHighの間にSDAをHighからLowにする
* 10ビットアドレスモードもあるがほとんど使われない

そのあとは、ReadかWriteかによって手順が分かれます。マスタから送信（Write）の場合は、1バイト送信ごとにスレーブからACKが返されるので、これを確認しながらマスタが送信を繰り返します。最後にマスタがStop Condition*を出力すると終了となります。

* SCLがHighの間にSDAをLowからHighにする

マスタが受信（Read）する場合は、アドレスが一致したスレーブから1バイト返送されますから、マスタはこれを受信したらACKを返送します。これを必要回数繰り返し最後のデータを受信したら、マスタはNACKを返送します。これでスレーブ側は送信が完了したことを認識して送信を終了します。さらに続けてマスタがStop Conditionを出力して通信終了となります。

●図3-4-1　I²C通信の基本

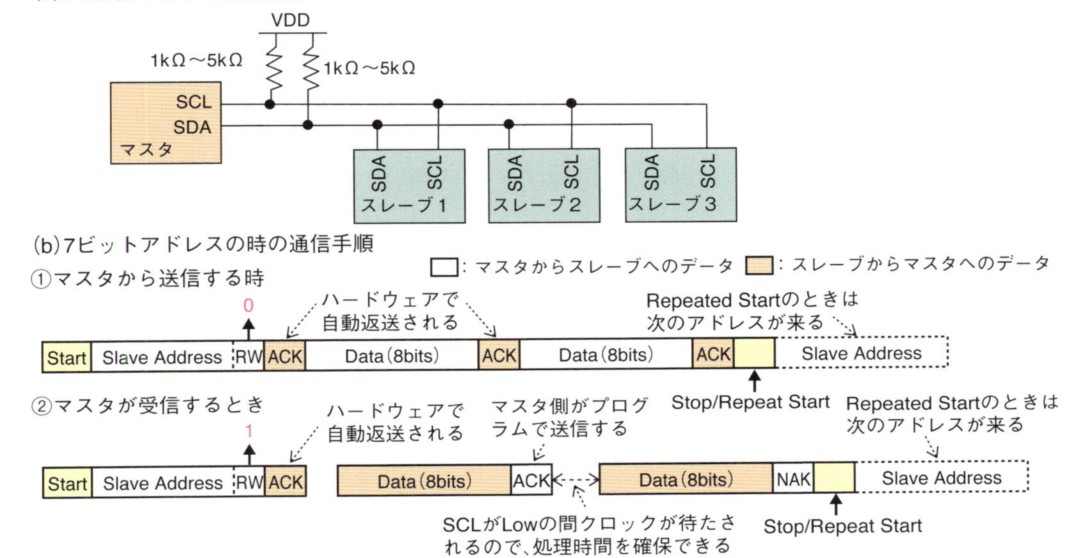

MicroPyrhonでI²Cを使う手順は次のようにします。Raspberry Pi Pico WにはI²Cモジュールが2組実装されているので、I2C0とI2C1で区別しています。

❶ライブラリのインポート

```
from machine import Pin, I2C
```

❷インスタンスの生成

```
i2c = I2C(0)     #I2C0をデフォルトピン(GP4、GP5)で使う
i2c = I2C(0, sda=Pin(20), scl=Pin(21), freq=400_000)
    0：I2C0を指定    1の場合はI2C1を指定
    sda ： SDAピンの指定、   scl ： SCLピンの指定
    freq： 周波数設定
```

❸制御メソッド

```
i2c.scan()                  #デバイスをスキャン
i2c.readfrom(0x3a, 4)       #0x3aデバイスから4バイト受信
i2c.writeto(0x3a, b'123')   #0x3aデバイスに3バイトを送信
buf = bytearray(10)         #10バイトのバッファ(buf)を用意
i2c.writeto(0x3a, buf)      #buf内容を0x3aデバイスに送信
```

3-4-2　BME280センサの使い方

I²C接続の複合センサBME280の外観と仕様は、2-4節で説明していますので、ここではこれをMicroPythonで使う方法を説明します。使う手順は次のようにします。

❶ライブラリのインストール

Thonnyのメインメニューから、[Tools]→[Manage Packages]とすると開くダイアログで進めます。BME280のMicroPython用のライブラリはいくつかあります。「micropython-bme280」で検索すると、図3-4-2のように見つかりますから、選択して[Install]ボタンをクリックしてインストールします。

●図3-4-2　BME280用ライブラリのインストール

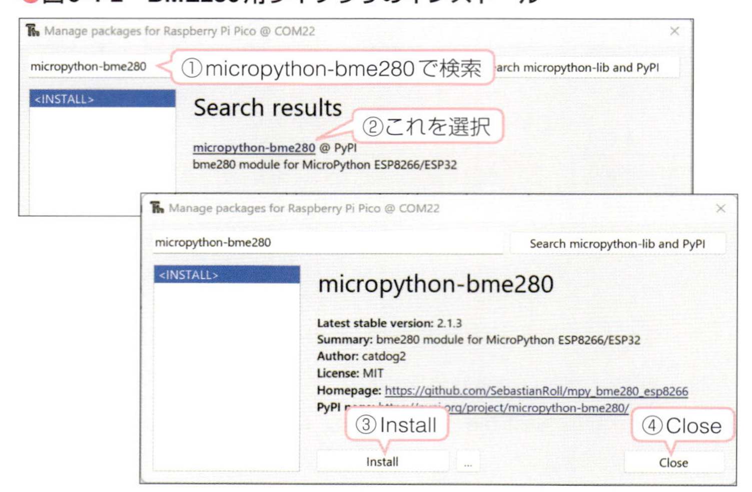

❷ライブラリのインポート

インポートはI²Cライブラリと一緒にします。

```
from machine import Pin, I2C
import bme280
```

❸インスタンスの生成

こちらもI2C0とBME280の両方のインスタンスの生成が必要です。大文字と小文字で区別されているので注意して下さい。

```
i2c = I2C(0, sda=Pin(20), scl=Pin(21), freq=100000)
bme = bme280.BME280(i2c=i2c)
```

I²Cの記述の「0」は2つあるI²Cモジュールのどちらかを指定するもので、0か1を指定します。sdaとsclはそれぞれI²C用のラインを接続するピン番号を指定します。

freqはI²Cの周波数で、標準は100kHz、400kHz、1MHzとなります。

Basic BoardではGP20とGP21ピンのI2C0を使っていますので上記の記述となります。

❹ データの取り出し

BME280ライブラリにはデータを取得するメソッドとして次のような2種類が用意されています。ライブラリを使うとI^2Cに関する処理はすべてライブラリの中で実行されているので、直接I^2Cのメソッドを使うことはありません。

bme.values()：補正後の3データを単位付き一括で取得するメソッド
タプル形式のデータとして取得できる
（例）('28.17C', '1002.13hPa', '57.90%')

bme.read_compensated_data()：補正前のデータを取得するメソッド
整数の配列として取得できる
（例）array('i', [2829, 25646110, 57353])
この場合の補正変換は、次のように固定値で割り算するだけです。

```
temp = bme.read_compensated_data()[0]/100
pres = bme.read_compensated_data()[1]/25600
humi = bme.read_compensated_data()[2]/1024
```

3-4-3　print文の使い方

print文はコンソールに出力する場合に便利に使えます。Thonnyを使うとシェル欄にprint文でメッセージを出力することができます。デバッグにも使えますし、目印やデータの確認にも使えます。MicroPythonでのprint文の文法は次のようになっています。

❶ 単純な文字列の出力

```
print("Hello, World")   → 「Hello, World」と出力
```

❷ 変数の出力

```
x=10
print(x)                → 「10」と出力
```

❸ 文字列と複数の引数の出力

```
x=10
y=25
    print("The values are", x, "and", y)
                        → 「The values  are 10 and 25」と出力
```

❹ sep引数で区切り文字追加

```
    print("Apple", "Banana", "Cherry", sep=" : ")
                        → 「Apple : Banana : Cherry」と出力
```

❺ end引数で改行削除（print文はデフォルトでは改行する）

```
print("Hello ," , end = "")
print("World")
                    → 「Hello World」と出力
```

❻ format構文を使う

```
x=123
y=456
print("X = {0}, Y={1}".format(x, y))
```
→「X = 123, Y=456」と出力

❼ format構文で書式指定を使う

```
x=21.45
y=45.68
print("温度={0:2.1f}℃　湿度={1:2.1f}%RH".format(x, y))
```
→ 「温度=21.4℃　湿度=45.6%RH」と出力

formatの書式指定方法は図3-4-3のようにします。0、1のインデックス番号は、データを順番に出力する場合には省略することができます。

●図3-4-3　format関数の書式指定方法

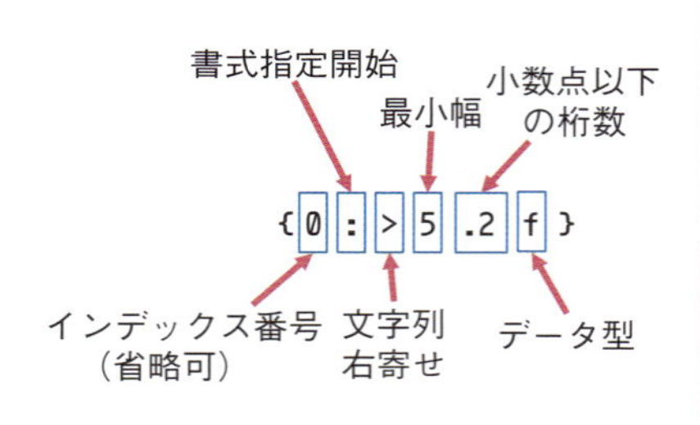

文字列寄せ
- \>　右寄せ
- *>　先頭に不足分を*で埋める（文字任意）
- デフォルトは左寄せ

最小幅
小数点以下を含めた全体の桁数指定
多い場合は先頭にスペース追加
{:8.2f} 123.56 → □□123.56
最小幅に0を付けるとゼロパディング
{:05d} 123 → 00123

小数点以下の桁数
桁数不足の場合は削られる
{:.1f) 0.01 → 0.0
桁数が多い場合は0を追加
{:.4f} 0.01 → 0.0100

データ型
- s　文字列
- d　整数（10進数）
- f　浮動小数
- e　浮動小数（指数表記）

3-4-4　例題　センサの値の表示

実際の例題で試してみます。例題はBasic Boardで次の機能を実行するものとします。

- 2秒間隔でBME280センサのデータを読み出し、Thonnyのシェル欄に出力する

例題のプログラムがリスト3-4-1となります。最初にライブラリのインポートとインスタンスの定義をしたあと、メインループで機能を実行します。

センサからvaluesメソッドで読み出すのと、read_compensated_dataメソッドで読み出すのと両方を使って試しています。print文ではvaluesの場合はデータが単位付きの文字列で出力されますから、そのまま文字列を結合して出力しています。

read_compensated_dataの場合は、データが数値出力ですから、print文ではformat関数を使って、書式を指定して文字列に変換して出力しています。データを順番に出力していますから、format文のインデックス指定は省略しています。

リスト 3-4-1　例題のプログラム　(I2CSensor_BME280.py)

```
1   #**********************************
2   #   BME280センサの例題
3   #   print文で送信する
4   #    I2CSensor_BME280.py
5   #**********************************
6   from machine import Pin, I2C
7   import bme280
8   import time
9
10  #インスタンスの生成
11  i2c = I2C(0, sda=Pin(20), scl=Pin(21), freq=100000)
12  bme = bme280.BME280(i2c=i2c)
13
14  #**** メインループ ***********
15  while True:
16      #一括でBM280のデータを出力
17      print()
18      print(bme.values)
19      print("temp="+bme.values[0]+ "  Humi="+bme.values[2]+"  Pres="+bme.values[1])
20      #個別でセンサデータを取り出す
21      print()
22      print(bme.read_compensated_data())
23      temp = bme.read_compensated_data()[0]/100
24      pres = bme.read_compensated_data()[1]/25600
25      humi = bme.read_compensated_data()[2]/1024
26      print("Temp={:2.1f}DegC  Humi={:2.1f}%RH  Pres={:4.0f}hPa".format(temp, humi, pres))
27      time.sleep(2)
```

この例題の実行結果はThonnyのシェル欄に図3-4-4のように出力されます。

valuesの場合はタプル形式で文字列として出力され、単位が追加されていることが確認できます。

read_compensated_dataの場合はformat文で確かに小数点以下の桁数が制限されていることがわかります。

●図3-4-4　例題の実行結果

```
シェル ×
>>> %Run -c $EDITOR_CONTENT

 MPY: soft reboot

 ('19.98C', '675.44hPa', '77.45%')
 temp=22.7C  Humi=26.28%  Pres=1002.71hPa

 array('i', [2275, 25667479, 26906])
 Temp=22.8DegC  Humi=26.3%RH  Pres=1003hPa

 ('22.66C', '1002.70hPa', '26.17%')
 temp=22.67C  Humi=26.19%  Pres=1002.69hPa

 array('i', [2268, 25670108, 26820])
 Temp=22.7DegC  Humi=26.2%RH  Pres=1003hPa
```

3-5 I^{2}C接続の表示器の使い方

マイコンなどでよく使われる表示器には液晶表示器や有機EL表示器（OLED）があります。本章ではこれらの中からI^{2}Cインターフェースの液晶表示器とOLED表示器の使い方を説明します。本章ではIoT Boardを使います。

3-5-1 液晶表示器AQM0802の使い方

IoT Boardで使っているAQM0802の液晶表示器のハードウェアの外観と仕様は第2章で説明していますので、ここではプログラムに必要な仕様を説明します。この液晶表示器のライブラリは標準にはないので、本書ではI^{2}Cのメソッド*を直接使ってライブラリを作成しています。

* I2Cのメソッドは3-4節を参照

液晶表示器には多くの種類がありますが、同じ制御IC*を使っていれば、同じ制御方法で使うことができます。

* ST7032と呼ばれるコントローラ

まず、I^{2}Cで送信するデータフォーマットは図3-5-1のようになっています。送信だけで受信はありません。

最初にスレーブアドレス＋Writeコマンドを1バイトで送信します。この液晶表示器のスレーブアドレスは「0111110」（0x3E）の固定アドレスとなっており、Writeコマンドは「0」ですから、最初の1バイト目は「0111 1100」（0x7C）というデータを送ることになります。

このあとにはデータを送りますが、データは制御バイトとデータバイトのペアで常に送信するようにします。制御バイトは上位2ビットだけが有効ビットです。最上位ビットは、この送信ペアが継続か最終かの区別ビットで、「0」のときは最終データペア送信で、「1」のときはさらに別のデータペア送信が継続することを意味しています。本書では常に0として使います。

次のRビットはデータの区別ビットで、続くデータバイトがコマンド（0の場合）か表示データ（1の場合）かを区別します。コマンドデータの場合は、多くの制御を実行させることができます。表示データの場合は、液晶表示器に表示する文字データ*となります。

* ASCII標準文字以外に制御コード部分には特殊文字が用意されている

●図3-5-1　制御データフォーマット

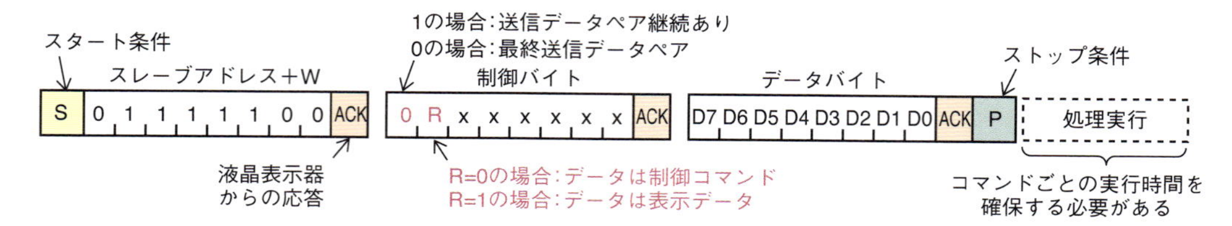

この液晶表示器は、制御コマンドを送信することで多くの制御を行うことができます。この制御コマンドには大きく分けて標準制御コマンドと拡張制御コマンドとがあります。

標準制御コマンドには、表3-5-1のような種類があり、基本的な表示制御を実行します。コマンドごとに処理するために必要な実行時間があり、プログラムでは、このコマンド実行終了まで次の送信を待つ必要があります。特に全消去とカーソルホームには1msec以上の時間がかかりますから、コマンドを送信後この時間だけ待つ必要があります。

▼表3-5-1　標準制御コマンド

コマンド種別	DBx								データ内容説明	実行時間
	7	6	5	4	3	2	1	0		
全消去	0	0	0	0	0	0	0	1	全消去しカーソルはホーム位置へ	1.08msec
カーソルホーム	0	0	0	0	0	0	1	*	カーソルをホーム位置へ、表示変化なし	
書き込みモード	0	0	0	0	0	1	I/D	S	メモリへの書込方法と表示方法の指定 I/D：メモリ書込で表示アドレスを ＋1(1)または－1(0)する。 S：表示全体シフトする(1)　しない(0)	26.3μsec
表示制御	0	0	0	0	1	D	C	B	表示やブリンクのオンオフ制御 D：1で表示オン　0でオフ C：1カーソルオン　0でオフ B：1ブリンクオン　0でオフ	
機能制御	0	0	1	DL	N	DH	0	IS	動作モード指定で最初に設定 DL：1で8ビット0で4ビット N：1で1/6　0で1/8デューティ DH：倍高指定　1で倍高　0で標準 IS：拡張コマンド選択（表3-5-2参照）	
表示メモリアドレス	1	DDRAMアドレス							表示用メモリ（DDRAM）アドレス指定 この後のデータ入出力はDDRAMが対象 表示位置とアドレスとの関係は下記 行　DDRAMメモリアドレス 1行目　0x00～0x13 2行目　0x40～0x53	

拡張制御コマンドには2種類あり、表3-5-1の機能制御コマンドのISビットで選択します。ISビットが「0」のときの拡張制御コマンドには表3-5-2（a）のようなコマンドがあり、ISビットが「1」のときの拡張制御コマンドには表3-5-2（b）のようなコマンドがあります。AQM0802にはアイコン表示はありませんので、アイコンのコマンドは無効です。

表3-5-2　拡張制御コマンド

(a) 拡張制御コマンド（IS＝0の場合）

コマンド種別	DBx								データ内容説明
	7	6	5	4	3	2	1	0	
カーソルシフト	0	0	0	1	S/ C	R/ L	*	*	カーソルと表示の動作指定 S/C：1で表示もシフト　0でカーソルのみシフト R/L：1で右、0で左シフト
文字アドレス	0	1	CGRAMアドレス						文字メモリアクセス用アドレス指定（6ビット） この後のデータ入出力はCGRAMが対象となる

(b) 拡張制御コマンド一覧（IS＝1の場合）

コマンド種別	DBx								データ内容説明
	7	6	5	4	3	2	1	0	
バイアスと内蔵クロック周波数設定	0	0	0	1	BS	F2	F1	F0	バイアス設定 BS：1で1/4バイアス　0で1/5バイアス クロック周波数設定 F<2:0>=　100：380kHz　110：540kHz　111：700kHz
電源、コントラスト定	0	1	0	1	IO	BO	C5	C4	アイコン制御　IO：1で表示オン　0で表示オフ 電源制御　BO：1でブースタオン　0でオフ コントラスト制御の上位ビット コントラスト設定コマンドとC<5:0>で制御
フォロワ制御	0	1	1	0	FO	R<2:0>			フォロワ制御　FO：1でフォロワオン　0でオフ フォロワアンプ制御 R<2:0>　LCD用VO電圧の制御
アイコン指定	0	1	0	0	AC<3:0>				アイコンの選択
コントラスト設定	0	1	1	1	C<3:0>				コントラスト設定 C5、C4と組み合わせてC<5:0>で設定する

　この液晶表示器のコントローラで用意されている表示文字は図3-5-3となっていて、標準ASCIIコードの文字でない部分には特殊記号が用意されているので便利に使えます。

●図3-5-3　表示文字一覧

b7-b4 / b3-b0	0000	0001	0010	0011	0100	0101	0110	0111	1000	1001	1010	1011	1100	1101	1110	1111
0000																
0001																
0010																
0011																
0100																
0101																
0110																
0111																
1000																
1001																
1010																
1011																
1100																
1101																
1110																
1111																

3-5-2 例題 液晶表示器の制御

例題で液晶表示器の制御を試してみます。例題は次の機能を実装します。

・ 全消去し0.5秒待ち、続いて1行目に固定メッセージ、2行目にカウンタの数値を表示し0.5秒待つ。カウンタ値は都度＋1する

この例題のプログラムがリスト3-5-1、リスト3-5-2となります。液晶表示器のライブラリ部はI^2Cのメソッドを直接使って記述しています。このライブラリを使う手順は次のようにします。

❶インスタンスの生成

I^2Cと一緒にして生成します。I2C0の例となります。

```
i2c=I2C(0, sda=Pin(20), scl=Pin(21), freq=100000)
display = AQM0802(i2c)      （名称displayは自由）
```

❷使えるメソッド

```
display.lcdCmd(cmd)      #コマンド実行　cmdは表3-5-1/2による
display.lcdData(char)    #1文字表示出力
display.lcdinit()        #初期化（最初に一度だけ実行する）
display.Clear()          #全画面消去
display.lcdStr(str)      #文字列表示出力　最大8文字まで
```

リスト 3-5-1 例題のプログラム 液晶制御 （AQM0802.py）

```
1   #*********************************
2   #  AQM0802 LCD制御
3   #     I2Cで直接制御
4   #  AQM0802.py
5   #*********************************
6   from machine import Pin, I2C
7   import utime
8
9   #**** LCDライブラリ ***************
10  class AQM0802():
11      #コンストラクタ　初期化
12      def __init__(self, i2c, addr=0x3e):
13          self.i2c=i2c
14          self._addr = addr
15          self._buf = bytearray(2)
16          self.lcdinit()
17      # コマンドI2Cで送信
18      def lcdCmd(self, cmd):
19          self._buf[0] = 0x00                       #save to buf
20          self._buf[1] = cmd
21          self.i2c.writeto(self._addr, self._buf)
22          if cmd == 0x01 or cmd == 0x02:
23              utime.sleep(0.002)                    #2msec wait
24      # 表示データI2Cで送信
25      def lcdData(self, char):
26          self._buf[0] = 0x40                       #save to buf
27          self._buf[1] = char
```

```
28          self.i2c.writeto(self._addr, self._buf)
29          utime.sleep(0.001)                              #1msec wait
30      #初期化　コントラスト設定
31      def lcdinit(self):
32          utime.sleep(0.1)                                #100msec wait
33          self.i2c.writeto(self._addr, b'¥x00¥x38')      #8bit 2line
34          self.i2c.writeto(self._addr, b'¥x00¥x39')      #IS=1
35          self.i2c.writeto(self._addr, b'¥x00¥x14')      #Internal OSC
36          self.i2c.writeto(self._addr, b'¥x00¥x7A')      #Contrast
37          self.i2c.writeto(self._addr, b'¥x00¥x55')      #Power+Contrast
38          self.i2c.writeto(self._addr, b'¥x00¥x6C')      #Follower Cont
39          self.i2c.writeto(self._addr, b'¥x00¥x38')      #IS=0
40          self.i2c.writeto(self._addr, b'¥x00¥x0C')      #Display On
41          self.i2c.writeto(self._addr, b'¥x00¥x01')      #All Clear
42      # 全消去
43      def lcdClear(self):
44          self.lcdCmd(0x01)
45      # 文字列表示
46      def lcdStr(self, str):
47          for c in str:                                   # repeat all character
48              self.lcdData(ord(c))                        #エンコード変換
```

メイン関数部がリスト3-5-2となります。ここで液晶表示器のインスタンスを生成してから、ライブラリ関数を使っています。I²Cはモジュール0のほうを使っています。

リスト 3-5-2　メイン関数部

```
50  #****** メイン関数 ********************
51  #インスタンス生成
52  i2c=I2C(0, sda=Pin(20), scl=Pin(21), freq=100000)
53  display = AQM0802(i2c)
54  Counter = 0                         #カウンタ変数
55  
56  #**** メインループ ***********
57  while True:
58      display.lcdClear()              #全消去
59      utime.sleep(0.5)                #0.5sec wait
60      display.lcdCmd(0x80)            #1行目指定
61      display.lcdStr("Start!")        #固定メッセージ
62      display.lcdCmd(0xC0)            #２行目指定
63      display.lcdStr("CNT={:04d}".format(Counter))
64      Counter = Counter+1             #カウンタ更新
65      utime.sleep(0.5)                #0.5sec wait
```

3-5-3　有機EL表示器の使い方

有機EL表示器（SSD1306）のハードウェアの外観と仕様については第2章で説明したので、ここではMicroPythonで使う方法について説明します。

プログラミング手順は次のようになります。

❶ライブラリのインストール

SSD1306のOLEDはMicroPythonのライブラリが用意されています。次の手順でインストールします。メインメニューから、［Tools］→［Manage packages］で開く図3-5-3のダイアログで、「ssd1306」と入力して検索すると表示される「ssd1306@micropython-lib」をインストールします。

●図3-5-3　OLD用ライブラリのインストール

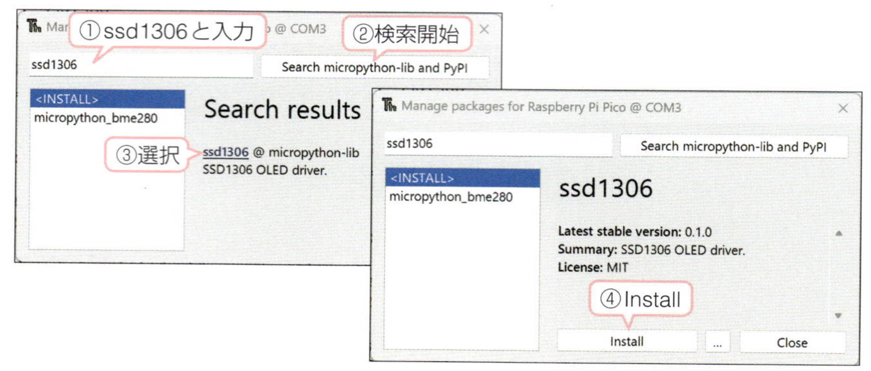

❷ライブラリのインポート

```
import ssd1306
```

❸インスタンスの生成　I²Cと一緒に生成

```
i2c = I2C(0, sda=Pin(20), scl=Pin(21), freq=400_000)
display = ssd1306.SSD1306_I2C(128, 64, i2c)
```

（名称displayは自由）

❹制御メソッド

```
display.poweroff()          # ディスプレイの電源オフ
display.poweron()           # 電源オン、再描画
display.contrast(0)         # 暗くする
display.contrast(255)       # 明るくする0～255の範囲
display.invert(1)           # 反転
display.invert(0)           # 通常表示
display.rotate(True)        # 180度回転
display.rotate(False)       # 0度回転
display.show()              # FrameBufferの内容を表示する
```

❺FrameBuffer制御メソッド

これらのメソッドはメモリにデータを書き込むだけで表示はされず、display.show()実行で実際に表示されます。色は0が黒、1が白です。

display.fill(1)で全体を白くする

```
display.fill(0)                    # スクリーン全体を黒くする*
display.pixel(0, 10)               # (0,10)のピクセルを取得
display.pixel(0, 10, 1)            # (0,10)にピクセルを白描画
display.hline(0, 8, 4, 1)          # (0,8)から幅4の白水平線描画
display.vline(0, 8, 4, 1)          # (0,8)から高さ4の垂直線描画
display.line(0, 0, 127, 63, 1)     # (0,0)から(127,63)に線を描画
display.rect(10,10,107,43,1)       # (10,10)と(117,53)長方形描画
display.fill_rect(10,10,107,43,1)
                        # (10,10)と(117,53)で塗りつぶし長方形を描画
display.text('Hello',0,0,1)    # (0,0)からテキストを白で描画
display.scroll(20, 0)              # 20ピクセル右にスクロール
```


3-5-4　例題　有機EL表示器の制御

例題で有機EL表示器のライブラリの使い方を説明します。例題では次のような機能を実装します。

- 1秒間隔で図3-5-4の表示をする。LEDのオンオフ状態を表示し、Counterの値を数値で表示する。さらにLEDの状態を反転させる。表示位置のY座標は図の位置からとする

●図3-5-4　例題の表示画面

例題のプログラムがリスト3-5-3、リスト3-5-4となります。

リスト3-5-3は初期化部で、インポートとインスタンスの生成、変数の初期化を実行しています。I²Cはモジュール0のほうを使っています。

リスト 3-5-3　例題のプログラム　初期化部　(OLEDText.py)

```
1  #***************************************
2  #  OLEDにテキスト表示
3  #    I2CでSSD1306を接続  OLEDText.py
4  #   ssd1306@micropython-lib使用
5  #***************************************
6  from machine import Pin, I2C
7  import ssd1306
8  import time
9  
```

```
10  #インスタンス生成
11  Green = machine.Pin(0, Pin.OUT)
12  Red = machine.Pin(1, Pin.OUT)
13  i2c = I2C(0, sda=Pin(20), scl=Pin(21), freq=400_000)
14  display = ssd1306.SSD1306_I2C(128, 64, i2c)
15  #初期値設定
16  Counter = 0
17  Green.on()
18  Red.off()
```

リスト3-5-4がメインループで、最初に（0, 0）から表題を白で表示、次にLED状態を表示する領域の枠をいったん消去してから白枠線を再描画し、その中にLED状態の文字を表示しています。

続いてカウントの値を表示する領域の背景を白で表示し、その中に黒字でカウント値を表示しています。最後にLEDを反転させてから1秒の待ちを入れています。

リスト 3-5-4 例題のプログラム メインループ

```
19  #***** メインループ ************
20  while True :
21      #見出し表示
22      display.text('* OLED Display *', 0, 0, 1)
23      #LED状態表示枠線表示
24      display.fill_rect(0, 12, 127, 32, 0)
25      display.hline(0, 12, 127, 1)
26      display.hline(0, 32, 127, 1)
27      display.vline(63, 12, 20, 1)
28      #LED状態表示
29      if Green.value() == 0 :
30          Msg = 'GR=ON '
31      else :
32          Msg = 'GR=OFF'
33      display.text(Msg, 8, 18, 1)
34      if Red.value() == 0 :
35          Msg = 'RD=ON '
36      else :
37          Msg = 'RD=OFF'
38      display.text(Msg, 71, 18, 1)
39      #カウント値表示背景表示
40      display.fill_rect(0, 40, 127, 60, 1)
41      #カウント値表示
42      Msg = 'Counter = {:04}'.format(Counter)
43      display.text(Msg, 8, 48, 0)
44      Counter += 1
45      #表示出力
46      display.show()
47      #LED Toggle
48      Green.value(not Green.value())
49      Red.value(not Red.value())
50      #1秒間隔表示繰り返し
51      time.sleep(1)
```

以上で、I²Cを使った表示器の使い方を2つの例で説明しました。ライブラリの有無で難しさが大きく変わります。

3-6 アナログ出力センサの使い方

センサにはアナログ出力のものが多くあります。本章では、このようなアナログ出力のセンサと、Raspberry Pi Pico W内蔵のA/Dコンバータモジュールの使い方を説明します。

3-6-1 センサの外観と仕様

本章で試すアナログ出力のセンサの外観と仕様を説明します。

1 圧力センサ

圧力に応じて抵抗値が変化するセンサで、図3-6-1のような外観と仕様になっています。これ以外に形状と感度によりいくつかの種類がありますが、使い方は同じとなります。

このセンサをPicoで使うためには、抵抗値の変化を電圧の変化に変換する必要があります。それには図のように抵抗を直列に挿入して電圧を加えることで実現できます。

●図3-6-1　圧力センサの外観と仕様

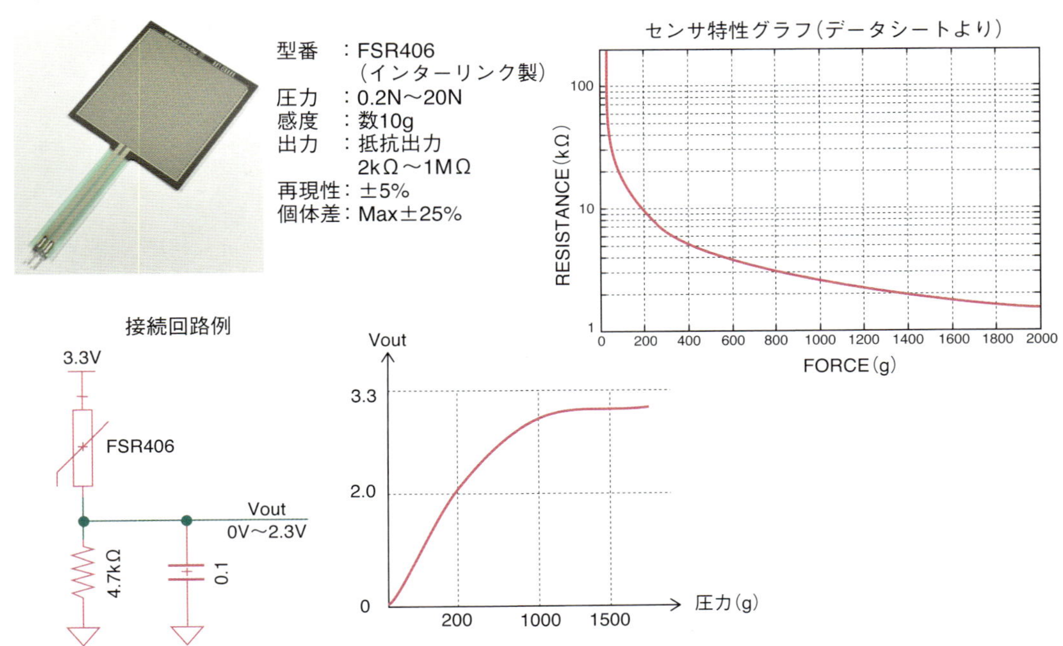

圧力、出力電圧いずれも対数的に変化するので、弱い圧力で大きな電圧変化となります。センサの個体差が大きいので、特性グラフは参考程度にしか使えず、電圧から圧力値を求めるのは無理ですが、相対的な圧力強さの判定には十分使えます。

接続回路例の場合のVoutは圧力なしのときほぼ0Vで、圧力とともに電圧が上昇します。

2 照度センサ

照度を計測できるセンサには図3-6-2のような外観と仕様のものがあります。安価で照度と流れる電流が比例しているので、較正が必要ですが照度の測定も可能です。

このセンサは照度に応じて流れる電流が変化します。この変化を電圧に変換する必要がありますが、図のように直列に抵抗を挿入して電圧を加えれば、対数変化になりますが、電圧に変換することができます。こちらも、照度の絶対値を求めるのではなく、相対的な明るさを判定するためには十分使えます。

●図3-6-2　照度センサの外観と仕様

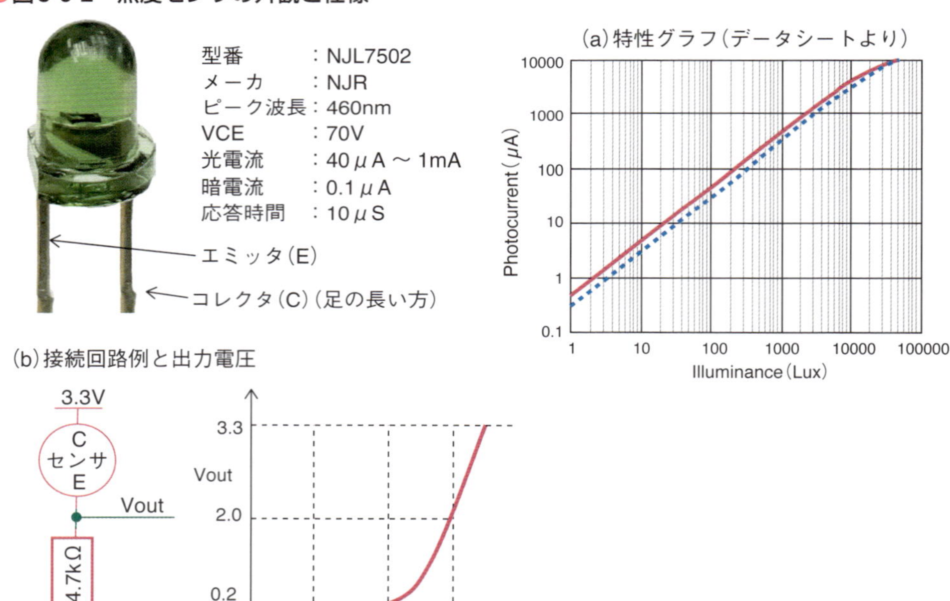

3 土壌水分センサ

植木鉢や、畑などの土壌に含まれる水分量を検出するためのセンサで、図3-6-3のような外観と仕様になっています。これらは同じメーカの製品ですが、検出方式が異なっています。

このセンサは電圧を加えればアナログ電圧で出力が得られますから、直接Picoのアナログ入力として使うことができます。両者でDryとWaterの値が逆なので注意が必要です。

●図3-6-3　土壌水分センサの外観と仕様

(a)SEN0193

型番　　：SEN0193
機能　　：水分に応じた電圧出力
電源　　：DC3.3V～5.5V
出力電圧：0V～3.0V
消費電流：5mA

電圧出力比と水分率
Dry　：80%以上
Wet　：80%～65%
Water：65%以下

No	信号名
青	VOUT
赤	VCC
黒	GND

(b)SEN0114

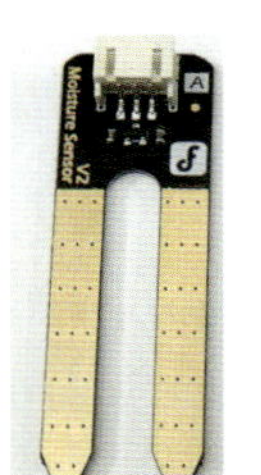

型番　　：SEN0114
機能　　：水分に応じた電圧出力
電源　　：DC3.3V～5.5V
出力電圧：0V～4.2V(@5V)
消費電流：35mA

電圧出力比と水分率
Dry　：30%以下
Wet　：30%～70%
Water：70%以上

3-6-2　ADコンバータの使い方

Raspberry Pi Pico WのADコンバータ関連の回路は、図3-6-4のような構成となっています。元のマイコンRP2040のアナログ入力ピンは5系統あるのですが、内蔵温度センサに1つ使っているなどで、外部から入力できるのは3ピンだけとなっています。

ADコンバータの仕様は12ビット分解能で、500kspsの速度となっています。またAD変換する電圧範囲はIOVDD*で決まっていて3.3Vとなります。

GPIO用電源でPicoのボードでは3.3Vに接続されている

ADコンバータ用電源ADC_AVDDは、図のように元の電源の3.3Vに簡単なフィルタを追加しただけの構成で供給しています。このため電源のスイッチングノイズの影響でノイズが多くなっていますから、高精度の電圧測定には向いていません。ADC_REFピンに外部から定電圧電源を供給すればノイズを減らすことができますが、この定電圧電源の電圧値で変換電圧範囲が制限されます。

いずれにしてもRaspberry Pi Pico WのADコンバータの精度はあまりよくないので、高精度の計測には向いていません。

●図3-6-4　ADコンバータの回路構成

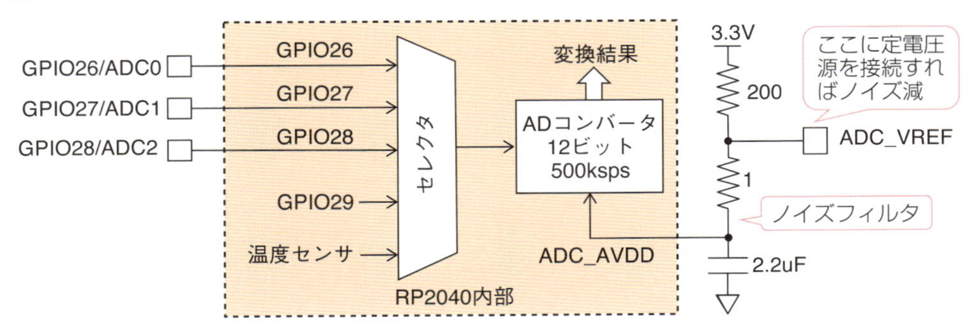

このADコンバータをMicroPythonで使うには次のような手順とします。

インスタンスの生成では、GPIOのピン番号で指定するとピンが初期化されハイインピーダンスとなりますが、ADCのチャネル番号で指定すると初期化されません*。したがって通常はピン番号で指定して下さい。

別途入力ピンの指定を追加する必要がある

変換結果の値は0.0V ～ 3.3Vの範囲で0 ～ 65535の16ビットの値となりますが、12ビット分解能なので下位4ビットは有効ではなく*不安定です。注意して下さい。

*変換値を16で割った範囲が有効な範囲。さらにノイズで下位ビットは乱れるので、精度を高めるには複数回変換して平均化する必要がある

❶ライブラリのインポート

```
from machine import ADC     # 標準ライブラリに含まれる
```

❷インスタンスの生成　　Nameは任意名称

```
Name = ADC(0)                # ADのチャネル番号指定（初期化なし）
Name = ADC(26)               # GPIOのピン番号指定（初期化あり）
Name = ADC(ADC.CORE_TEMP)    # 温度センサの指定
```

❸制御メソッド

```
result = Name.read_u16()     # 16bitで読み込む　resultは変数
```

3-6-3　例題　アナログ出力センサの接続

このADコンバータの使い方を例題で説明します。ここではPico Boardを使います。Pico Boardでは3つのアナログ入力が端子台で用意されていて、図3-6-5のようにセンサを接続できます。

AIN1には直接アナログ入力ができ、電源も供給できますので、土壌水分センサなどを直接接続できます。AIN2とAIN3にはGND側に抵抗が挿入されているので、圧力センサや照度センサなどを直接接続できます。圧力センサに極性はないのでどちらに接続してもよいですが、照度センサは極性があるのでコレクタ側（足の長いほう）を電源側に接続して下さい。

●図3-6-5　Pico Boardとセンサの接続方法

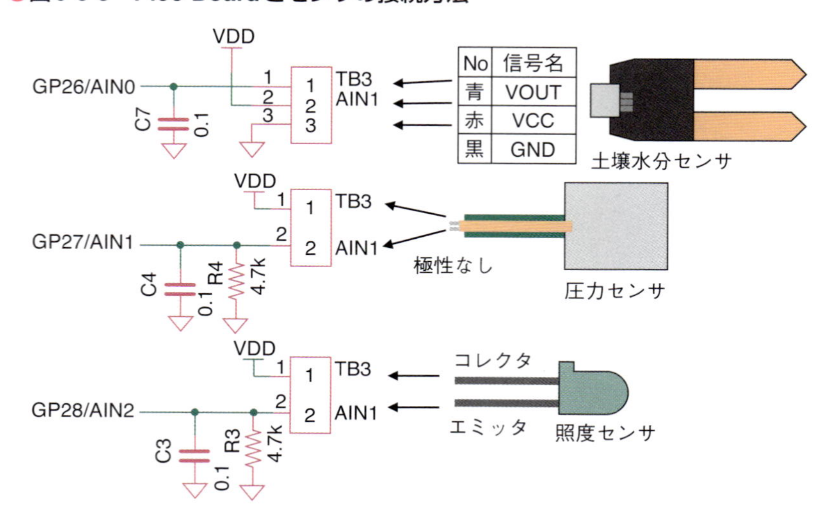

この接続で例題は次の機能を実行することにします。

・3秒間隔で3入力のAD変換を実施し、値をUSBシリアルでパソコンに送信する

例題のプログラムがリスト3-6-1となります。

リスト 3-6-1　例題のプログラム　（AnalogSensor.py）

```
1  #***********************************
2  #   アナログ入力の例題
3  #   3種類のアナログ入力をprintで送信
4  #     AnalogSensor.py
5  #***********************************
6  from machine import Pin, ADC
7  import time
8  
9  #インスタンス生成
10 Water = ADC(26)
11 Press = ADC(27)
12 Light = ADC(28)
13 
14 #**** MainLoop ************
15 while True:
16     result1 = Water.read_u16()/16
17     result2 = Press.read_u16()/16
18     result3 = Light.read_u16()/16
19     print("Water = {:4.0f}  Press = {:4.0f}  Light = {:4.0f}".format(result1, result2, result3))
20     time.sleep(3)
```

例題では変換結果の値を16で割り算して、値を0から4095の12ビットの範囲としています。この例題の実行結果例が図3-6-6となります。圧力センサと照度センサは変化に対して敏感に反応していることがわかります。

土壌水分センサが何も変化を与えていないときの値で、これがADコンバータのノイズなどによる変動になります。±1.5程度が変動していることになるので±0.1%程度の変動になります。このことからPicoのADコンバータによる測定は0.1%程度の分解能だと考えるのが妥当なところです。つまり実力的には10ビット分解能*ということです。

* 0.1 %ということは1/1000。10ビットの分解能があれば2の10乗＝1024段階に分割できる

●図3-6-6　例題の実行結果例

```
Shell ×
>>> %Run -c $EDITOR_CONTENT

 MPY: soft reboot
 Water = 1701  Press =   13  Light =  268
 Water = 1701  Press = 3150  Light =  160
 Water = 1700  Press =   14  Light = 1237
 Water = 1703  Press = 3921  Light = 1266
 Water = 1701  Press =  322  Light = 1659
 Water = 1701  Press = 1460  Light = 1704
 Water = 1702  Press =   13  Light = 2911
 Water = 1702  Press =   14  Light = 3740
 Water = 1701  Press =   67  Light =  748
 Water = 1700  Press =  118  Light =  716
```

3-7 シリアル通信（UART）の使い方

CDC:Communication Device Class

UART:Universal Asynchronous Receiver/Transmitter

ここまではRaspberry Pi Pico WのUSB経由のUSB CDC*（USB Serial）を使ってパソコンと接続してきましたが、ここでは、Raspberry Pi Pico Wの内蔵のUART*モジュールを使って直接パソコンとシリアル通信で接続してみます。

3-7-1 UARTモジュールの概要

UARTはUSBより単純な手順や回路で通信できるため、組込み機器などによく使われる汎用の通信規格です。

Raspberry Pi Pico Wでは、2つのUARTモジュール、UART0とUART1が使えるようになっています。その内部構成と仕様は図3-7-1のようになっています。

基本は全二重の非同期通信方式となっていて、ブレークも可能です。送受信ともに32バイトのFIFOバッファが付属しているので、高速通信でもプログラム作成が楽にできるようになっています。通信速度は最大7.8Mbpsまで可能です。ハードウェアフロー制御も設定で可能にできます。

●図3-7-1 UARTの内部構成と仕様

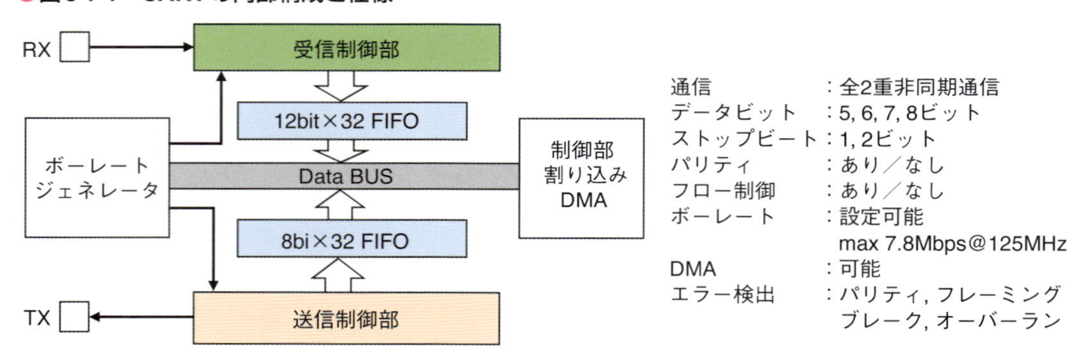

標準のピンは次のようになっています。Tx/Rxの順で示します。

UART0　0/1、12/13、16/17

UART1　4/5、8/9

UARTをMicroPythonで使う場合の手順は次のようにします。

❶ ライブラリのインポート

標準ライブラリとして用意されています。

```
from machine import UART
```

❷インスタンスの生成　名称Nameは任意名称が可能

```
Name = UART(1, baudrate=9600, tx=Pin(4), rx=Pin(5))
    1        : モジュール選択　0 か 1
    baudrate : ボーレート設定
    tx、rx   : 送受信ピンの指定
```

❸制御メソッド

```
Name.write('Hellow')    # 文字列の送信
Name.read(5)            # 5バイトまで読み出す
Name.any()              # バッファにあるバイト数を返す
```


3-7-2　例題1　単純な送受信

例題でUARTのシリアル通信を試してみます。例題の接続構成は、Pico Boardを使って図3-7-2のようにUSBシリアル変換器*を使って、PicoでパソコンのUSBと接続します。UARTモジュールはURAT0を使い、GPIO0とGPIO1ピンを使います。

この構成で次のような機能を実装するものとします。

* パソコンのWindows 10/11には標準ドライバとして用意されているので、USBに接続するだけでパソコンのCOMポートが追加される

- Picoからパソコンに「Command＝」を送信し1バイト受信を待つ
- 受信した文字がAかaならAからZまでを返送する
- Nかnなら0から9までを返送する
- それ以外の場合は???を返送する

●図3-7-2　例題の接続構成

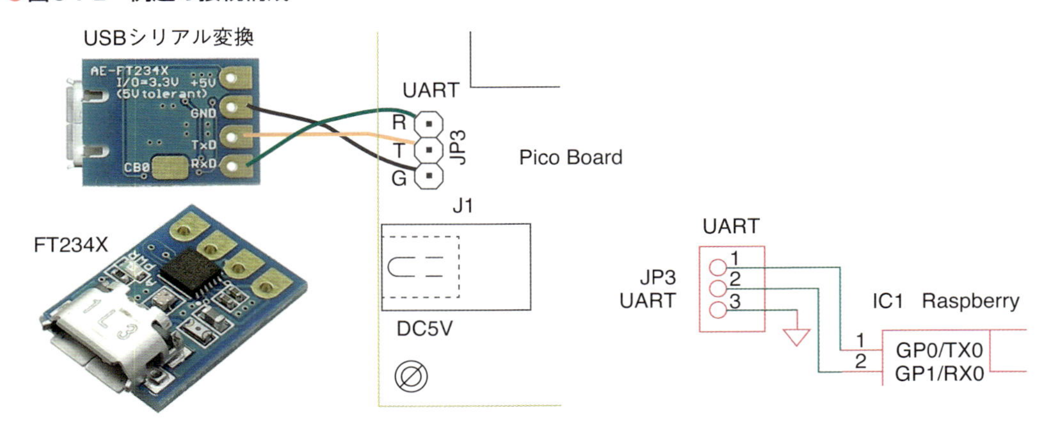

例題のプログラムがリスト3-7-1となります。最初で受信バッファに文字がある間受信を繰り返すようにし、バッファから1文字読み出してはコード変換後文字判定をして対応する処理をしています。

ここでコード変換が必要なのは、UARTで入力する文字はASCIIコード（バイトコード）なので、文字判定するにはUTF-8コードに変換する必要があるためです。

リスト 3-7-1　例題のプログラムリスト　（SerialUART.py）

```
#***********************************
#   UART0モジュールの例題
#   PCと送受信
#   SerialUART.py
#***********************************
from machine import Pin, UART
#UARTインスタンス生成
port = UART(0, baudrate=9600, tx=Pin(0), rx=Pin(1))

#*** メインループ ****
port.write("¥r¥nCommand =")             # 最初の送信
while True:
    while port.any() != 0 :             # 入力がある場合
        asc = port.read(1)              # 1バイト読み込み
        rcv = asc.decode('utf-8')       # コード変換  ASCII→UTF8
        # 文字判定と対応処理
        if rcv == 'A' or rcv == 'a' :
            port.write("ABCDEFGHIJKLMNOPQRSTUVWXYZ")
        elif rcv == 'N' or rcv == 'n' :
            port.write("0123456789")
        else :
            port.write("???")
        # Command=送信
        port.write("¥r¥nCommand =")
```

パソコン側はTeraTerm*で通信します。TeraTermを起動したら自動的に開くダイアログで［シリアルポート］をクリックし、選択肢の中から「COMx USB Serial Port」を選択します。次にTeraTermのメインメニューの［設定］→［シリアルポート］と進み、［スピード］欄で9600を選択し、［現在の接続を再設定］をクリックします。これで通信可能になります。

* フリーの通信ソフトでCOMポートを使って送受信ができる

この例題の実行結果例が図3-7-3です。

●図3-7-3　例題の実行結果例

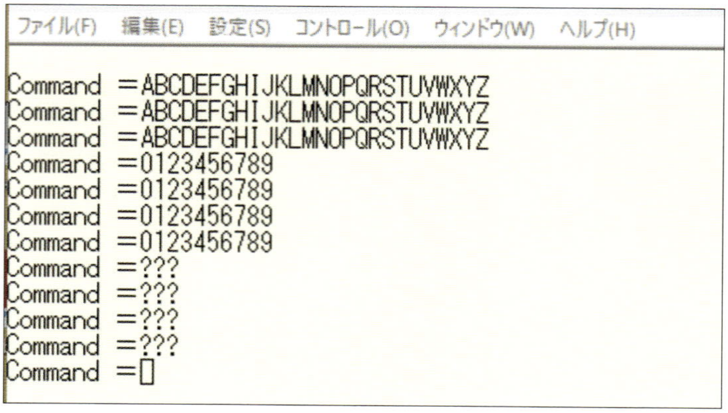

```
ファイル(F)  編集(E)  設定(S)  コントロール(O)  ウィンドウ(W)  ヘルプ(H)

Command =ABCDEFGHIJKLMNOPQRSTUVWXYZ
Command =ABCDEFGHIJKLMNOPQRSTUVWXYZ
Command =ABCDEFGHIJKLMNOPQRSTUVWXYZ
Command =0123456789
Command =0123456789
Command =0123456789
Command =0123456789
Command =???
Command =???
Command =???
Command =???
Command =
```

3-7-3　例題2　UARTの受信の割り込み処理

次の例題は、メインループで常時実行するアプリがあり、その間に任意の時点で送信されてくるUARTの受信処理をする必要がある場合の例です。多くの場合、相手から送信されるタイミングが不明のことが多いので、このような処理が必要とされる機会はしばしばあります。この場合には、UART受信割り込みを使って処理するのが一般的です。

UARTを割り込みで使う場合の手順は次のようにします。

❶ライブラリのインポート

標準ライブラリとして用意されています。

```
from machine import UART
```

❷インスタンスの生成　　名称Nameは任意名称が可能

```
Name = UART(1, baudrate=9600, tx=Pin(4), rx=Pin(5))
```

1　　　　：モジュール選択　0 か 1
baudrate：ボーレート設定
tx、rx　：送受信ピンの指定

❸制御メソッド

```
Name.write('Hellow')    # 文字列の送信
Name.read(5)            # 5バイトまで読み出す
Name.any()              # バッファにあるバイト数を返す
```

❹割り込み関数の記述

```
def Func(Name):         # Funcの名称は自由
```

❺割り込みの設定

```
Name.irq(trigger=UART.IRQ_RXIDLE, handler=Func)
```

triggerには下記が設定可能
UART.IRQ_RXIDLE　　受信割り込み
UART.IRQ_TXIDLE　　送信割り込み
UART.IRQ_BREAK　　ブレーク割り込み

例題の機能を次のようにします。図3-7-2と同じ接続構成とします。

- TeraTermからUART受信で点滅させるLEDの色を、1か2で送信する
- 受信した文字を折り返し「Input=1/2」でTeraTermにメッセージ送信する
- メインループでは、指定されたLEDを1秒間隔で点滅させる。1秒はsleepで生成する
- 受信文字が1の場合LED1（緑GPIO15）、2の場合LED2（赤GPIO14）とする

これを実装したMicroPythonのプログラムがリスト3-7-2となります。

UART受信を割り込みで使う*場合には、割り込みのCallback関数として割り込

* 最新のMicroPythonのFirmwareで組み込まれた機能なので、v 1.24のFirmwareが必要になる。2-2節を参照

irq: Interrupt Request

み処理関数を作成します。そしてirq構文*で受信割り込み「UART.IRQ_RXIDLE」をtriggerとして指定し、handlerでCallback関数名を指定します。これで受信を割り込みで扱うことができます。

割り込み処理関数の中で受信した文字をUTF-8に変換してselect変数に代入し、割り込みが入ったことがわかるように、uart.write関数でメッセージを出力しています。

リスト 3-7-2　例題のプログラム　（UART_Interrupt.py）

```
1  #*******************************
2  # UART割り込みの例題
3  #    UARTから色設定
4  #    UART_Interrupt.py
5  #*******************************
6  from machine import Pin, UART
7  import time
8  
9  #インスタンス生成
10 uart = UART(0, baudrate=9600, tx=Pin(0), rx=Pin(1))
11 LED1 = machine.Pin(15, machine.Pin.OUT)
12 LED2 = machine.Pin(14, machine.Pin.OUT)
13 #グローバル変数定義
14 select = 1
15 
16 #********************
17 # UART割り込み処理
18 #********************
19 def UART_ISR(uart):
20     global select
21     if uart.any() != 0 :             # UART受信チェック
22         asc = uart.read(1)
23         select = asc.decode()        # UTF8に変換
24         uart.write("¥r¥ninput=" + select)
25 #UART割り込み設定
26 uart.irq(trigger=UART.IRQ_RXIDLE, handler=UART_ISR)
27 
28 
29 #****** メインループ ********
30 while True:
31     if select == '1':                # LED1点滅
32         LED1.value(not LED1.value())
33         LED2.value(0)
34     elif select == '2':              # LED2点滅
35         LED2.value(not LED2.value())
36         LED1.value(0)
37     time.sleep(1)                    # 1秒待ち
```

この例題を実行したときのTeraTermの表示例が図3-7-4となります。図は頻繁にキーボードから入力した場合で、LEDの点滅を実行している間、つまりsleep中でもいつでも入力ができ、1秒のタイマアップ直前の入力値でLED1かLED2が決まることがわかります。

●図 3-7-4
例題の実行結果

```
ファイル(F)

input=1
input=2
input=1
input=2
input=2
input=1
input=2
input=1
input=2
input=1
input=2
input=1
input=2
input=1
input=2
input=1
input=2
```

3-8 SPI接続のカラー OLEDの使い方

本節では、SPI通信で接続するフルカラー OLED（SSD1331）の使い方を説明します。本節もPico Boardを使います。

使うフルカラー OLEDのハードウェアの外観と仕様は図2-6-2で説明していますので、ここではMicroPythonによる使い方を説明します。

3-8-1 MicroPythonによるOLED（SD1331）の使い方

このOLEDをMicroPythonで使うことにします。このOLED（SD1331）用のライブラリは標準では用意されていないのですが、次のサイトから入手できますので、これをベースに使うことにします。

https://github.com/kemusiro/MicroPythonGuide/blob/main/Part5/Chapter2/ssd1331.py

本ライブラリに、矩形描画と楕円描画のメソッドを追加して使いました。ライブラリの使い方は次のようにします。

❶ライブラリのダウンロード

上記サイトから、［Download］ボタンをクリックして「ssd1331.py」のファイルをダウンロードします。そしてメソッド追加後にThonnyでこのファイルを［Upload to/］でRaspberry Pi Pico Wにアップロード*します。

*詳しい手順は2-2節を参照。なおメソッド追加後のライブラリは本書サポートサイトから入手可能

❷ライブラリのインポート

本体と色を設定するメソッドの両方をインポートします。

```
import ssd1331
from ssd1331 import fbcolor
```

❸インスタンスの生成

SPIモジュールとssd1331の両方のインスタンスを生成します。SPIモジュールはSPI0をモード3*で使い、OLEDの制御ピンが3つ必要なのでそのピンを出力ピンとして設定します。Pico BoardではRaspberry Pi Pico WとOLEDとの接続は図3-8-1のようになっているので、これを元に初期設定をしていきます。MISOピンは使っていないのですが、初期設定で定義*しないと動作しません。

*polarityとphaseを 両方1とするとSPIモード3となる

*このためOLEDを使うと緑LEDが使えなくなる

```
rst = machine.Pin(15, Pin.OUT)
dc = machine.Pin(17, Pin.OUT)
cs = machine.Pin(22, Pin.OUT)
spi = SPI(0, baudrate=5_000_000, polarity=1, phase=1,
sck=Pin(18), mosi=Pin(19), miso=Pin(16))
display = ssd1331.SSD1331(spi, 96, 64, rst, dc, cs)
```

●図3-8-1　例題の接続構成

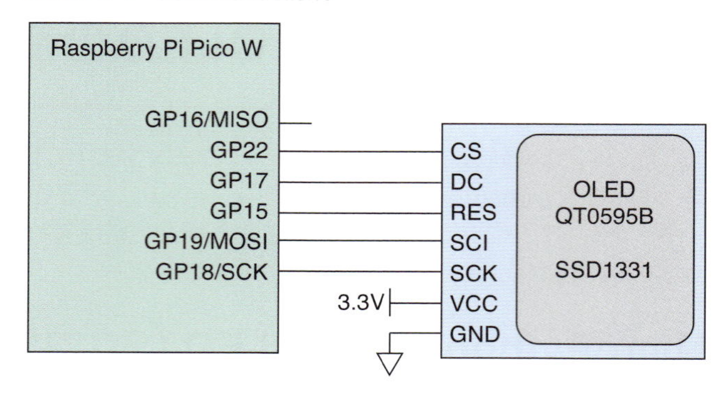

❹制御メソッド

```
display.reset()                      # OLEDハードウェアリセット
display.clear(c)                     # 色cで全画面表示
display.text(text, x, y, c)          # 位置(x,y)から色cでtext表示
display.pixel(x, y, c)               # 位置(x,y)に色cのドット表示
display.line(x1, y1, x2, y2, c)      # (x1,y1)と(x2,y2)間の直線表示
display.rect(x, y, w, h, c, f)
                            # (x, y)から幅w、高さhの四角を色cで表示
                              f=0なら輪郭のみ、f=1で内部も埋める
display.ellipse(x, y, xr, yr, c, f)
                        # (x, y)を中心、半径(xr, yr)の楕円を色cで表示
                          f=0なら輪郭のみ、f=1で内部も埋める
display.scroll (xsetp, ystep)        # 画面全体を指定方向に移動する
display.update()                     # 実際に画面表示する
```

❺色の指定方法

色cの変数にはfbcolor(r, g, b) というメソッドを使います。r、g、bは赤、緑、青で0～1.0の範囲の値で指定します。

基本の8色の定義は下記となります。

```
WHITE = fbcolor(1, 1, 1)
RED   = fbcolor(1, 0, 0)
GREEN = fbcolor(0, 1, 0)
BLUE  = fbcolor(0, 0, 1)
YELLOW= fbcolor(1, 1, 0)
MAGENTA=fbcolor(1, 0, 1)
CYAN  = fbcolor(0, 1, 1)
BLACK = fbcolor(0, 0, 0)
```

3-8-2　例題　カラー OLEDの制御

このOLEDの使い方を例題で説明します。Pico Boardを使い、次の機能を実装することにします。

- いったん全体を黒で消去、0.5秒待つ
- 座標(0, 0)から固定メッセージを緑で表示、座標(0, 10)からカウンタの値を赤でテキスト表示
- 座標(0, 30)から高さ30ドット、幅Xの内部に埋まった黄色の四角を表示、Xは順次＋1し95を超えたら1に戻す
- 座標(70, 40)を中心とし半径rのマゼンタの円を表示、rは順次＋1し30を超えたら1に戻す
- 0.5秒待つ
- これを永久に繰り返す

例題のプログラムリストがリスト3-8-1、リスト3-8-2となります。

リスト3-8-1が例題の初期設定をしている部分で、ライブラリをインポートし、基本8色の色の定義をしてからインスタンスを生成しています。最後にOLEDをリセットして全消去し、カウンタと位置の変数を定義しています。

リスト 3-8-1　例題のプログラムリスト　(SPI_OLED.py)

```
1  #****************************************
2  #  SPI接続のOLEDの例題
3  #  フルカラーグラフィック表示
4  #   SPI_OLED.py
5  #****************************************
6  from machine import Pin, SPI
7  import ssd1331
8  from ssd1331 import fbcolor
9  import time
10
11 #色定数の定義
12 WHITE = fbcolor(1, 1, 1)
13 RED   = fbcolor(1, 0, 0)
14 GREEN = fbcolor(0, 1, 0)
15 BLUE  = fbcolor(0, 0, 1)
16 YELLOW= fbcolor(1, 1, 0)
17 MAGENTA=fbcolor(1, 0, 1)
18 CYAN  = fbcolor(0, 1, 1)
19 BLACK = fbcolor(0, 0, 0)
20
21 #インスタンスの生成
22 rst = machine.Pin(15, Pin.OUT)
23 dc = machine.Pin(17, Pin.OUT)
24 cs = machine.Pin(22, Pin.OUT)
25 spi = SPI(0, baudrate=5_000_000, polarity=1, phase=1, sck=Pin(18), mosi=Pin(19), miso=Pin(16))
26 display = ssd1331.SSD1331(spi, 96, 64, rst, dc, cs)
27
28 #表示器の初期化
29 display.reset()         # 表示器リセット
```

```
30  display.clear(WHITE)    # 画面をクリア
31  display.update()        # 画面の更新
32  Counter = 0
33  x = 1
34  r = 1
```

リスト3-8-2がメインループの部分で、メインループで、黒で全消去して0.5秒待ったら、表題テキストを表示、次にカウンタの値をテキストで表示し、さらに四角と楕円を表示しています。四角の横幅と楕円の直径を順次＋1しています。この表示をしてさらに0.5秒待ってから最初に戻って繰り返します。

リスト 3-8-2　例題のプログラムリスト

```
36  #***** メインループ ************
37  while True:
38      display.clear(BLACK)    # 全消去
39      display.update()        # 表示更新
40      time.sleep(0.5)
41      # 文字の表示
42      display.text('Hello Pico W', 0, 0, GREEN)
43      Msg = 'Count = {:04}'.format(Counter)
44      display.text(Msg, 0, 10, RED)
45      Counter += 1
46      # 四角の描画
47      display.rect(0, 30, x, 30, YELLOW, 1)
48      x += 1                  # 横幅アップ
49      if x > 95 :
50         x = 1
51      # 円の描画
52      display.ellipse(70, 40, r, r, MAGENTA, 1)
53      r += 1                  # 半径アップ
54      if r >30:
55          r = 1
56      display.update()        # 表示更新
57      time.sleep(0.5)
```

この例題の実行結果例が写真3-8-1となります。

●写真3-8-1　例題の実行結果例

3-9 ギヤードモータのPWM制御方法

本節では、TTモータと呼ばれている小型ギヤードモータをPWM（Pulse Width Modulation）で回転速度を連続的に制御する方法を説明します。

3-9-1 DCモータの外観と仕様

汎用のTTモータの外観と仕様は図3-9-1のようになっています。TTモータは多くのメーカから発売されていますが、ここではできるだけ信頼できるメーカ製品を選択しました。ギヤ比と電源電圧で回転数やトルクが変わります。

●図3-9-1　ギヤードモータの外観と仕様

型番　：MG-TTY1120D
定格電圧　：6V
無負荷時
　回転数　：100rpm
　電流　：0.25A
　トルク　：2.0kg・cm
ギヤ比　：1：120
（販売 秋月電子通商）

型番　：MG-TTY1048D
定格電圧　：6V
無負荷時
　回転数　：190rpm
　電流　：0.16A
　トルク　：0.80kg・cm
ギヤ比　：1：48
（販売 秋月電子通商）

型番　：3777
定格電圧　：3V～6V
無負荷時
　回転数　：90rpm@3V
　　　　　：200rpm@6V
　電流　：0.15A
ストール時　：1.5A
　トルク　：0.15～0.6N/m
ギヤ比　：1：48
（販売 Adafruit（Amazon））

型番　：3801
　定格電圧：3V～6V
　無負荷時
　　回転数：60rpm@3V
　　　　　：120rpm@6V
　電流　：0.10A
ストール時：1.0A
ギヤ比　：1：90 メタルギヤ
（販売 Adafruit（Amazon））

通常DCモータは、図3-9-1のように回転させるには大電流を必要とします。特に停止状態から回転を始めるときに10倍以上の大電流が流れます。このような大電流は、Raspberry Pi Pico Wでは当然直接駆動することはできません。何らかのドライバを必要とすることになります。

Pico Boardは、図3-9-2のような回路構成となっていて、MOSFETのドライバICを実装しています。このICは2-6節で説明したように最大5Aまで駆動できますから、小型モータでしたら十分駆動できます。

この構成でモータはM1とM2端子に接続します。つまり2台のモータを制御できます。回転速度はPWMで可変できますが、回転方向*は変えられません。

モータ用電源はACアダプタのDC5Vを直接使うので、Pico Boardには、5V 2A程度のACアダプタを接続する必要があります。

* 2本の接続を逆にするとモータの回転方向も逆になる

●図3-9-2　Pico Boardとモータ接続方法

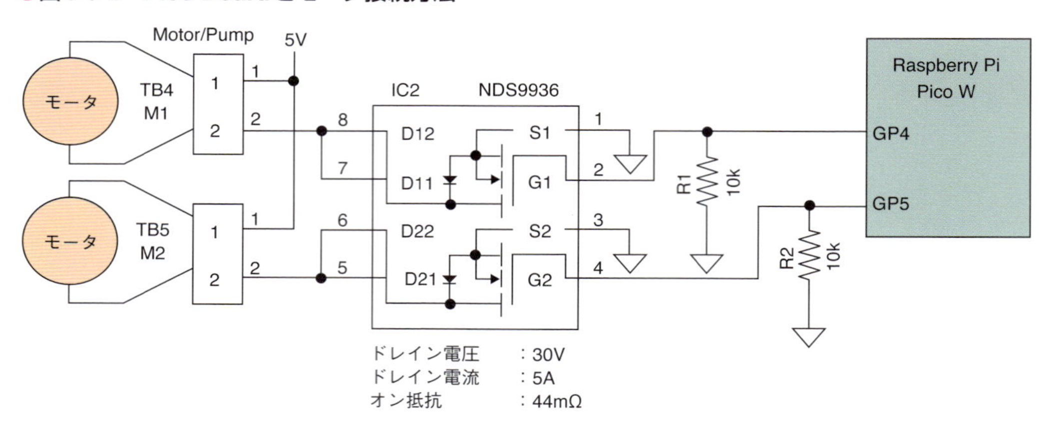

3-9-2　PWMモジュールの使い方

DCモータの回転数を制御するためにはPWM制御*をする必要があります。Raspberry Pi Pico Wに内蔵されているPWMモジュールの使い方を説明します。

* PWM:Pusle Width Modulation。Dutyでオンの時間比率を可変することで平均電流を可変する

内蔵PWMモジュールの構成は図3-9-3のようになっています。この構成のモジュールが8組実装されていて、各々が2つのPWM出力ピンを持っているので16系統のPWM出力を構成することができます。

PWMモジュールの本体は16ビットのカウンタで、システムクロックをデバイドした周波数でカウントアップします。これとWrapレジスタが常時比較されていて、一致するとカウンタは0に戻って再カウントします。このとき2つあるPWM出力ピンを両方ともHighに制御します。これで、図3-9-3（b）のように一定周期でカウントアップを繰り返すことになり、0に戻る都度いずれのPWM出力ピンもHighに戻ることになります。

さらにカウンタは2つのDutyレジスタとも常時比較されていて、一致するとそれぞれに指定されているPWM出力ピンをLowに制御します。これで、Dutyレジスタの値がWrapレジスタより小さければPWM出力ピンは周期の途中でLowになります。こうして周期は一定でHighとLowの比率が変わるPWMパルスが構成されます。

Wrapレジスタは1個なので2つのPWM出力の周期は同じですが、Dutyレジスタは別なので、デューティ比は独立に制御できます。

●図3-9-3　PWMモジュールの構成

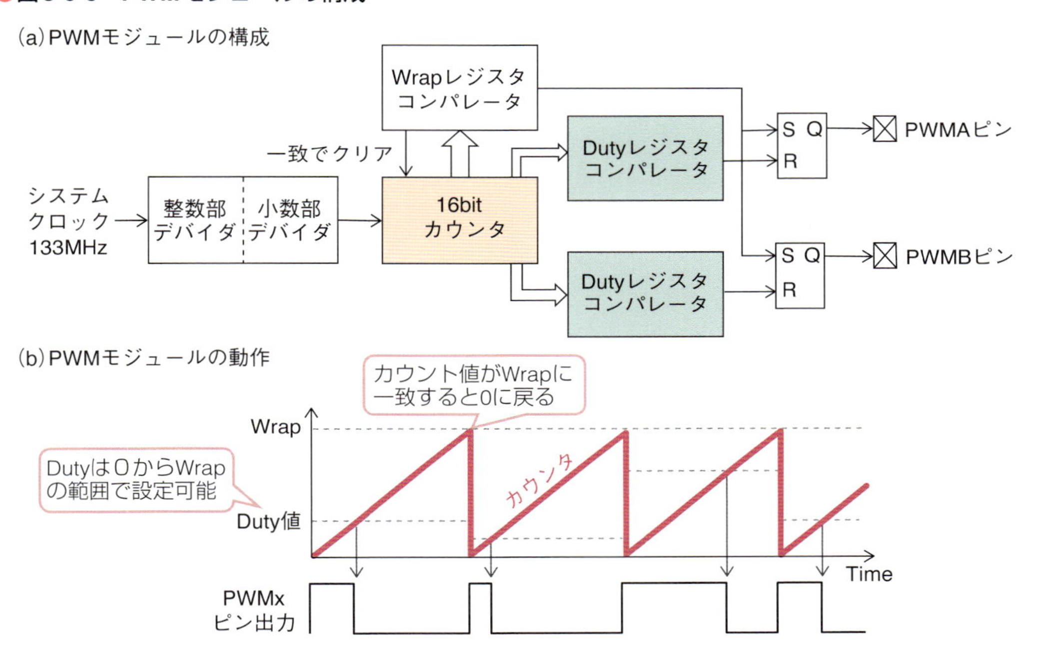

ここで8組あるPWMモジュールが出力できるピンは図3-9-4のように決まっています。図のように30ピンのどのピンにも出力できます。同時に両方の組に出力することもできます。例えば#0のA出力をGPIO0とGPIO16の両方に出力できます。

●図3-9-4　PWMモジュールと出力ピン

GPIO	0	1	2	3	4	5	6	7	8	9	10	11	12	13	14	15
PWM Channel	0A	0B	1A	1B	2A	2B	3A	3B	4A	4B	5A	5B	6A	6B	7A	7B
GPIO	16	17	18	19	20	21	22	23	24	25	26	27	28	29		
PWM Channnel	0A	0B	1A	1B	2A	2B	3A	3B	4A	4B	5A	5B	6A	6B		
PWMモジュール番号	#0		#1		#2		#3		#4		#5		#6		#7	

- 8組のそれぞれのA，B2つの出力のGPIOピン割り当て
- 30pinのGPIOすべてに割り当て可能
  - モジュールごとに割り当て可能ピンが決まっているので注意
  - #0から#6は2つのピンの選択が可能

PWMパルスの周期はWrapレジスタの値とデバイダの値で決まり、図3-9-5のような関係になっています。デバイダの値が小数まで設定できるので、きめ細かに周期が決められます。Wrapの値は16ビットなので1～65535の範囲となります。

このWrapの値がデューティの設定できる範囲となります。したがって最高の16ビットのデューティ分解能とするためには、Wrapを65535とする必要があり、こ

のときに設定できる周期は図3-9-5（c）の関係から2.03kHz以下の範囲となります。逆に分解能を12ビットとすればWrap最大値は4095ですから図3-9-5（c）のように32.4kHzまで高くできます。12ビット分解能の設定で、例えば10kHzの周期にするには、図3-9-5（d）のようにデバイダを3.25とすればよいことになります。デバイダの整数部を3、小数部を4/16にすれば設定できます。

●図3-9-5　周期の求め方とデューティ分解能

(a)周期の設定

$$周期f = \frac{133MHz}{Divide \times (Wrap+1)}$$

(b)Divideの値＝整数部＋実数部

整数部　1～255
小数部　0/16～15/16
} Divideの値の範囲 1～255.9(≒256)

(c)Wrapの値＝1～65535

Wrap＝65536のとき　Duty分解能16ビット
最高周期＝133MHz÷65536＝2.02kHz
Wrap＝4096のときDuty分解能12ビット
最高周期＝133MHz÷4096＝32.4 kHz

(d)実際の例

Wrap＝4095　Divide＝3.25の場合
f＝133MHz÷(3.25×4096)＝10.0kHz

MicroPythonでPWMモジュールを使うときの手順は次のようにします。ここで重要なことは、MicroPythonで使う場合、実際のデューティ分解能にかかわらずデューティの設定範囲は常に0から65536の範囲となっています。

したがって2kHz以上の場合は、1より大きな値を変えないと実際のデューティは変化しません。例えば図3-9-5(d)の10kHzの例の場合、65536÷4096 =16ですから、16単位でデューティ値を変えないと変化しないことになります。

❶ PWMモジュールのインポート

```
from machine import Pin, PWM
```

❷ インスタンスの生成

```
Name = PWM(Pin(0), freq=2000, ,duty_u16=32768)
```

❸ 制御メソッド

```
Name.freq()             # Nameモジュールの周期を取得
Name.freq(1000)         # Nameモジュールの周期を設定
Name.duty_u16()         # Nameモジュールのデューティを取得
Name.duty_u16(200)      # Nameモジュールのデューティを設定
Name.duty_u16(0)        # Nameモジュールの出力停止
Name.deinit()           # NameモジュールのPWM無効化
```

3-9-3　例題　ギヤードモータの制御

TTモータの制御を実際の例題で説明します。例題は次の機能を実装するものとします。TTモータをPico BoardのM1端子台に接続して動作させます。

- 周期を2kHzとしデューティ分解能を16ビットとする
- 1msec間隔でデューティを32768から65535まで順次アップし、65535を超えたら2秒待ってから32768に戻して繰り返す

デューティを32768つまり50%から開始しているのは、これより小さいとモータが回らないためです。

この例題のプログラムがリスト3-9-1となります。簡単なプログラムとなっています。

リスト 3-9-1　TTモータの例題プログラム（TTmotor.py）

```
1   #*********************************
2   #  PWMでギヤードモータの制御
3   #   TTmotor.py
4   #*********************************
5   from machine import Pin, PWM
6   import time
7   # PWM初期設定  周期2kHz
8   Motor1 = PWM(Pin(4), freq=2000)         # 周期2kHzに設定
9   
10  #***** メインループ *************
11  while True:
12      for Duty in range(32768, 65536):    # Dutyの設定範囲を指定
13          Motor1.duty_u16(Duty)           # Duty順次アップ
14          time.sleep(0.001)               # 1msec間隔
15      Motor1.duty_u16(0)                  # モータ停止
16      time.sleep(2)                       # 2秒待つ
```

動作確認には、Pico BoardへのACアダプタの接続を忘れないようにして下さい。

3-10 RCサーボモータの制御方法

本章では角度制御のできるRCサーボモータの使い方を説明します。Pico Boardを使って試しています。

3-10-1 RCサーボモータの外観と仕様

RCサーボモータの外観と仕様は図3-10-1のようになっています。大きさやトルクなどにより多くの種類があります。通常は0度から180度*の範囲で角度が可変できるようになっています。電源は5Vが標準ですが、制御信号は3.3Vでも動作するようになっています。

*0度から120度というものもある

●図3-10-1　RCサーボモータの外観と仕様

(a) 小型RCサーボモータSG90の外観と仕様

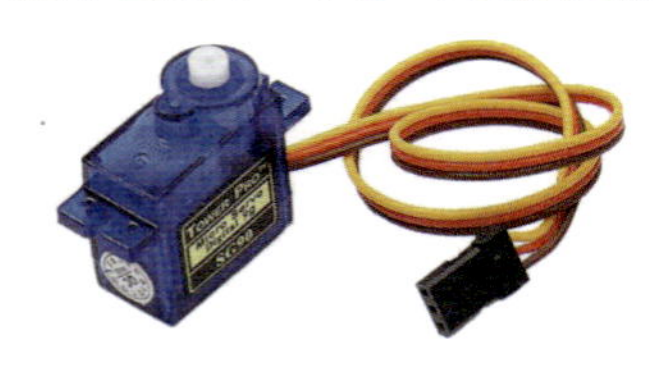

橙：制御信号
赤：電源
茶：グランド

仕様
- 型番　：SG90
- PWM周期　：20ms
- デューティ：0.5ms～2.4ms
- 制御角　：±約90°(180°)
- トルク　：1.8kgf・cm
- 動作速度　：0.1秒/60度
- 動作電圧　：4.8V～5V
- 消費電流　：約140mA(無負荷時)
約1200mA(ストール時)
- 制御電圧　：3.3V～5V
- 温度範囲　：0℃～55℃
- 外形寸法　：22.2×11.8×31mm
- 重量　：9g

(b) 大型RCサーボモータMG996Rの外観と仕様

コネクタピン配置
黄(PWM)
赤(5V)
茶(GND)

仕様
- 型番　：MG996R
- PWM周期　：16ms～20ms
- デューティ：0.5ms～2.4ms　0.9ms～2.1ms
- 制御角　：±約90°(180°)　±60°(120°)
- トルク　：9.4kgf・cm
- 動作速度　：0.19秒/60度
- 動作電圧　：4.8V～6.6V
- 動作電流　：170mA(無負荷時)
：1400mA(ストール時)
- 制御電圧　：3.3V～5V
- 温度範囲　：0℃～55℃
- 外形寸法　：40.7×19.7×42.9mm
- 重量　：55g

このRCサーボの制御は制御信号として図3-10-2 (a) のようなPWM波形を必要とします。周期が20msecでオンのパルス幅が500μsecから2400μsecの範囲で、0度から180度の範囲で角度が制御できます。

このパルスをRaspberry Pi Pico Wで生成するためには、PWMモジュールを使います。PWM設定で周期を50Hz（20msec）とし、デューティは全体が0～65535ですから、図3-10-2（b）のように、0度と180度のデューティ設定値を求めれば、図3-10-2（b）の（4）のようにN度にするためのデューティ設定値を求めることができます。

●図3-10-2　RCサーボの制御方法

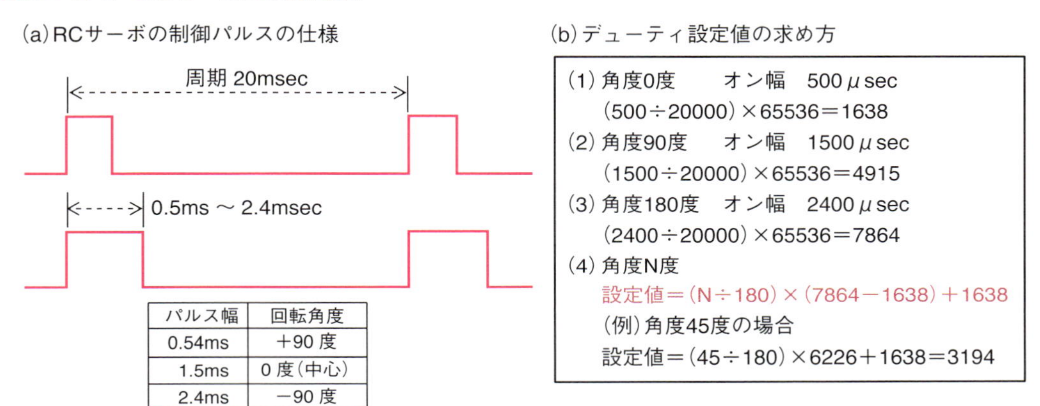

パルス幅	回転角度
0.54ms	＋90 度
1.5ms	0 度（中心）
2.4ms	－90 度

MicroPythonでPWMモジュールを扱う方法は、3-9節と同じです。

3-10-2　例題　RCサーボの制御

実際の例題でRCサーボの使い方を説明します。この例題は次の機能を実装しています。Pico Boardのサーボ端子を使います。

- 2台のRCサーボを5msec間隔で0度から180度まで0.1度単位で順次角度を更新し、180度を超えたら0度に戻す。この戻すときだけ1秒待つものとする

RCサーボモータは、図3-10-3のようにServo1とServo2のヘッダピンに接続します。この例題ではACアダプタを必要としますので、忘れないようにして下さい。

●図3-10-3　RCサーボの接続方法

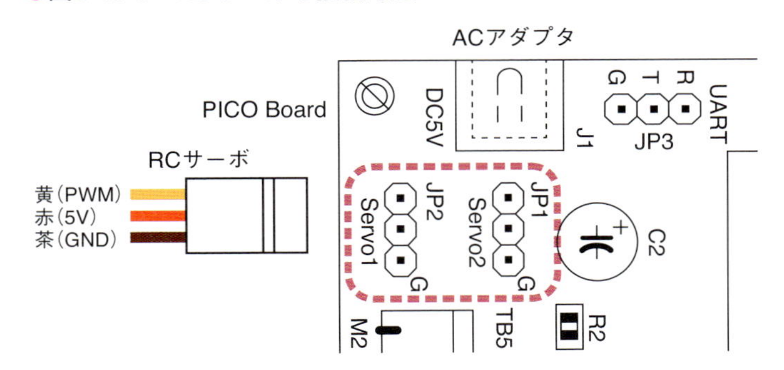

この例題のプログラムがリスト3-10-1となります。

ライブラリのインポートのあと、2つのPWMのインスタンスを生成しています。

メインループでは、Degreeを角度変数として、Degreeからデューティ設定値を計算してPWMデューティとして設定しています。あとは5msecか1secの遅延を入れてから角度を0.1度増やし、180度を超えたら0度に戻しています。

リスト 3-10-1 例題のプログラムリスト (RCServeo.py)

```
1  #**************************************
2  #  RCサーボモータの制御
3  #   PWMで2台のRCサーボの制御
4  #   RCServo.py
5  #**************************************
6  from machine import Pin, PWM
7  import time
8  #***** インスタンス生成*********
9  servo1 = PWM(Pin(2), freq=50)
10 servo2 = PWM(Pin(3), freq=50)
11 
12 # 変数定義
13 Degree = 0
14 #***** メインループ ****************
15 while True:
16     #角度からデューティ設定を求める
17     Duty = (int)((Degree/180.0)*(7864-1638)+1638)
18     # 2台のRCサーボの制御
19     servo1.duty_u16(Duty)
20     servo2.duty_u16(Duty)
21     # 常時5msecで0度に戻るときだけ1秒待つ
22     if(Degree == 0):
23         time.sleep(1)
24     else :
25         time.sleep(0.005)
26     # 角度0.1度ずつアップ,180度で0に戻す
27     Degree = Degree+0.1
28     if(Degree > 180.0):
29         Degree = 0
```

3-11 Wi-Fiの使い方

Raspberry Pi Pico Wには標準で無線機能が実装されていて、Wi-Fi機能とBluetooth通信が使えます。本節ではこのWi-Fi通信の使い方を例題で説明します。

3-11-1 例題の構成と機能

本節での例題はBasic Boardを使って図3-11-1のような構成でWi-Fi通信を実行するものとします。アクセスポイントを中心としたネットワークを使い、このネットワークにPicoをWebサーバとして接続します。またスマホ/タブレットを同じアクセスポイントに接続して同じネットワークに接続しクライアント側とします。そして、スマホ/タブレットのブラウザでPicoのIPアドレスを指定して接続します。これでWi-Fiを使って通信ができることになります。

●図3-11-1　例題の構成

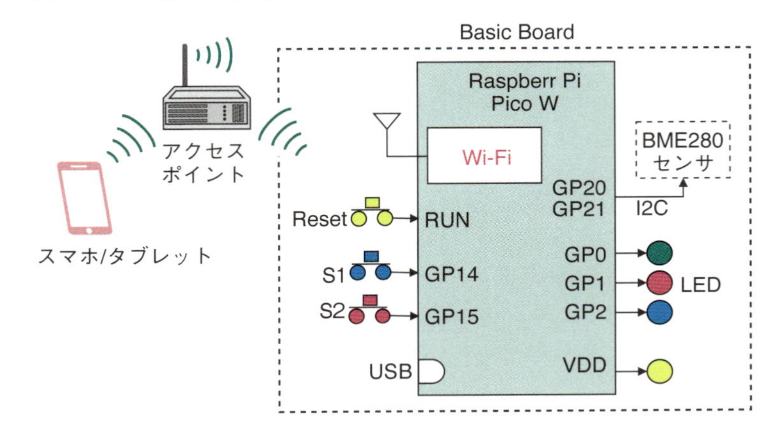

例題の機能は、次のようにします。

- Raspberry Pi Pico Wをアクセスポイント経由でネットワークに接続し、Webサーバとして動作させる
- 同じネットワークに接続したスマホ/タブレットから、ブラウザを使ってWebサーバ(Pico)のIPアドレスを指定*して接続する

* httpsではなく、httpで接続することに注意

これでPico側からWebページが送信され、図3-11-2のような画面が表示されます。この表示は2秒ごとに更新されるようにしてPico内蔵の温度センサの温度と緑LEDの状態が常に更新されるようにします。

ボタンをタップすればPico側の緑LEDの点灯、消灯を交互に切替制御します。このLEDの状態を表示更新時に表示するようにします。

●図3-11-2　Webページの表示内容

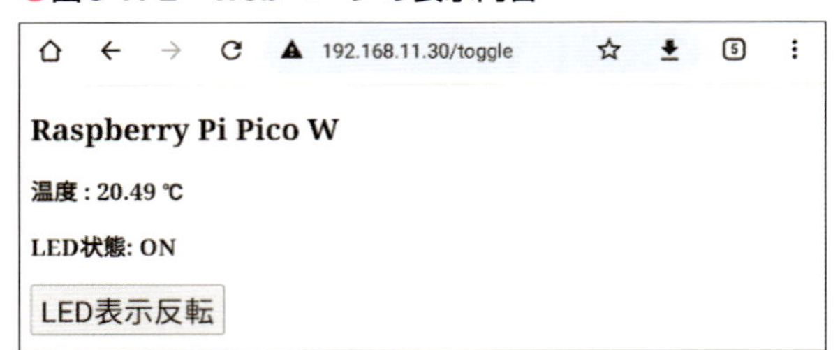

3-11-2　例題のプログラム作成

この例題の機能を実装したMicroPythonのプログラムがリスト3-11-1、リスト3-11-2、リスト3-11-3となります。

まず初期設定とWi-Fiの接続処理部がリスト3-11-1となります。最初に必要なライブラリをインポートしていますが、Wi-Fi通信に必要なものは、networkとsocketで、これはMicroPythonの標準ライブラリとして用意されているのでインポートするだけで使えます。

次に温度センサとLEDのインスタンスを生成していますが、内蔵温度センサはADコンバータのチャネル4*として定義できます。さらにWi-FiのアクセスポイントのSSIDとパスワードを定義しています。ここは読者の環境に合わせて変更する必要があります。

次にWi-Fiでアクセスポイントとの接続を実行する部分になります。まずWLANをステーションモード*（STA_IF）で有効化してからconnectメソッドで接続を実行します。接続実行後、実際に接続できるのを待ち、接続できたらそのときの自分のIPアドレスをThonnyのシェルにprint文で出力します。このIPアドレスをスマホ/タブレットのブラウザで指定して接続することになります。

アクセスポイントとの接続ができたら、ソケットを生成してサーバとして動作させます。ソケットの生成には、「AF-INET」でIPv4を指定し、「SOCK_STREAM」でTCP通信を指定します。さらにsetsockoptメソッドで、「SO_REUSEADDR」を指定してTCPの通信終了後、同じIPアドレスにすぐ次の接続ができるようにして、デバッグ時にも再接続*がすぐできるようにします。続いてbindメソッドでソケットを指定したIPアドレスに結合します。最後のlistenメソッドでサーバ動作としてクライアントの接続待ち状態としています。

* 詳細は3-6節を参照

* 子機としてWi-Fiのアクセスポイントに接続するモード

* TCP通信はクローズしても標準では数分間は再接続ができないので、次の接続をしようとすると接続できずデバッグが進まなくなる

リスト 3-11-1　初期設定とWi-Fi接続部　(WiFiBasic.py)

```
1  #****************************************
2  #  Wi-Fiの例題　ボタン状態と温度計測値表示
3  #  Webページ送信、2秒間隔で自動再表示
4  #    WiFiBasic.py
5  #****************************************
6  from machine import Pin, ADC
7  import network
8  import socket
```

```
9   import time
10
11  # インスタンス生成
12  sensor_temp = machine.ADC(4)            # 内蔵温度センサー
13  led = machine.Pin(0, machine.Pin.OUT)   # LED
14  # wi-Fiアクセスポイント定義
15  ssid = 'YOUR SSID'
16  password = 'YOUR PASSWORD'
17
18  #***** Wi-Fiに接続 *******
19  wlan = network.WLAN(network.STA_IF)
20  wlan.active(True)
21  wlan.connect(ssid, password)            # Apとの接続実行
22  # 接続待ち
23  while not wlan.isconnected():
24      time.sleep(1)
25  # 接続成功
26  status =  wlan.ifconfig()
27  print('IP=' + status[0])                # 自分のIPアドレス表示
28  # サーバーのセットアップ
29  addr = socket.getaddrinfo('0.0.0.0', 80)[0][-1]
30  s = socket.socket(socket.AF_INET, socket.SOCK_STREAM)
31  #TCP再利用可能化
32  s.setsockopt(socket.SOL_SOCKET, socket.SO_REUSEADDR,3)
33  s.bind(addr)
34  s.listen(5)
35  print('Listening on', addr)
```


次が温度を取得するサブ関数と、応答のHTMLを生成するサブ関数部でリスト3-11-2となります。

内蔵温度センサはデータシート通りの変換*で、電圧値から実際の温度に変換しています。Webページ生成では、まずLEDの状態をON、OFFの文字列に変換しておきます。そしてhtml部は3重引用符「"""」で全体を文字列として扱い、さらにfを先頭に追加して変数を代入できるようにします。これで{ }内で指定したフォーマットで引数の値を文字列として追加できるようになります。

* rp2040のデータシートの4.9.5項に記述がある

head部では、refresh指定でこのHTMLページを2秒ごとに再要求する設定とし、さらにUTF-8を指定して日本語が使えるようにしています。

body部では、温度とLED状態を指定サイズの文字列として表示し、さらにボタンをタップしたときの動作をactionで指定して、/toggleというコマンド*をPOSTコマンドで送信しています。

* このコマンドを受信したPicoがLEDを反転制御する

リスト 3-11-2　サブ関数部

```
37  #***** 温度取得関数  ******
38  def get_temperature():
39      reading = sensor_temp.read_u16() * 3.3/(65535)
40      temperature = 27 - (reading - 0.706) / 0.001721
41      return temperature
42
43  #****** Webページ用HTMLデータ *****
44  def web_page(temp, led_state):
45      led_status = "ON" if led_state else "OFF"
46      html = f"""
47      <!DOCTYPE html>
```

```
48      <html>
49      <head>
50          <meta http-equiv="refresh" content="2">
51          <meta charset="UTF-8">
52          <title>Pico W Server</title>
53      </head>
54      <body>
55          <h2>Raspberry Pi Pico W</h2>
56          <h3><p>温度 : {temp:.2f} ℃</p>
57          <p>LED状態: {led_status}</p></h3>
58          <form action="/toggle" method="POST">
59              <button type="submit" style="font-size: 24px;">LED表示反転</button>
60          </form>
61      </body>
62      </html>
63      """
64      return html
```

最後はメインループ部でリスト3-11-3となります。最初にacceptメソッドでクライアントからの接続要求を受け入れ、そのクライアントのIPアドレスをThonnyのシェルに出力しています。そのクライアントからデータを受信し文字列に変換しています。

文字列に変換後/toggleコマンドがPOSTされていたらLEDを反転制御します。続いて温度とLEDの状態を引数としてWebページとしてresponseデータを生成し、ヘッダを追加してクライアントに送信します。これでクライアントのページ表示が更新されます。

リスト 3-11-3　メインループ部

```
66  #******* メインループ *****
67  while True:
68      try:
69          #クライアント接続
70          cl, addr = s.accept()
71          print('Connected %s' % str(addr[0]))     # クライアントのIP表示
72          request = cl.recv(1024)                  # クライアントデータ受信
73          request = str(request)                   # 文字に変換
74          # LED制御の場合
75          if "POST /toggle" in request:
76              led.value(not led.value())           # LEDの状態をトグル
77          # 現在の温度とLEDの状態を取得
78          temperature = get_temperature()
79          led_state = led.value()
80          # クライアントにHTMLレスポンスを送信
81          response = web_page(temperature, led_state)
82          cl.send('HTTP/1.1 200 OK¥r¥n')
83          cl.send('Content-Type: text/html¥r¥n')
84          cl.send('Connection: close¥r¥n¥r¥n')
85          cl.sendall(response)
86          cl.close()
87      # WiFi異常時処理
88      except OSError as e:
89          cl.close()
90          print('Connection closed')
```

以上がWi-Fi通信の基本の例題になります。以降のWi-Fiを使った例題や製作例では同じ処理を実行しています。

3-12 Bluetooth Classicの使い方

Raspberry Pi Pico Wの無線モジュールはBluetooth Classicもサポートしています。この使い方を実際の例題で試してみます。

MicroPythonでは、本書執筆時点ではBluetooth Classicはサポートされていないので、本章はArduino IDEで試してみます。使うハードウェアはBasic Boardです。

3-12-1 例題の構成と機能

Bluetooth通信を試すための例題の構成は図3-12-1のようにしました。Basic Board側はArduinoでプログラムを作成して動作させ、スマホ/タブレット側には、「Serial Bluetooth Terminal」というアプリをインストールして使うことにします。

●図3-12-1　例題の構成

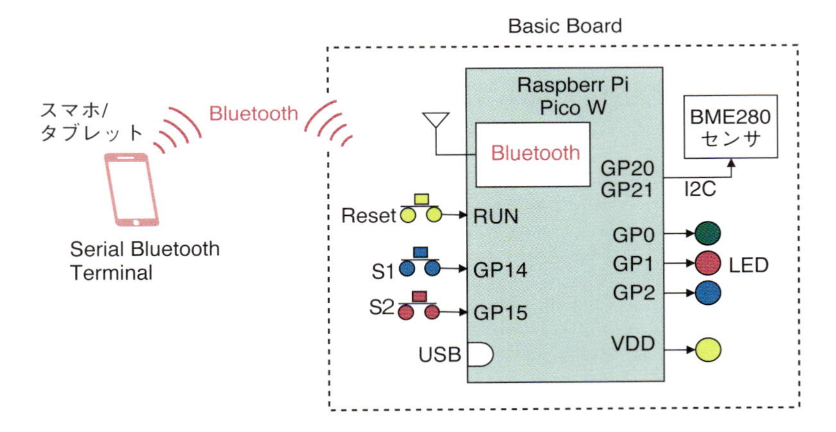

この構成で、次の機能を実行します。

- スマホ/タブレット側から、コマンドを送信することで、Basic Boardの3個のLEDをオンオフする
- 応答としてLEDの状態をON、OFFの文字列で返信する

3-12-2 Bluetoothのライブラリの使い方

Arduinoに用意されているBluetooth Classicのライブラリの使い方は次のようにします。

❶ライブラリのインクルード

```
#include <SerialBT.h>
```

❷ ライブラリのインスタンス生成

```
SerialBT.begin();           // パラメータなし
```

❸ 使用可能なメソッド

```
SerialBT.available();                  // 受信があればTrueを返す
SerialBT.read();                       // 1バイト読み出す
SerialBT.write(*buf, strlen(buf));     // buf内容を全バイト送信
SerialBT.print(*str);                  // str文字列を送信する
SerialBT.println(*str);                // str文字列と改行を送信
SerialBT.connected();                  // 接続中の場合Trueを返す
```

このようにbeginで定義するだけで、通常のシリアル通信と同じようにBluetoothを使うことができます。

3-12-3 例題のプログラム作成

例題の機能を実装したプログラムはリスト3-12-1、リスト3-12-2となります。

まずリスト3-12-1が初期設定部で、SerialBT.hをインクルードしたら、setup部でSerialBT.begin()とするだけです。

リスト 3-12-1 初期設定部 (BluetoothClassic.ino)

```
1   /*************************************************
2    *  Bluetooth Classicの例題
3    *   スマホ/タブレットからのコマンドで
4    *    3色のLEDを制御
5    *   BlutoothClassic
6    ************************************************/
7   #include <Wire.h>
8   #include <SerialBT.h>
9   // グローバル変数定義
10  String data="";
11  char rcv;
12  /***** 初期設定部 ***********/
13  void setup(){
14    pinMode(0, OUTPUT);        // LEDの設定
15    pinMode(1, OUTPUT);
16    pinMode(2, OUTPUT);
17    SerialBT.begin();          // Bluetooth用
18  }
```

リスト3-12-2がメインループ部です。

最初にSerialBT.available()で受信があるかどうかをチェックし、受信があった場合のみ処理を開始します。1バイトのデータを読み出し、復帰改行コードは無視し、先に進みます。あとは受信した数字に応じてLEDのオンオフを実行します。

応答を返信する部分では、data文字列に3個のLEDの状態に応じて、3項演算子を使ってONかOFFをdataに連結し、最後にSerialBT.println(data)で改行つきで送信しています。

リスト 3-12-2 メインループ部

```
19 /***** メインループ ******************/
20 void loop(){
21   // Bluetooth受信データ処理  コマンドで分離
22   while(SerialBT){
23     if(SerialBT.available()){                // 受信レディーチェック
24       rcv = SerialBT.read();                 // 1文字受信
25       if((rcv == '¥r') or (rcv == '¥n'))     // 復帰改行は無視
26         continue;
27       // 受信データでLED制御
28       if(rcv == '1'){digitalWrite(0, HIGH); }
29       else if(rcv == '2'){digitalWrite(0, LOW);  }
30       else if(rcv == '3'){digitalWrite(1, HIGH); }
31       else if(rcv == '4'){digitalWrite(1, LOW);  }
32       else if(rcv == '5'){digitalWrite(2, HIGH); }
33       else if(rcv == '6'){digitalWrite(2, LOW);  }
34       // 応答実行
35       data = "";
36       data = digitalRead(0) == 1 ? "ON" : "OFF";
37       data += digitalRead(1) == 1 ? " ON" : " OFF";
38       data += digitalRead(2) == 1 ? " ON" : " OFF";
39       SerialBT.println(data);                // Bluetooth送信
40     }
41   }
42 }
```

このプログラムを実行する前に、Arduino IDEでPicoのBluetoothを使う場合には、Picoの無線モジュールのBluetoothを有効にする必要があります。IDEのメインメニューから、[Tools]→[IP/Bluetooth Stack "IPv4 Only"]→[IPv4 + Bluetooth]を選択します。

これでWi-FiとBluetooth Classic の両方が使えるようになります。

3-12-4 スマホ/タブレット側のアプリ

このBluetoothのテストに使うスマホ/タブレットのアプリには、「Serial Bluetooth Terminal」を使いました。図3-12-2のように「Play ストア」からインストールできます。

●図3-12-2 Serial Bluetooth Terminal」のインストール

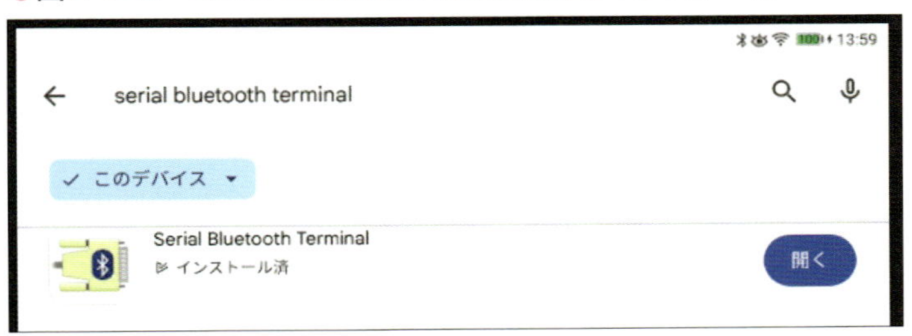

これを使ってテストする手順は次のようにします。

1 ペアリング

スマホ/タブレットの設定からBluetoothを選択してRaspberry Pi Pico Wとペアリングをします。Pico側の名称は「Pico W Serial [MAC Address*]」となります。

MAC Address部は デバイスごとに異なる

2 接続

Serial Bluetooth Terminalを起動し、図3-12-3のようにしてPicoと接続します。

①メニューを選択しドロップダウンメニューを開く
②一覧からDevicesを選択
③Bluetooth Classicを選択
④一覧から相手としてPicoWを選択する（これで自動的に接続を実行）
⑤接続アイコンをクリックして接続実行（自動接続完了の場合は不要）
⑥正常に接続できたことを確認する
⑦アイコンが接続中となる

●図3-12-3　Serial Bluetooth Terminalの使い方

3 応答確認

正常に接続できたら、図3-12-4のようにコマンドを送信してLEDを制御します。その後応答が正常であることを確認します。

①送信メッセージ入力欄にコマンドを入力する
　1，3、5が緑、赤、青のLED点灯制御、2、4、6がLED消灯制御で、123と連続で数値を送信しても大丈夫です。
②送信ボタンをタップして送信実行
③応答のON、OFF状態が正常であることを確認する
　応答はコマンド1文字ごとに返るので135と送信すれば3回応答があります。

●図3-12-4　Serial Bluetooth Terminalの使い方

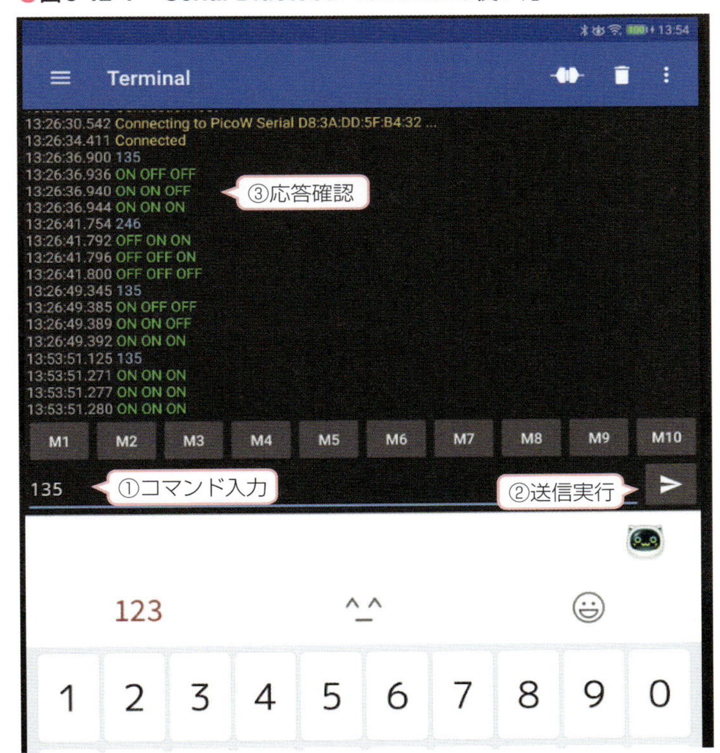

【注意】

Arduino IDEで使ったあと、Pico WをMicroPythonで使う場合には、再度MicroPythonのFirmwareをコピーし直す*必要があります。

*このときの詳細は手順は2-2節を参照

3-13 BLE通信の使い方

Raspberry Pi Pico Wの無線モジュールは、低消費電力のBluetooth Low Energy（BLE）通信にも対応しています。さらに、MicroPythonもBLE通信に対応したライブラリを提供しています。

そこで本節ではBLE通信の基本と、MicroPythonを使った例題でRaspberry Pi Pico WのBLE通信の使い方を説明します。

3-13-1 BLE通信の基本

BLE通信では、親側を「セントラル」、子側を「ペリフェラル」と呼びます。本書の範囲では、スマホ/タブレットがセントラルで、Raspberry Pi Pico W側がペリフェラルとなります。この両者でBLE通信を始める手順は図3-13-1となります。

ペリフェラルとなるPicoは①「Advertise」信号を常時送信して自分が何者であるかを送信しています。セントラルが通信を開始する際には、②「scan」して周辺にあるadvertise信号を受信してペリフェラルのリストを作成します。そして特定のペリフェラルを指定して③「connect」し、通信を開始します。通信が終了したら、④「disconnect」して終了します。

●図3-13-1　BLEセントラルとペリフェラル

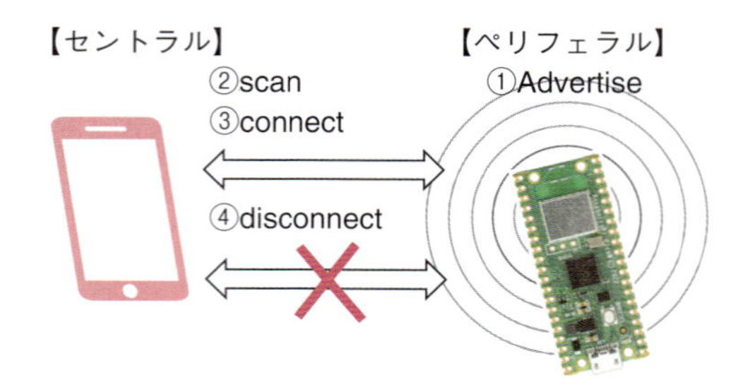

BLEペリフェラル側は図3-13-2のようなデータ構造で、どういう機能のデバイスかを表す情報を保持しています。

どのペリフェラルも独立のデバイスとしての機能をまとめた「Service」というデータを持っています。通常は複数のServiceが存在します。

さらにServiceの中には送信と受信などの実際の機能を果たす複数の「Characteristic」というデータを内蔵しています。

このCharacteristicの中には「Value」という実際のデータと、属性を示す「Property」が格納されています。属性には、データの読み出しを実行する「read」と、書き込みを実行する「write」、さらに積極的にデータ変化を通知する「notify」があり、どれを提供するかがPropertyで決められています。

つまりwrite属性を持っている場合は、セントラルから送信してValueを変更でき、read属性を持っている場合はセントラルがValueを読み出せるということになります。さらにnotify属性を持っている場合は、セントラルから読み出しにいかなくてもペリフェラル側からの通知で変化を知ることができます。

Descriptorは詳細情報になりますが、通常は使わないので、ここでは説明は省略します。

多くのペリフェラルを特定して区別するため、ServiceとCharacteristicには「UUID*」という長い16進数のデータが割り付けられていて、このUUIDで区別されます。

＊ UUIDとはUniversally Unique IDentifierの略で、いくつかの方法で自動生成できる。ほぼ重複することがないようになっている

セントラルからペリフェラルにデータを送受信する際には、このUUIDを使って特定のServiceの特定のCharacteristicのValueを書き換えたり、読み出したりすることになります。

●図3-13-2　BLEペリフェラルのデータ構造

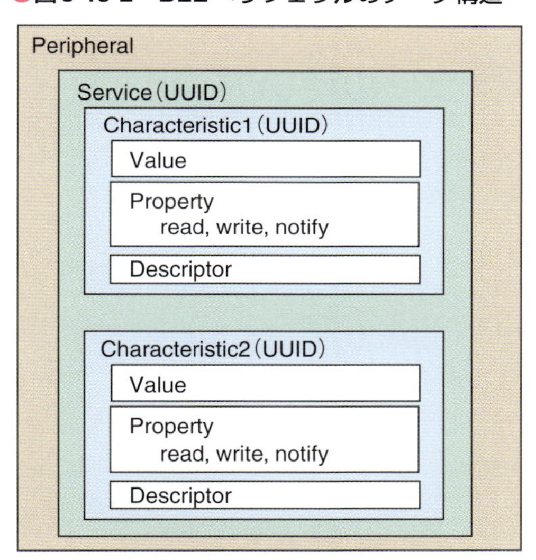

3-13-2　例題の構成と機能

実際の例題でBLE通信を試してみます。例題の構成は図3-13-3のようにしました。

これでスマホ/タブレット側をセントラルとし、Basic Board側をペリフェラルとして、スマホ/タブレット側で3-12節と同じ、「Serial Bluetooth Terminal」を使ってコマンドを送信してLEDのオンオフ制御をし、折り返しのメッセージで状態を確認するという動作をすることにします。

●図3-13-3　例題の構成

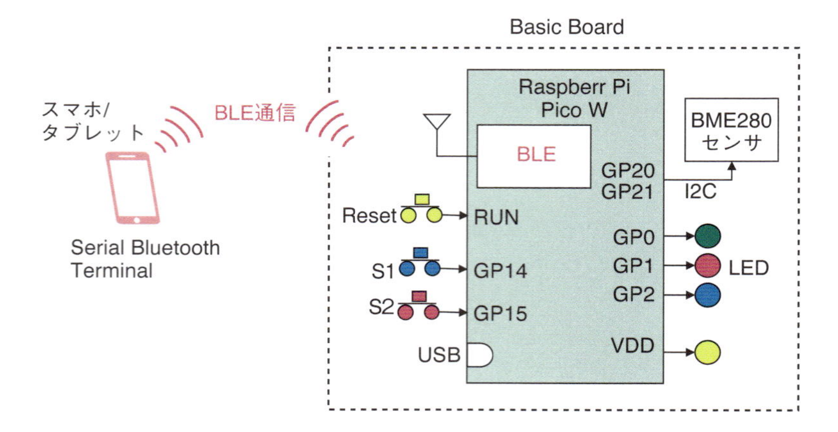

3-13-3　BLEライブラリの使い方

MicroPythonで用意されているBLEライブラリは、まだサンプルとして提供されている状態ですが、次の2つのファイルを使ってBLEペリフェラルを実装することができます。

- ble_advertising.py（BLEのアドバタイズ信号を送信する）
- ble_simple_peripheral.py（単純なペリフェラル機能を提供する）

これらのファイルはMicroPythonのGitHubからダウンロードできます。ペリフェラルだけでなくセントラル用のファイルも提供されています。

https://github.com/micropython/micropython/tree/master/examples/bluetooth

これらのファイルを使ってBLEペリフェラルのプログラムを作成するには、まず上記2つのファイルをPicoにアップロードする必要があります。

PicoをUSBで接続した状態で、図3-13-4（a）のように①Thonnyの右下の欄でPicoを選択します。

次に図3-13-4（b）のようにThonnyのFilesの欄から上記BLE用の2つのファイルを格納したディレクトリ（例Sec3¥BLE）の②ファイルを指定して右クリックします。

これで開くドロップダウンメニューで③［Upload to /］とすれば、④Pico本体に格納されます。

●図3-13-4　ファイルのアップロード

(a) Picoの選択（Thonnyの右下側）　(b) ファイルのアップロード

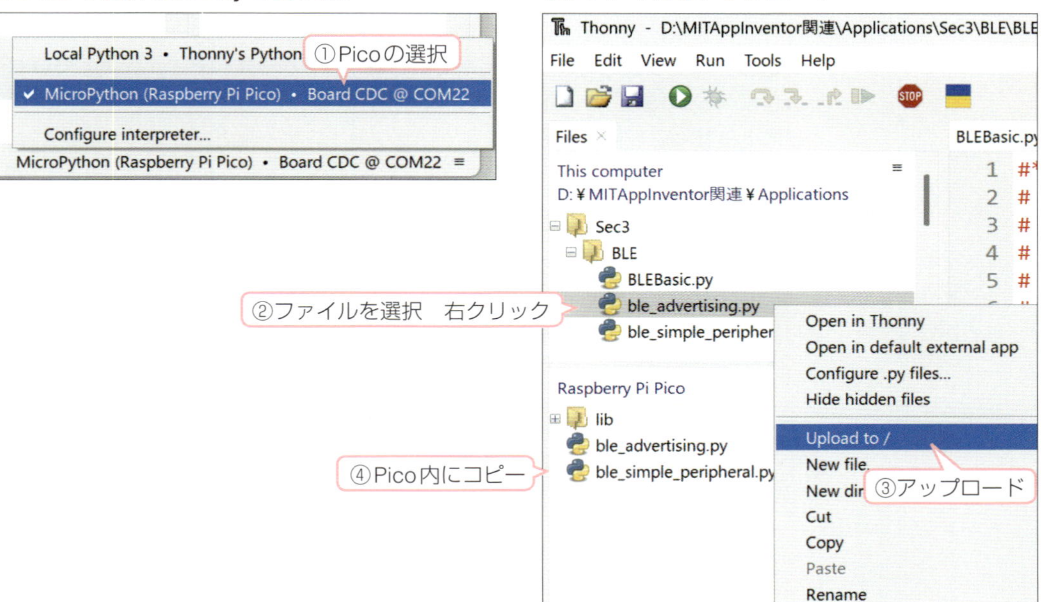

この後MicroPythonでプログラムする手順は次のようにします。

❶ライブラリファイルのインポート

```
import bluetooth
from ble_simple_peripheral import BLESimplePeripheral
```

❷インスタンスの生成

```
ble = bluetooth.BLE()           # BLEオブジェクト生成
sp = BLESimplePeripheral(ble)  # ペリフェラル生成
```

❸使えるメソッド

```
sp.send(data)           #データを送信
sp.is_connected()       #接続中のチェック
sp.on_write(func)       #受信ありで関数funcを呼び出す
              (funcの引数に受信データを渡す)
```

❹定義されているデバイス名とUUID

デバイス名：mpy-uart
サービス　：6E400001-B5A3-F393-E0A9-E50E24DCCA9E
受信　　　：6E400002-B5A3-F393-E0A9-E50E24DCCA9E
送信　　　：6E400003-B5A3-F393-E0A9-E50E24DCCA9E

3-13-4　例題プログラムの作成

例題のプログラムはThonnyを使ってMicroPythonで作成します。完成したプログラムがリスト3-13-1とリスト3-13-2となります。

リスト3-13-1は初期設定部で、ライブラリのインポートとインスタンスの生成を実行しています。

リスト 3-13-1　例題のプログラム　(BLEBasic.py)

```
1   #*****************************************************
2   # BLE通信でスマホ/タブレットと通信　BLE¥BLEBasic.py
3   # LEDの制御と状態送信
4   # PicoのMicroPythonで制御
5   # ble_advertising.py と ble_simple_peripheral.py
6   # のUploadが必要
7   # mpy-uartというデバイス名になり自動接続される
8   #*****************************************************
9   from machine import Pin
10  import bluetooth
11  from ble_simple_peripheral import BLESimplePeripheral
12  import time
13  
14  # BLEのオブジェクトの生成
15  ble = bluetooth.BLE()
16  # BLESimplePeripheralをBLEオブジェクトとしてインスタンス生成
17  sp = BLESimplePeripheral(ble)
18  # LEDのインスタンス生成
19  Green = machine.Pin(0, Pin.OUT)
20  Red   = machine.Pin(1, Pin.OUT)
21  Blue  = machine.Pin(2, Pin.OUT)
```

受信処理関数とメインループ部がリスト3-13-2となります。受信処理関数Receiveでは、引数に受信データが渡されますから、この内容をチェックしてLEDの制御を実行します。相手のスマホ/タブレットから復帰改行コード付きで送信されるので、それを含めて比較する必要があります。

返信のメッセージは、3色のLEDのオンオフ状態をONとOFFの文字列として編集し、送信しています。

メインループでは、接続中であればBLE受信を待ち、受信があればReceiveの関数を呼んでいるだけです。

リスト 3-13-2　受信処理関数とメインループ

```
23  #**** BLEの受信処理関数 *****
24  def Receive(data):
25      print("Data received: ", data)
26      # LEDの制御
27      if data == b'1¥r¥n':
28          Green.value(1)
29      if data == b'2¥r¥n':
30          Green.value(0)
31      if data == b'3¥r¥n':
```

```
32            Red.value(1)
33        if data == b'4¥r¥n':
34            Red.value(0)
35        if data == b'5¥r¥n':
36            Blue.value(1)
37        if data == b'6¥r¥n':
38            Blue.value(0)
39        # 送信データの編集
40        resp = ""
41        resp = 'ON' if Green.value() else 'OFF'
42        resp += ','
43        resp += ' ON' if Red.value() else ' OFF'
44        resp += ','
45        resp += ' ON' if Blue.value() else ' OFF'
46        sp.send(resp)   #送信実行
47
48    #***** メインループ ************
49    while True :
50        if sp.is_connected():           # BLE接続中の場合
51            sp.on_write(Receive)        # 受信のCallback関数定義
```


3-13-5　スマホ/タブレット側アプリの使い方

セントラル側となるスマホ/タブレットのアプリには前節と同じ「Serial Bluetooth Terminal」を使います。

最初にBLEペリフェラルと接続します。この手順は図3-13-5のようにします。左上の①メニューをクリックして②「Devices」をタップします。次にDevices画面で③「BluetoothLE」を選択し、これで表示されるペリフェラルのリストから④「mpy-uart」を選択します。

続いて⑤右上の接続アイコンをクリックします。下側の表示欄で⑥「Connected」となれば正常に接続完了で、⑦アイコンが接続状態となります。

●図3-13-5　Serial Bluetooth Terminalの使い方　その1

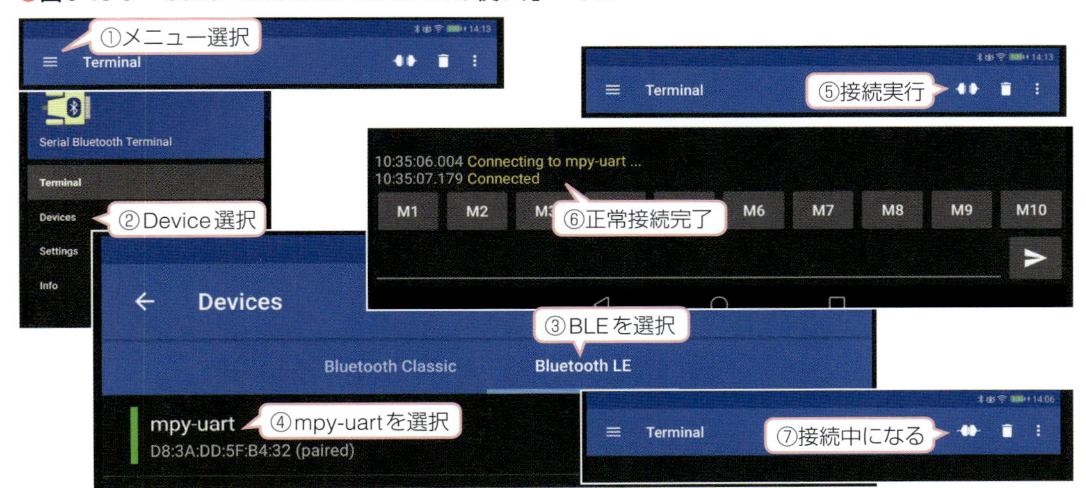

これで準備ができたので、図3-13-6のように①メッセージ欄に数字を入力し、②送信を実行します。これで応答が返って状態が③メッセージで表示されますから、制御内容と一致しているかを確認します。Basic BoardのほうのLEDが点灯、消灯していることも確認します。

BLEの場合は、送信データに復帰改行コードが付加されてしまうため、連続でデータ処理ができません。一字ずつ送信する必要があります。ただし、アプリの設定で復帰改行コードを追加しないように設定することもできます。

●図3-13-6　Serial Bluetooth Terminalの使い方　その2

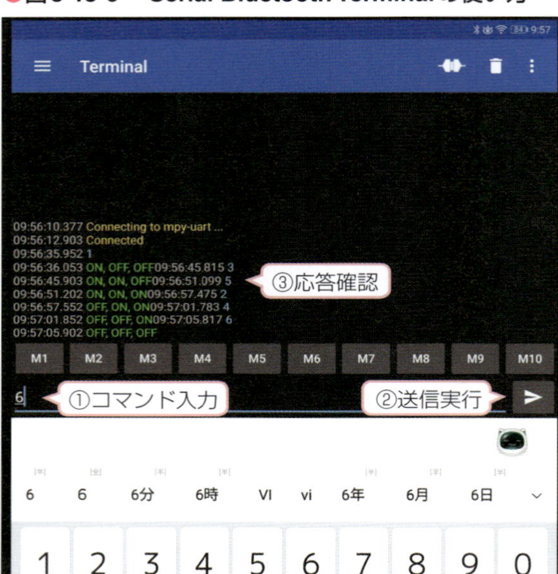

このときThonnyのシェル欄には、図3-13-7のようなメッセージが表示されているはずです。

●図3-13-7　Thonnyの表示

```
Shell
MPY: soft reboot
Starting advertising
New connection 64
Disconnected 64
Starting advertising
New connection 64
Data received:  b'1\r\n'
Data received:  b'3\r\n'
Data received:  b'5\r\n'
Data received:  b'2\r\n'
Data received:  b'4\r\n'
Data received:  b'6\r\n'
```

以上が基本的なBLEペリフェラルのMicroPythonによるプログラミングの仕方となります。

3-14 PIOとテープLEDの使い方

Raspberry Pi Pico Wの入出力ピンには、通常のGPIO以外にPIOと呼ばれるモジュールが実装されていて、専用アセンブラプログラムで高速な入出力ができるようになっています。本節では、このPIOの使い方を説明します。

3-14-1 PIOの内部構成

PIO（Programmable IO）の内部構成は図3-14-1のようになっています。図3-14-1（a）のようにメインのCPUとは独立したプログラムで動作する2組の処理ユニットとなっており、それぞれに図3-14-1（b）のステートマシン*が4組内蔵されています。

わずか9種類のアセンブラ命令を使って最大32ステップのプログラムを構成して動作させます。アセンブラ命令でGPIOの制御だけに特化しているので、高速でかつ複雑な入出力動作をさせることができます。

* いくつかの状態が定義され、条件により別の状態に遷移する機構。Picoでは、独立した小さなCPUになっている

●図3-14-1　PIOの内部構成

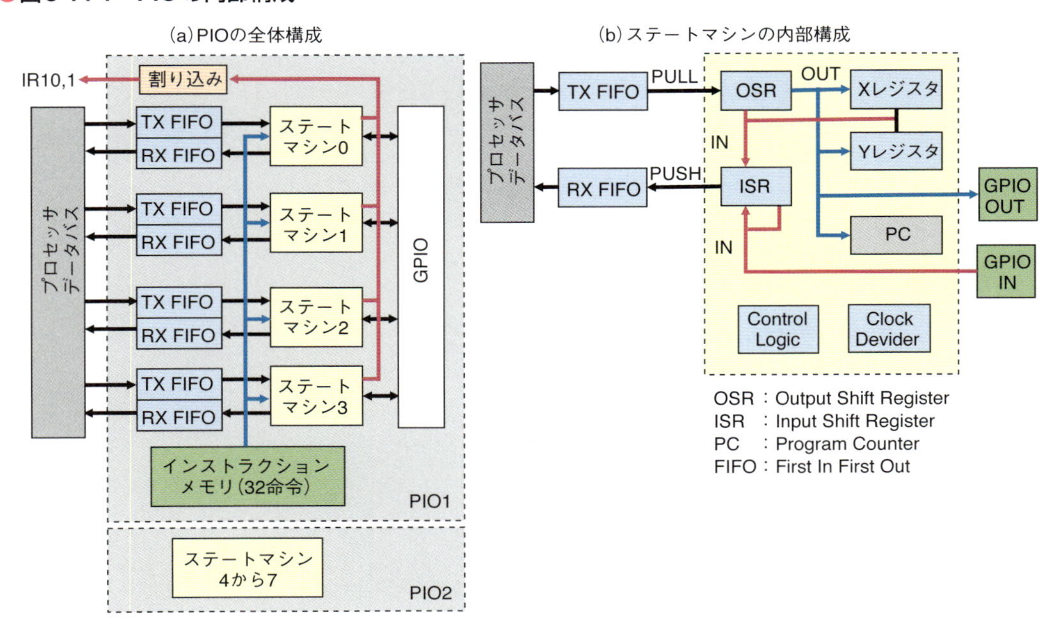

図3-14-1（b）のステートマシン部が、命令でGPIOの入出力や遅延時間制御を実行します。メインのプロセッサとは32ビット格納できるFIFOを介してデータを送受します。送受信するデータは32ビット幅のOSRかISRに保存され、指定したビット幅を処理対象として命令で扱うことができます。

またステートマシンから割り込みを発生することができ、例えばスイッチの入力があったら割り込みを生成してメインプロセッサに通知することができます。XとYレジスタは、いずれも32ビット幅でメインプロセッサやGPIOのデータをビット指定で保存できますし、ダウンカウンタ*としても使うことができます。

*繰り返し回数用のカウンタとして使うことができる

このステートマシンに使えるMicroPythonのメソッドは表3-14-1のようになっています。ほぼアセンブラ命令と同じ処理となります。

▼表3-14-1　命令一覧

命令種類	命令の機能
wrap_target()	PIOルーチンの最初を示す。wrap()までを繰り返す
wrap()	ルーチンの最後を示す
label(label)	labelというラベルをこの位置にする labelは文字列か整数値
jmp(label)　または jmp(cond, label)	無条件にlabelにジャンプする condの下記条件が真のときlabelにジャンプする not_x、x_dec、not_y、y_dec、x_not_y、pin、not_osre
wait(polarity,src,index)	GPIOかIRQがpolarityの状態のとき指定サイクル待つ polality：0、1 src　：gpio、pin、irq　(pinはin_baseの値) index　：サイクル数　0～31
in_(src,bit_count)	srcからISRにbit_countで指定したビット数を書き込む src　：pins、x、y、null、osr bit_count：1～32
out(dest,bit_count)	OSRからdestにbit_countで指定したビット数を読み込む dest　：pins、x、y、pindirs、pc、isr、exec bito_count：1～32
push()	ISRからRX FIFOに32ビットコピー
pull()	TX FIFOからOSRに32ビットコピー
mov(dest,src)	srcからdestにコピー dest：pins、x、y、osr、exec、pc、isr src：pins、x、y、null、status、isr、osr invert()かreverse()が追加可能
irq(index)または irq(mode,index)	割り込みフラグ(IRQ)をセットまたはクリアする index：0～7 mode：block、clear
set(dest,data)	destにdataを設定する dest：pins、x、y、pindirs data0～31
nop()	1サイクル消費するだけ
.side(value)	サイドセットピンとして指定されたGPIOを制御する value：0か1
.delay(value)　または [value]	valueサイクルだけ待つ value：0～31(side-setを使うと少なくなる)

表の各命令には、次のような修飾をして使うことができます。

❶ サイクル待ち時間の追加([n]　または　.delay(n))

命令のあとに[n]を追加すると命令実行後n命令サイクル待つ。
nは最大31サイクルまで(sidesetを使うとsideset 1個につき1/2となる)

(例) nop() [31]　命令サイクルと合計で32サイクル遅延させる

❷ サイドセット(.side)

命令を実行する際、同時に特定のGPIOに制御出力できる機能で、あらかじめ初期設定で「set_base=Pin(2)」のように使うピンを指定しておく必要がある

(例) nop() .side(0) [3]　GPIOに0を出力して3サイクル待つ

❸ in()、out()のビット指定

例えば「out(x,1)」とするとOSRレジスタの1ビットだけをXレジスタにコピーする。in、outはステートマシン側からみると逆方向なので要注意。

3-14-2　MicroPythonで使う手順

PIOをMicroPythonで使う場合の手順は次のようにします。

❶ ライブラリのインポート

rp2モジュールがPIOを含むライブラリです。

```
import rp2
```

❷ PIOの初期設定

PIOのGPIO、サイドセット、FIFO動作などの初期設定を行うメソッドです。たくさんのパラメータがありますが、多くは省略可能です。

```
rp2.asm_pio(
    out_init = rp2.PIO.OUT_LOW,         # GPIOの出力初期値
    set_init = rp2.PIO.IN_LOW,          # GPIOの初期設定値
    sideset_init = None,                # サイドセットの設定
    in_shiftdir=rp2.PIO.SHIFT_LEFT,     # ISRのシフト方向
    out_shiftdir=rp2.PIO.SHIFT_RIGHT,   # OSRのシフト方向
    autopush = False,                   # 自動PUSHの有効化
    autopull = True,                    # 自動PULLの有効化
    push_thresh = 8,                    # 8bitごとにPULL
    pull_thresh = 24,                   # 24bitごとにPUSH
    fo_join = rp2.PIO.JOIN_NONE         # RXとTXのFIFOの結合
)
```

out_initとset_initの設定では、最大5ピンまでの初期値設定が可能で、タプル形式で記述します。このピンはout()かset()命令で制御します。

```
out_init=(rp2.PIO.OUT_LOW, rp2.PIO.OUT_LOW)
```

❸ステートマシン用関数の作成

表3-14-1のステートマシン用のメソッドを使って関数として作成します。注意が必要なのは、命令の行にはコメントが書けないということです。単独のコメント行は大丈夫です。

❹ステートマシンのインスタンス生成

```
Name = rp2.StateMachine(
    id,                      # ステートマシン番号　0～7
    program,                 # ステートマシン関数名
    freq=8_000_000,          # 周波数　2kHz ～ 125MHz
    set_base = Pin(n)        # set命令開始ピン指定
)
```

他に下記パラメータが使用できます。

```
sideset_base                 # サイドセットの開始ピン指定
out_base = Pin(1)            # out命令開始ピン指定
push_thresh = 8,             # 自動pushの開始しきい値
pull_thresh = 24,            # 自動pullの開始しきい値
```

❺動作有効化

```
Name.active(1)               # 動作有効化または現在状態取得　0で停止
```

❻出力実行

```
Name.put(value, shift=0)     # valueをTX FIFOに出力する
```

valueは整数かバイト配列が使えます。shiftには転送ごとのシフトビット数を指定します。（省略可）

3-14-3　例題1　LED点滅

実際の例題はリスト3-14-1のようになります。これはMicroPythonの公式サイトに掲載されている例題を元にしたもので、1秒間隔でGPIO0のHigh、Lowを切り替えます。Basic Boardで実行すると緑LEDが点滅します。

ステートマシンのクロック周波数を2kHzにしていますから、1000サイクルで0.5秒となります。このサイクル数を生成するため、Xレジスタに31を代入し、これを－1しながら、30サイクル遅延を付けたnop命令を32回繰り返して31×32=992サイクルを生成し、他の命令で8サイクル使って1000サイクルとしています。

Highとして0.5秒待ち、Lowにして0.5秒待っていますから、1秒周期でLEDを点滅させることになります。この例の場合、メインプロセッサとのデータ送受がないので、rp2.asm.pio()スレッドは初期値だけの簡単な設定で実装することができます。

●図3-14-1　例題　1HzでLED点滅　(PIO_LED1Hz.py)

```
1  #******************************
2  # 1HzでLEDを点滅させるPIOの例題
3  #  PIO_LED1Hz.py
4  #******************************
```

```
5   import time
6   from machine import Pin
7   import rp2
8
9   @rp2.asm_pio(set_init=rp2.PIO.OUT_LOW)
10  def blink_1hz():
11      # サイクル数 = 1 + 7 + 32 * (30 + 1) = 1000
12      set(pins, 1)
13      set(x, 31) [6]
14      label("delay_high")
15      nop() [29]
16      jmp(x_dec, "delay_high")
17      # Cycles: 1 + 7 + 32 * (30 + 1) = 1000
18      set(pins, 0)
19      set(x, 31) [6]
20      label("delay_low")
21      nop() [29]
22      jmp(x_dec, "delay_low")
23
24  # ステートマシン生成　25ピンに出力、クロック2kHz,set命令pin0から開始
25  sm = rp2.StateMachine(0, blink_1hz, freq=2000, set_base=Pin(0))
26  # ステートマシンスタート
27  sm.active(1)
```


3-14-4　例題2　3色のLED制御

もう1つ別の例題がリスト3-14-2となります。この例題はメインプロセッサから出力される3ビットのデータをGPIO、GPIO1、GPIO2に出力するという例題です。メインプロセッサから0.5秒ごとに出力される値で制御されます。この例題をBasic Boardで実行すると、3色のLEDが点滅します。

asm_pioの設定では、3ピンの指定をタプル形式で行い、3ビットごとにPULLし、右シフト指定にして下位ビットからレジスタにコピーする設定としています。

PIOプログラムは単純に3ビットをGPIOピンに出力しているだけです。これで3ピン同時に出力されます。

ステートマシンでは、ステートマシン0を使い、pio_programを対象ステートマシンとし、out_baseでピン0を指定してピン0から3ピンつまり、Pin0、Pin1、Pin2に出力する設定としています。freqの周波数は特に決まっているわけではないので自由です。

メインループでは、0から7までの値を0.5秒ごとにsm.putメソッドでPIOに出力しています。

リスト 3-14-2　PIOの例題2　（PIO_LEDfromMain.py）

```
1   #************************************
2   # PIOの例題
3   #    0.5秒間隔で3色のLEDを点滅させる
4   #   PIO_LEDfromMain.py
5   #************************************
6   from machine import Pin
7   from rp2 import PIO, StateMachine, asm_pio
```

```
8   import time
9
10  # PIOプログラムを定義(3ビットデータを下位ビットからGPIOに出力)
11  @asm_pio(out_init=(PIO.OUT_LOW,)*3, out_shiftdir=PIO.SHIFT_RIGHT,
12           autopull=True, pull_thresh=3)
13  def pio_program():
14      out(pins, 3)#3pinを同時に出力
15
16  # ステートマシンの初期設定  OUT命令Pin0から3ピンの指定
17  sm = StateMachine(0, pio_program, freq=1000000, out_base=Pin(0))
18  sm.active(1)
19
20  # データの送信例
21  while True:
22      for i in range(8):        # (0～7)を順番に出力
23          sm.put(i)
24          time.sleep(0.5)      # 0.5秒間隔で出力
```

3-14-5 例題3 テープLEDの制御

実際のPIOの使用例としてテープLEDの制御プログラムを説明します。

使ったテープLEDの外観と仕様は図3-14-2となっています。このLEDはMicroPythonのライブラリで使っているWS2812Bではなく、互換性のあるSK6812となっています。全部で60個のLEDが実装されています。

●図3-14-2 テープLEDの外観と仕様

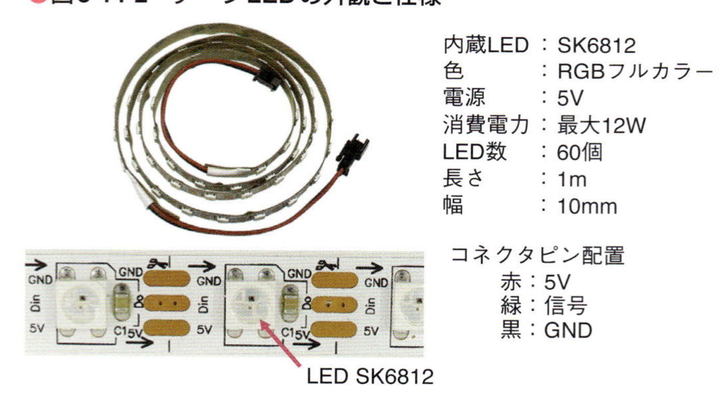

SK6812のデータシートによれば、このテープLEDを動作させるには、図3-14-3のような信号を与える必要があります。

LED1個当たりに必要なデータが、図3-14-2(a)となります。つまり3色ごとに8ビット、合計24ビットのデータで明るさを指定します。

すべてのLEDが図3-14-3(b)のように芋づる式に接続されていて、24ビットのデータをLEDの個数だけ連続で与えます。LEDは自分の分を取り込むと、残りを次のLEDに送ります。こうして全部のLEDに24ビットのデータが送り届けられることになります。

この24ビットのデータの1ビットは、図3-14-3（c）のように0と1でパルスの幅が異なる信号とする必要があります。このパルス幅の全体が1.2μsecしかないため、プログラム制御で出力するには無理があります。ここにPIOの出番があります。

●図3-14-3　SK6812の制御方法

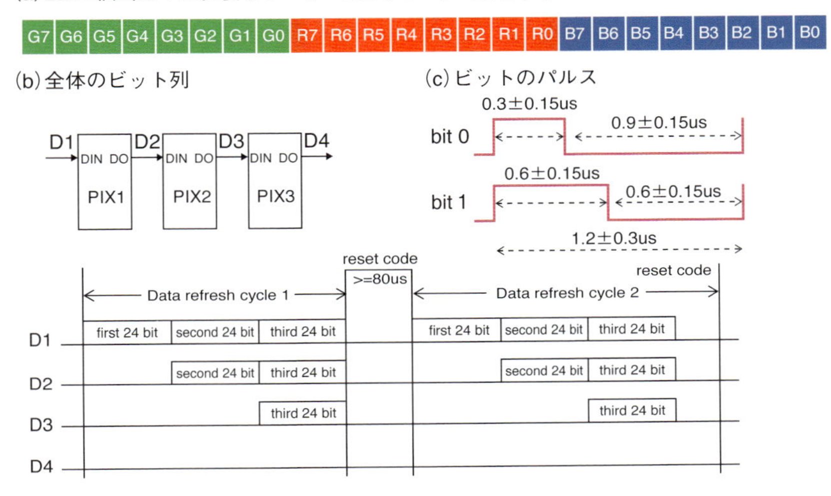

3-14-6　例題3の接続構成

この例題にはPico Boardを使います。図3-14-4のように、Pico BoardのServo1のコネクタにテープLEDを接続します。ちょうど必要な信号がServo1のコネクタに出ているのでそのまま接続できます。ただし、ピンの配置が異なるので配線を必要とします。また、ACアダプタを必要とします。

●図3-14-4　例題の接続構成

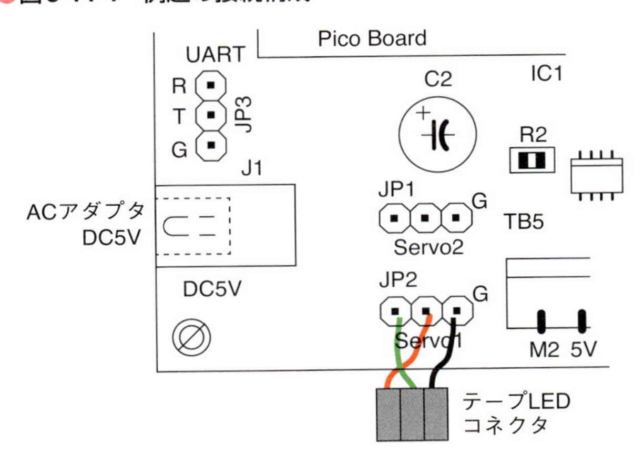

3-14-7 例題3のプログラム作成

例題のプログラムがリスト3-14-3とリスト3-14-4となります。初期設定とステートマシン部がリスト3-14-3となります。テープLEDのステートマシン部は、MicroPythonの公式サイトからサンプルを拝借してパルス幅出力を変更*しています。

*SK6812のデータシートのパルス幅に合わせるため

リスト 3-14-3 期設定とステートマシン部 (PIOBasic.py)

```
1  #**********************************
2  #  PIOを使った例題  テープLEDの制御
3  #  Pico Boardを使用  Servo1に出力
4  #  PIOBasic.py
5  #*********************************
6  from machine import Pin
7  import time
8  import array, rp2
9  #********* テープLED関連 **********
10 # NeoPixel WS2812Bの変数設定
11 NUM_LEDS = 60    # NeoPixelの数
12 LED_PIN = 2      # NeoPixel信号接続端子
13 RGB = array.array('B',[0, 0, 0])
14 # LEDのRGBの値を指定する24bit(8bit x 3)の整数配列を定義
15 ar = array.array("I", [0 for _ in range(NUM_LEDS)])
16 #***** テープLED制御関数定義(PIO) *****
17 @rp2.asm_pio(sideset_init=rp2.PIO.OUT_LOW, out_shiftdir=rp2.PIO.SHIFT_LEFT,
18                              autopull=True, pull_thresh=24)
19 def ws2812():
20   T1 = 2
21   T2 = 5
22   T3 = 3
23   wrap_target()
24   label("bitloop")
25   out(x, 1) .side(0) [T2-1]
26   jmp(not_x, "do_zero") .side(1) [T1-1]
27   jmp("bitloop") .side(1) [T3 - 1]
28   label("do_zero")
29   nop() .side(0) [T3 - 1]
30   wrap()
31 # テープLEDインスタンス定義
32 sm = rp2.StateMachine(0, ws2812, freq=8_000_000, sideset_base=Pin(LED_PIN))
33 sm.active(1)
34 # テープLED出力データ生成関数
35 def drawpix(num, r, g, b):
36   ar[num] = g << 16 | r << 8 | b
```

最初にarrayとrp2のインポートをしています。3色の色と60個のLEDへのデータをarray配列で扱うためです。

次にrp2.asm.pio()スレッドで初期設定をしています。24ビットごとにOSRから取り出して、SHIFT_LEFTなので上位ビットから、LEDピンに出力するステートマシン関数の実行を開始します。このような例題の場合はメインプロセッサからのデータを受信しながらGPIOにパルスを出力していくので、やや複雑な初期設定となります。

最後にインスタンス定義で周波数を800kHzとして全体の周期を1.25μsecとしています。drawpix関数はRGBの値を24ビットの連続データに変換する関数です。

このステートマシン関数ws2812()の部分の動作は図3-14-5のようになります。

最初のT1、T2、T3は定数定義でマシンサイクル数の定数*です。wrap_target()からwrap()の間、つまり全体を永久に繰り返します。ラベルが2つあってbitloopがスタート位置、do_zeroがビット0のときの処理部となります。この処理の流れと、GPIO出力のHigh/Lowを図で示すと図3-14-5のようになります。図3-14-3のビットごとのパルス形状とは異なりますが、最初Lowから始まらないと正常に動作しないようです。

* 実際には命令自身で1サイクル消費するので－1している

●図3-14-5　ステートマシンの動作

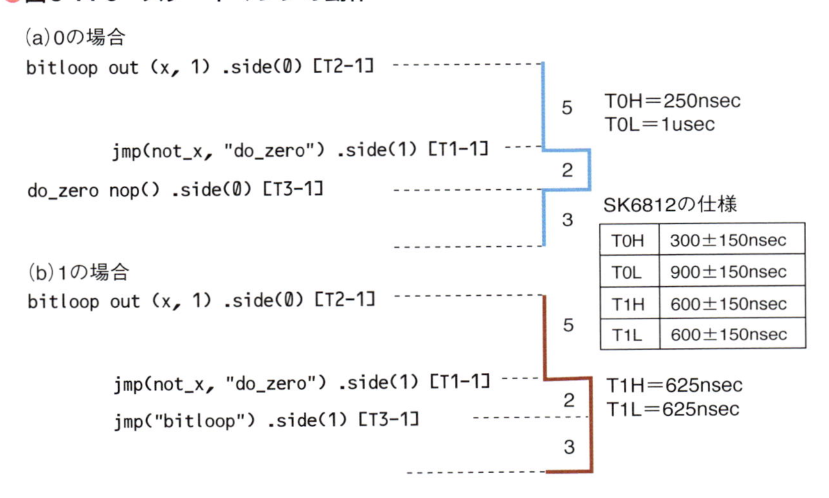

メインループ部がリスト3-14-4となります。kで7色繰り返せるようにし、iで明るさを0から255まで繰り返しています。kの1ビット目が1のとき赤、2ビット目が1のとき緑、3ビット目が1のとき青を光らせています。kは1から7まで変わるので7色の色を出力することになります。

drawpix()でLEDごとの色を設定し、sm.put()で全部を出力しています。

リスト 3-14-4　メインループ部

```
37
38 #**** メインループ *****************
39 while True:
40     for k in range(1, 8):
41         for i in range(0, 256):
42             RGB[0] = i if(k & 0x01) else 0
43             RGB[1] = i if(k & 0x02) else 0
44             RGB[2] = i if(k & 0x04) else 0
45             # print(i)
46             # LED制御実行
47             for j in range(0, NUM_LEDS):
48                 drawpix(j, RGB[0], RGB[1], RGB[2])
49             sm.put(ar, 8)               # 出力実行
50             time.sleep(0.02)
```

以上でPIOを使ったテープLEDの例題は完成です。これをThonnyで作成し書き込めばテープLEDが順次明るさを強くし、7色を順次切り替えていきます。

3-15 マルチコアの使い方

Raspberry Pi Pico Wに実装されているマイコン(RP2040)は、デュアルコアとなっていて、プロセッサ部が2つ実装されています。したがって、2つの異なるプログラムを同時に並列動作させることができます。

3-15-1 デュアルコアとは

RP2040というマイコンの内部構成は図3-15-1のようになっています。Cortex-M0+というCoreが2個あって、マイコン本体の処理装置として独立に動作します。いずれも対等の位置にありますから、すべての内蔵モジュールを自由に使うことができます。ただし同時に同じモジュールを使うことはできません。

●図3-15-1　RP2040の内部構成

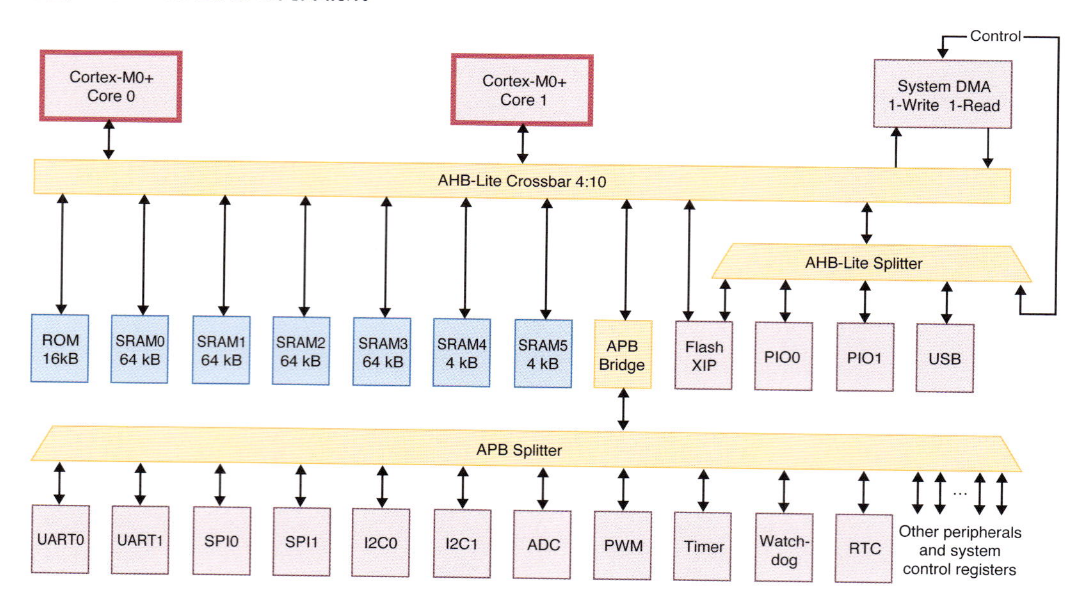

3-15-2 例題の構成と機能

デュアルコアをMicroPythonで使う方法を説明します。例題で説明していきます。

IoT Boardを使って図3-15-2のような構成とし、次のような機能を実行することにします。

・ Core0では2秒間隔で温湿度センサ(SHT31)から温湿度のデータを取得して

OLEDに表示する。さらにprint文でThonnyのシェルにも送信する

- Core1では5秒間隔で気圧センサ（LFT25H）からデータを入力し液晶表示器に表示する。さらにprint文でThonnyのシェルにも送信する

●図3-15-2　例題の構成

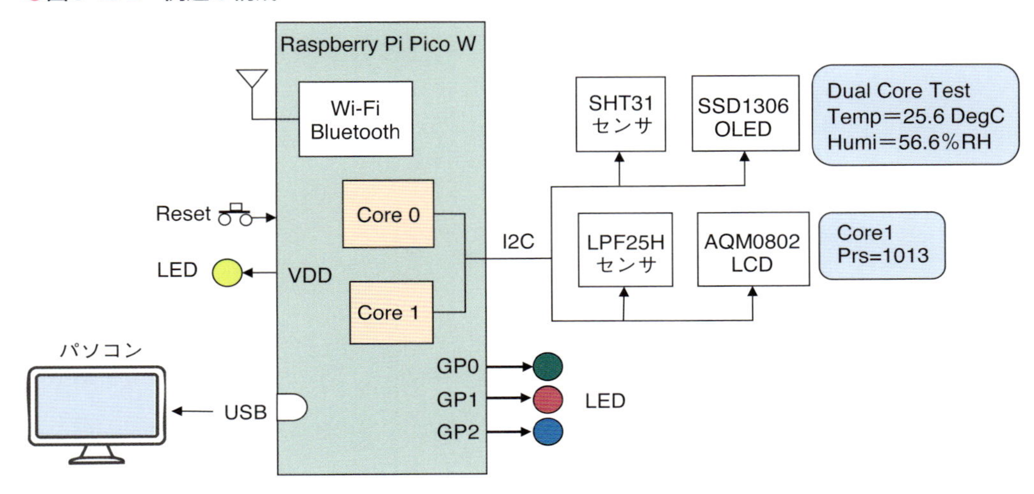

周辺デバイスはすべて同じI²Cラインに接続されていますから、Core0、Core1両方から同じI²Cを使うことになります。したがって競合が発生します。これを回避するようにプログラムを作成する必要があります。

MicroPythonのライブラリでは、USB Serialの競合は回避するように構成されています。このため、print文を両方のCoreから同時に使っても正常に動作するので問題なく使えます。

3-15-3　例題のプログラム作成

この例題をMicroPythonで作成したものがリスト3-15-1、リスト3-15-2、リスト3-15-3、リスト3-15-4となります。

リスト3-15-1が初期設定部でライブラリのインポートとインスタンスの生成です。2つのコアで動作するプログラムは、スレッド*として構成しますので、_threadのライブラリが必要となります。

スレッドは同時に複数の処理を実行するための手法

さらにOLEDのライブラリssd1306をダウンロードする必要があります。最後で定義しているlockが、Core0とCore1でI²Cが競合するのを回避するために使うロックオブジェクト変数です。

リスト 3-15-1　初期設定部　（DualCoreTest.py）

```
1  #**************************************
2  # Dual Core Test
3  #  温湿度をCore0で取得しOLEDに表示
```

```
4   #   気圧をCore1で取得しOLEDに表示
5   #       DualCoreTest.py
6   #**********************************
7   from machine import Pin, I2C
8   import ssd1306
9   import _thread
10  import utime
11  #**** インスタンス生成 *************
12  #I2Cのインスタンス生成
13  i2c = I2C(0, sda=Pin(20), scl=Pin(21))
14  #OLEDのインスタンス生成
15  display = ssd1306.SSD1306_I2C(128, 64, i2c)
16  #気圧センサ初期設定
17  setting = bytearray([0x20, 0x90])
18  i2c.writeto(0x5C, setting)
19
20  # ロック作成
21  lock = _thread.allocate_lock()
```

次のリスト3-15-2は液晶表示器に関するライブラリとなります。この液晶表示器のライブラリ*は標準では用意されていないので、ここで作成しています。最後にlcdとしてインスタンスを生成しています。

* 使い方は3-5節を参照

リスト 3-15-2 液晶表示器のライブラリ

```
23  #**** LCDライブラリ ****************
24  class AQM0802():
25      #コンストラクタ  初期化
26      def __init__(self, i2c, addr=0x3e):
27          self.i2c=i2c
28          self._addr = addr
29          self._buf = bytearray(2)
30          self.lcdinit()
31      # コマンドI2Cで送信
32      def lcdCmd(self, cmd):
33          self._buf[0] = 0x00                           #save to buf
34          self._buf[1] = cmd
35          self.i2c.writeto(self._addr, self._buf)
36          if cmd == 0x01 or cmd == 0x02:
37              utime.sleep(0.002)                        #2msec wait
38      # 表示データI2Cで送信
39      def lcdData(self, char):
40          self._buf[0] = 0x40                           #save to buf
41          self._buf[1] = char
42          self.i2c.writeto(self._addr, self._buf)
43          utime.sleep(0.001)                            #1msec wait
44      #初期化  コントラスト設定
45      def lcdinit(self):
46          utime.sleep(0.1)                              #100msec wait
47          self.i2c.writeto(self._addr, b'¥x00¥x38')    #8bit 2line
48          self.i2c.writeto(self._addr, b'¥x00¥x39')    #IS=1
49          self.i2c.writeto(self._addr, b'¥x00¥x14')    #Internal OSC
50          self.i2c.writeto(self._addr, b'¥x00¥x7A')    #Contrast
51          self.i2c.writeto(self._addr, b'¥x00¥x55')    #Power+Contrast
52          self.i2c.writeto(self._addr, b'¥x00¥x6C')    #Follower Cont
53          self.i2c.writeto(self._addr, b'¥x00¥x38')    #IS=0
54          self.i2c.writeto(self._addr, b'¥x00¥x0C')    #Display On
```

```
55          self.i2c.writeto(self._addr, b'¥x00¥x01')    #All Clear
56      # 全消去
57      def lcdClear(self):
58          self.lcdCmd(0x01)
59      # 文字列表示
60      def lcdStr(self, str):
61          for c in str:                               # repeat all character
62              self.lcdData(ord(c))                    #エンコード変換
63  lcd = AQM0802(i2c)                                  #LCDのインスタンス生成
```

次がリスト3-15-3でCore0用のスレッド関数となります。この中は永久ループとなっていて、センサからデータを取得し、OLEDに表示することを繰り返します。

最初にある「with構文」でI^2Cの競合を回避しています。with構文の内側の処理の間はロックされるので、他のスレッドで同じ周辺を使う場合には待ち状態となります。

このwith構文では、ロックの取得と解放が自動で行われるため、万一エラーが起こった場合でも確実にロックが解放されます。このためシステムがデッドロックに陥ることがなく、安全に使えます。

print文はロックをする必要がない*のでwith構文の外で記述しています。

* MicroPythonのライブラリで競合を回避するように作られているため

リスト 3-15-3　Core0のスレッド関数

```
65  #******* Core0用のスレッド関数 *****
66  def TH_Sensor_Task():
67      while True:
68          with lock:
69              #センサ計測トリガ後温湿度入力
70              send = bytearray([0x2C, 0x06])
71              i2c.writeto(0x45, send)         #測定コマンド送信
72              utime.sleep(0.5)
73              rcv =i2c.readfrom(0x45, 6)      #データ6バイト読み出し
74              #データ変換
75              tmp = rcv[0]<<8 | rcv[1]        #温度の取り出し
76              hum = rcv[3]<<8 | rcv[4]        #湿度の取り出し
77              tmp = -45+175*(tmp/(2**16-1))   #温度℃に変換
78              hum = 100*hum/(2**16-1)         #湿度%RHに変換
79              #OLEDに表示
80              display.fill(0)
81              display.text('Dual Core Test', 0, 0, 1)
82              display.text(' TMP: '+str('{:2.1f}'.format(tmp))+' DegC', 0, 15, 1)
83              display.text(' HUM: '+str('{:2.1f}'.format(hum))+' %RH ', 0, 29, 1)
84              display.show()
85          #シェルに送信
86          print('Temp = {:2.1f} DegC   Humi = {:3.1f} %RH'.format(tmp, hum))
87          utime.sleep(2)
```

次のリスト3-15-4がCore1用のスレッド関数とメインとなります。

こちらも全体が永久ループとなっていて、最初にwith構文でI^2Cを使う部分の処理をロックしています。ここでは気圧センサからデータを取得して、液晶表示器に表示出力しています。with構文をはずすとEIOエラーつまりI^2C通信エラーで停止するので、ロックにより競合を回避していることがわかります。

さらにロックの範囲を出てからprint文でシェルに送信しています。print文がライブラリの中で競合が回避されているのを確認するためです。

パラメータの()内には引数がある場合に指定する。引数はタプル形式とする必要がある

最後に、_thread_start_new_thread(P_Sensor_Task, ())関数* によりCore1用の関数をスレッドとして実行開始しています。これによりCore1側で実行されることになります。さらに次にCore0用の関数をメインスレッドとして起動しています。

リスト 3-15-4　Core1用スレッド関数とメイン

```
89  #****** Core1用のスレッド関数 ******
90  def P_Sensor_Task():
91      while True:
92          with lock:
93              #気圧センサ 0x28レジスタから連続3バイト読み出し
94              buf = bytearray([0xA8])         # 0x80＋0x28でレジスタ指定
95              i2c.writeto(0x5C, buf)          # 測定コマンド送信
96              rcv = i2c.readfrom(0x5C, 3)     # 3バイトのデータ読み出し
97              pre = (rcv[2]<<16 | rcv[1]<<8 | rcv[0]) / 4096.0 #変換
98              #LCDに表示
99              lcd.lcdClear()                  # 全消去
100             utime.sleep(0.5)                # 0.5sec wait
101             lcd.lcdCmd(0x80)                # 1行目指定
102             lcd.lcdStr("Core1")             # 固定メッセージ
103             lcd.lcdCmd(0xC0)                # 2行目指定
104             lcd.lcdStr("Prs={:4.0f}".format(pre))
105         #シェルに送信
106         print('Pres = {:4.0f} hPa'.format(pre))
107         utime.sleep(5)
108
109 #******* メイン ************
110 #Core1
111 _thread.start_new_thread(P_Sensor_Task, ())
112 #Core0
113 TH_Sensor_Task()
```

以上で全体プログラムの完成です。これを実行させればOLEDと液晶表示器に正常に表示されることでマルチコア動作の確認ができます。

Thonnyのシェルには図3-15-3のようにメッセージが出力され、こちらも競合が起きることなく正常に出力されていることが確認できます。

●図3-15-3　シェルのメッセージ例

```
Shell ×
>>> %Run -c $EDITOR_CONTENT

 MPY: soft reboot
 Temp = 24.2 DegC   Humi = 62.6 %RH
 Pres = 1008 hPa
 Temp = 24.2 DegC   Humi = 62.6 %RH
 Temp = 24.2 DegC   Humi = 62.6 %RH
 Pres = 1008 hPa
 Temp = 24.2 DegC   Humi = 62.6 %RH
 Temp = 24.2 DegC   Humi = 62.6 %RH
 Pres = 1008 hPa
 Temp = 24.2 DegC   Humi = 62.5 %RH
```

マルチコア動作をさせた場合、Core1側のスレッドを停止させることはできません。そのため、Thonnyでいったん停止したあと、再起動させるとエラーで起動できなくなります。

これを元に戻すにはリセットをする必要があります。リセットすれば再起動することができるようになります。

3-16 SwitchBotの使い方

3-16-1 SwitchBotとは

最近ホームオートメーションでよく使われているデバイスに「SwitchBot」という製品があります。スマホ/タブレットから遠隔制御ができるデバイスです。もともとは2015年に中国・深圳で設立されたWoan Technology社が開発販売しているIoT/スマートホーム製品の総称です。

SwitchBot本家の日本語サイトは次のURLとなっています。最新のホームオートメーションの通信規格であるMatterにも対応した製品もあります。

https://www.switchbot.jp

本節では、IoT製品に分類されている次の製品を、Raspberry Pi Pico WからWi-Fiで使う方法を説明します。プラグミニとスマート電球はBluetoothかWi-Fiで直接制御できますが、ボットはハブ経由での制御となります。またいずれもAmazon AlexaやGoogle homeから音声でコントロールすることもできます。

❶ プラグミニ

コンセントと家電機器との間に挿入して、電源のオンオフを制御する製品です。スマホ/タブレットから遠隔制御できるとともに、BluetoothかWi-Fiで直接遠隔制御でき、さらに消費電力などのモニタもできます。

❷ スマート電球

LED電球本体に制御部を実装していて、スマホ/タブレットから遠隔制御ができるとともに、BluetoothかWi-Fiで直接遠隔制御できます。

❸ ボット

スイッチを押すことができる爪が動作するモジュールで、スマホ/タブレットから遠隔制御できます。しかし自身にはWi-Fi機能はないので、ハブミニと連携することで、ネットからの遠隔制御も可能になります。

❹ ハブミニ

赤外線リモコンで動作する家電製品をまとめて制御できるようにします。またSwitchBotの他製品とWi-Fiやインターネットの間の橋渡しをして、直接制御できない製品をWi-Fiから遠隔制御できるようにします。

それぞれの外観は図3-16-1となります。

●図3-16-1　SwitchBot製品の外観

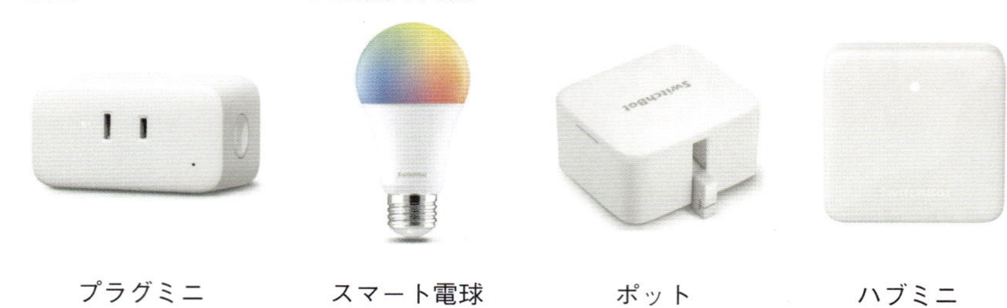

プラグミニ　　スマート電球　　ボット　　ハブミニ

3-16-2 SwitchBotアプリによる準備作業

本書ではSwitchBot製品をRaspberry Pi Pico WからWi-Fi通信で使う方法を説明します。

Wi-Fiから制御する場合には、POSTコマンドで制御し、GETコマンドでデータを取得します。その際、SwitchBotへのアクセス認証をするための「APIトークン」と製品を指定するための「Device ID」が必要になります。

実は最近SwitchBotのAPI接続方式がVer1.0からVer1.1にバージョンアップし、API接続手順がトークンだけでなく、秘密鍵を使った2段階認証に変わりました。しかし、Ver1.1の手順は複雑なので、本書ではあえてVer1.0の方式で使うことにしました。

このトークンとDevice IDを取得する手順は次のようになります。

❶アプリのインストール

「SwitchBotアプリ」をPlayストアかApp Storeからダウンロードしインストールします。

❷ログイン

SwitchBotアプリでアカウントを登録し、アカウントにログインします。

❸デバイスの登録とDevice IDの取得

図3-16-2の手順によりSwitchBotアプリで使う製品を選択して接続*します。

製品の登録手順はSwitchBotアプリの説明書を参照して下さい。以下は製品のアイコンが作成されてからの手順です。

製品選択 → 右上の歯車タップ→デバイス情報タップ

ここで表示されるBLE MACのアドレスをメモします。これがDevice IDとなります。

*通常どおりスマホ/タブレットから遠隔制御ができる状態とする

❹トークンを生成し取得する

図3-16-3のように操作します。

●図3-16-2　製品のDevice IDの取得手順

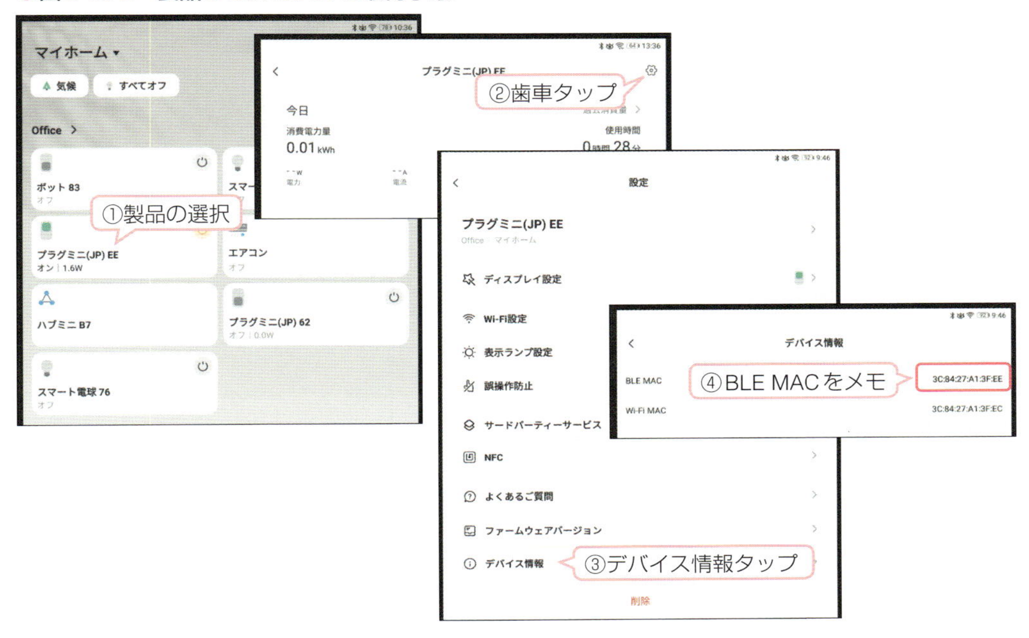

●図3-16-3　トークンの生成と取得手順

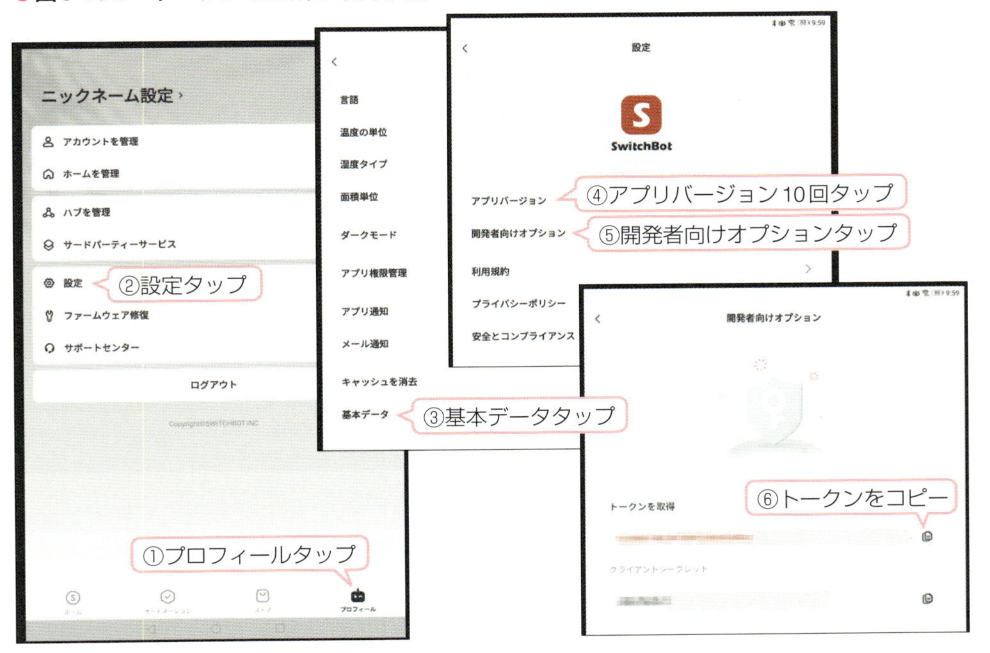

まずSwitchBotアプリのホーム画面で、右下にある[プロフィール]をタップ→[設定]をタップ→[基本データ]をタップ→[アプリバージョン]を10回タップ*→[開発者向けオプション]が表示されたらタップ → 表示されたトークンをコピーします。

コピーしたトークンをGoogle Driveなどに転送してパソコンで取得*できるようにします(クリップボードマネージャなどのアプリが使えます)。

以上で外部からWi-Fiを使って制御するための準備ができました。

* 通常は「開発者向けオプション」は表示されていない

* メモしても良いが非常に長い文字列なので転送したほうが間違いない

3-16-3 MicroPythonの制御プログラム

MicroPythonを使ってSwitchBotの制御や状態データを取得するための制御プログラムを説明します。

まず、制御する場合のPOSTコマンドの送信プログラムがリスト3-16-1のようになります。サブ関数の形式としています。MicroPythonのurequestsライブラリを使ってPOSTコマンドを記述しています。

ヘッダの中のAPI_TOKENに取得したトークンを設定し、関数引数のdevice_idに取得したDevice_IDを設定します。また同じ引数のcommandには製品ごとに決められた制御コマンド*を指定します。URLでVer1.0を指定しています。

* 本家サイトに一覧表がある

リスト 3-16-1 SwitchBot制御関数

```
31 # SwitchBot制御サブ関数
32 API_URL_COMMAND = "https://api.switch-bot.com/v1.0/devices/DEVICE_ID/commands"
33 def control_switchbot(device_id, command):
34     headers = {
35         'Authorization': API_TOKEN,
36         'Content-Type': 'application/json; charset=utf8'
37     }
38     data = {
39         'command': command,
40         'parameter': 'default',
41         'commandType': 'command'
42     }
43     response = urequests.post(API_URL_COMMAND.replace("DEVICE_ID", device_id),
44                               json=data, headers=headers)
45     print('Response:', response.text)
46     response.close()
```

commandに記述すべき制御コマンドは、次のサイトで調べることができます。この説明サイトはVer1.1用ですが、内容はVer1.0も同じ*です。

https://github.com/OpenWonderLabs/SwitchBotAPI

* バージョンの差異は認証方式だけのため

例えばボットとプラグミニ、スマート電球の制御コマンドは表3-16-1のようになっています。オンオフ制御はいずれも「turnOn」と「turnOff」となっていますから、これを次のように制御コマンドとして使います。

```
'command': 'turnOn',
'parameter': 'default',
'commandType': 'command'
```

スマート電球では、明るさや色、色温度も設定できるようになっています。この設定には「command」と「parameter」欄を使います。例えば明るさの制御の場合には、次のように記述します。

```
'command': 'setBrightness',
'parameter': '50',
'commandType': 'command'
```

▼表3-16-1　制御コマンドの例

(a) Bot

deviceType	commandType	Command	command parameter	Description
Bot	command	turnOff	default	set to OFF state
Bot	command	turnOn	default	set to ON state
Bot	command	press	default	trigger press

(b) Plug Mini (JP)

deviceType	commandType	Command	command parameter	Description
Plug Mini (JP)	command	turnOn	default	set to ON state
Plug Mini (JP)	command	turnOff	default	set to OFF state
Plug Mini (JP)	command	toggle	default	toggle state

(c) Color Bulb

deviceType	commandType	Command	command parameter	Description
Color Bulb	command	turnOn	default	set to ON state
Color Bulb	command	turnOff	default	set to OFF state
Color Bulb	command	toggle	default	toggle state
Color Bulb	command	setBrightness	{1-100}	set brightness
Color Bulb	command	setColor	"{0-255}:{0-255}:{0-255}"	set RGB color value
Color Bulb	command	setColorTemperature	{2700-6500}	set color temperature

次は状態データを取得するためのサブ関数で、リスト3-16-2となります。やはりurequestsライブラリを使ってGETコマンドを記述しています。ここでもAPI_TOKENには取得したトークンを設定し、引数のdevice_idには取得したDevice_IDを設定します。

データはresponse変数で取得できますが、内容はJSON形式になっているので、MicroPythonのJSONオブジェクトに変換してからThonnyのシェルにprint文で出力しています。同じデータをdataという戻り値で取得できます。これで各製品の状態は、JSONのキーで必要なデータを取り出すことができます。

リスト 3-16-2　SwitchBot状態取得プログラム

```
48  # SwitchBot状態取得関数
49  API_URL_STATUS = "https://api.switch-bot.com/v1.0/devices/DEVICE_ID/status"
50  def get_device_status(device_id):
51      headers = {
52          'Authorization': API_TOKEN,
53          'Content-Type': 'application/json; charset=utf8'
54      }
55      # APIエンドポイントにリクエストを送信
56      response = urequests.get(API_URL_STATUS.replace("DEVICE_ID", device_id),
57                               headers=headers)
58      # レスポンスの確認
59      if response.status_code == 200:
60          data = response.json()
61          print('デバイスの状態:', data)
62          response.close()
63          return data
64      else:
65          print('エラーレスポンス:', response.status_code)
66          response.close()
67          return None
```

GETコマンドで取得する状態データの内容は製品ごとに決められていて、このフォーマットも制御コマンドと同じサイトで調べることができます。

https://github.com/OpenWonderLabs/SwitchBotAPI

このサイトデータから、ボット、プラグミニ、スマート電球の状態データは表3-16-2のようになっていることがわかります。

プラグミニでは、電力、電圧、電流、使用時間が取得できますし、スマート電球からは、オンオフ状態、明るさ、色温度、色が取得できます。

▼表3-16-2　製品ごとの状態データの内容

(a) Bot

Key	Value Type	Description
deviceId	String	device ID
deviceType	String	device type. Bot
power	String	ON/OFF state
battery	Integer	the current battery level, 0-100
version	String	the current firmware version, e.g. V6.3
deviceMode	String	pressMode, switchMode, or customizeMode
hubDeviceId	String	device's parent Hub ID

(b) Plug Mini (JP)

Key	Value Type	Description
deviceId	String	device ID
deviceType	String	device type. Plug Mini (JP)
hubDeviceId	String	device's parent Hub ID. 000000000000 when the device itself is a Hub or it is connected through Wi-Fi.
voltage	Float	the voltage of the device, measured in Volt
version	String	the current BLE and Wi-Fi firmware version, e.g. V3.1-6.3
weight	Float	the power consumed in a day, measured in Watts
electricityOfDay	Integer	the duration that the device has been used during a day, measured in minutes
electricCurrent	Float	the current of the device at the moment, measured in Amp

(c) Color Bulb

Key	Value Type	Description
deviceId	String	device ID
deviceType	String	device type. Color Bulb
hubDeviceId	String	device's parent Hub ID. 000000000000 when the device itself is a Hub or it is connected through Wi-Fi.
power	String	ON/OFF state
brightness	Integer	the brightness value, range from 1 to 100
version	String	the current BLE and Wi-Fi firmware version, e.g. V3.1-6.3
color	String	the color value, RGB "255:255:255"
colorTemperature	Integer	the color temperature value, range from 2700 to 6500

実際にMicroPythonで取得した状態データは、図3-16-4のようなJSON形式となっています。これから例えばプラグミニの電力を取り出す場合には、次のような記述とすることで取り出せます。

```
Power = device_status['body']['weight']
```

●図3-16-4　取得した状態データの例

(a) プラグミニの状態データ

```
デバイスの状態: {'statusCode': 100,
'body':
{
    'voltage': 101.2,
    'deviceId': '3C8427A13FEE',
    'power': 'on',
    'electricityOfDay': 28,
    'electricCurrent': 0.09099999,
    'weight': 9,
    'deviceType': 'Plug Mini(JP)',
    'hubDeviceId': '3C8427A13FEE'
},
'message': 'success'}
```

(b) スマート電球の状態データ

```
デバイスの状態: {'statusCode': 100,
'body':
{
    'color': '0:0:0',
    'deviceId': '70041D7EAA76',
    'power': 'on',
    'brightness': 89,
    'deviceType': 'Color Bulb',
    'colorTemperature': 3410,
    'hubDeviceId': '70041D7EAA76'
},
'message': 'success'}
```

3-16-4　例題 SwitchBotの制御

実際にSwitchBotの使い方を例題で説明します。例題の構成を図3-16-5のようにしました。この構成で次の機能を実行します。

使うのはWi-Fiだけ

- Basic Board*のPicoからWi-Fiで直接制御を実行する。ボットは直接制御できないのでハブミニ経由で制御する
- 一定時間間隔で、指定したデバイスのオン、オフを繰り返す。オン中のデバイスの状態を取得しThonnyのシェルに出力する

●図3-16-5　例題の構成

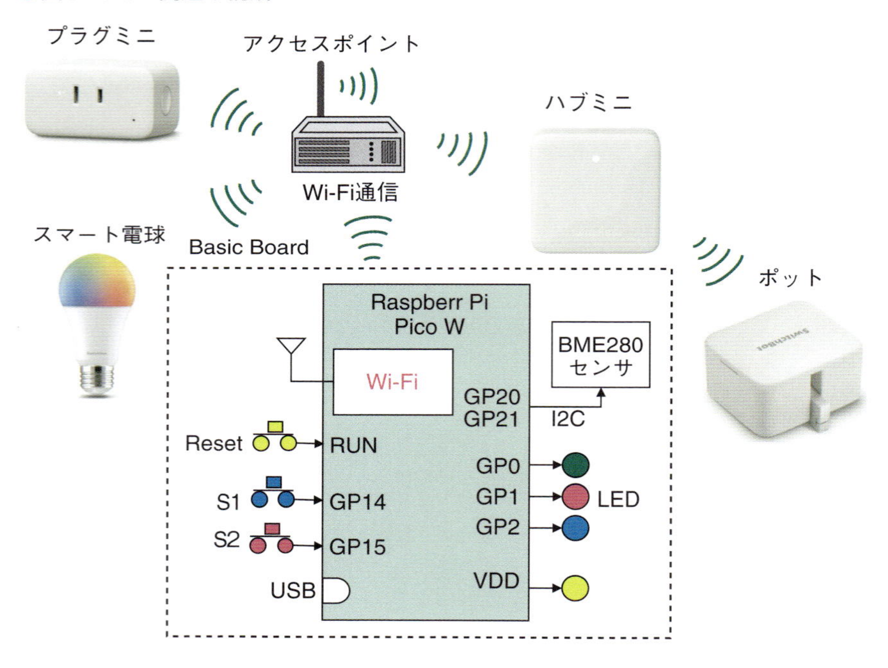

この例題のプログラムがリスト3-16-3とリスト3-16-4となります。

リスト3-16-3が初期設定部で、ライブラリのインクルードとLEDのインスタンス生成、Wi-FiのアクセスポイントのSSIDとパスワード、製品ごとのDevice ID、APIトークンの定義をしています。これらはそれぞれ読者の環境に合わせて設定して下さい。

リスト 3-16-3　初期設定部（SwitchBotBasic.py）

```
1  #************************************
2  #  SwitchBotの例題プログラム
3  #  一定間隔で指定デバイ巣をオンオフ
4  #  オン中に状態データを取得
5  #  SwitchBotBasic.py
6  #*************************************
7  from machine import Pin
8  import time
9  import network
10 import urequests
11 import socket
12 # 目印用LEDインスタンス定義
13 Green = machine.Pin(0, Pin.OUT)
14 Red = machine.Pin(1, Pin.OUT)
15 Blue = machine.Pin(2, Pin.OUT)
16 #Wi-FiのSSIDとパスワード、変数定義
17 ssid = 'YOUR SSID'
18 password = 'YOUR PASSWORD'
19 #SwitcBotのDevice ID
20 Plug1   = "3C8427A1B462"
21 Plug2   = "3C8427A13FEE"
22 Light1  = "70041D7EAA76"
23 Light2  = "70041D7EA28E"
24 Bot1    = "C13430352F83"
25 Hubmini = "EB4D0BF758B7"
27 #**** SwitchBotデバイス関連 ****
28 # SwitchBot API設定
29 API_TOKEN = 'YOUR TOKEN'
```

リスト3-16-4がサブ関数とメイン関数部になります。サブ関数部はリスト3-16-1とリスト3-16-2そのままですので、ここでは省略しました。最後がメイン関数部で、まず指定した製品をオン制御し、10秒待ってから状態を取得してシェルに出力し、その後オフ制御をして10秒待つということを繰り返しています。

ここで製品の指定はDevice IDで行いますが、この例では、「Plug2」というプラグミニを指定しています。他の製品を指定する場合はこの部分を書き換えて下さい*。

3か所の変更が必要になる。リスト3-16-3で定義したDevice IDを使う

リスト 3-16-4　サブ関数とメインループ部

```
31 # SwitchBot制御サブ関数
32 API_URL_COMMAND = "https://api.switch-bot.com/v1.0/devices/DEVICE_ID/commands"
33 def control_switchbot(device_id, command):

   （関数内省略）

48 # SwitchBot状態取得関数
49 API_URL_STATUS = "https://api.switch-bot.com/v1.0/devices/DEVICE_ID/status"
50 def get_device_status(device_id):

   （関数内省略）

69 #**** アクセスポイントとの接続 **************
70 Green.off()
71 wlan = network.WLAN(network.STA_IF) # Wi-Fiインスタンス生成
72 wlan.active(True)                   # Wi-Fi有効化
```

```
73  wlan.connect(ssid, password)         # アクセスポイントに接続
74  # 接続成功を確認# Wi-Fi有効化
75  while not wlan.isconnected():        # 接続待ち
76      pass
77  status =  wlan.ifconfig()
78  print('IP=' + status[0])             # IPアドレス表示
79  Green.on();
80  
81  #**** メインループ ***************
82  while True :
83      #デバイスのオン制御
84      control_switchbot(Plug2, "turnOn")
85      Red.on()
86      time.sleep(10)
87      #デバイスの状態取得
88      device_status = get_device_status(Plug2)
89      print('電力 = '+ str(device_status['body']['weight']) +' Watt')
90      time.sleep(1)
91      #デバイスのオフ制御
92      control_switchbot(Plug2, "turnOff")
93      Red.off()
94      time.sleep(10)
```

以上でSwitchBotを使う場合の基本的なプログラミングの仕方を説明しました。

第4章
MIT App Inventor2 とは

4-1 MIT App Inventor2とは

4-1-1 MIT App Inventor2とは

MIT App Inventor2*は、MIT（マサチューセッツ工科大学）が提供するプログラミングツールで、ブラウザを使ってオンラインでスマホやタブレットのアプリを作成できる無料の開発ツールです。

* エムアイティー アップインベンターと呼ぶ

スマホアプリの開発に必要なJavaやAndroidの知識がなくても、図4-1-1のようにブロックを組み合わせてAndroidのアプリを作ることができるビジュアルプログラミング言語です。ちょうど「Scratch*」と同じような作り方となります。

* 子供向けのビジュアルプログラミング言語でパソコン上で動作するアプリを開発できる

Scratchと異なる点は、表示される画面のデザインと機能の設計をし、その後ブロックプログラミングをして機能を完成させるという、デザインとプログラミングの両方の設計開発を必要とすることです。

●図4-1-1　MIT APP Inventor2のプログラム例

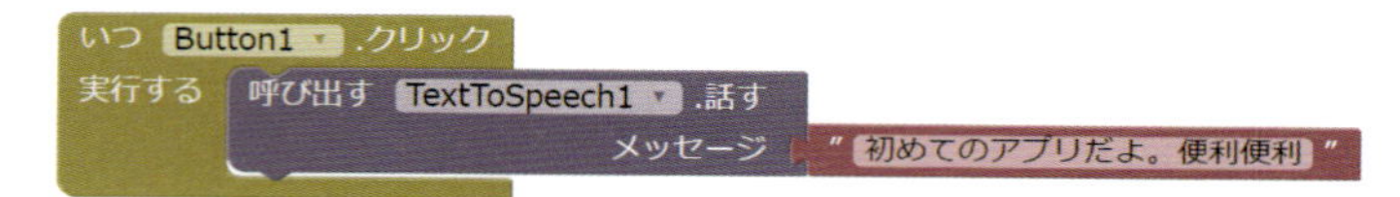

MIT App Inventorは、当初はGoogle.incが開発を行い、2010年12月15日に一般公開されましたが、2011年12月31日にGoogleは公開を終了しました。その後、MITが引き継ぎ、現在もサポートを継続しています。改良版であるMIT App Inventor2は2013年の12月に公開されました。

さらに2021年3月から、一部制限はありますがiPhoneおよびiPadでも動作するようになりました。本書ではAndroidタブレットで進めることにします。

MIT App Inventor2は、基本は英語ですが、2024年8月の更新で日本語版が公式リリースされ、Androidバージョン14にも対応したので、日本語でプログラムを作成することができます。もちろん表示メッセージなど入出力するテキストには日本語が使えますから、作成したアプリは日本語のアプリとすることができます。

4-1-2 MIT App Inventor2の基本概念

通常Androidのアプリを開発するには、昔は「Eclipse」、現在は「Android Studio」という大規模な開発ツールを使ってJava言語で開発します。

しかし、このMIT App Inventor2はいずれも使いません。ウェブブラウザ上で画面をデザインし、ブロックエディタと呼ばれる編集画面でブロックをつなぎ合わせるだけでプログラムを構成します。

App Inventorは、もともとプログラミングを専門的に学んだことがない学生が、プログラムの作り方の基礎を学習するためにGoogleが開発したもので、それをMITが引き継いで提供しているものです。教育目的のツールが発祥であるため、プログラミングの経験が少ない人でも手軽にAndroidのアプリを作成することができます。

その後次々と機能強化され、現在ではかなり実用的なアプリを開発するツールとしても使えるものになっています。

MIT App Inventor2は「イベントドリブン」と呼ばれ、イベントをトリガとして動作するプログラムとなっています。このイベントをブロックエディタで定義していきます。

このブロックエディタは、MITが開発した「Open Block Java Library」を使っています。

このブロックエディタで作られたイベントは、「Kawa Language Framework」を使って、直接Javaのバイトコードに変換され実行されます。

このようにApp Inventor2はMITの長年の研究と、オープンソースによる多くの開発者の貢献により成り立っています。

4-1-3　MIT App Inventor2の始め方

MIT App Inventor2を始めるのに必要なのは、インターネットに接続でき、ブラウザ（基本はGoogle Chrome*）が動作するパソコンかスマホ/タブレットあるいはクロムブックと、Googleアカウントだけです。

* Internet Explorerはサポートされていない。Chromeか Firefox、Safariを使う必要がある

❶Googleアカウントの作成

まだGoogleアカウントをお持ちでない方や、別アカウントを使いたい方は、図4-1-2のようにGoogleのアカウント作成サイトを開きます。

https://www.google.com/intl/ja/account/about/

このページの「アカウントを作成する」をクリックしてアカウントを作成します。作成の詳細手順はここでは省略します。

●図4-1-2　Googleアカウント作成サイト

❷MIT App Inventorサイトで登録

アカウントを作成したらそのアカウントでGoogle Chromeのブラウザを開きます。そして検索で「MIT App Inventor」と入力して検索します。

見つかったMIT App Inventorのサイトを開きます。図4-1-3のページが開いたらここで、[Create Apps!]ボタンをクリックします。

●図4-1-3　MIT App Inventorのサイト

❸ポリシーの確認

これで開く図4-1-4のポリシーの確認ダイアログで［I accept the terms of services!］ボタンをクリックして進みます。

●図4-1-4　ポリシーの確認

To use App Inventor for Android, you must accept the following terms of service.

Terms of Service

MIT App Inventor Privacy Policy and Terms of Use

MIT Center for Mobile Learning

Welcome to MIT's Center for Mobile Learning's App Inventor website (the "Site"). The Site runs on Google's App Engine service. You must read and agree to these Terms of Service and Privacy Policy (collectively, the "Terms") prior to using any portion of this Site. These Terms are an agreement between you and the Massachusetts Institute of Technology. If you do not understand or do not agree to be bound by these Terms, please immediately exit this Site.

MIT reserves the right to modify these Terms at any time and will publish notice of any such modifications online on this page for a reasonable period of time following such modifications, and by changing the effective date of these Terms. By continuing to access the Site after notice of such changes have been posted, you signify your agreement to be bound by them. Be sure to return to this page periodically to ensure familiarity with the most current version of these Terms.

Description of MIT App Inventor

From this Site you can access MIT App Inventor, which lets you develop applications for Android devices using a web browser and either a connected phone or emulator. You can also use the Site to store your work and keep track of your projects. App Inventor was originally developed by Google. The Site also includes documentation and educational content, and this is being licensed to you under the Creative Commons Attribution 4.0 International license (CC BY 4.0).

Account Required for Use of MIT App Inventor

In order to log in to MIT App Inventor, you need to use a Google account. Your use of that account is subject to Google's Terms of Service for

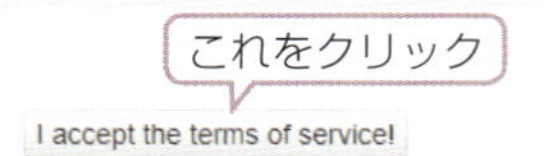

なお、このあとにユーザーインターフェースの選択画面が表示されることがあります。本書ではデフォルトになっている［Classic］のUIで説明を進めます。

❹ Welcomeダイアログ

Welcomeダイアログで［Continue］ボタンをクリックして進みます。さらに表示されるダイアログで［CLOSE］とすればアプリが開始可能となります。

●図4-1-5　Welcomeダイアログ

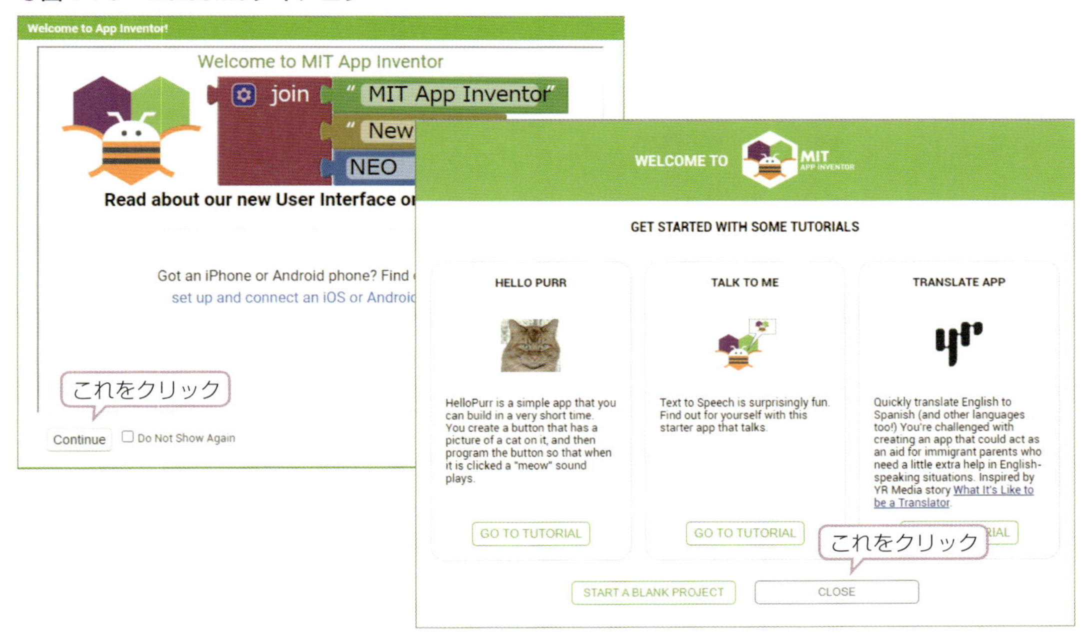

❺ アプリ作成画面で日本語を選択

図1-4-6のようにメニューの右上にある［English］ボタンをクリックして開くドロップダウンリストから「日本語」を選択して日本語操作画面とします。

以上で開始するための準備が完了しました。

●図4-1-6　日本語の選択

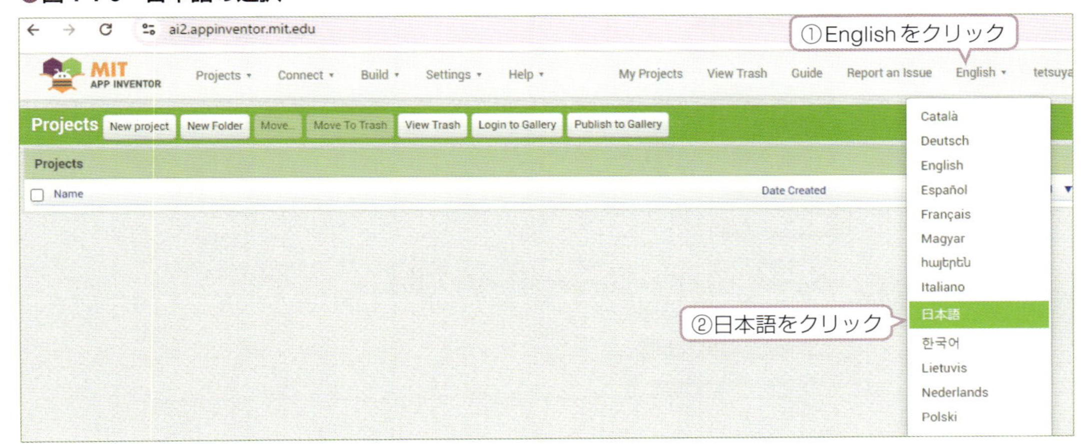

4-1-4　情報源

MIT App Inventor2に関するドキュメントは、本家サイトの図4-1-7で調べることができます。結構膨大な文書があります。基本的な考え方から記述されています（ブラウザの横幅により、本家サイトのメニューが縦に並んでいることもあります）。

●図4-1-7　ドキュメントの所在

図4-1-8のように個別のコンポーネントごとの解説もあります。この図はもともと英語表記なので、Google Chromeの翻訳機能で日本語表示させたものです。

●図4-1-8　個別コンポーネントのドキュメント

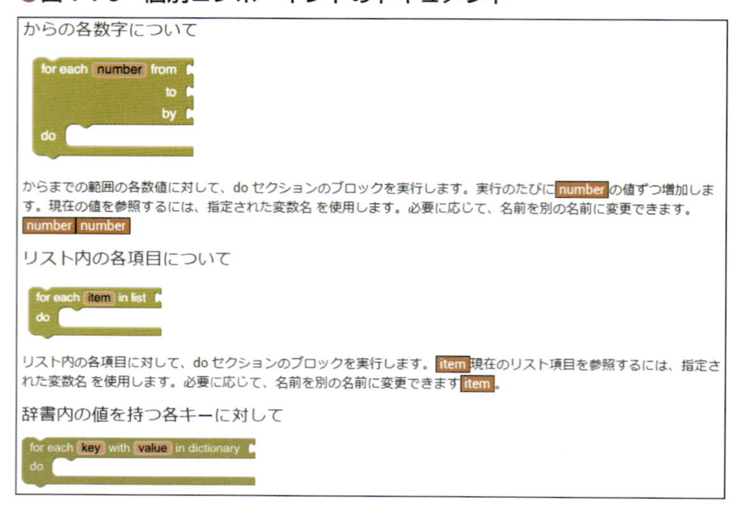

4-2 MIT App Inventor2のシステム構成

MIT App Inventor2のシステム全体構成は図4-2-1のようになっています。基本となるのが、MITにあるサーバで、ここでMIT App Inventor2が実行され、ここにすべてのアプリケーションが蓄積されるようになっています。

ユーザのパソコンのブラウザでこのサーバにアクセスすると、MIT App Inventor2が起動し、画面設計をするデザイナー（App Inventor Designer）と、機能をプログラミングするブロックエディタ（App Inventor Block Editor）が使えるようになります。これらでプログラミングした結果は、基本的にMITのサーバに保存されますが、自分のパソコンに保存することもできます。

作成したプログラムは「ビルド*」することでインストール可能なファイルが生成されます。このときAndroid用は拡張子がapkとなります。

*ソースファイルをコンパイルしてインストール可能なファイルを生成すること

作成したプログラムをテストするには、スマホ/タブレットの実機にダウンロードしてインストールするか、仮想スマホのエミュレータで動作を確認することができます。ただしエミュレータは非常に多くのパソコンの資源を必要とするため動作が遅いです。またセンサがないなど制限が多く、実機で確認するほうが手早くできますので、本書ではエミュレータの使い方の解説は省略します。

ビルドが完了すると自動的にQRコードが表示されますから、これをスマホ/タブレットに事前インストールした「MIT App Companion*」アプリでダウンロードしてインストールすることで、アプリとして起動することができるようになります。

*詳細は4-4節を参照

●図4-2-1　システム構成

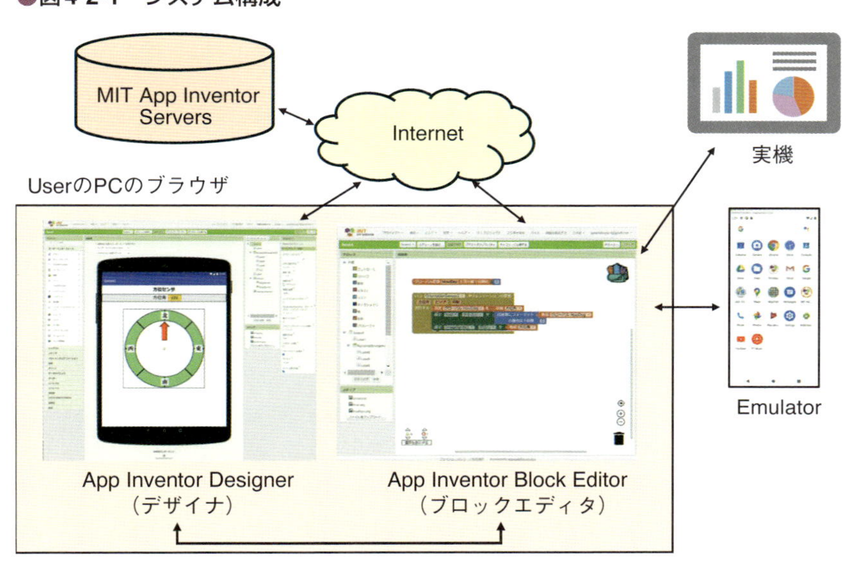

4-3 MIT App Inventor2のアプリの作成手順

4-3-1 MIT App Inventor2のアプリの作成ステップ

MIT App Inventor2では、Screenと呼ばれる1つの画面がアプリの母艦となっていて、ここで画面をデザインし、実行するプログラムを作成します。Screenは1つだけでなく、複数のScreenで1つのアプリケーションを構成することもできますが、Screenを切り替えると、別の画面と別のプログラムが起動されることになります。

MIT App Inventor2を使ってスマホ/タブレットのアプリを作成する手順は、次の3ステップになります。

①デザイナー（App Inventor Designer）で必要なコンポーネントを配置して、画面のレイアウト編集を行う
②コンポーネントのプロパティを設定して動作や条件を決める
③デザイナーで配置した各コンポーネントに対して、ブロックエディタ（App Inventor Block Editor）で、機能をプログラミングする
④ビルドして「MIT App Companion」で実機にダウンロード、インストールする

このステップの詳細を実際の例題で説明します。

4-3-2 デザイナーで画面を作成

実際の例題として「テキストを音声としてしゃべる」というアプリを作成してみます。

1 プロジェクトの作成

図4-3-1のように①サイトを開いたら、②［Create Apps!］ボタンをクリックすると、プロジェクト画面が開きます。すでに作成したプロジェクトがある場合は、一覧が表示されます。

次にメニューボタンの③［新規プロジェクト］ボタンをクリックして新規アプリの作成を開始します。

これで図4-3-2のように［プロジェクトを新規作成する］というダイアログが開きますから、①プロジェクトの名称を入力します。名称には日本語は使えないので英数字で入力して下さい。この例題では「sample」としました。

●図4-3-1　アプリの作成開始

2 デザイナー画面

プロジェクト名称を入力し［OK］とすると、右側のようなデザイナーの画面が開きます。最初に②で画面サイズを選択します。ここの選択肢は、320×505、480×675、768×1024の3種類のみですので、実機に近いものを選択します。

●図4-3-2　アプリのデザイナーの開始

デザイナー画面では、左側に③［パレット］として［コンポーネント］と呼ばれる機能部品が並んでいます。ここで選択したコンポーネントをスクリーンにドラッグドロップすることで配置ができます。

配置したコンポーネントの属性は右側の［プロパティ］の窓で設定ができます。

例えば図ではスクリーンのプロパティ設定になっていて、背景色やコンポーネントの配置の仕方（左、センター、右）や、背景にあらかじめファイルとして用意した画像を配置することもできます。さらにスクリーンが開くときのアニメーション（フェード、ズーム、スライドなど）も設定することができます。

3 コンポーネントの配置

例題のアプリとして最初にボタンを配置します。手順は図4-3-3のようにします。まずパレット欄で①ボタンを選択し、②スクリーンにドラッグドロップします。次に右側のプロパティ設定窓で、③背景色をシアンに、④文字サイズを30に、⑤横幅を塗りつぶしペアレントとして画面の横幅一杯とします。さらに⑥ボタンの中に表示するテキストとして「おしゃべり開始」としました。これで実際のボタンは図の右側のようになります。

●図4-3-3　ボタンの配置と設定

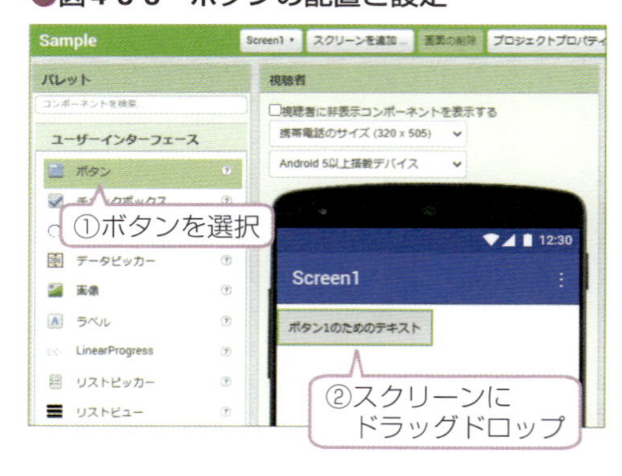

次に［テキスト読み上げ］コンポーネントを配置します。図4-3-4のようにパレット欄で［メディア］の欄から［テキスト読み上げ］を選択してスクリーンにドラッグドロップします。

この場合、このコンポーネントはスクリーンに表示する必要がないので、③［非可視コンポーネント］として下の欄外に表示されます。このような非可視コンポーネントには、クロックや、通信関連のコンポーネントがあります。

このテキスト読み上げコンポーネントには特に設定する項目はないので、④プロパティ設定欄は特に設定はありません。

●図4-3-4　テキスト読み上げコンポーネントの配置

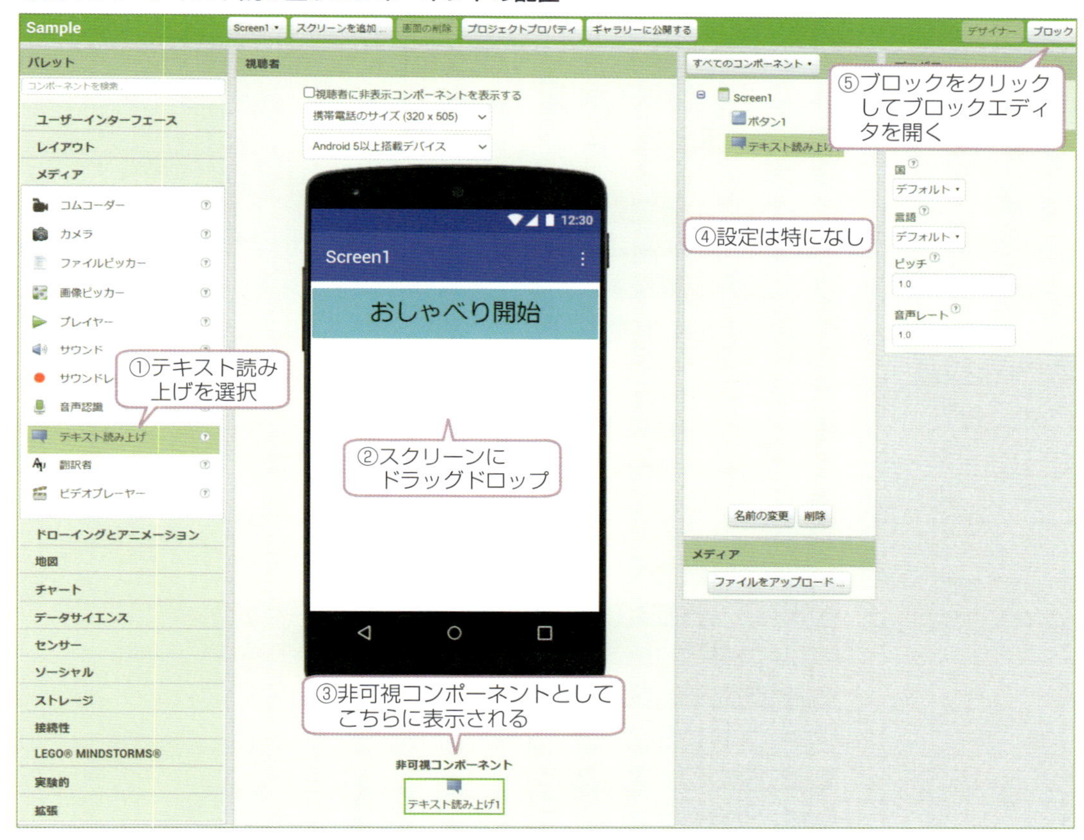

以上でこのアプリのデザイナー画面での設定は完了ですので、⑤画面右上にある［ブロック］のボタンをクリックしてブロックエディタ画面に進みます。

4-3-3　ブロックエディタでプログラミング

MIT App Inventor2では、プログラム実行は何らかのイベントがトリガとなって実行が開始される方式*となっています。

*イベントドリブン方式と呼ばれる

本章の例題では、最初にボタンが押されたというイベントから開始します。

1 ブロックの追加

ブロックエディタ画面を開くと、左側にあるブロック欄のScreen1の中に配置したコンポーネントがありますから、①この中のボタンを選択すると、右側に多くの操作のブロックが表示されます。この中から②「クリックしたとき」というブロック（「いつ ボタン1 クリック 実行する」と表示されている）を選択して、③右側の編集画面にドラッグドロップします。これだけでボタンが押されたというイベントが発生するとこのブロックが実行開始されるようになります。

●図4-3-5　ボタンのイベント開始

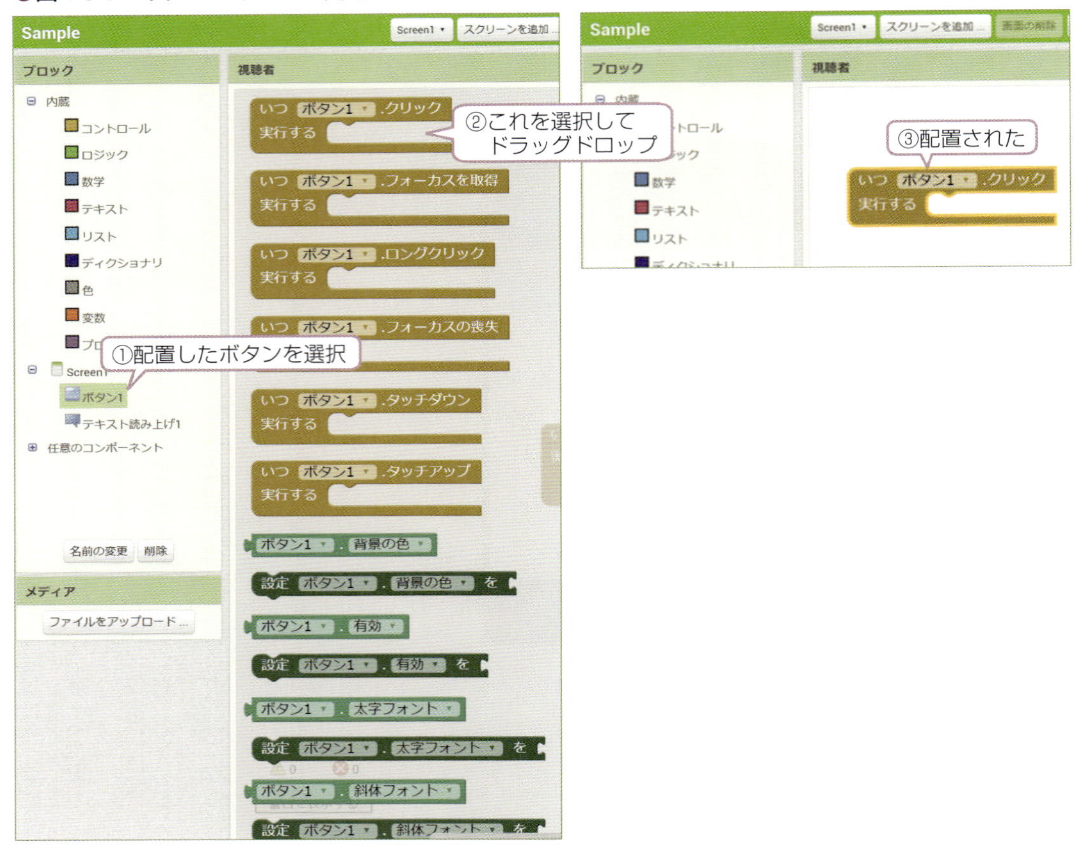

2 実行する機能を追加

次にボタンクリックのイベントで実行する機能を追加します。

図4-3-6のように、ブロック欄のScreen1の中にある［テキスト読み上げ］ブロックを選択すると開く操作ブロックから、［話す］というブロックを選択し、編集画面にあるボタンクリックイベントの中にドラッグドロップします。これで、ボタンクリックでテキストを読み上げるという動作が実行されることになります。

●図4-3-6　テキスト読み上げブロックを追加

最後に読み上げるテキストを追加します。図4-3-7のように、ブロック欄の内蔵の中にある①［テキスト］のブロックを選択し、表示される操作ブロックから②空欄のテキスト（"□"と表示されている）を選択し、③編集画面の［テキスト読み上げ］ブロックの中にドラッグドロップします。そして空欄をクリックして、④実際のメッセージをテキストとして入力します。

●図4-3-7　テキストの追加

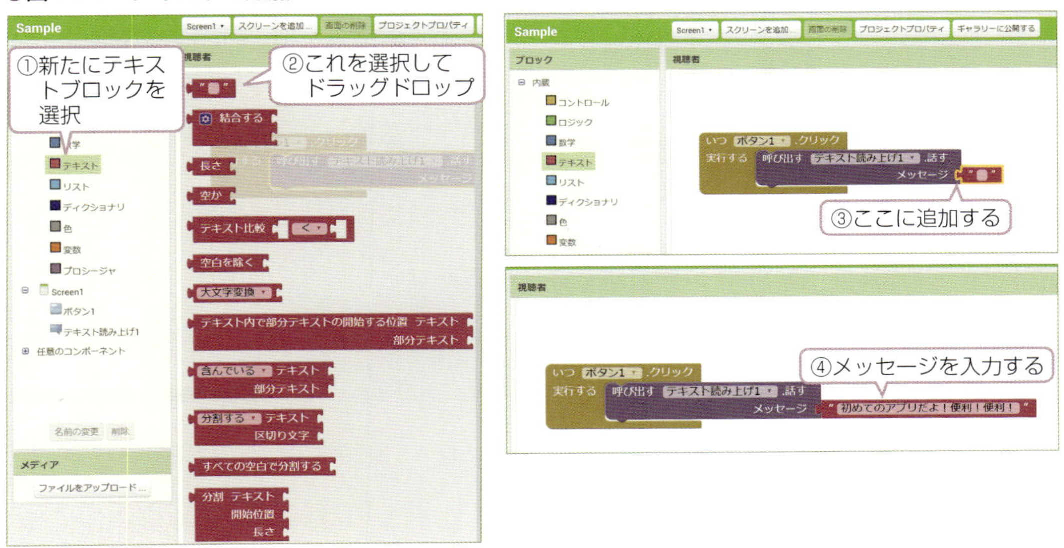

以上でこの例題の作成は完了です。

3 ビルド

ソースファイルをコンパイルしてインストール可能なファイルを生成すること

早速ビルド*します。ビルドは図4-3-8のようにします。①メインメニューの［ビルド］をクリックして開くドロップダウンリストから［アンドロイドアプリ（.apk）］を選択します。これでビルドが開始され③進行状況がバーで表示されます。100%完了してしばらくすると④のダイアログが表示されます。

この中の⑤QRコードを、スマホ/タブレットの「MIT App Companion」ツールで読み込めばダウンロードが始まり、インストールの準備ができますから、インストールを実行します。

これが完了すると、⑥スマホ/タブレットの中にアイコンが生成されます。このアイコンをタップすれば⑦作成したアプリが実行開始し、［おしゃべり開始］のボタンをタップすれば実際に音声として出力されます。

このダウンロードからインストールまでの手順の詳細は4-4節を参照して下さい。

●図4-3-8　ビルド、ダウンロード、インストール、実行

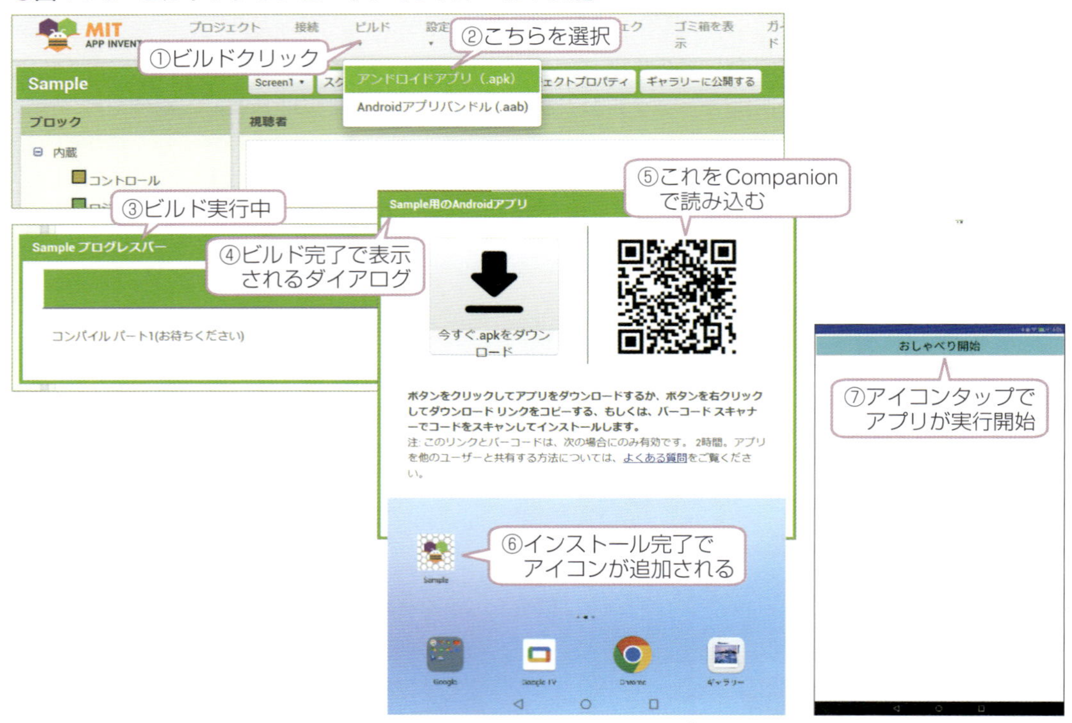

これがMIT App Inventor2でアプリを作成する手順の詳細となります。

4-3-4　アプリのローカルパソコンへの保存方法

作成中のアプリは常にMIT App Inventor2のサーバに保存されます。これを自分のパソコンに保存する場合には図4-3-9の手順で行います。

①メインメニューのプロジェクトを選択し、[自分のプロジェクト]を選択し、
②開いたプロジェクトリストで保存したいプロジェクトの□をクリックする
③再度メインメニューの[プロジェクト]をクリックし、
④[選択したプロジェクトをエクスポートする]を選択する
⑤これで開くファイルエクスプローラで適当なフォルダを選択して、⑥[保存]とする

●図4-3-9　プロジェクトのローカルパソコンへの保存

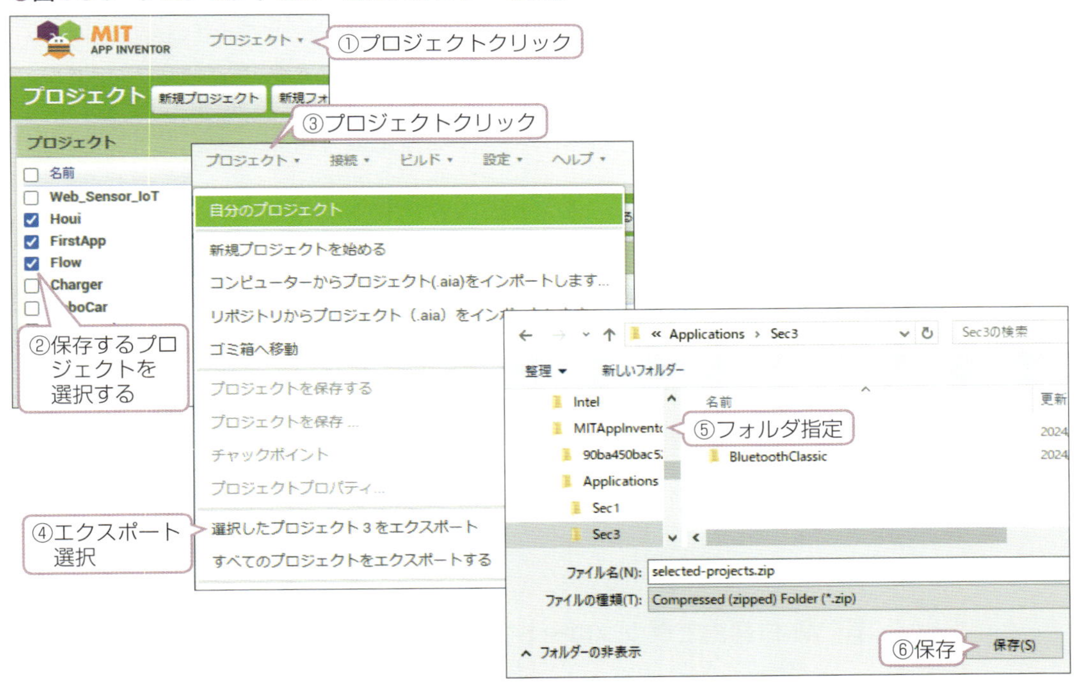

これでローカルのパソコンにプロジェクトのファイル(拡張子aia)が保存されます。

これを指定して読み出すときには、図4-3-9のドロップダウンメニューの中の[コンピュータからプロジェクトをインポートします]を選択します。

なお本書のサポートサイトから、本書で作成したプロジェクトのファイルをダウンロードできます。解凍後、上記の手順でファイルを読み出せます。

4-4 アプリのダウンロード方法

作成したプログラムをスマホ/タブレットの実機にダウンロードする方法には、図4-4-1のような2つの方法があります。

1つはWi-Fiを使ってMITサーバからダウンロードする方法で、もう1つはUSBケーブルを使って直接接続し、パソコンにダウンロードしたファイルを転送してインストールする方法です。このUSBで接続する方法は手順が複雑になるので、基本はWi-Fiを使った接続が推奨となります。

●図4-4-1 実機へのダウンロード方法

(a) Wi-Fi経由でダウンロードする方法

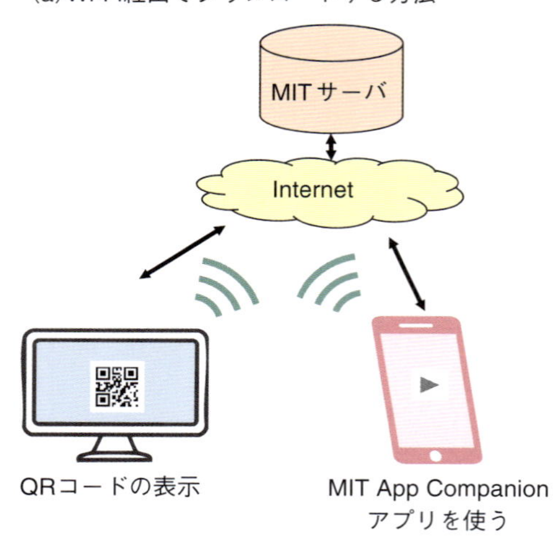

(b) USBケーブルで接続して行う方法(Androidのみ)

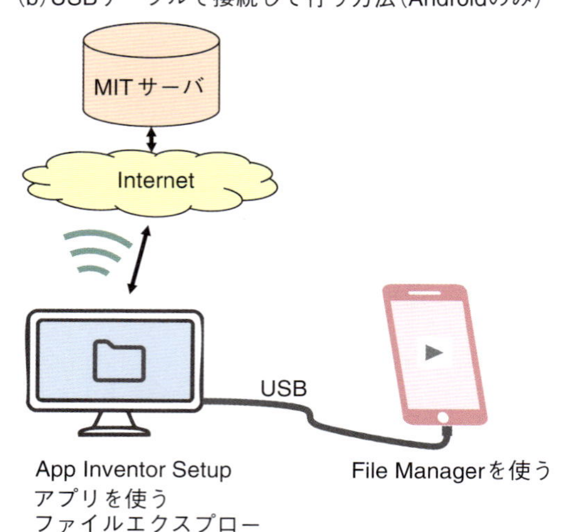

1 Wi-Fi経由でダウンロードする手順

Wi-Fi経由でダウンロードするには、図4-4-2のようにスマホ/タブレット側に、「MIT App Companion」というアプリをインストールする必要があります。このアプリはGoogle Playストアを使って簡単にインストールできます。

このあとは、パソコンのMIT App Inventor2でビルドを実行すると、QRコードが自動生成されますから、これをスマホ/タブレットのMIT App Companionで読み取れば、自動的にMITサーバからファイルをダウンロードしインストールできます。このビルドの際には、「アンドロイドアプリ(apk*)」を選択する必要があります。

*Androidのアプリの標準拡張子で、インストールが可能なファイルとなっている

●図4-4-2　Wi-Fi経由でダウンロードする方法

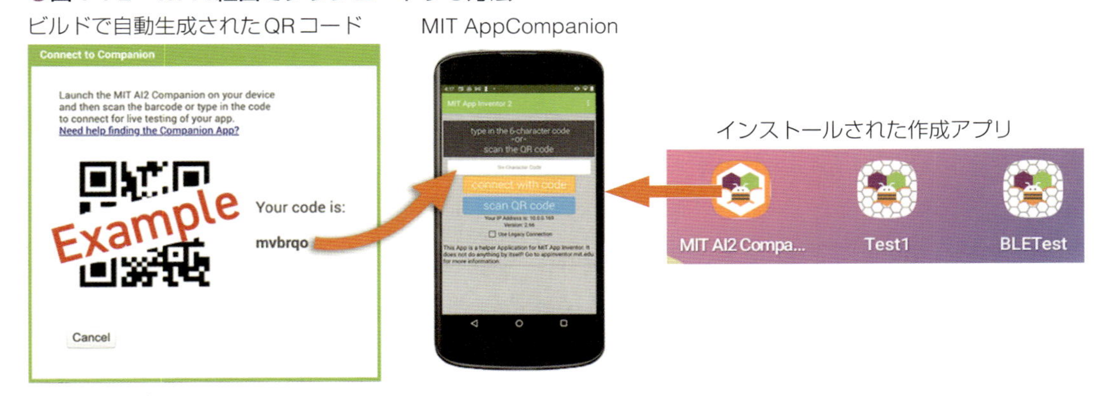

MIT App Companionの外観は図4-4-3のようになっています。図のように、Androidの場合は、①［scan QR code］ボタンをクリックしてQRコードを読み込むと、②自動的にダウンロード開始のメッセージが出るので、［開く］をクリックすればダウンロードが開始されます。

●図4-4-3　MIT App Companion の外観と操作手順

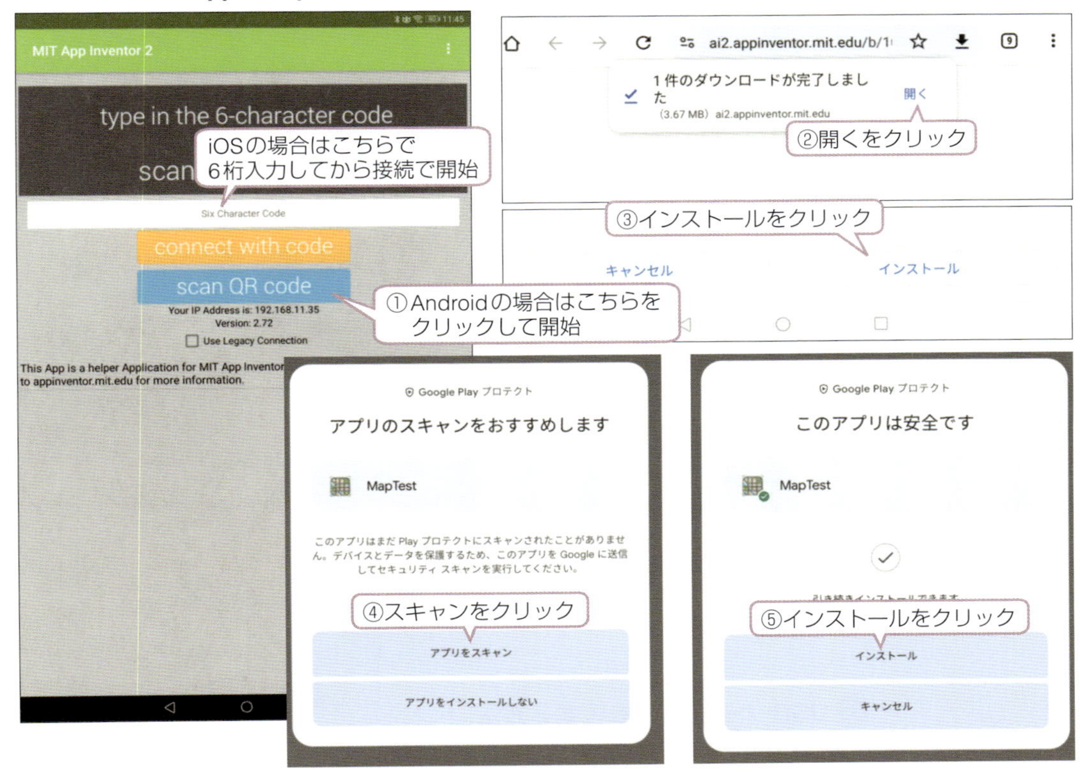

③ダウンロード完了で［インストール］ボタンをクリックすると、④アプリのスキャンのダイアログが出るのでここで［アプリをスキャン］としてしばらく待つと、「このアプリは安全です」というダイアログになるので、⑤ここで［インストール］をクリックすれば実際にインストールが開始されてアプリのアイコンが生成されます。

あとはこの生成されたアイコンをクリックすればアプリが起動します。何回かインストールを繰り返していると、安全ですというダイアログで［インストール］にならないで、［再度繰り返して下さい］が続くことがあります。この場合は、再度QRコードの読み込みから繰り返せばインストールができます。

2 iPhone/iPadの場合

iPhone/iPadの場合には、先にiPhone/iPadに「MIT App Inventor（iPad対応）」をインストールしておきます。続いて図4-4-4のようにMIT App Inventor2のメニューから、①［接続］→［AIコンパニオン］とすると、②6桁のコードとQRコードのダイアログが表示されます。

この後、iPhone/iPadのカメラでQRコードを読み込むと、ダイアログが出るので［Continue］ボタンを押せばアプリがインストールされます。

または、iPhone/iPadでMIT App Companionを起動して、③6桁のコードを入力後④［Connect］ボタンをクリックすれば自動的にコンパイルが実行されダウンロードされます。

●図4-4-4　iOSの場合のダウンロード手順

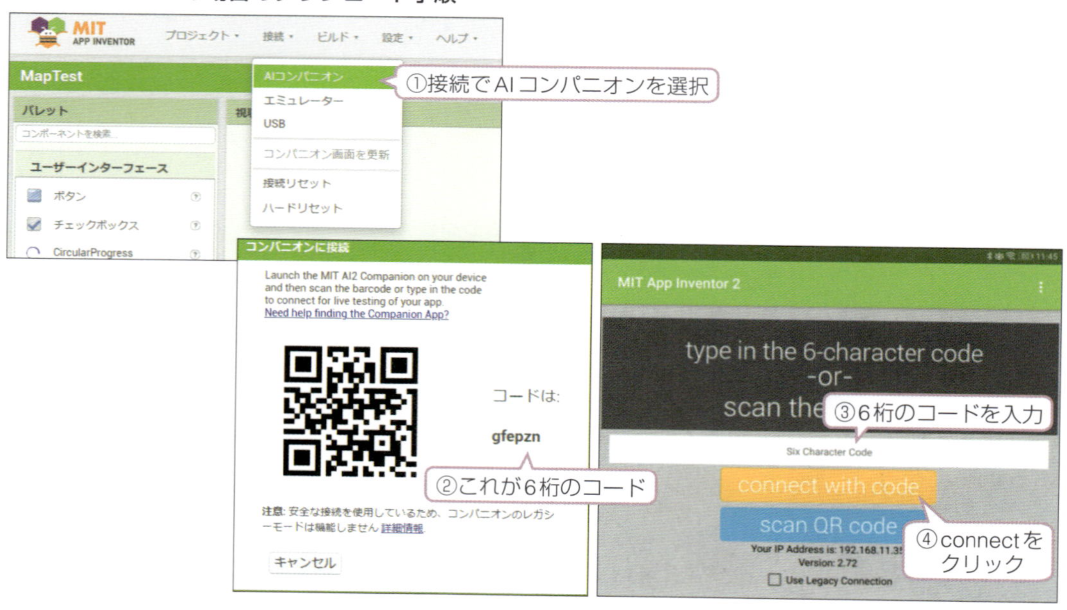

3 USBケーブルで接続する方法

Windowsパソコンで USB接続を行う場合には、次のステップで準備する必要があります。

①パソコン側にAndroidデバイスと通信するためのソフトウェア「App Inventor Setup Software」をインストールする必要があります。まず次のサイトからこのソフトのインストーラ（MIT_App_Inventor_Tools_30.265.0_win_setup64.exe）をダウンロードします。

https://appinventor.mit.edu/explore/ai2/windows

ダウンロードしたexeファイルを管理者権限で起動し、インストーラの手順に従ってインストールします。

②スマホ/タブレット側に「MIT AI2 Companion App」をPlayストアから入手してインストールします。

③①でインストールして生成された「aiStarter」を起動します。

●図4-4-5　aiStarterのアイコン

このソフトウェアツールはエミュレータを使う場合にも必要となります。aiStarterを起動してから、エミュレータを起動*する必要があります。

④スマホ/タブレットをUSBケーブルでパソコンに接続し、「USBデバッグ*」をオンにします。

⑤次のURLの「接続テストページ」にアクセスして、図4-4-6のようにパソコンがスマホ/タブレットを検出すれば正常に接続完了です。これでプログラムファイルをパソコンからダウンロードすることができます。

http://appinventor.mit.edu/test.html

●図4-4-6　USB接続が成功した結果

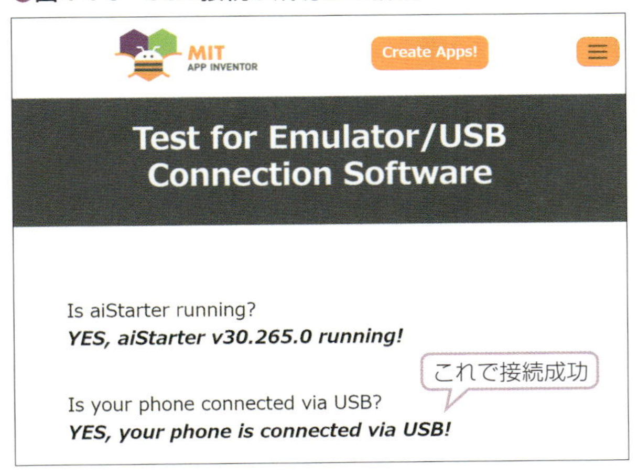

*MIT App Inventor2のメニューから、接続→エミュレータで起動できる

*設定→開発者向けオプションで選択できる。開発者向けオプションは、設定→端末情報→ビルド番号を7回タップすることで追加される

⑥MIT App Inventor2でアプリを作成後、[ビルド]→[アンドロイドアプリ(apk)]とすれば図4-4-7のダイアログが表示されます。このダイアログで左側の[今すぐapkをダウンロード]をクリックしてapkファイルをパソコンの適当なフォルダにダウンロードします。

●図4-4-7　ビルド結果のダウンロードダイアログ

⑦パソコンのファイルエクスプローラを使って、ダウンロードしたapkファイルをスマホ/タブレットの適当なフォルダ*に転送します。

⑧スマホ/タブレット側のファイルマネージャ*でapkファイルを開いてインストールします。これでアプリケーションがインストールされ起動可能となります。

通常は「Download」フォルダを使う

適当なファイルマネージャをPlayストアからダウンロードする

以上のようにUSBを使ったインストール方法は手順が多くなるため、Wi-Fiを使ったダウンロード方法を推奨します。

第5章
MIT App Inventor2の使い方

5-1 パレットとコンポーネント

5-1-1 コンポーネントとは

MIT App Inventor2のパレットには、図5-1-1のように多くのコンポーネントが種類ごとに分けて用意されています。これらのコンポーネントは画面デザインや、機能を追加する場合の部品として使われます。

それぞれのコンポーネントの種類ごとの役割を説明します。実際の使い方は後章で説明します。

●図5-1-1　パレットとコンポーネント

❶ユーザーインターフェース

基本のコンポーネントが集められていて、ボタンやラベル、テキストボックスなどのほかに、リストやスライダ、画像なども配置することができます。

❷レイアウト

画面デザインの中で重要なのが「レイアウト」のブロックで、画面へ多くのコンポーネントを配置する際のデザインを決める役割を果たしています。水平配置にして横に複数のコンポーネントを配置したり、垂直スクロール配列にして画面をスクロール可能にしたりする設定を行います。

❸メディア

音と映像のマルチメディア関連のコンポーネントが集められていて、テキスト読み上げや音声認識などのコンポーネントも用意されています。

❹ドローイングとアニメーション

キャンバスが用意されていて、ここにイメージやペン書きや、グラフィカルな要素を配置することができます。

❺地図

Google Mapを表示して、地図にマーキングをしたり、位置情報で地図を呼び出したりすることができます。

❻チャート

文字通りデータをグラフ化することができ、折れ線や棒グラフ、パイチャートなどが表示できるようになります。

❼データサイエンス

収集するデータの異常を検知したり、回帰演算などでデータを編集したりすることができます。

❽センサ

スマホ/タブレットに内蔵している各種センサのデータを扱うことができます。時計を使ってアプリを一定間隔で動作させることもできます。

❾ソーシャル

スマホ/タブレットが持っている連絡機能を使うことができます。

❿ストレージ

データを保存するコンポーネントが用意されていて、簡単なファイル保存から本格的なクラウドのデータベース作成も可能となっています。

⓫接続性

通信の機能を提供し、Bluetooth、Wi-Fi、シリアル通信を提供します。

⓬拡張

標準になっていない機能を追加できるようになっています。現在いくつか用意されていますが、その中でBLE（Bluetooth Low Energy）を使うことができます。

5-1-2　拡張コンポーネントの追加方法

パレットに「拡張」というコンポーネントがありますが、デフォルトでは何もない状態です。ここに新たな拡張機能を追加するには、次の手順で行います。BLEコンポーネントを追加する例で説明します。

1 ファイルのダウンロード

次のサイトから必要な拡張機能のファイルをダウンロードします。ここでは、図5-1-2のようにBluetoothLEをダウンロードしています。

「https://mit-cml.github.io/extensions/」

●図5-1-2　拡張機能のサイト

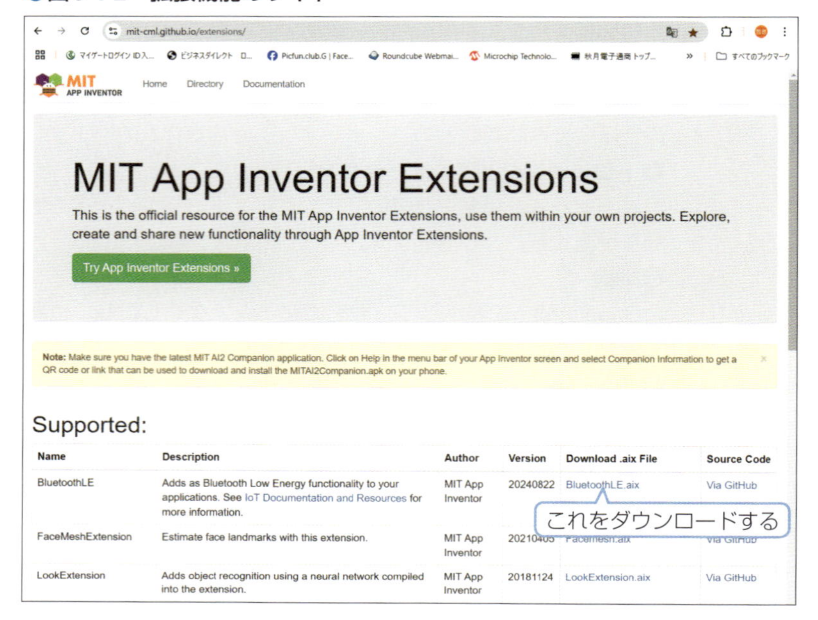

2 MIT App Inventor2で設定

［拡張］の中の①［インポート拡張］をクリックし、開いたダイアログで図5-1-3のように②［ファイルを選択］をクリックして、ダウンロードしたファイルを選択します。

③ファイルが選択できたら、④［Import］をクリックします。これで⑤［拡張］に追加されます。

この作業はプロジェクトごとに実行する必要があります。

●図5-1-3　拡張の追加

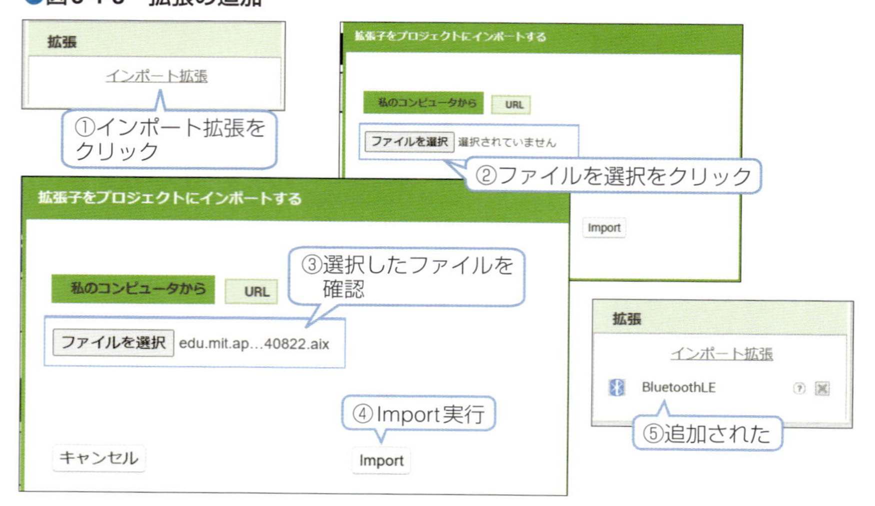

5-2 画面デザインの基本

画面をデザインする場合、レイアウトとコンポーネントのプロパティ設定が、重要な要素となります。それらのプロパティ設定の基本的なことを説明します。

5-2-1 レイアウトの水平配置と垂直配置

画面はScreenに作成します。このScreenは複数用意することができ、画面切り替えで行き来できます。1つのScreenの画面のデザインはデフォルトでは垂直配置となっています。つまり例えばラベルを複数ドラッグドロップすると図5-2-1 (a) のように縦方向に並びます。

ここで図5-2-1 (b) のようにレイアウトから水平配置をドラッグドロップして、その中にボタンやラベルなどをドラッグドロップすると横に並んで配置されます。また図5-2-1 (c) のように水平配置の中に垂直配置を挿入することもできます。

●図5-2-1　垂直配置と水平配置

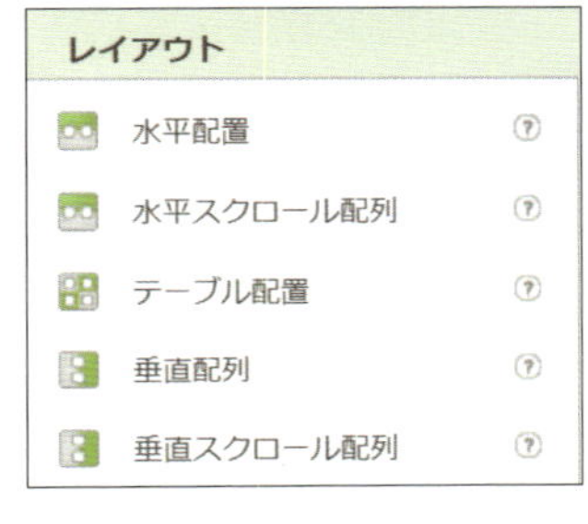

(b) 水平配置とする

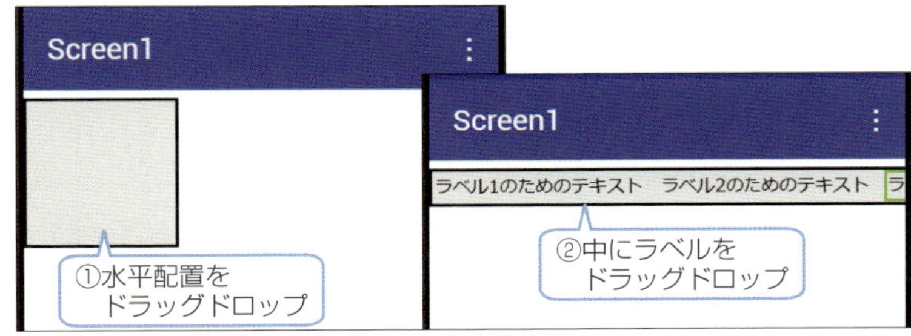

(a) デフォルトは垂直配置

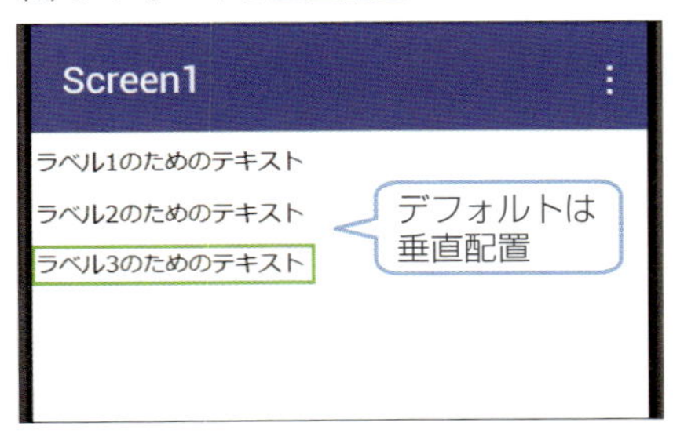

(c) 水平配置の中に垂直配置

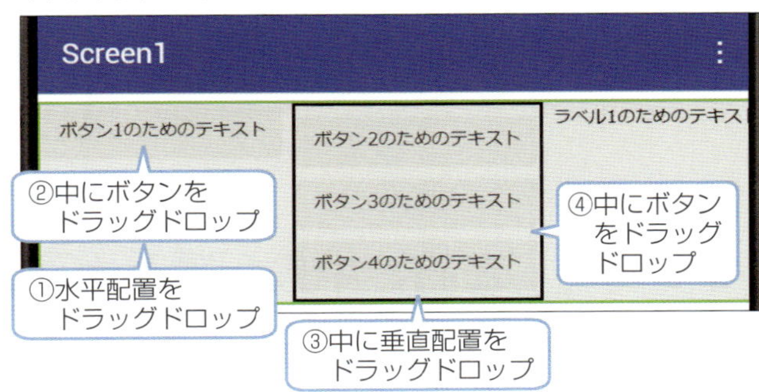

5-2-2　コンポーネントの削除、名前の変更

コンポーネントをScreenに配置すると、デザイナー画面右側に図5-2-2 (a) のように［すべてのコンポーネント］という欄に追加されていきます。この欄で各コンポーネントの削除と名前の変更が可能となります。

削除はコンポーネントを選択して［削除］ボタンをクリックすれば、図5-2-2 (b) の確認ダイアログが出ますから、そこで［削除］とすれば削除されます。注意ダイアログに表示されるように、すでにブロックエディタで使っているコンポーネントを削除するとブロックも削除されるので、プログラミング中に削除する際には注意が必要です。

コンポーネントの名前を変更する場合は、コンポーネントを選択してから、［名前の変更］をクリックすると図5-2-2 (c) のダイアログが開きますから、そこに名前を入力して［OK］とすれば変更されます。

名前を付けると、ブロックエディタでコンポーネントを指定する際に、どのボタンかがわかりやすくなるので、できるだけ変更したほうが便利です。

●図5-2-2　コンポーネントの削除と名前の設定

(a) コンポーネント一覧

(b) 削除の際のダイアログ

コンポーネントの削除

このコンポーネントを削除すると、ブロックエディタでこのコンポーネントに関連するすべてのブロックが削除されます。本当に削除しますか？

キャンセル　削除

(c) 名前の変更のダイアログ

コンポーネント名の変更

旧名：　Stop

新規名：　Stop

キャンセル　OK

5-2-3　左右、中央配置と上下、中央配置

Screenを含め、多くのコンポーネントで、その中の要素を左詰めにするか右詰めにするか中央にするかを設定できます。また上下、中央も設定できます。

実際の例が図5-2-3となります。この例では、Screenを①中央配置としています。これでドラッグドロップするコンポーネントは、図5-2-3 (c) のように、すべて中

央に配置されます。ボタンは図5-2-3 (b) のように②背景色を緑とし、③文字サイズを30ポイント、④横幅を50%、⑤表示テキストをStart、⑥テキストを中心配置としています。さらに、⑦ラベルも配置してプロパティを設定します。この結果実際の画面は図5-2-3 (c) のようになります。

●図5-2-3　左右、上下、中央の配置

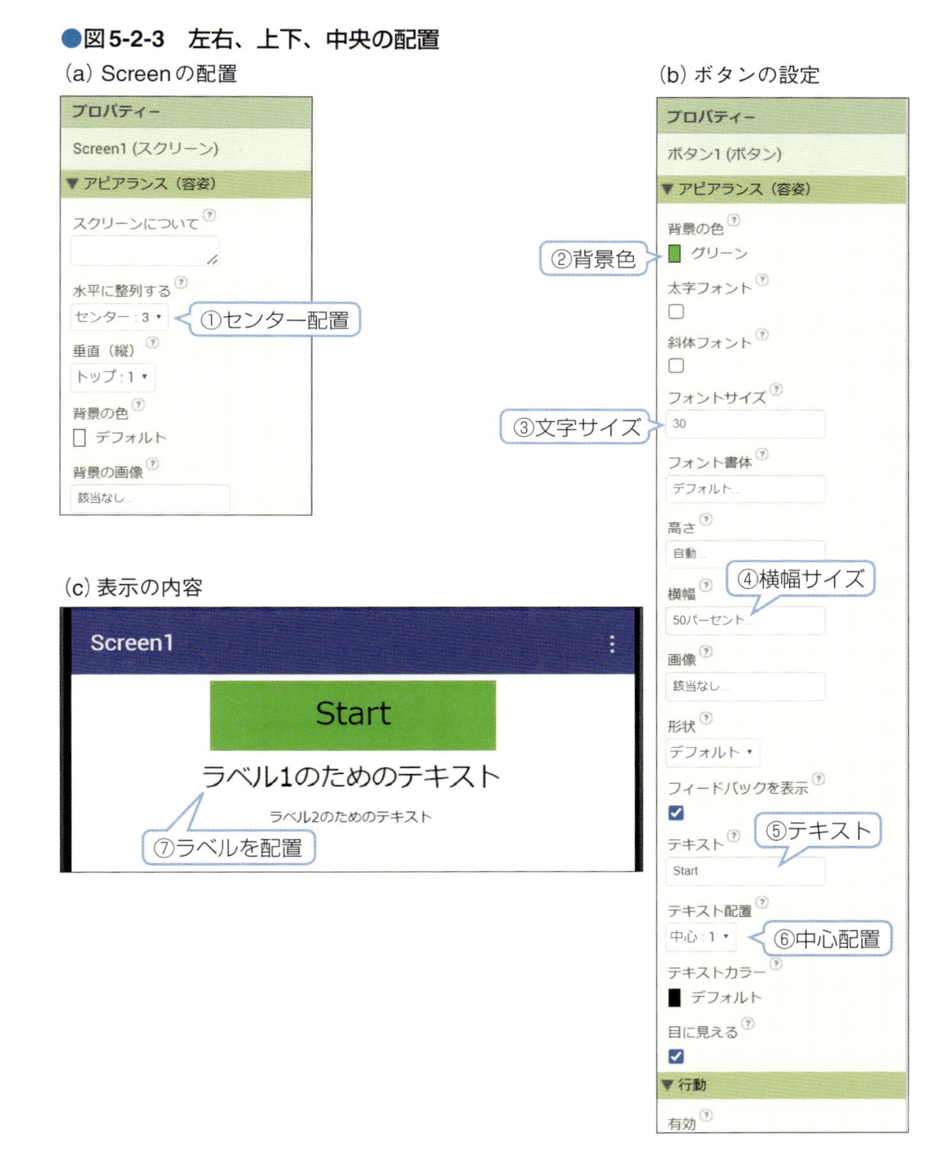

5-2-4　横幅と高さの設定

コンポーネントのサイズは、図5-2-4 (a) のように縦、横とも4種類の設定方法があります。[自動] は内部のテキストなどに合わせる、[塗りつぶしペアレント] は画面サイズ一杯、[ピクセル] は指定したピクセル単位、[パーセント] は画面サイズの比率で決めることになります。

図5-2-4 (b) (c) (d) は同じ設定で画面サイズが変わった場合に、どのように表示が変わるかを示したものです。ペアレントとパーセントの場合は画面サイズに対応して変わりますが、その他の場合は固定的なサイズとなるので、画面サイズが変わると、場合によっては画面からはみ出たり、サイズが変わったりすることがあります。

このように画面サイズが変わってもデザインが変わらないようにするには、自動かペアレントかパーセントで設定する必要があります。

この例では文字サイズ*も差がわかるように異なるサイズとしています。この文字サイズは画面サイズが変わっても同じ大きさで表示されますから、全体のバランスを考えて決める必要があります。

*文字サイズはポイント数値で設定する

●図5-2-4　横幅、高さの設定と画面サイズ

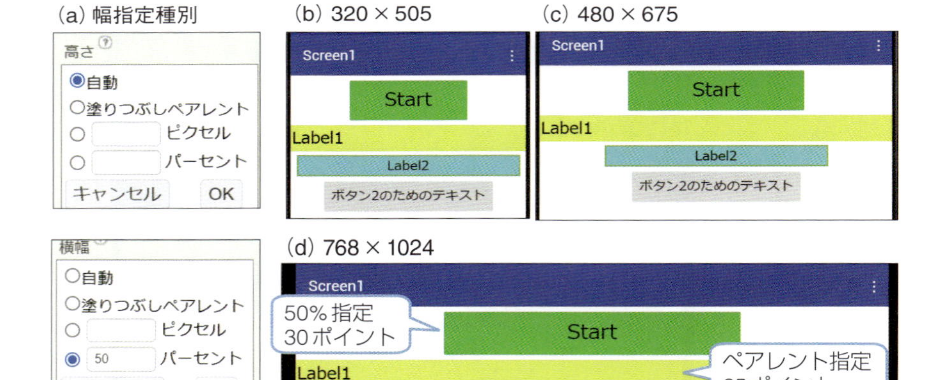

5-2-5　スペースはラベルで構成

コンポーネントや水平配置の間を空けたい場合には、ラベルコンポーネントを使います。図5-2-5のようにスペースを空けたいところにラベルを配置し、横幅や高さをパーセントで指定すれば任意の幅や高さのスペースを空けることができます。図では [スペース] と表示されていますが、ラベルのテキストを削除すれば何も表示されないスペースとなります。

●図5-2-5　スペースはラベルで構成（プロジェクト名Designer）

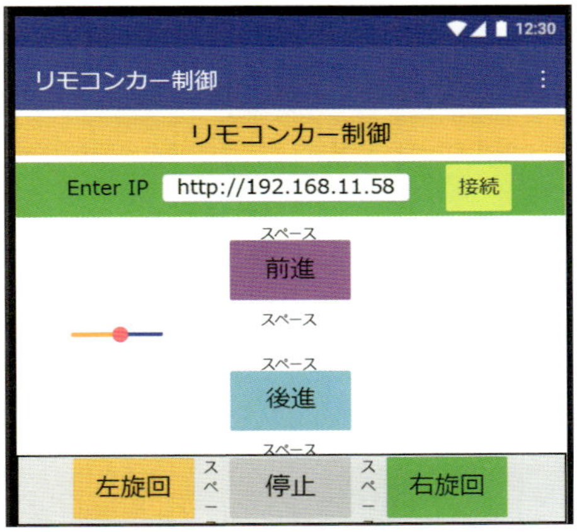

5-2-6　アプリのアイコンの作成と設定方法

アプリをインストールする際、アプリのアイコン表示をすると使いやすくなります。このアイコンの作成と設定方法について説明します。

1 アイコンのファイルの作成

まず、アイコンの画像ファイルを作成する必要があります。作成条件は、次のようになっています。

「アプリの表示アイコンに使用する画像は、1024x1024ピクセルまでの正方形のpngまたはjpeg画像でなければなりません。」

この画像ファイルを手書きで作成するのは難しいので、ここはChatGPTのお世話になることにします。ChatGPT 4oで、例えば次のような条件を指定してアイコン作成を依頼します。

「温度グラフを表すカラーのアイコンを64×64ピクセルのjpgで作成して」

これでそれなりのアイコンを作成してくれます。気に入らなければ、さらに条件を指定して再要求すれば作り直してくれます。気に入ったアイコンが作成されたら、そのアイコンをコピーして、描画ソフトなどで実サイズの64×64ピクセルのサイズの画像にしてpngファイルまたはjpgファイルとして保存します。

2 アプリへのアイコンの組み込み

こうして作成したアイコンをアプリのアイコンとして設定するには、図5-2-6のようにプロジェクトのプロパティで行います。

デザイナーの画面を開いた状態で、上側のメニューアイコンの①［プロジェクトプロパティ］のボタンをクリックします。

これで開くダイアログで下にスクロールして②［アイコン］の項目を見つけます。そこにある③選択欄をクリックします。これで開く選択ダイアログで［ファイルをアップロード］をクリックします。

ファイル選択ダイアログが開いたら、⑤［ファイル選択］ボタンをクリックし、⑥作成済みのアイコンのファイルを指定し、⑦［OK］とします。これでファイル名が表示されますから⑧ファイル名を確認して⑨［OK］とします。

この設定をしてからビルドしてダウンロード、インストールすれば自動的に指定したアイコンのアプリが生成されます。

●図5-2-6　アプリのアイコン指定方法

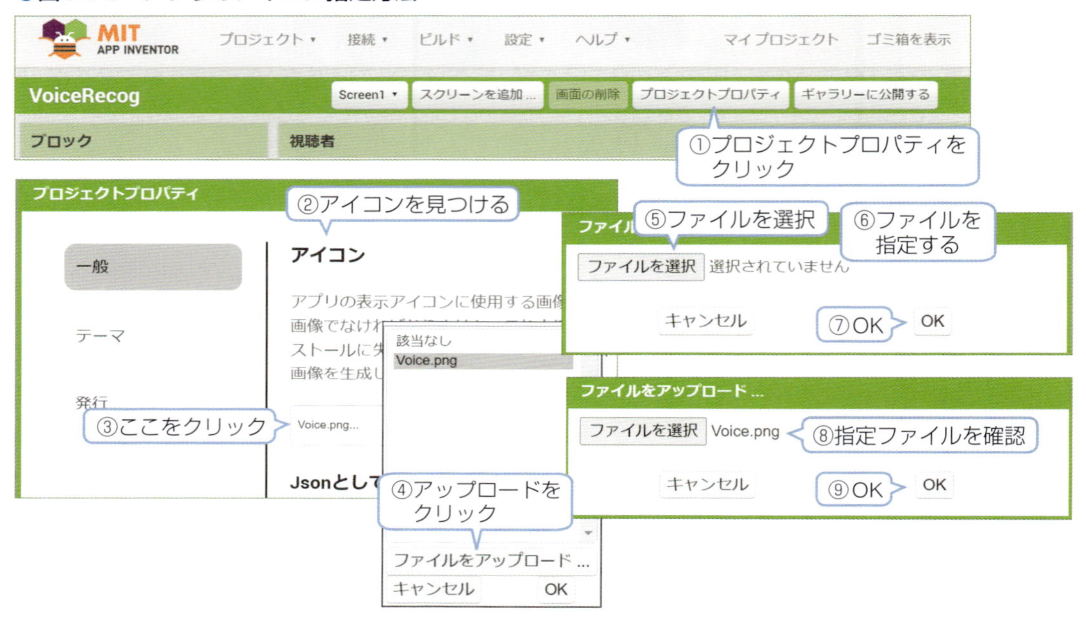

●図5-2-7　アプリのアイコン例

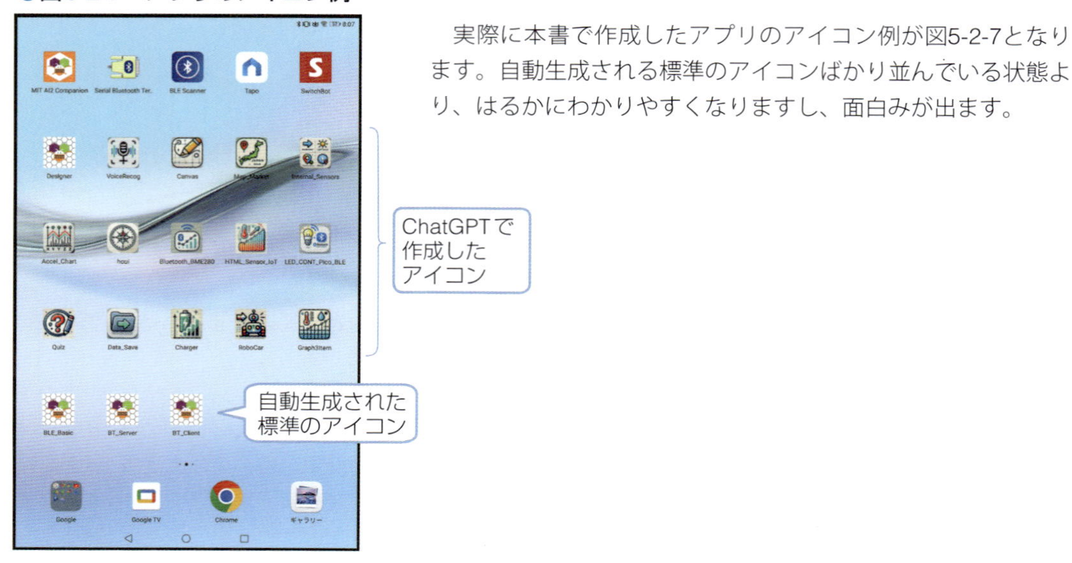

実際に本書で作成したアプリのアイコン例が図5-2-7となります。自動生成される標準のアイコンばかり並んでいる状態より、はるかにわかりやすくなりますし、面白みが出ます。

5-3 ブロックプログラミングの基本

Screenがプロジェクトの母艦となっていて、1つの画面を構成し、デザインを作成したあと、プログラミングを行うことになります。[デザイナー]画面から、右端の[ブロック]ボタンでブロックエディタ画面に切り替えられます。

MIT App Inventor2のプログラミング方式は、ブロックを組み合わせることで作成するブロックプログラミング方式となっています。コンポーネントごとにブロックが用意されていて、いわばライブラリのような役割を果たします。

5-3-1 内蔵ブロックの使い方

コンポーネントごとに用意されているブロックだけでは全体の流れをコントロールできないため、共通に使えるブロックが「内蔵ブロック*」として用意されています。

* 組み込みブロックとも呼ばれる

この内蔵ブロックで用意されているブロック群が図5-3-1となります。大きく分けると図のようにフロー制御、算術演算、定数と変数、サブ関数となります。

●図5-3-1　内蔵ブロック

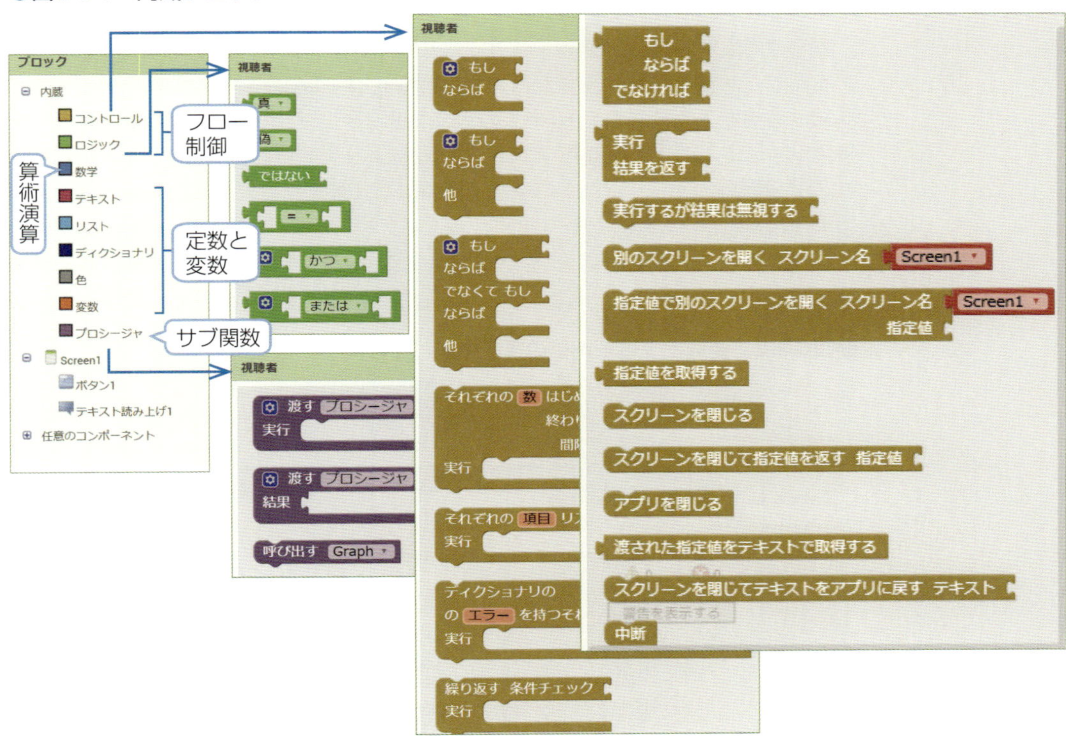

［コントロール］には、プログラムの分岐を制御できるフロー制御ブロック*が用意されています。さらに［ロジック］のブロックで、それらの条件式を記述することができます。これらで通常のプログラミングと同じように条件式によるフロー制御の記述ができます。さらに条件式を記述する際に必要となる算術演算も用意されています。

* プログラムの流れを条件によって変える機能

独特のブロックとして複数のScreenを扱うブロックも用意されていて、複数スクリーン間を切り替えたり、変数の受け渡しをしたりするブロックも用意されています。

［プロシージャ］により、一連の処理をまとめたブロックをサブ関数のようにまとめて名前を付与し､それをその名前で呼び出す*ことができるようにもなっています。

* プロシージャを作成し名前を付けると「呼び出す」コンポーネントが追加される

定数や変数には、基本の数値や文字列以外に、リストや辞書形式、JSON*の変数も扱えるようになっています。さらに色については専用の変数が用意されているので、背景色やボタンの色などを設定する場合は便利に使えます。

* JavaやPythonで扱うデータ型

1 コントロールとロジックによるフロー制御

図5-3-1の内蔵ブロックの［コントロール］には、多くのプログラミング言語で使われるif文や、for文、when文に相当する、プログラムの分岐を制御できるフロー制御ブロックが用意されています。［ロジック］のブロックで、それらの条件式を記述することができます。これらで通常のプログラミングと同じように条件式によるフロー制御の記述ができます。

実際の使用例が図5-3-2となります。この例は、「もし、ならば」というif文に相当する例で、一番上にある部分がスマホ/タブレットの画面で、左端のテキストボックスに数値を入力してから［実行］のボタンをタップすると、［判定］のボタンの背景色が数値によって色が変わります。数値が7より大きければ赤色に、4より大きく7以下の場合は青色に、4以下の場合は黒色になります。このようにif、else if、elseのようなプログラム記述となります。

［もし］の横にある青い歯車*をクリックすると、「でなくて　もし」という条件を追加することができます。これで多くの条件により分岐させることができます。

* ミューテータ（mutator）と呼ばれる

●図5-3-2　変数とフロー制御の実際の例　その1

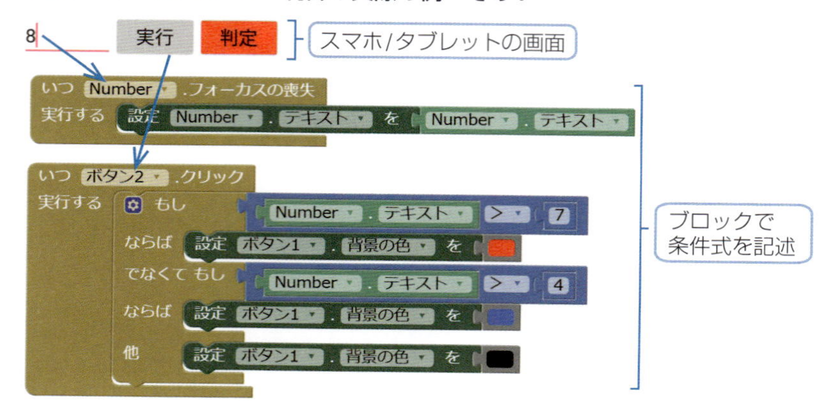

もう1つ別の例が、図5-3-3となります。この例はfor文に相当する例です。

一番上側の部分がスマホ/タブレットの画面で、［For処理］のボタンをタップする都度、グローバル変数Sumに1から5までの数値を加算し、結果を右の「ラベル1」欄に表示します。最初のタップでは15、2回目では30、3回目では45という結果となります。［それぞれの数］というブロックがfor文の繰り返しになります。

●図5-3-3　変数やフロー制御の実際の例　その2

2 数学のブロック

数学のブロックには、図5-3-4のようなブロックが用意されています。数値の定数を扱うものや、単純な算術演算も用意されています。そのほかにランダム数値、最大最小値、三角関数などの特殊な数値を扱うブロックも用意されています。

●図5-3-4　数学のブロック

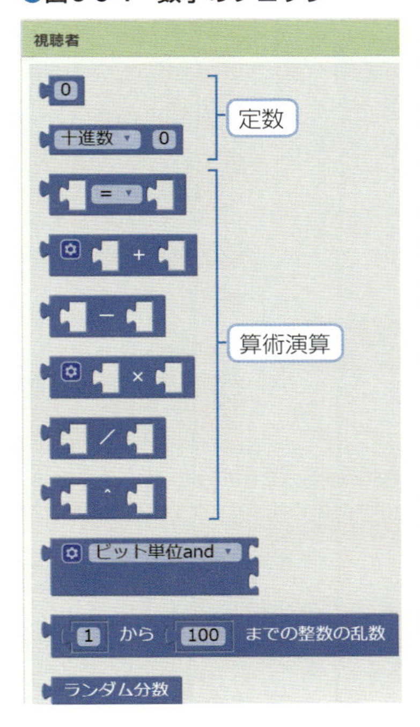

数学のブロックの実際の使用例が図5-3-5となります。ここでは、時計（Clock）の一定周期で、スマホ/タブレット内蔵の加速度センサからX、Y、Zのデータを読み出し、10進数で小数点以下を1桁に制限してラベルに表示するという動作になります。このように表示フォーマットを細かく指定できます。

●図5-3-5　数学のブロックの使用例

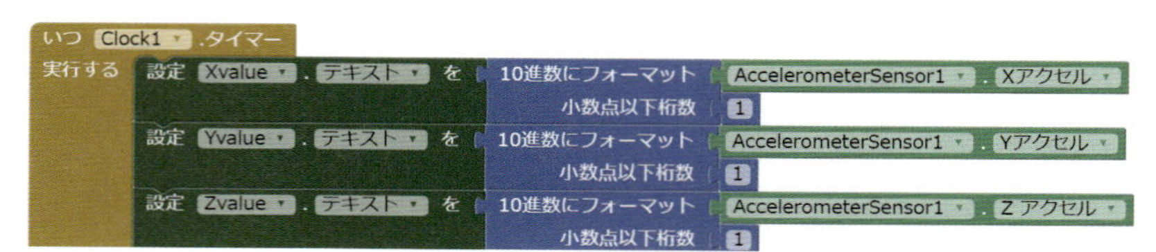

3 テキストのブロック

テキストには、図5-3-6のように文字列を扱うためのブロックが用意されています。単純に文字列定数の追加や、文字列の結合、比較、部分比較、取り出し、分割など多くの処理を実行するブロックが用意されています。

この中で[結合する]ブロックのように、ブロック内に青色の歯車*がある場合は、図5-3-6（a）のように、歯車を選択して要素をドラッグすると要素を追加して増やすことができるようになっています。削除もできます。

*ミューテータ（mutator）と呼ぶ

●図5-3-6　テキストのブロック

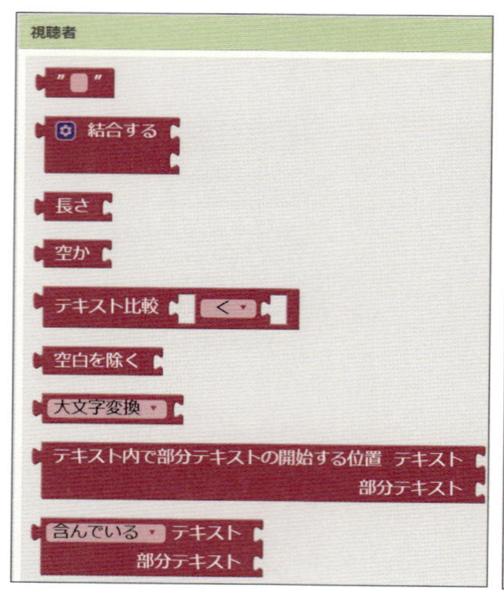

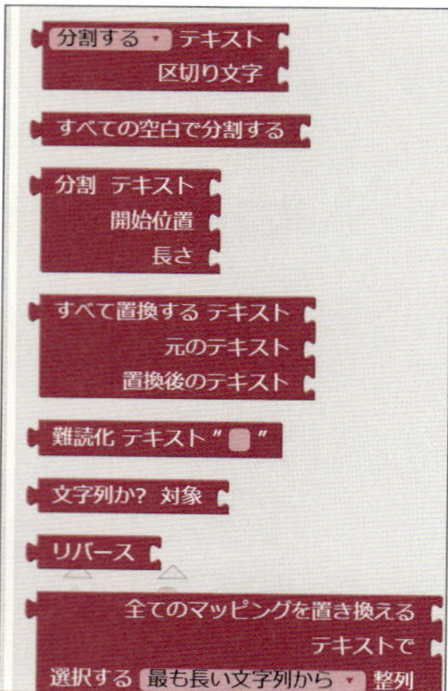

（a）結合要素の追加

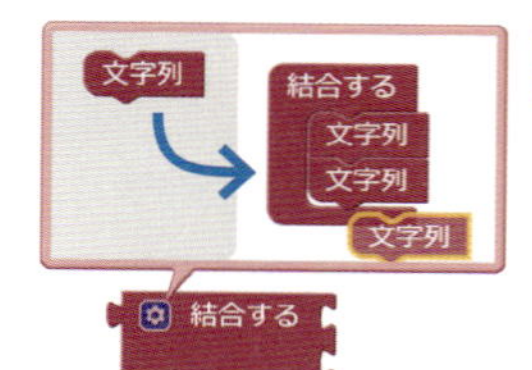

（b）CSV形式の文字列をリストに変換する

また、図5-3-6（b）の例では、カンマで区切られたCSV形式のレスポンスコンテンツ*を、カンマで区切って分解してリスト形式とし、グローバル変数Dataに代入するという機能を果たします。

* レスポンスコンテンツがCSV形式のデータとする

4 リストのブロック

リストはJavaやPythonの変数の扱いの1つで、複数の値を順序付けて扱う場合に使われます。インデックス指定で特定の値を取り出したり、追加したりできます。

MIT App Inventor2でこのリストを扱うブロックは、図5-3-7のように非常にたくさん用意されています。リストの新規作成や、要素の追加、削除、取り出し、挿入などの操作ができます。さらに、CSV形式のデータとの相互変換も用意されています。

●図5-3-7　リストのブロック

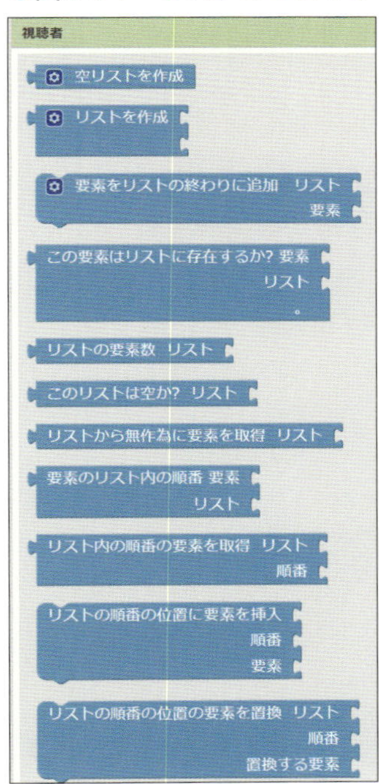

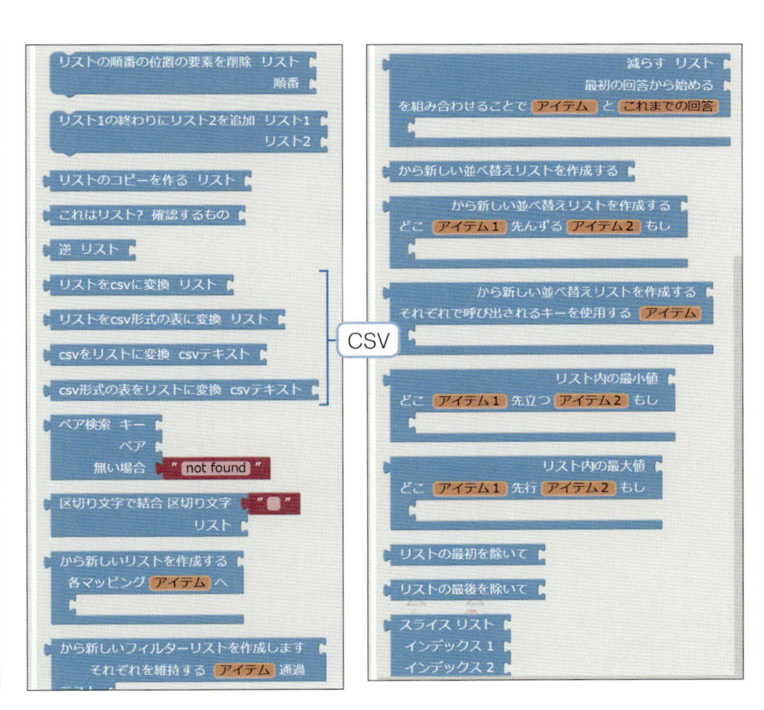

実際の例では、図5-3-8のように使います。この例では、リスト形式のグローバル変数Dataの7番目の値が「1」だったらBlueOnのボタンの背景色を青にし、そうでなかったら灰色にするという動作となります。

●図5-3-8　リストの使用例

もし　リスト内の順番の要素を取得　リスト　取得 グローバル Data　=　"1"
順番　7
ならば　設定 BlueOn . 背景の色 を
他　設定 BlueOn . 背景の色 を

リストでcsvのデータを扱う場合には次のようにします。

❶リストからcsvに変換

例えば　["a","b","c",1,2]　というリストを［リストをcsvに変換］というブロックで変換すると、"a","b","c","1","2"　というすべて文字列のcsvデータとなります。

❷csvからリストに変換

例えば　a,b,c,d,1,2¥r¥n　というcsvデータを、［csvをリストに変換］というブロックでリストに変換すると、["a","b","c","d","1","2"]　というリストになります。

❸複数行のcsvデータのリストへの変換

例えば　a,b,c,d,1,2,3¥r¥n x,y,z,7,8,9¥r¥n p,q,5,6¥r¥n というcsvデータを［csv形式の表をリストに変換］というブロックでリストに変換すると
["a","b","c","d","1","2","3"],["x","y","z","7","8","9"],["p","q","5","6"] というリストになります。

❹リストの配列をcsvに変換

例えば["a","b","c","d","1","2","3"],["x","y","z","7","8","9"],["p","q","5","6"]というリストを、［リストをcsv形式の表に変換］というブロックでcsvに変換すると、

"a","b","c","d","1","2","3"(¥r¥n)
"x","y","z","7","8","9"(¥r¥n)
"p","q","5","6"(¥r¥n)

という複数行のcsvデータとなります。

5 ディクショナリ（辞書）のブロック

ディクショナリはJavaやPythonで使われるデータ形式の1つで、「キー」と「値」をペアで扱います。このキーで検索したり削除したり、新たなキーで追加したりすることができます。このディクショナリを扱うブロックが図5-3-9となります。キーによる取り出しや検索などができます。

ディクショナリが特に便利に使えるのはJSONフォーマット*のデータを扱う場合で、クラウドなどのデータを扱う場合、多くはJSONフォーマットとなっています。これをディクショナリに変換すれば、これらのブロックでうまく処理することができます。

* {"key1":data1, "key2":data2}の形式のデータ型

実際の例が図5-3-10となります。この例ではレスポンスコンテンツの中からキー指定で、[choices][message][content]というキーパスで指定される内容を、グローバル変数messageに代入するという動作をします。なおブロックが横長なので、紙面に載せるために一部変形しています。

●図5-3-9　ディクショナリのブロック

●図5-3-10　JSONからデータを取り出す例

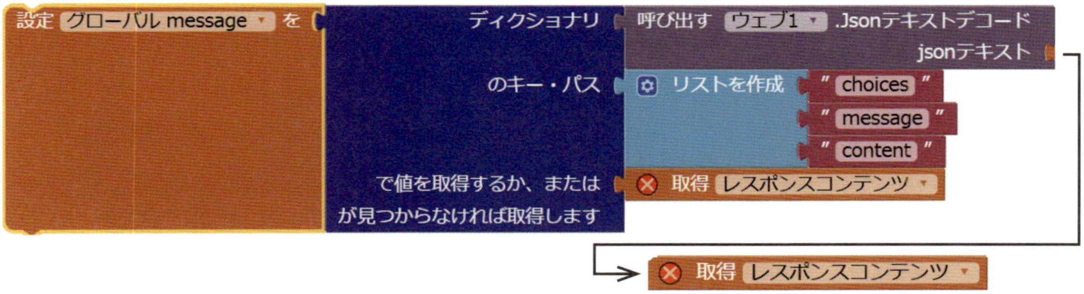

6 色の変数ブロック

　ボタンの背景色や、スクリーンの背景色など色を指定するために使うブロックで、図5-3-11のように標準色として用意されている色はドラッグドロップするだけで設定することができます。標準以外の色はR、G、Bで指定することができます。実際の使い方では図5-3-2のようにします。

●図5-3-11　色の変数ブロック

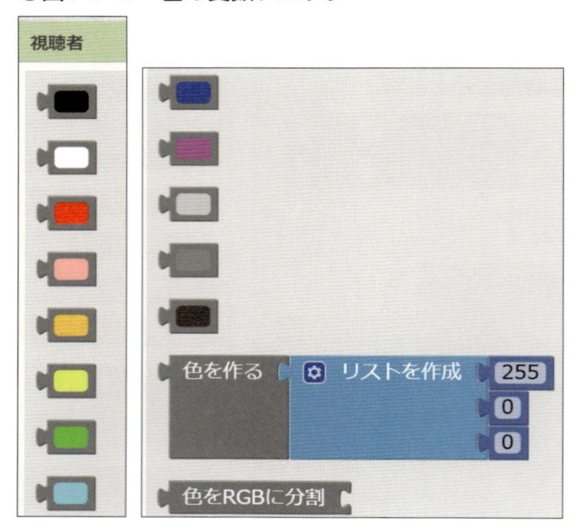

7 変数ブロック

　プログラム中でグローバル変数を扱う場合に使うブロックで、図5-3-12のようなブロックが用意されています。この変数はどのブロックからも書き換えや呼び出しができます。図5-3-12（a）のように、初期化で名前を定義し、その後取得や設定することで通常のプログラミング同様の変数として使うことができます。

　取得や設定する場合には、図5-3-12（b）のように変数名にマウスオーバーすると、ドロップダウンで取得か設定のブロックが使えるようになるので、これをドラッグして必要なところにドロップし結合します。

●図5-3-12　グローバル変数ブロック

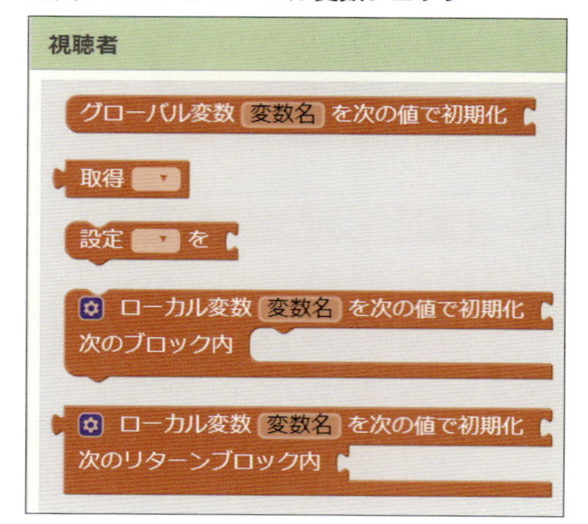

（a）グローバル変数の使用例

（b）グローバル変数の取得と設定

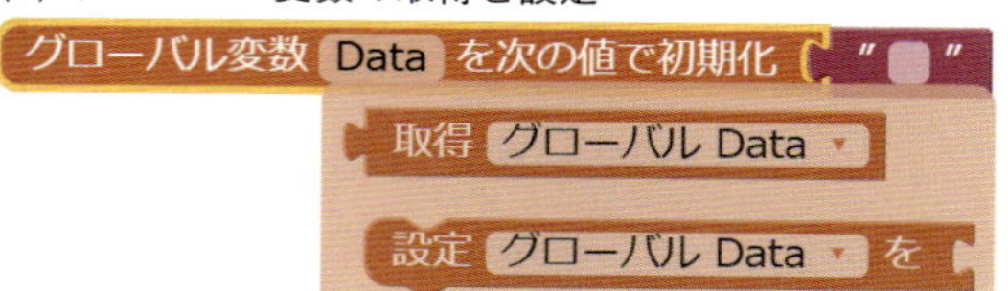

5-3-2 ブロックエディタの便利機能

　ブロックエディタでは、ブロックの編集を便利にするツールがいくつか用意されています。それらの使い方を説明します。

1 ポップアップメニューの使い方

　ブロックエディタの画面上でマウスを右クリックすると、ポップアップメニューが現れます。これには2種類あります。

❶ブロックを選択していないときのポップアップメニュー

　ブロックを何も選択していない状態でブロックエディタのブロックのないところで右クリックすると、図5-3-13のようなメニューが表示されます。

　このメニューで多くの操作が可能で、ブロックの削除や属性の変更ができます。さらに表示を整列することもできますが、全体一括整列なのでブロックが多いときにはあまり役には立ちません。1つずつ並べ替えることになります。

　この操作の中でバックパック*へ一括で入れたり、取り出して貼り付けたりできますから、別のプロジェクトに同じブロックをコピーしたいときには便利に使えます。

*画面右上にあるリュックサックのこと。詳しくは後述

●図5-3-13　ポップアップメニュー　その1

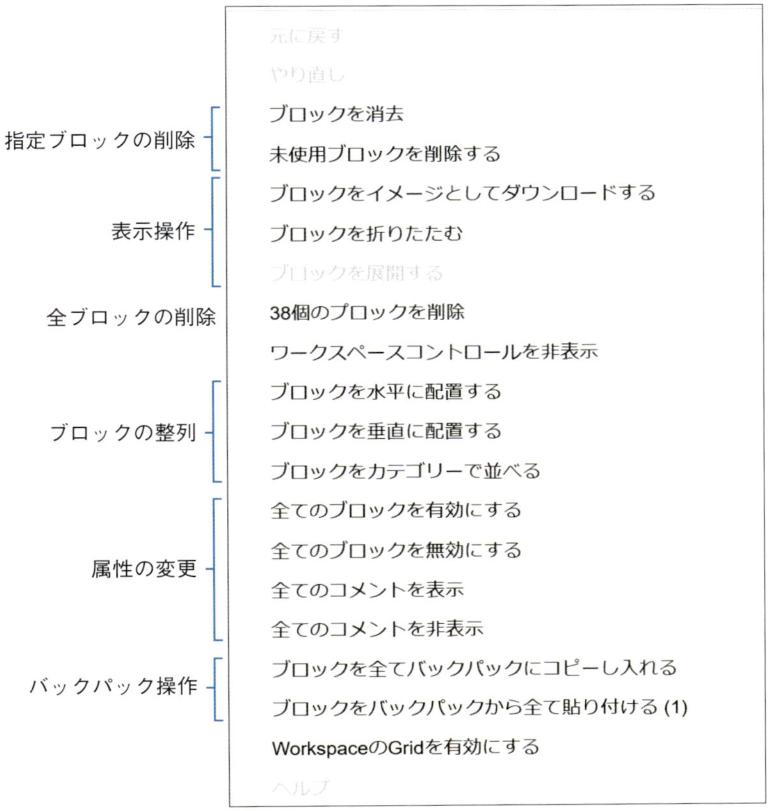

元に戻す
やり直し
ブロックを消去
未使用ブロックを削除する
ブロックをイメージとしてダウンロードする
ブロックを折りたたむ
ブロックを展開する
38個のブロックを削除
ワークスペースコントロールを非表示
ブロックを水平に配置する
ブロックを垂直に配置する
ブロックをカテゴリーで並べる
全てのブロックを有効にする
全てのブロックを無効にする
全てのコメントを表示
全てのコメントを非表示
ブロックを全てバックパックにコピーし入れる
ブロックをバックパックから全て貼り付ける (1)
WorkspaceのGridを有効にする
ヘルプ

指定ブロックの削除
表示操作
全ブロックの削除
ブロックの整列
属性の変更
バックパック操作

❷ ブロックを選択したときのポップアップメニュー

特定のブロックを選択した状態で右クリックすると現れるポップアップメニューが図5-3-14となります。

そのブロックをコピーして使いたいときには［複製］を選択すれば、同じブロックを貼り付けできます。これで同じブロックを手早く作成することができます。

またブロックの表示操作や画像としてファイル化したりできます。さらにバックパックにコピーできますから、他のプロジェクトにコピーして使うことができます。

●図5-3-14　ポップアップメニュー　その2

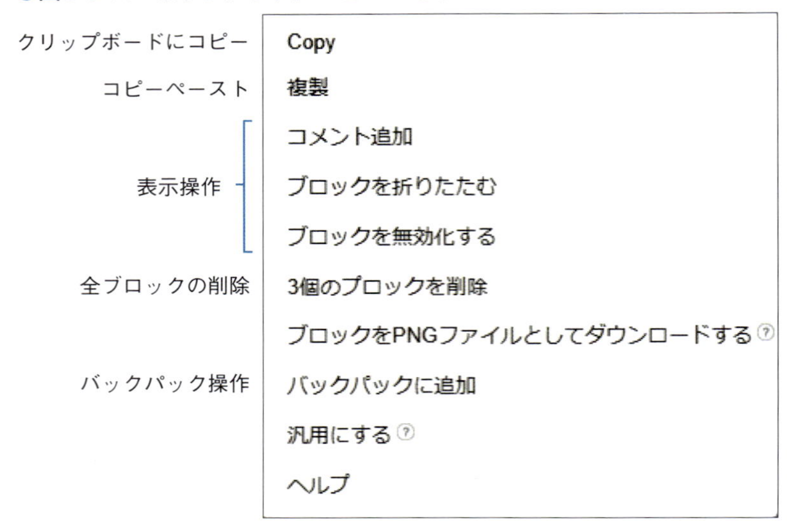

2 バックパックの使い方

ブロックエディタ画面の右上にあるリュックサックのアイコン*がバックパックで、ここにはブロックのコピーが保存でき、いつでも呼び出して貼り付けることができます。その操作手順は図5-3-15のようにします。

* 表示されないときは、いったんApp Inventor 2の開発画面を閉じ、再度MIT App Inventorのサイトから［Create Appss!］でログインし直す

バックパックに入れる場合は図5-3-15（a）のようにします。コピーしたいブロックを選択してから右クリックして表示されるポップアップメニューで［バックパックに追加］とすればそのブロックがバックパックに入ります。中身があるときには図のようにリュックサックの中にものがある状態のアイコンに変わります。

逆にバックパックから取り出す場合には、図5-3-15（b）のようにバックパックを左クリックすると中身が表示されるので、そのブロックをブロックエディタ画面にドラッグドロップすれば使えるようになります。

バックパックの中身を削除したいときは、図5-3-15（c）のように、バックパックを右クリックすると表示されるメニューで［バックパックを空にする］を選択すればすべて削除されます。

●図5-3-15　バックパックの操作手順

(a) バックパックに入れる手順

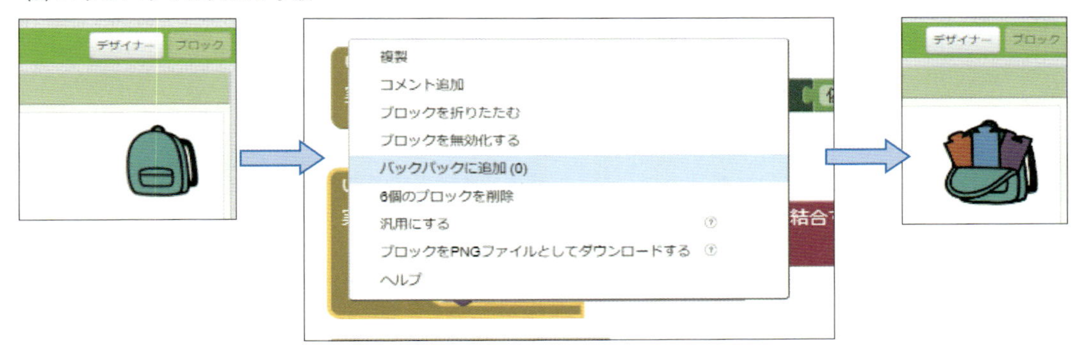

(b) バックパックからコピーする手順

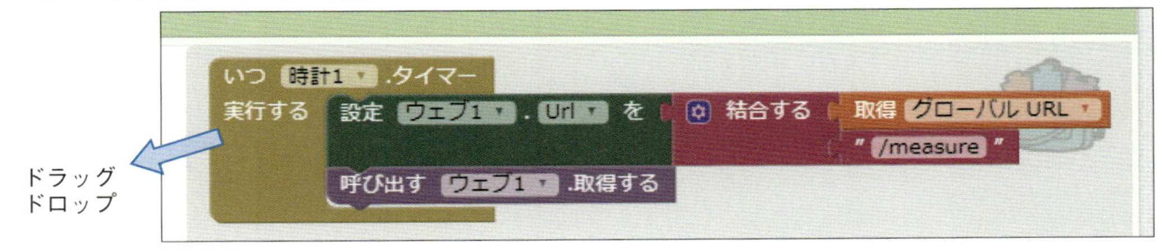

(c) バックパックから削除する手順

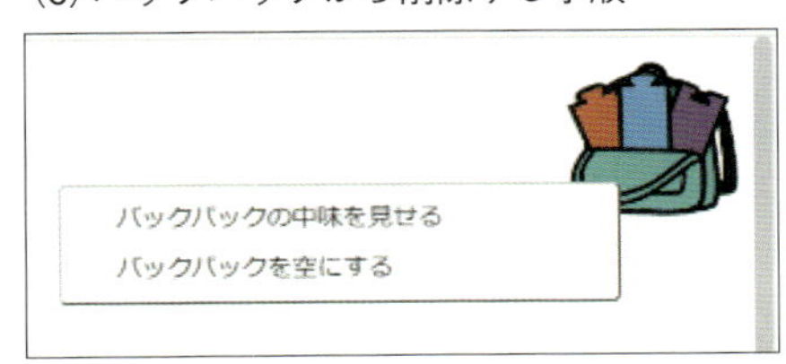

5-4 ユーザーインターフェース

ユーザーインターフェースにあるコンポーネントは、基本的なもので、すべてのアプリでいずれかのコンポーネントを使うことになります。

本章ではすべてのコンポーネントの説明をすることはできませんが、代表的なコンポーネントの使い方を実際の例題で説明します。また、以降の各章でも実際の製作例などでコンポーネントの使い方を説明しています。

5-4-1 例題による説明（プロジェクト名 RoboCar）

ここでは図5-4-1のようなタブレットの画面を設計する例で、各コンポーネントの使い方を説明します。この例題は6-1節で説明する無線操縦のリモコンカーを遠隔操作するための画面となります。

上側に見出しと、Wi-Fiで接続*するために、リモコンカー側のIPアドレスを入力し、接続ボタンで接続するようにします。制御は5つのボタンで行い、スライダで速度を制御することにします。下側にはリモコンカーの写真*を貼り付けてみます。

Wi-Fiを使った無線操縦とする。相手となるリモコンカーのIPアドレスを指定することで相手を特定する

ここは固定の写真表示

●図5-4-1　例題の画面

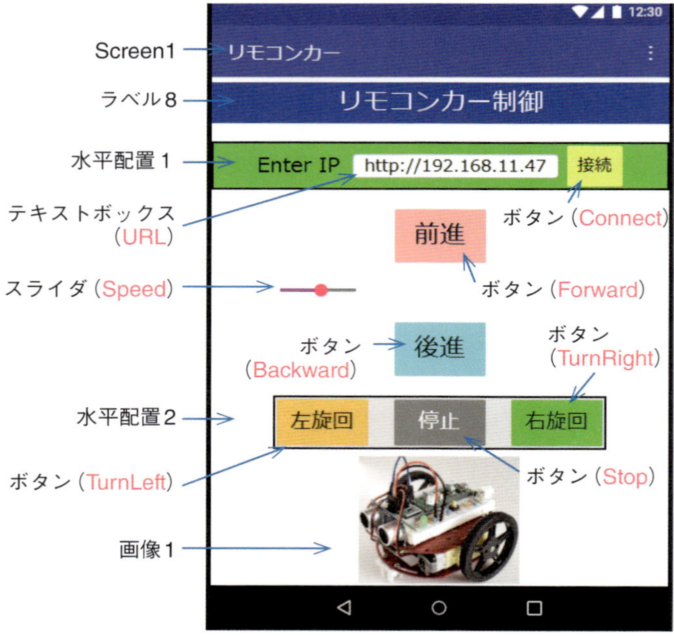

1 見出し部の作成

一番上に表示する見出し部の設定は図5-4-2のようにします。Screenは①全体を中央配置とします。②Screenのタイトル欄はスマホやタブレットの画面には特に表示されませんが一応入力しておきます。

見出し表示はラベルとし、③背景を青、④テキストは30ポイントサイズとします。そして⑤横幅は画面一杯とし高さは自動とします。そして表示テキストは⑥「リモコンカー制御」と入力し、⑦中央配置とし、さらに文字色を白とします。これで行全体が青で大き目の白文字で見出しが表示されることになります。

●図5-4-2　見出し部の設定

(a) Screen1の設定

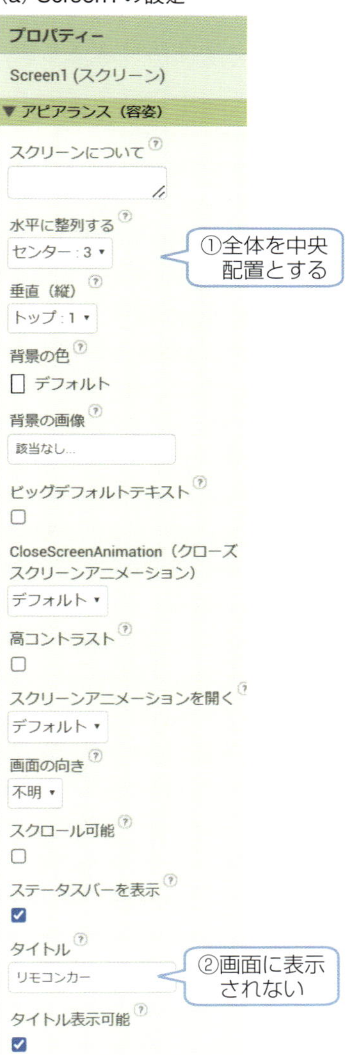

(b) 見出しの設定

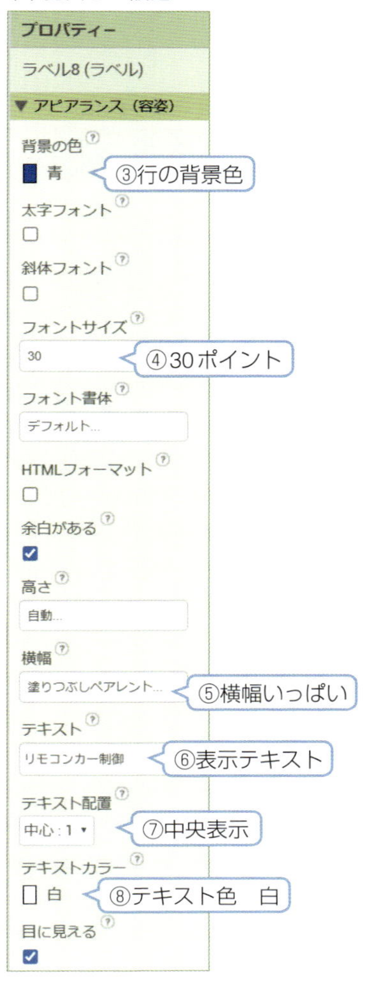

2 IPアドレス設定部

次がIPアドレスを設定する部分で、図5-4-3のようにします。全体を水平配置のレイアウトで①中央配置とし、②背景色はグリーン、③高さを自動とし、④横幅は画面一杯とします。「Enter IP」の表示はラベルで作成し、⑤25ポイント文字とし、⑥テキストに「Enter IP」と入力し、⑦左詰めとします。

IPアドレスを表示するテキストボックスは、「URL」という名称に設定しています。これは接続ボタンで接続するときURLとして読み出すためです。⑧文字サイズは20ポイント、⑨高さ自動、幅は45パーセントとし、⑩配置は中心で、⑪表示テキストを「http://192.168.11.47」としています。入力するとこのテキスト内容は変更されます。以上のように横幅をパーセントで指定しておけば、画面サイズが変わっても同じような表示を保つことができます。接続のボタンは背景色を黄色とし⑬文字サイズは20ポイント、サイズは自動とし⑭文字は接続とします。

●図5-4-3　IPアドレス部の設定

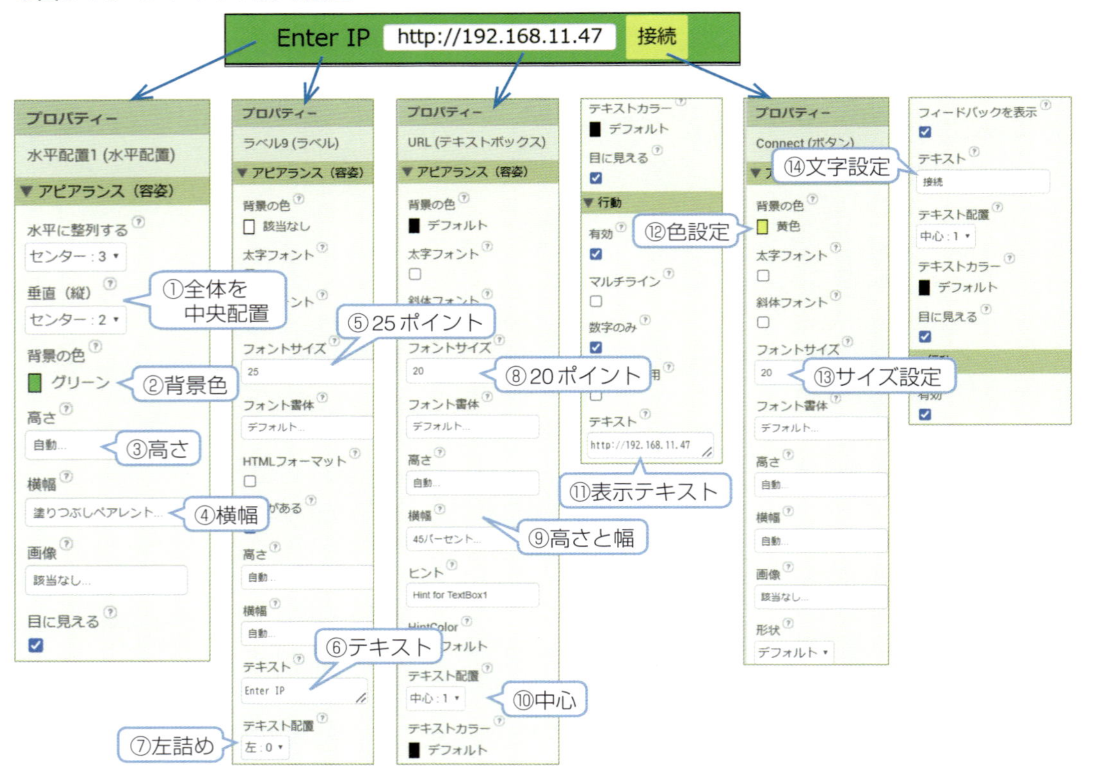

3 制御ボタン部

次が前進、後進ボタンと速度制御のスライダの部分で、図5-4-4のようにします。

全体の配置は中央にし、縦方向にはスペースを空けるため、①高さ1%の②テキストなしの空白ラベルを挿入しています。Forward、Backwardのボタンは、③、⑧で背景色を指定、④、⑨で文字サイズは大き目の30ポイントとし、⑤、⑩で高さは自動、⑥、⑪で幅を20%としています。⑦、⑫でそれぞれ日本語のテキストで前進、後進としています。

速度を制御するスライダは、⑬背景の線の色をマゼンタにし、⑭で全体の横幅を70%としています。出力される値はPicoのPWMのデューティ設定値に合わせて⑮最大値を65535、⑯最小値を50000*として、これでモータの速度制御をすることにします。初期表示の位置は60000とします。以上の設定で画面を構成します。

* これ以下ではモータが回らないため

●図5-4-4　制御ボタン部

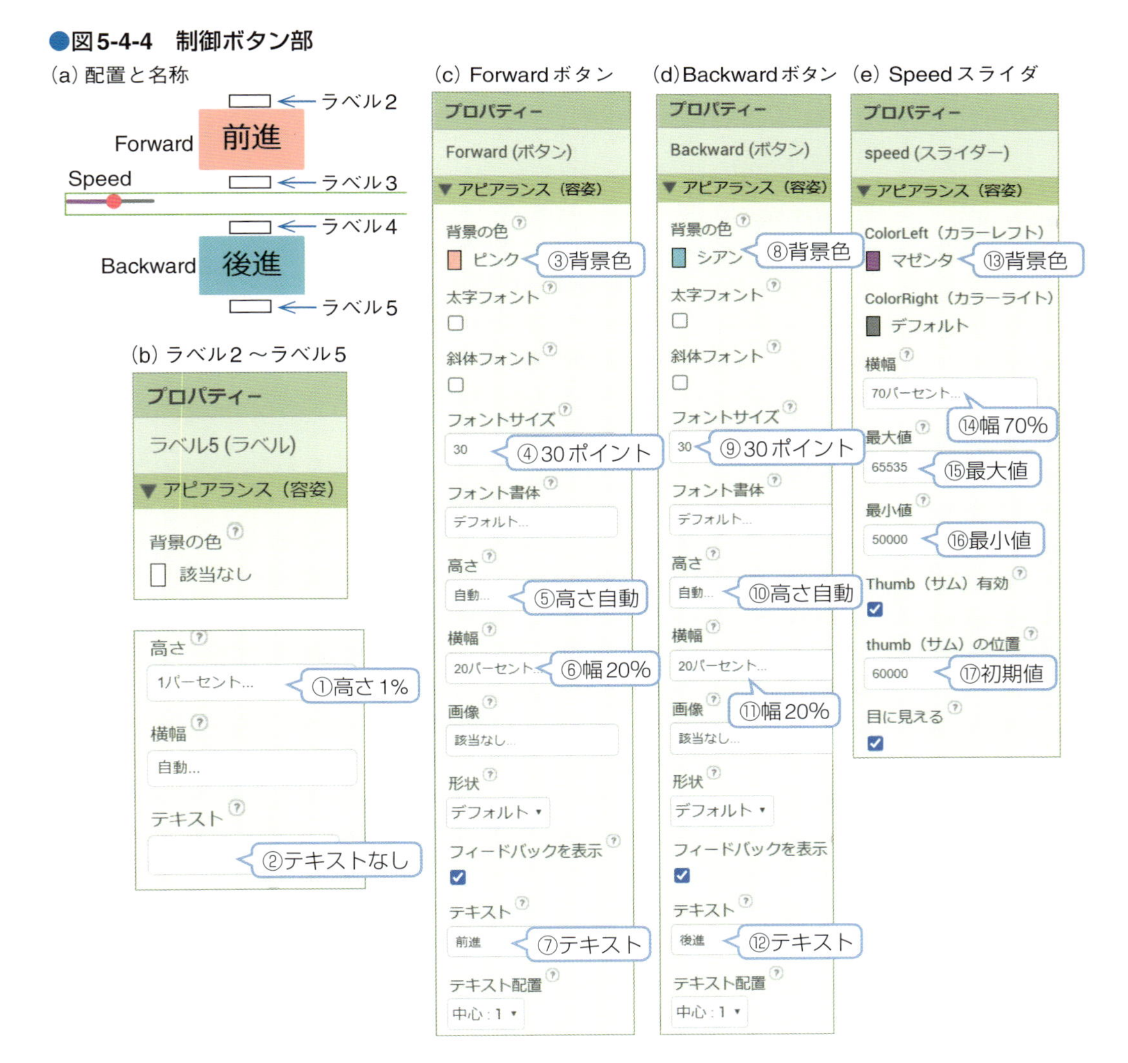

4 回転ボタン部

左右回転ボタンと停止ボタン部は図5-4-5のようにします。全体を水平配置で①左詰めとし、②高さを自動、③横幅も自動とします。中に入るボタンは⑦文字サイズを25ポイントとし⑧高さは自動、⑨幅は20%としています。ボタンの間を空けるため、空白ラベルを追加しています。こちらの横幅は④2%としています。

●図5-4-5　回転ボタン部

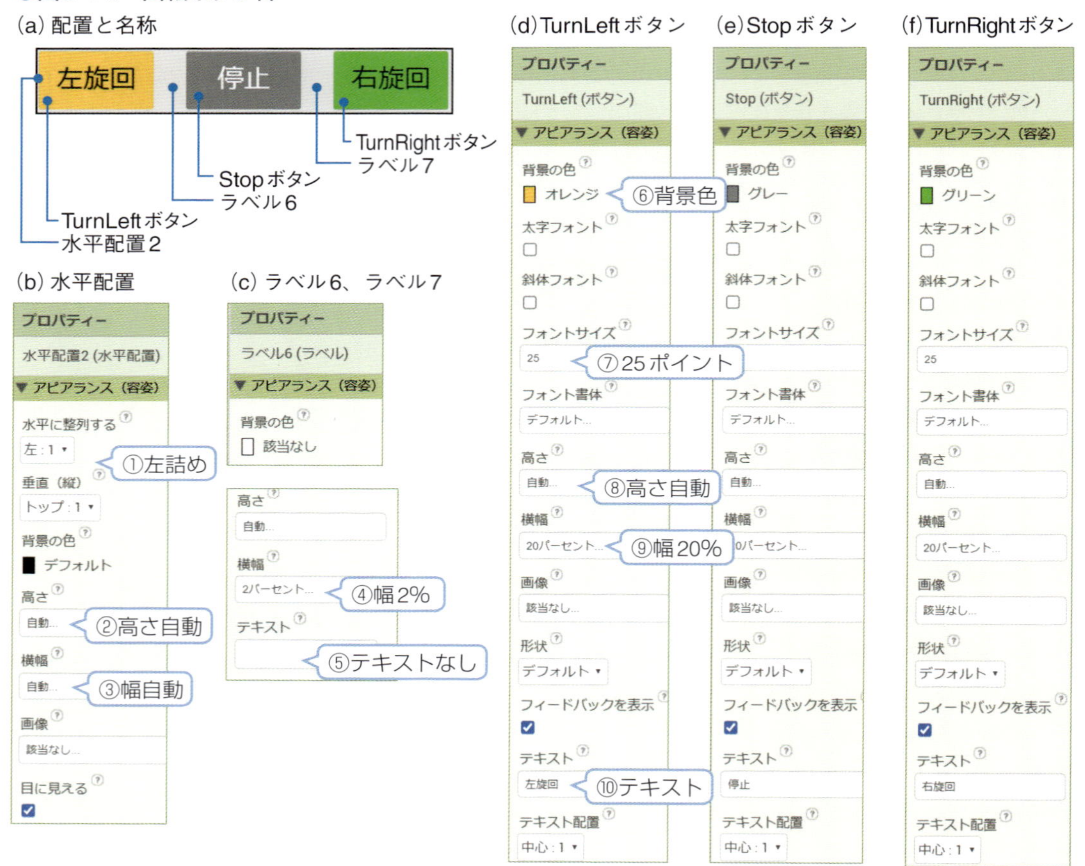

5 写真画像の配置

最後が画像のコンポーネントで、図5-4-6のように、画像コンポーネントでサイズをパーセント指定し、ここに写真のファイル貼り付けています。

パレットから画像コンポーネントを貼り付け、①高さ25%、②幅は写真のサイズに合わせて36%とし、③写真をファイル名指定で貼り付けます。高さと幅はデザイナーの画面を見ながら、はみ出ないサイズとします。

●図5-4-6　写真画像の配置

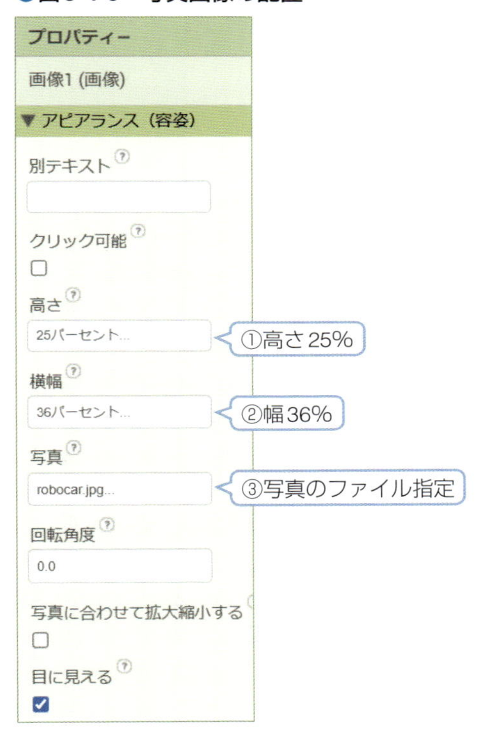

以上で全体デザインが完成です。これをビルドしてスマホ/タブレットにダウンロードしインストールすれば、実際の画面として見ることができます。

この例でのデザインの場合、MIT App Inventor2で用意されている3種類の画面サイズのうち一番小さいサイズでは、横も縦も不足して画面が期待通りにはならないですが、このサイズは実際には使うことはないのでこれでよしとします。

5-5 メディアのコンポーネント

メディアは音声や画像といったいわゆるマルチメディアを扱うコンポーネントです。スマホ/タブレットに内蔵のカメラ、スピーカ、マイクを扱うコンポーネントが用意されています。また、効果音などを再生するサウンドや、録音するサウンドレコーダ、さらには音楽ファイル再生するプレーヤなどのコンポーネントが用意されています。

ここでは例題として［音声認識］と［テキスト読み上げ］のコンポーネントを試してみます。

5-5-1 例題のデザイン（プロジェクト名 VoiceRecog）

例題「VoiceRecog」の画面レイアウトは、図5-5-1（a）のような構成とします。音声認識を開始するボタンと、認識した結果を表示するテキストボックス、さらにそのテキストの読み上げを開始するボタンで構成しています。

これで認識開始ボタンを押してから話すと、認識した結果をテキストボックスに表示します。その後、読み上げ開始ボタンを押すと認識した結果のテキストを読み上げます。

デザイン設定では、2つのボタンは、フォントサイズを25ポイントとし、高さと幅は自動としています。それぞれ名称を変更しておきます。

テキストボックス1は、認識した結果のテキストを表示するので、図5-5-1（b）のように、①文字サイズは20ポイント、②高さは20%として、複数行になった場合のスペースを確保します。③幅は画面いっぱい、④文字色はわかりやすいようにマゼンタとし、⑤でマルチラインにチェックを入れ、複数行の表示を可能にします。最後に⑥初期テキストを「認識したテキスト表示」としました。

残りのテキスト表示の部分はラベルで、フォントサイズは20ポイントとしています。ラベル3だけはテキストが長いので、小さな表示画面の場合は2行になることもあるので、高さを12%、幅は画面いっぱいとしています。

画面の下のほうに、非可視コンポーネントとなる、「音声認識」と「テキスト読み上げ」のコンポーネントが配置されています。この非可視コンポーネントもスクリーンの中にドラッグドロップする必要があるので注意して下さい。

これらは、図5-5-1（c）（d）のように、いずれの設定もデフォルトのままで特に設定する項目はありません。

音声認識で「レガシーを使用」がデフォルトになっていますが、これにより、認識結果を一括でテキストに変換します。

●図5-5-1　例題の画面構成と設定

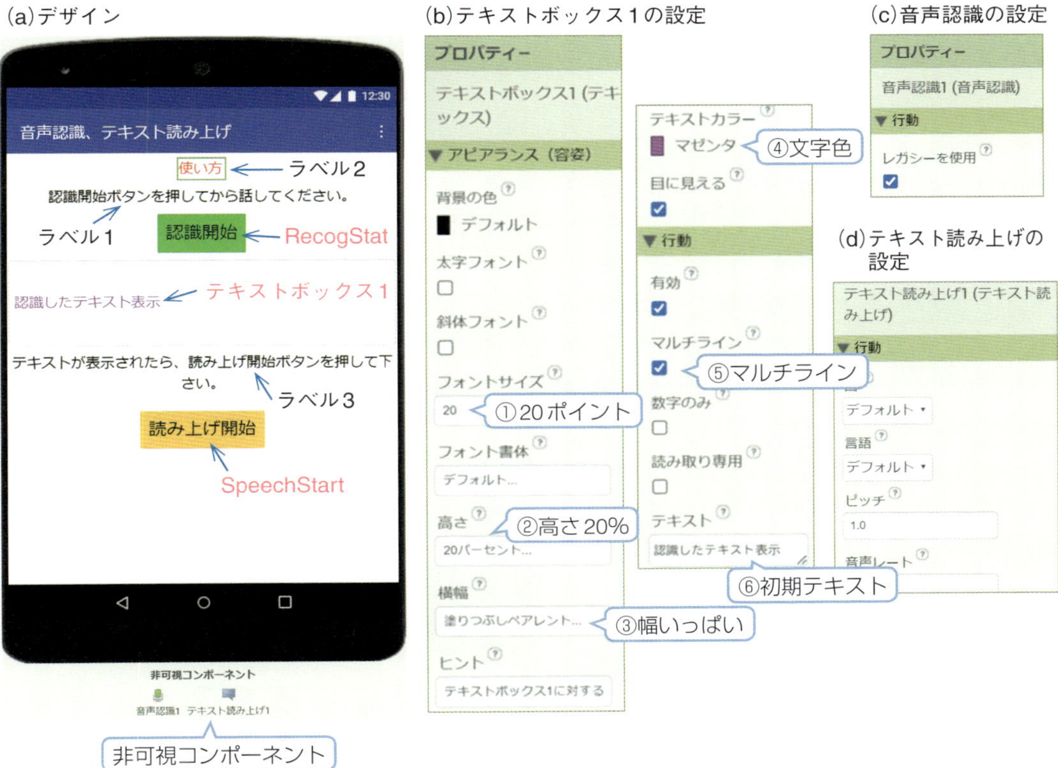

5-5-2　例題のブロックの設定

この例題のブロックの機能は次のように動作は単純です。

- RecogStartボタンが押されたイベントで音声認識を開始する
- 話が途切れたらそこから音声認識を開始しテキスト生成を始める
- 音声認識ができてテキストが生成されたというイベントでテキストとして表示
- SpeechStartボタンが押されたというイベントでテキストを読み上げる

まず音声認識とテキスト読み上げのコンポーネントで用意されているブロックが図5-5-2となります。音声認識を開始してから、認識結果ができるとイベントが発生します。このイベントの中に結果のデータが含まれています。

●図5-5-2 コンポーネントのブロック

(a) 音声認識コンポーネントのブロック

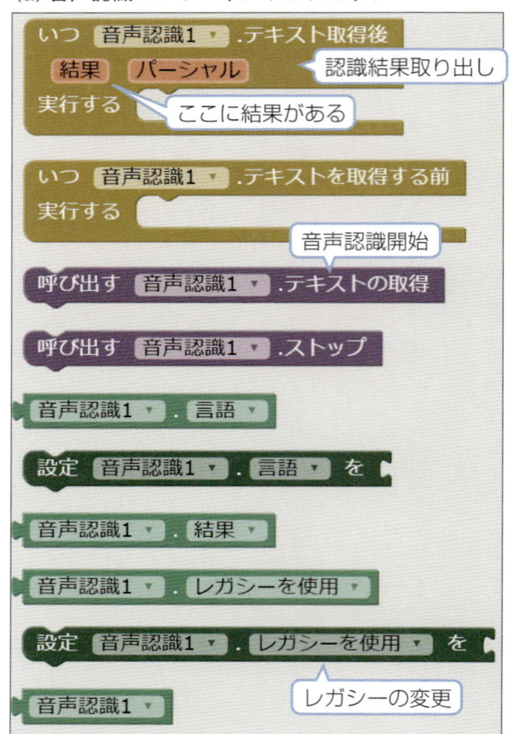

(b) テキスト読み上げコンポーネントのブロック

いつ テキスト読み上げ1 .発言後
結果
実行する
完了イベント
いつ テキスト読み上げ1 .話す前
実行する
読み上げ開始
呼び出す テキスト読み上げ1 .話す
メッセージ
呼び出す テキスト読み上げ1 .ストップ
テキスト読み上げ1 . 利用可能な国
テキスト読み上げ1 . 利用可能な言語
テキスト読み上げ1 . 国
設定 テキスト読み上げ1 . 国 を
テキスト読み上げ1 . 言語
設定 テキスト読み上げ1 . 言語 を
テキスト読み上げ1 . ピッチ
設定 テキスト読み上げ1 . ピッチ を
テキスト読み上げ1 . 結果
テキスト読み上げ1 . 音声レート
設定 テキスト読み上げ1 . 音声レート を
テキスト読み上げ1

さらにテキストボックスで用意されているブロックが、図5-5-3となります。多くのブロックがあり、細かな設定ができます。入力があったというイベントで動作を開始し、テキスト内容を取り出すこともできます。

●図5-5-3　テキストボックスのブロック

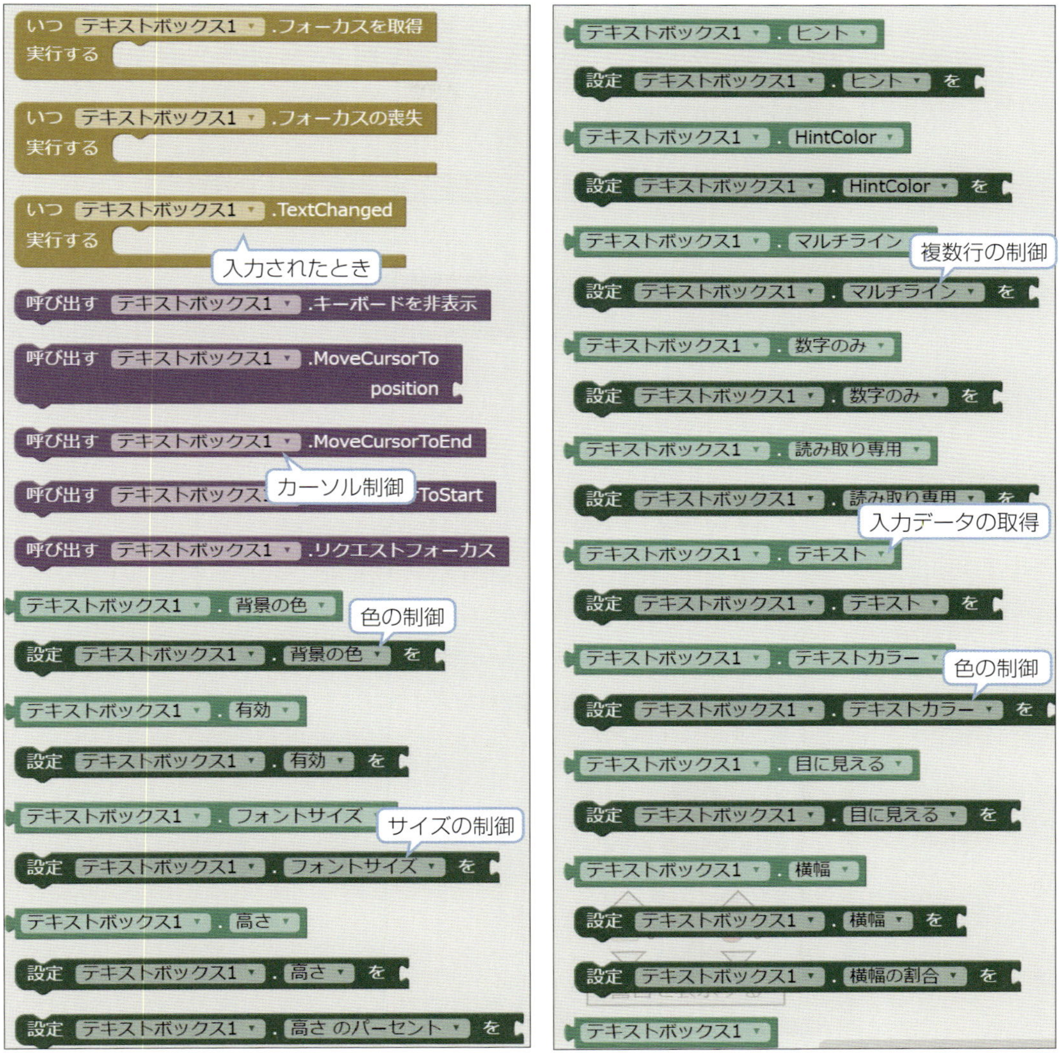

いつ テキストボックス1 .フォーカスを取得
実行する
いつ テキストボックス1 .フォーカスの喪失
実行する
いつ テキストボックス1 .TextChanged
実行する
入力されたとき
呼び出す テキストボックス1 .キーボードを非表示
呼び出す テキストボックス1 .MoveCursorTo
position
呼び出す テキストボックス1 .MoveCursorToEnd
呼び出す テキストボックス1 .MoveCursorToStart
カーソル制御
呼び出す テキストボックス1 .リクエストフォーカス
テキストボックス1 . 背景の色
色の制御
設定 テキストボックス1 . 背景の色 を
テキストボックス1 . 有効
設定 テキストボックス1 . 有効 を
テキストボックス1 . フォントサイズ
サイズの制御
設定 テキストボックス1 . フォントサイズ を
テキストボックス1 . 高さ
設定 テキストボックス1 . 高さ を
設定 テキストボックス1 . 高さ のパーセント を
テキストボックス1 . ヒント
設定 テキストボックス1 . ヒント を
テキストボックス1 . HintColor
設定 テキストボックス1 . HintColor を
テキストボックス1 . マルチライン
複数行の制御
設定 テキストボックス1 . マルチライン を
テキストボックス1 . 数字のみ
設定 テキストボックス1 . 数字のみ を
テキストボックス1 . 読み取り専用
設定 テキストボックス1 . 読み取り専用 を
入力データの取得
テキストボックス1 . テキスト
設定 テキストボックス1 . テキスト を
テキストボックス1 . テキストカラー
色の制御
設定 テキストボックス1 . テキストカラー を
テキストボックス1 . 目に見える
設定 テキストボックス1 . 目に見える を
テキストボックス1 . 横幅
設定 テキストボックス1 . 横幅 を
設定 テキストボックス1 . 横幅の割合 を
テキストボックス1

これらのブロックから必要なものをドラッグして、図5-5-4のブロックを構成します。これで機能を満足させることができます。

①でRecogStartボタンが押されたら、②音声認識を開始します。③で認識が完了したら④テキストを表示します。⑤でSpeechStartのボタンが押されたら、⑥テキスト読み上げを開始します。

●図5-5-4　例題のブロック図

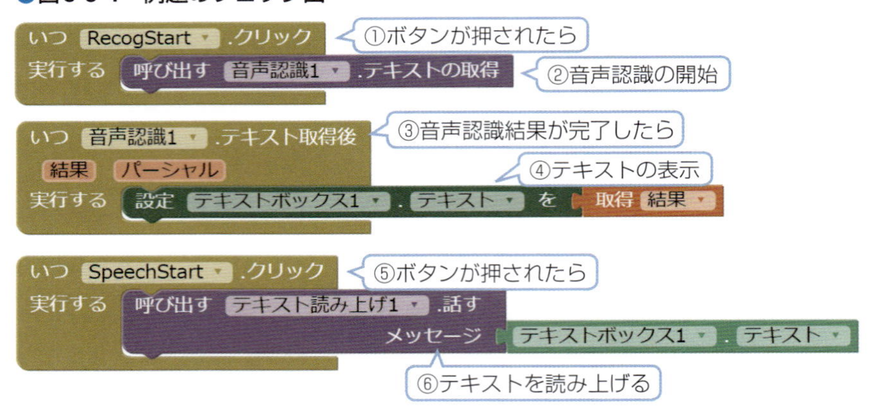

以上でアプリが完成です。

5-5-3　アイコンの作成

このアプリのアイコンは、ChatGPT4oで図5-5-5のようなアイコンとして生成されたものを使いました。これを64×64ピクセルのサイズに変更し、プロジェクトのプロパティで指定し*て使います。

この詳細は5-3-5項を参照

●図5-5-5　ChatGPT4oで生成されたアイコン

以上の内容でビルドしてダウンロードしインストール*すれば、スマホにアイコンが生成されアプリとして使えるようになります。

この詳細は4-4節を参照

以上がメディアのコンポーネントの使用例です。他のコンポーネントも同様の使い方ができます。

5-6 ドローイングとアニメーション

ドローイングとアニメーションに備えられているコンポーネントは、キャンバス（Canvas）と呼ばれるエリアに手書きしたり、ボールを転がしたりすることができるコンポーネントです。

ここでは例題として、手書きでお絵描きができるアプリを作成してみます。

5-6-1 例題のデザイン（プロジェクト名 Canvas）

例題「Canvas」の画面レイアウトは、図5-6-1（a）のような構成とします。ここでは［キャンバス］と［スピナー］が新たなコンポーネントとなります。

●図5-6-1　例題の画面構成と設定

キャンバスは手書きしたり、ボールなどのイメージ部品を動かしたりできる場所を提供するコンポーネントで、スピナーは複数の選択肢を提示して選択できるようにするコンポーネントです。

最上部は見出しで横幅いっぱいとして「お絵描きしましょう！」というメッセージを表示しています。その下の水平配置の中に、消去ボタン（Erase）と色選択のスピナー（Color）、線幅を入力するテキストボックス（Width）を配置しています。各々の間を空けるためラベル（4、5、6）を挿入しています。

その下側全体をキャンバスの領域とするため、図5-6-1（d）のように③高さと④幅は画面いっぱいを指定しています。

スピナーでは、色の選択肢を、①のようにカンマで区切ったテキストで指定しています。これでそれぞれが図5-6-2のように選択肢として表示されます。さらに②で初期値を黒を選択した状態としています。

●図5-6-2　スピナーの実機での表示

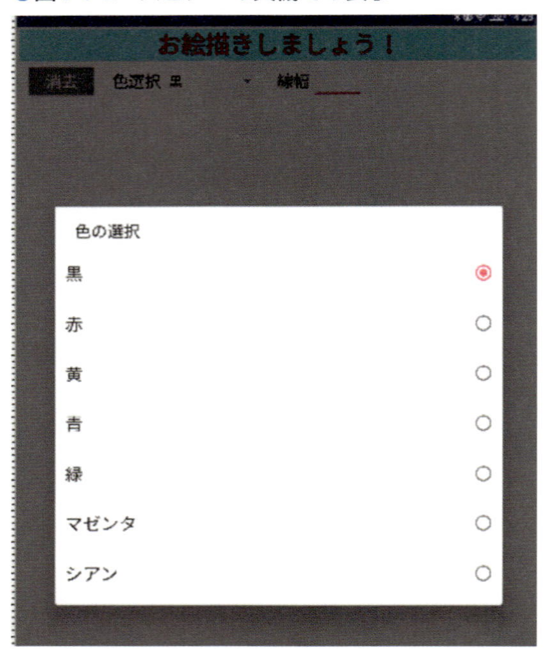

5-6-2　例題のブロックの設定

まず新たなコンポーネントの［キャンバス］で用意されているブロックが図5-6-3となります。非常に多くのブロックがありますが、点、線、円、図形、テキストなどを描画するためのブロックとなっています。また色や線幅、フォントサイズなど細かな設定も可能です。

●図5-6-3　キャンバスコンポーネントのブロック

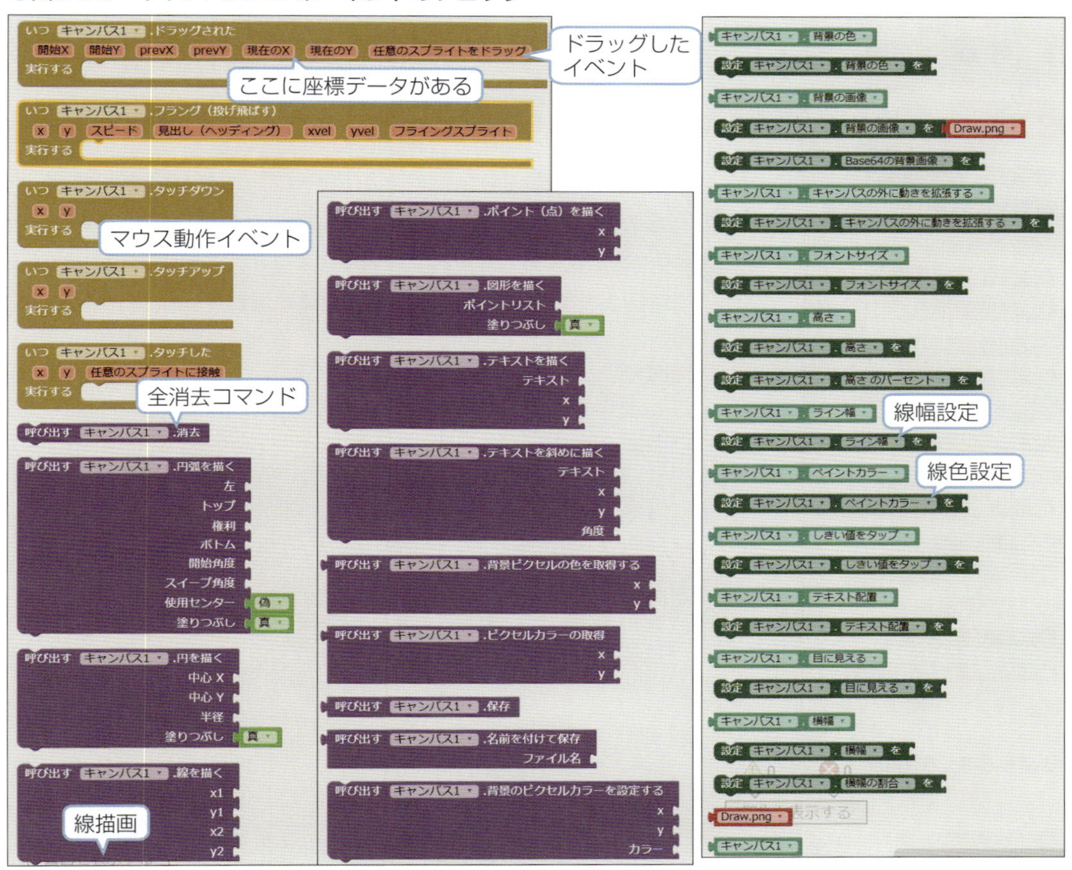

［スピナー］のブロックが図5-6-4となります。選択肢を描画したあと、いずれか1つを選択したときイベントが発生し、そのとき［セレクション］の変数で選択した値が取得できます。

●図5-6-4　スピナーのブロック

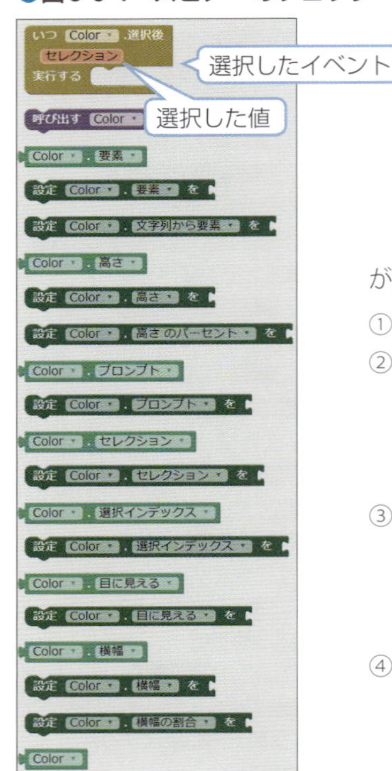

これらのブロックを使って作成した例題のブロックエディタの画面が図5-6-5となります。次のような機能があります。

①消去ボタンが押されたらキャンバス全体を消去する

②色選択のスピナーで色が選択されたら、キャンバスの描画する色を設定する

選択は文字なので、それを実際の色に変換して、ペイントカラーとして設定します。

③線幅のテキストボックスに値が入力されたら、キャンバスの線幅を設定する

このとき入力がブランクだった場合は、カーソルを開始位置に戻すだけとします。

④キャンバス上でドラッグされたら線を描画する

●図5-6-5　例題のブロック図

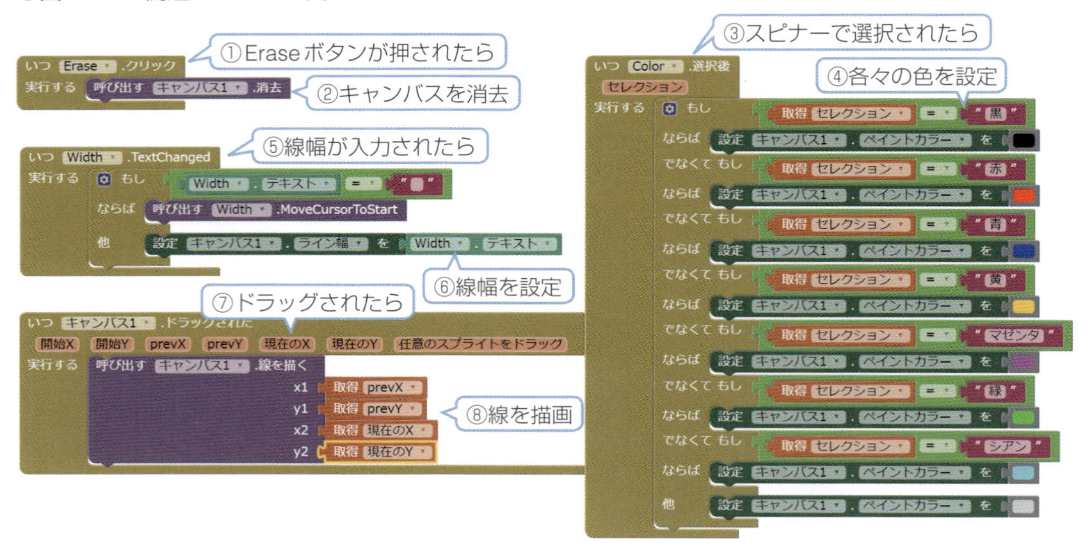

線を描画する際には、以前のX、Y値と今回のX、Y値が必要ですが、図5-6-6のように「キャンバスがドラッグされた」というブロックの中に、それぞれ値が用意されています。この値の場所をマウスオーバーすると、取得と設定という選択肢が表示されますから、ここで取得のほうを選択してX1、Y1などの位置にドラッグして配置すれば値を設定することができます。

●図5-6-6 X、Y値の選択方法

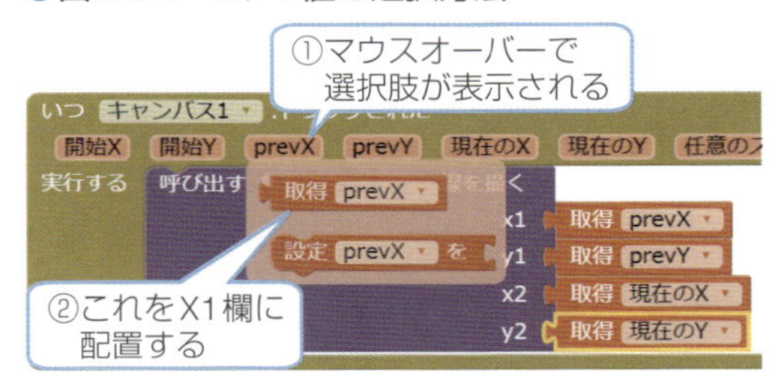

以上で設計作業は完了です。他と同じようにChatGPT4oでアイコンを作成して、プロパティに設定*したら、ビルドします。

ビルド完了でQRコードをスマホ/タブレットで読み込んでダウンロードし、インストール*すればアプリとして使えるようになります。

5-3-5項参照

詳細は4-4節を参照

実際に動作させた画面例が図5-6-7となります。

●図5-6-7 アプリの実行例

5-7 地図

地図のコンポーネントは、OpenStreetMapの道路地図を表示できるコンポーネントで、地図上にマーカーを配置したり、円、四角、多角形を描いたりすることもできます。地図は、緯度経度の指定や、住所の指定により、特定の場所の地図を表示させることができます。

ここでは例題として、日本の都道府県の県庁所在地を尋ねるアプリを作成してみます。

5-7-1 例題のデザイン（プロジェクト名 Map Marker）

例題「Map_Marker」の画面レイアウトは図5-7-1（a）のような構成とします。日本地図の各県名表示部分にマーカーを配置し、それをクリックしたら、その県の県庁所在地を上段のテキストボックスに表示するというアプリです。

●図5-7-1　例題のデザインと設定

（a）デザイン

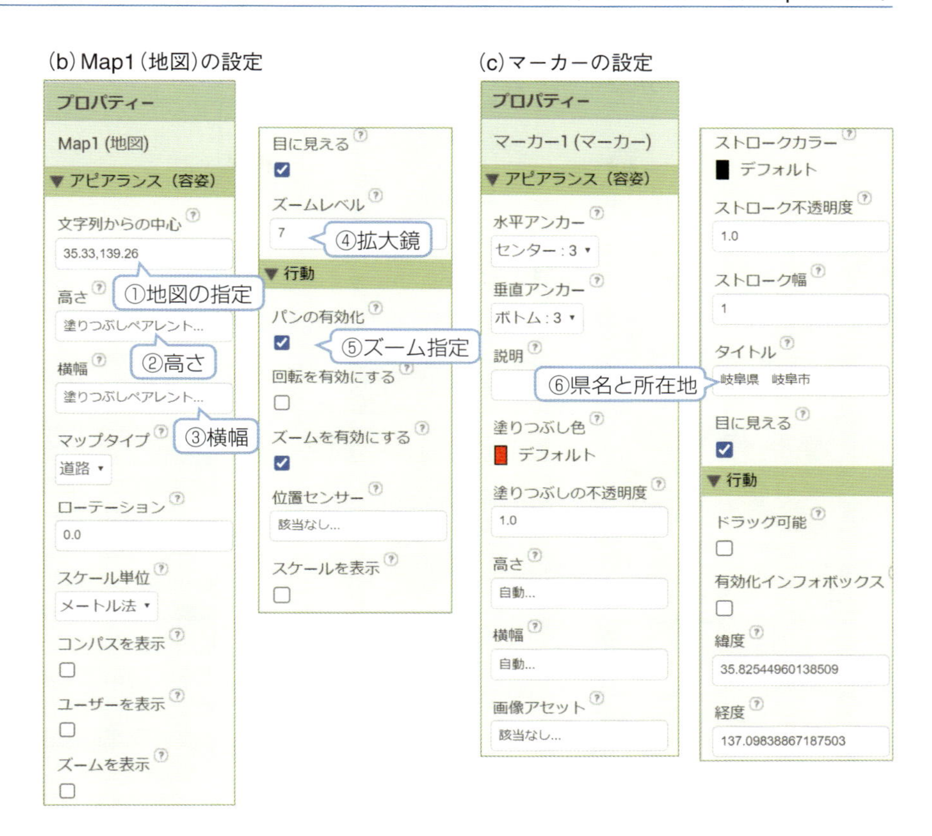

　画面デザインでは、一番上に見出しをラベルで表示し、その下に水平配置を横幅いっぱいとして、答えのラベルと、県庁所在地を表示するテキストボックス（Ans）を配置しています。

　地図では、表示する場所指定は、①の緯度経度で決まります。ここにはスマホ/タブレットの位置情報の内容がデフォルトで設定されていますから、そのまま使います。②、③で画面いっぱいに表示することにします。

　④で拡大レベルを指定しますが、ここの値を小さくすると広い範囲を表示し、大きくすると拡大して表示されますから、画面に合わせて設定します。さらに⑤ズームを可能にすれば自由に拡大縮小ができます。

　マーカーは地図で県名が表示されている場所を指すように配置していきます。そして⑥タイトル欄に県名と県庁所在地を入力します。これをテキストボックスに表示するようにします。

　以上で画面デザインは終了です。マーカーの数が多いので注意しながら配置します。

5-7-2 例題のブロックの設定

地図コンポーネントに用意されているブロックは図5-7-2となっていて、非常にたくさんのブロックがあります。地図コンポーネントには多くのフィーチャー（特性情報）が含まれていて、その関連のブロックが多くなっています。

基本的にデザイナーで設定した内容だけで地図表示は問題なくできますが、プログラム実行中に何らかの変更をする場合に、これらのブロックを使うことになります。

●図5-7-2 地図のブロック

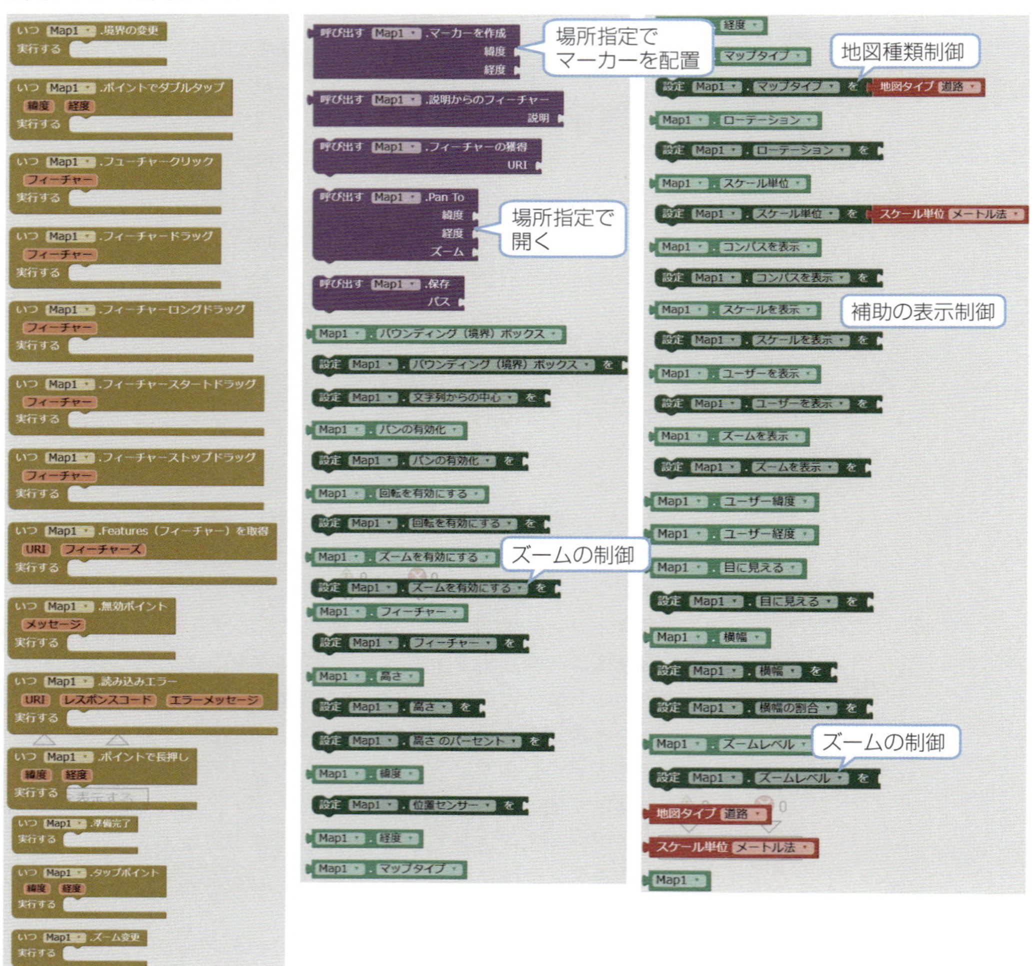

さらにマーカーコンポーネントに用意されているブロックが図5-7-3となります。こちらも多くのブロックがありますが、ここではマーカーがクリックされたときのイベントと、マーカーのタイトルを取得するブロックを使います。このタイトルはデザイナーですでに設定している値を取得することになります。

●図5-7-3　マーカーのブロック

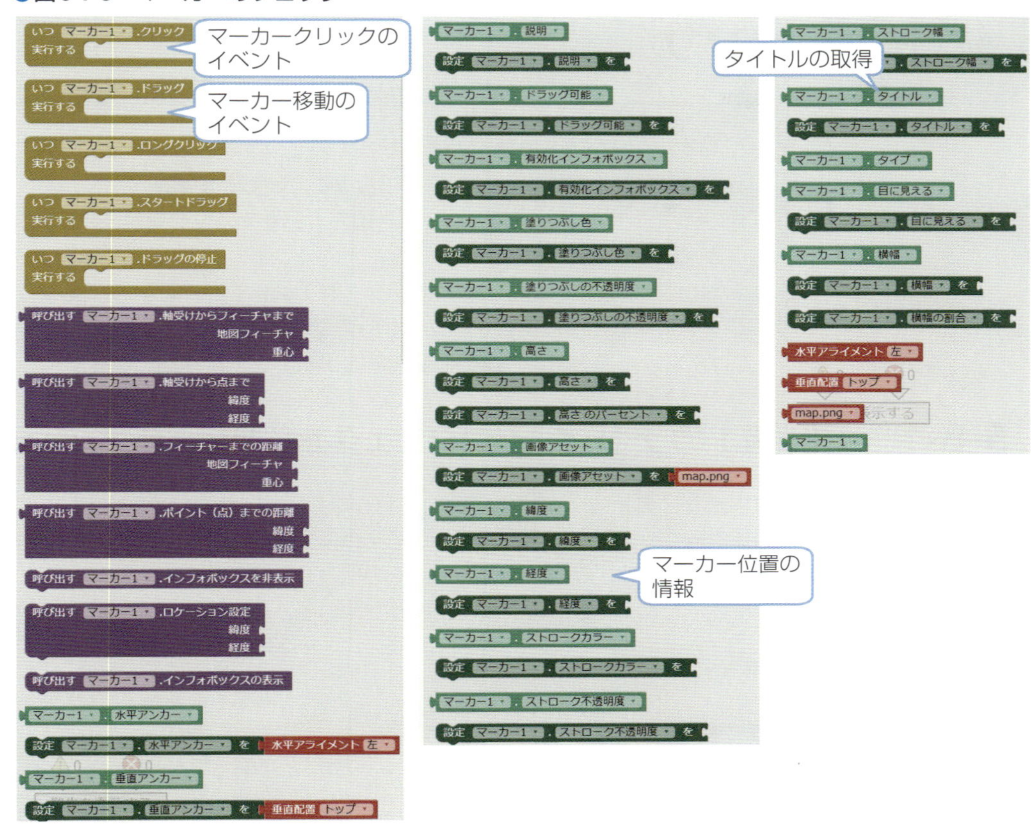

これらのブロックを使って作成した例題のブロックの画面が図5-7-4となります。内容は単純で、マーカーがクリックされたら、マーカーのタイトルをテキストボックス(Ans)に代入するというだけです。これを47都道府県の数だけ並べています(途中省略)。

●図5-7-4　例題のブロック図

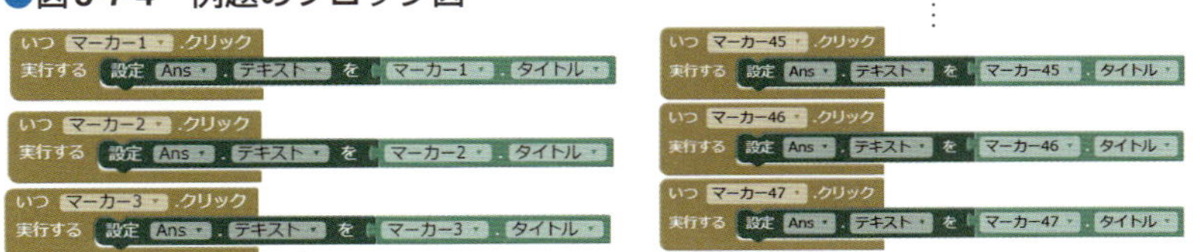

この例題用のアイコンをChatGPT4oで生成してもらい、アプリのプロパティで設定します。*

5-3-5項を参照

以上で例題の設計は完了です。ビルドして生成されたQRコードを、スマホ/タブレットで読み込んでダウンロードし、インストール*すればアプリとして起動できるようになります。

4-4節を参照

5-8 センサ

最近のスマホ/タブレットには次のような多くのセンサが内蔵されています。MIT App Inventor2ではこれらのセンサを自由に扱うことができます。

加速度センサ、ジャイロスコープ、位置センサ、方位センサ、照度センサ、磁気センサ、近接センサ

このほかに温度、湿度、気圧センサが用意されていますが、これらは実際のスマホ/タブレットにはほとんど実装されていないので、使えません。

ここでは例題として上記のセンサの値を読み出すアプリを作成してみます。

5-8-1 例題1のデザイン（プロジェクト名 Internal_Sensors）

例題「Internal_Sensors」の画面構成は、図5-8-1（a）のような構成とします。上から、加速度センサのX、Y、Z軸の値、ジャイロスコープのX、Y、Z軸の値、位置情報つまりGPSの緯度、経度、高度の値、その他のセンサとして、方位、明るさ、磁気の値を表示します。さらに最後に時計センサの値として現在時刻を表示します。

●図5-8-1　例題の画面構成

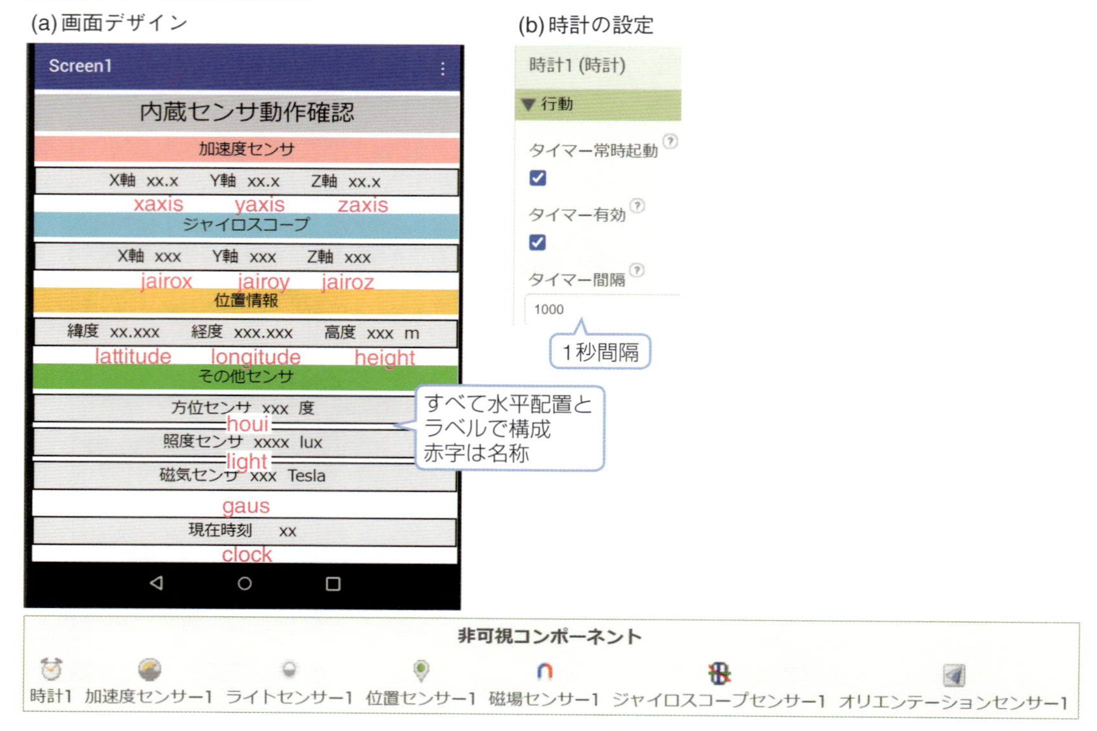

各要素はすべてラベルで構成し、1つのセンサごとに水平配置とし、センター配置として中に納めています。ラベルの文字サイズは表題だけ30ポイントとし、その他はすべて20ポイントとしています。ラベルのサイズは高さ、横幅ともすべて自動としています。ただし、複数の値を表示する場合の間を空ける表示なしのラベルだけ横幅を3%としています。

センサの値を表示するラベルは、それぞれ赤字で示した名前に変更しています。これでブロックを作成する際に名前で指定できるのでわかりやすくなります。

各センサは、Screenにドラッグドロップして非可視コンポーネントとして登録します。

さらに時計の設定で、タイマ間隔を1秒として、このイベントで各センサの値を読み出して指定したラベルに表示することにします。

5-8-2　例題1のブロックの設定

このアプリのブロックの機能は次のようにしました。

- 時計の1秒間隔ですべてのセンサの値を読み出し、それぞれ対応するラベルに表示する
- 表示する値は10進数として小数点以下の桁数を制限する
- 時刻は標準スタイルで表示する

この機能を実現するブロックが図5-8-2となります。全体が①時計の1秒間隔のインターバルで起動します。

そして③各センサの値を取得し、②10進数で小数以下の桁数を制限し、④ラベルを指定して表示します。この流れをすべてのセンサについて実行します。

現在時刻だけは、⑤今の時刻を取り出し、指定の標準フォーマットでラベルに表示します。

●図5-8-2　例題のブロック構成

●図5-8-2　例題のブロック構成（つづき）

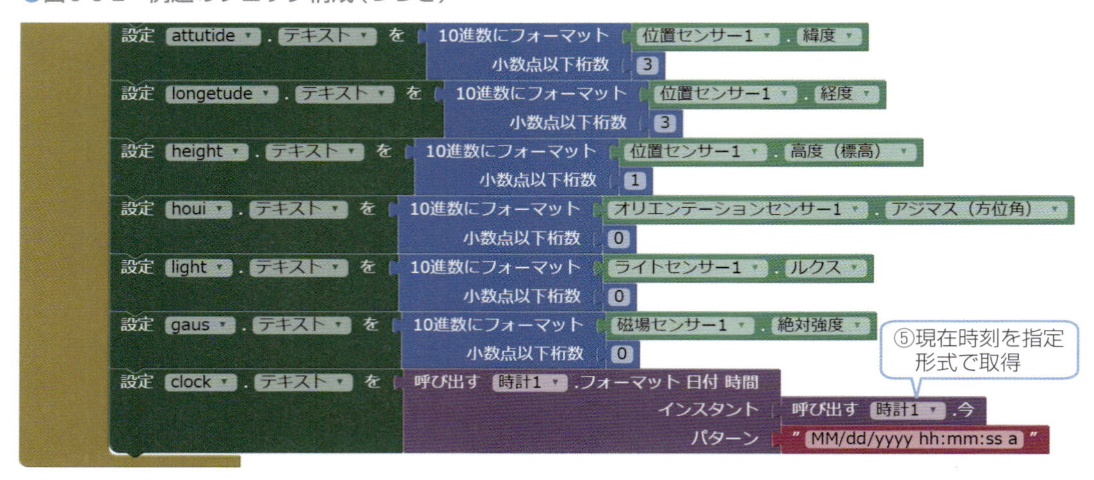

1 各センサのブロック

ここで各センサに用意されているブロックを説明します。

❶時計

まず時計に用意されているブロックで図5-8-3となります。

●図5-8-3　時計のブロック

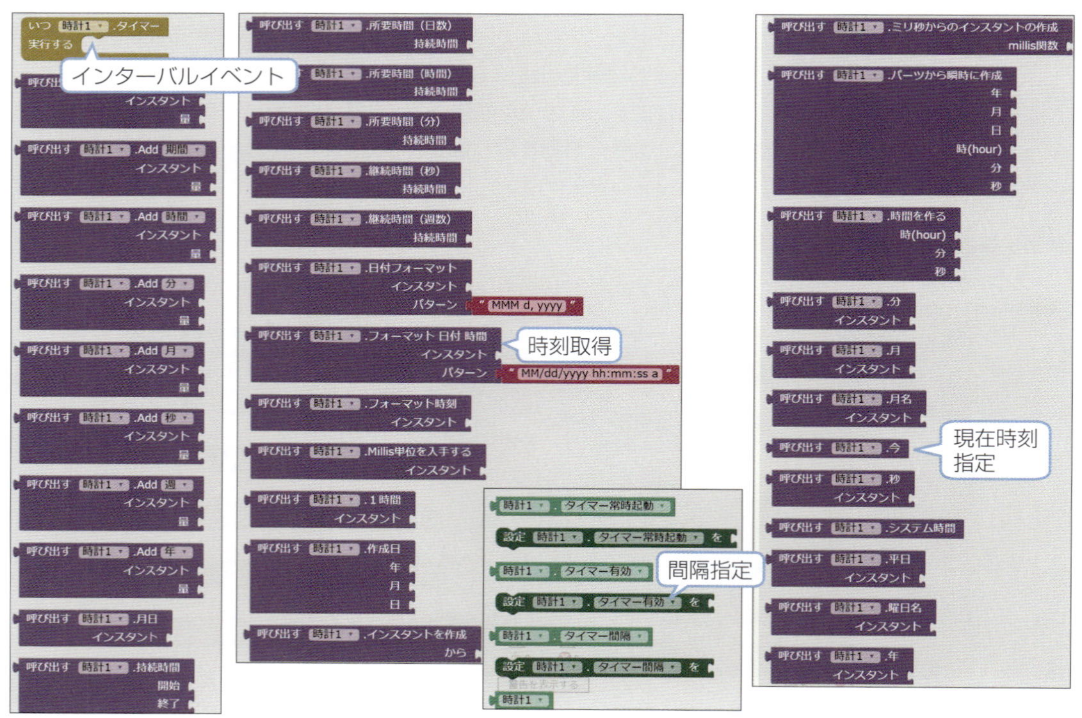

非常にたくさんのブロックが用意されていますが、これは時刻を年、月、週、日、分、秒などで分離して取り出すためのブロックとなっているためです。

最も頻繁に使うのがインターバルイベントで、アプリを一定間隔で動かすときに使います。あとは時刻を一定フォーマットで取得するブロックがあります。

❷加速度・ライト・磁場

次が、加速度、ライト、磁場のセンサで用意されているブロックで図5-8-4となります。それぞれのセンサに、値に変化があったというイベントのブロックと、値を取得するためのブロックが用意されています。

加速度センサではX、Y、Zの各軸の値が個別に取得できますし、感度や計測インターバルの設定もできます。ライトセンサはルクス単位の値を取得できます。磁場センサでは、X、Y、Zの3軸に分けた値と、全体をまとめた値が絶対強度として取得できます。

●図5-8-4　加速度、ライト、磁場センサのブロック

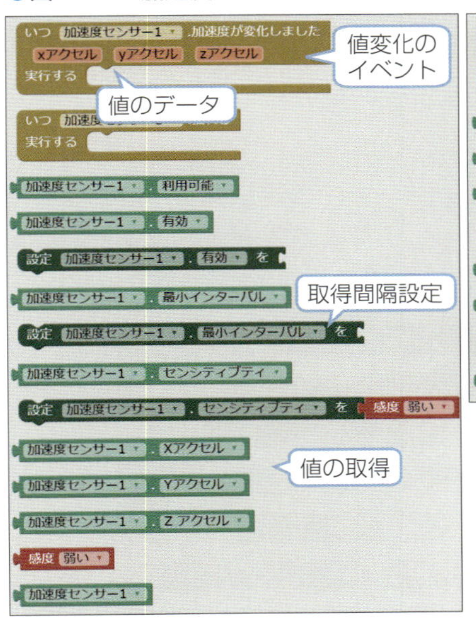

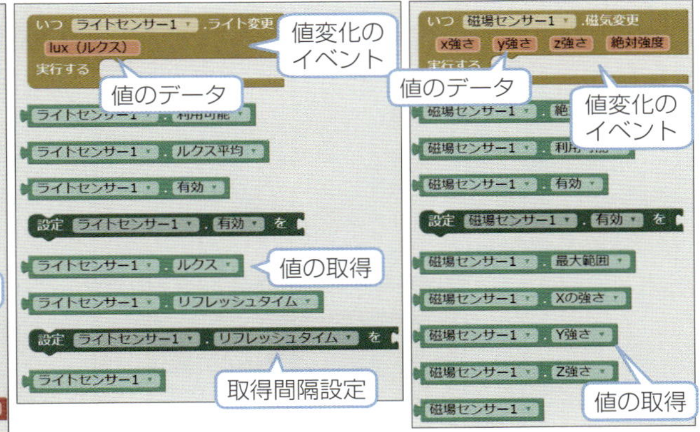

❸ジャイロ・方位

次がジャイロセンサと方位センサ（オリエンテーションセンサ）に用意されているブロックで、図5-8-5となります。いずれのセンサも値に変化があったときのイベントがブロックとして用意されています。ジャイロセンサは角速度をX、Y、Zの3軸で取得できます。方位センサは少し難しいですが、単純な方角はアジマス（方位角）として取り出せますし、ヨー（角度）、ピッチ、ロールに分けて取り出すこともできます。

●図5-8-5　ジャイロセンサと方位センサのブロック

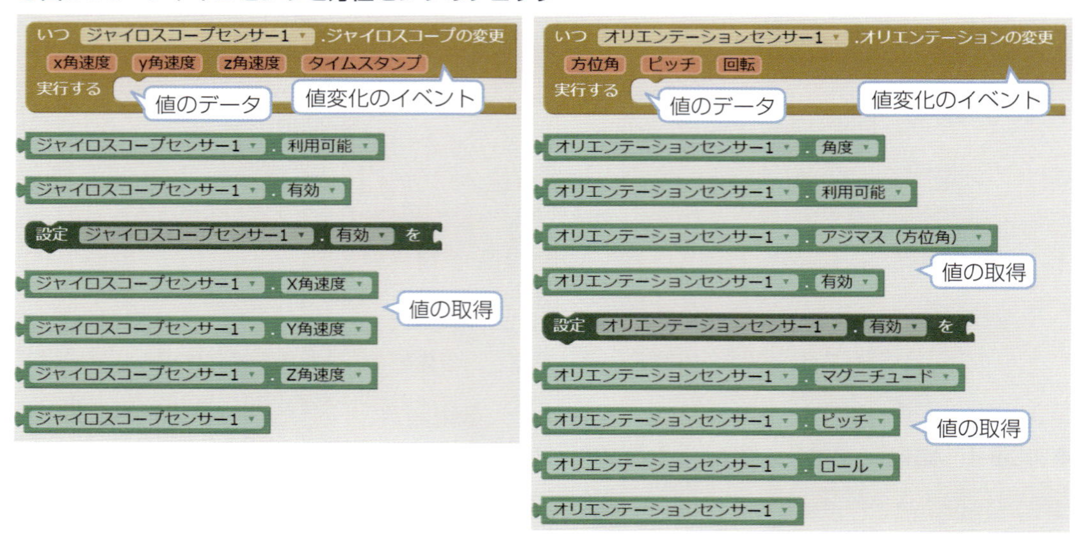

❹位置

最後に位置センサに用意されているブロックが図5-8-6となります。これはGPSセンサのデータとなります。位置変化があったというイベントと、ステータスが変わったというイベントがあります。実際のデータとしては、緯度、経度、高度があります。

●図5-8-6　位置センサのブロック

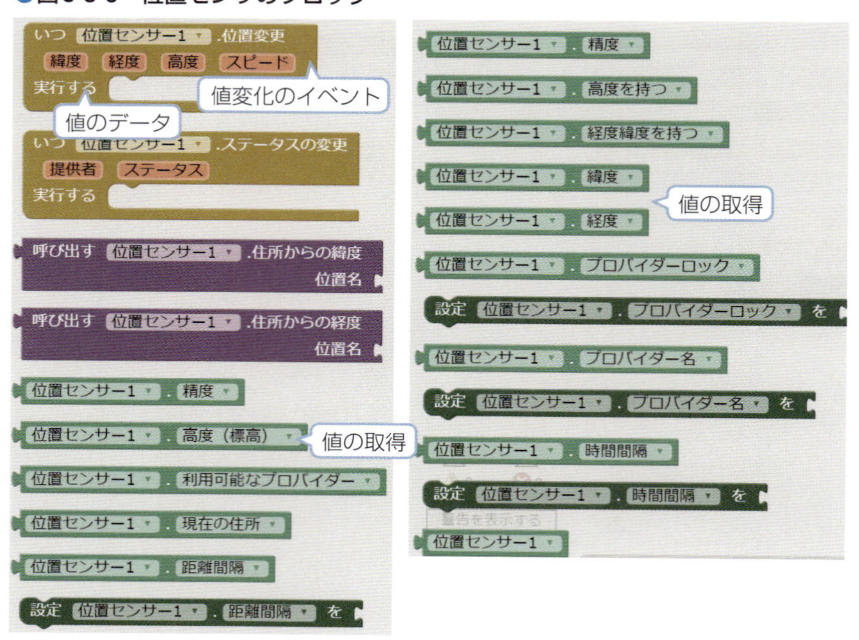

2 アプリの作成と動作結果

以上のブロックのほかに、数学のブロックから10進数変換ブロックを使って図5-8-2のアプリを完成させます。

これをビルドしてダウンロードしインストール*すればアプリとして起動することができます。実際に動作させた画面が図5-8-7となります。

*詳細は4-4節を参照

加速度センサとジャイロスコープセンサの値はスマホ/タブレットを傾ければ値が変化します。方位センサもスマホ/タブレットを水平にして回転させれば方位に応じて、北が0度、東が90度という感じで変わります。照度センサはスマホ/タブレットを照明の下に移動すれば値が変わります。磁気センサはDCモータなどをスマホ/タブレットに近づければ値が大きく変化します。

●図5-8-7　実際に動作させたアプリの画面例

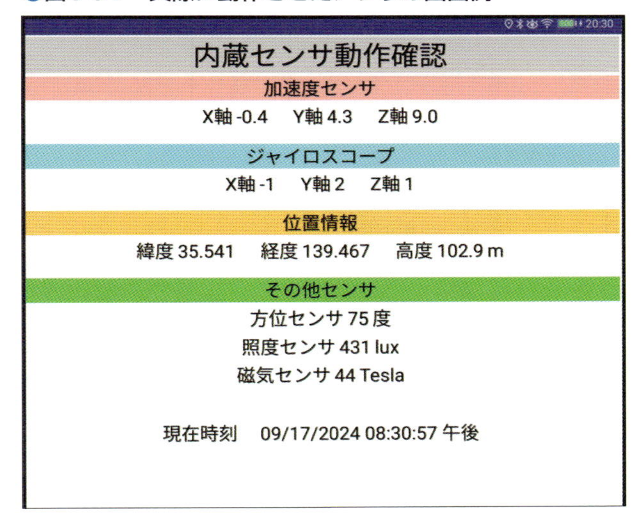

5-8-3　例題2のデザイン（プロジェクト名 houi）

もう1つの例題でセンサの使い方を説明します。方位センサ*を使った例題で、センサの値で画像を動かす方位計の例題となります。

*MIT App Inventorではオリエンテーションセンサと呼ばれる

1 画面構成

例題の画面構成が図5-8-8となります。上側はラベルで見出しと方位角の数値表示をします。その下側にキャンバスを用意し、その中に「画像スプライト」でhouiとarrowという2つの画像を配置します。非可視コンポーネントとしてオリエンテーションセンサを配置します。

キャンバスはサイズを縦横同じ300ピクセルとします。画像を真円として回転させたいので、ここはパーセント指定ではなくピクセル指定で縦横を同じサイズとします。

●図5-8-8　例題の画面構成

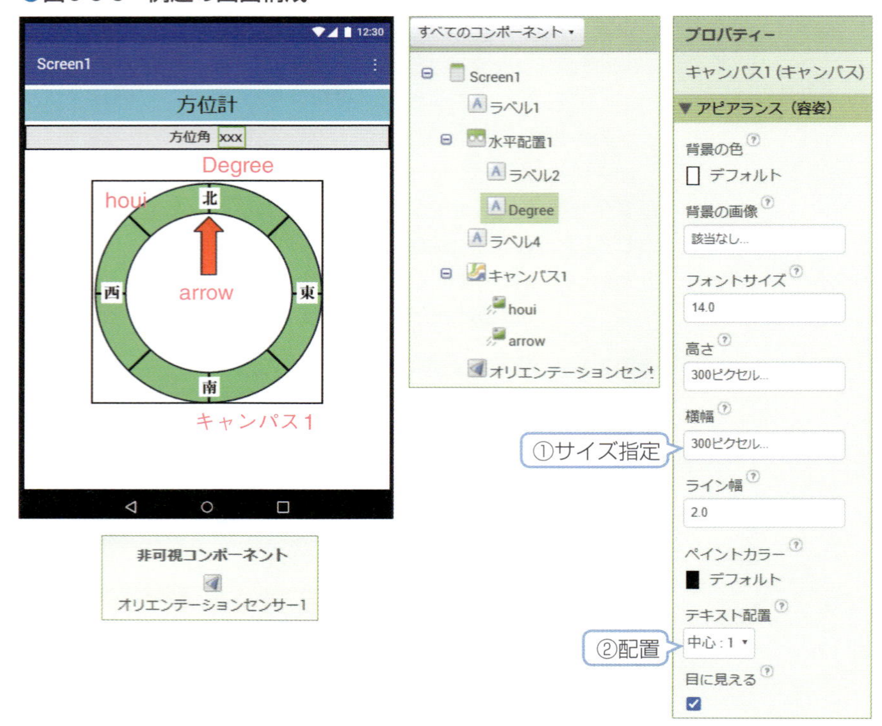

2 画像の作成

次に配置する画像を作成します。PowerPointやExcelなどで図5-8-9のような図を作成します。サイズは適当でよいですが、方位を表す図は真円となるようにして下さい。図ができたら図を切り取り、ペイントなどの画像アプリを使って、houi.pngとarrow.pngファイルとして保存*します。

PowerPointの場合は図のパーツをグループ化し右クリック→図として保存を選択

●図5-8-9　画像の作成

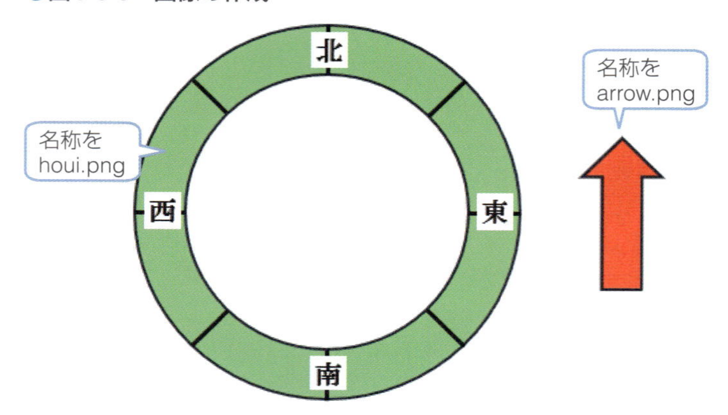

3 画像の配置

次に画像を画面の画像スプライトとして配置します。先に方位画面を配置*し、名前をhouiとし図5-8-10 (a) のようにプロパティを設定します。

①サイズをキャンバスのサイズと同じ、縦横とも300ピクセルにします。②写真の欄に作成したhoui.png画像を指定します。③キャンバス内の配置位置を中心とするため、X、Yともに150とします。

次に回転するときの中心をキャンバスの中心とするため、④Mark Originをクリックし、開く図5-8-10 (b) で⑤マークを左上隅から中心付近に移動します。さらに正確な中心とするため⑥OriginXとOriginYをともに0.5とします。

最後に画像の動きの速さを設定するため⑦インターバルに500と入力します。これでhouiの画像スプライトの設定は終了です。

続いてもう1つ画像スプライトをキャンバス内に配置し、名前をarrowとします。⑧写真の欄に作成したarrow.pngファイルを指定します。こちらはデザイナー画面を見ながら適当なサイズと位置になるように、サイズと位置を設定します。まずサイズを⑨のように高さ80ピクセル、幅40ピクセルとしました。

次に位置は⑩のように位置Xは中心150から矢印の幅の半分を引いた値とし、位置Yは矢印の先がちょうど内円の端を指すような位置とします。

*先に配置しないと矢印画像が背面に隠れてしまうため

●図5-8-10　画像の設定

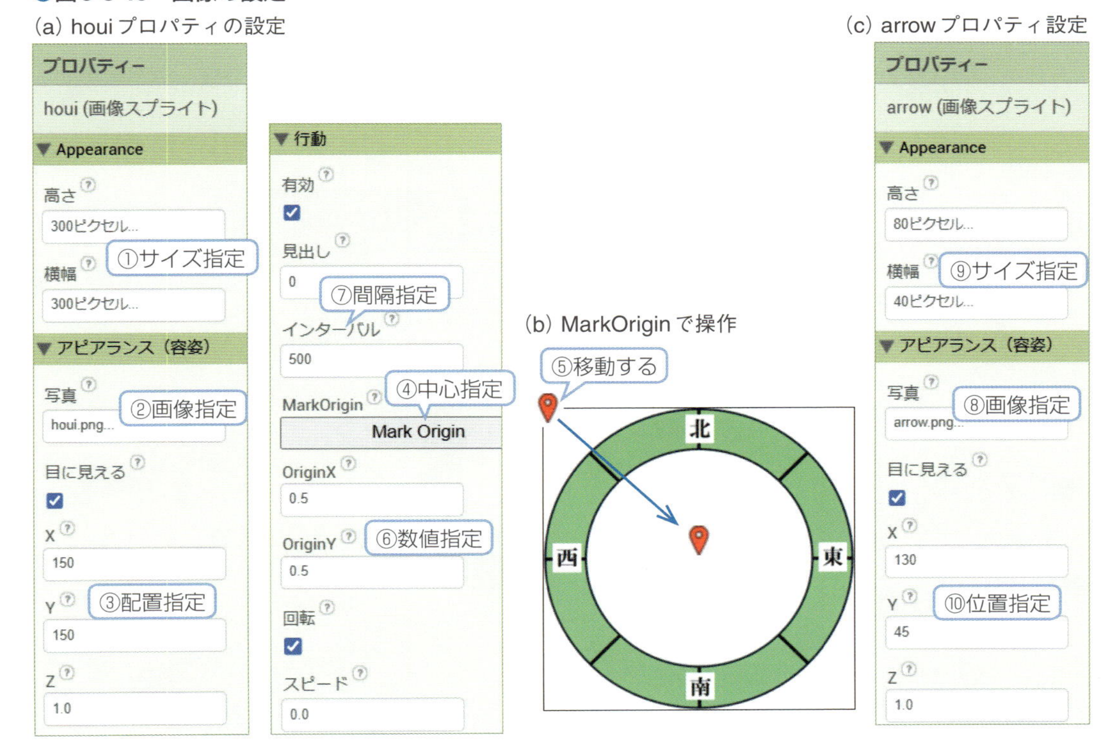

以上でデザイナー画面の設定は終了です。

5-8-4　例題2のブロックの設定

続いてブロックプログラミングをします。

作成したブロックが図5-8-11と簡単な構成となります。方位角を格納する変数（HouiDeg）を用意し、ここにオリエンテーションセンサの方位角を代入します。この変数を10進数にしてラベルに方位角として表示し、次にhoui画像の「見出し」に代入します。これだけでhoui画像が方位角に従った回転をします。

●図5-8-11　ブロック

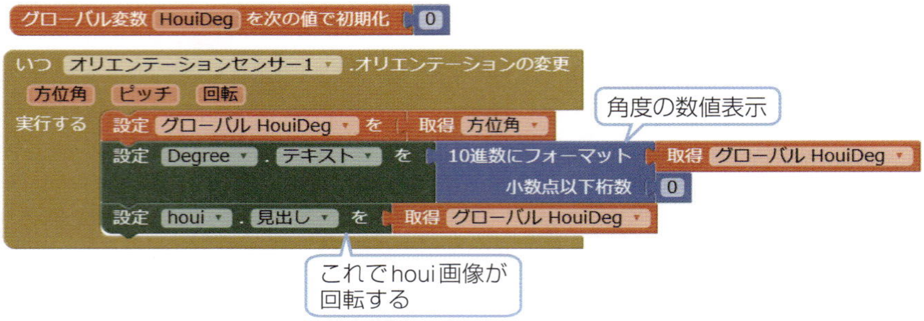

グローバル変数 HouiDeg を次の値で初期化 0
いつ オリエンテーションセンサー1 .オリエンテーションの変更
方位角 ピッチ 回転
実行する 設定 グローバル HouiDeg を 取得 方位角
設定 Degree . テキスト を 10進数にフォーマット 取得 グローバル HouiDeg
小数点以下桁数 0
設定 houi . 見出し を 取得 グローバル HouiDeg
角度の数値表示
これでhoui画像が回転する

実際に動作させた画面が図5-8-12となります。スマホ/タブレットを水平にして回転させると、方向に応じてhoui画像が回転し方角を示すようになります。

オリエンテーションセンサのデータが微妙に変化するので、画像が常時振動するようにわずかに回転します。方位角数値の平均を取るようにすれば安定します。

●図5-8-12　動作例

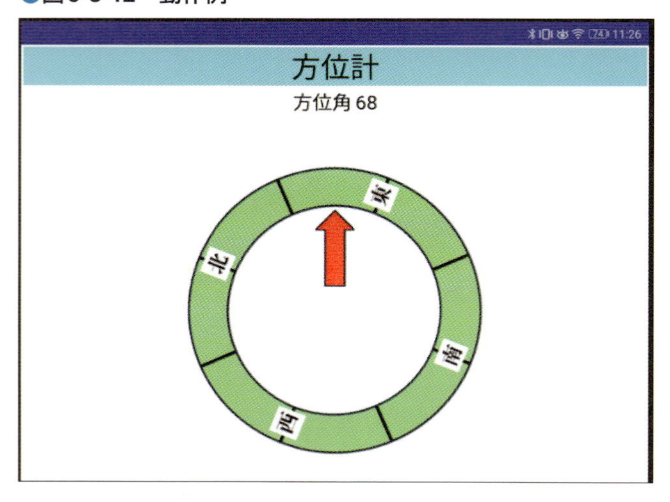

5-9 チャート

チャートはデータのグラフ化を行うコンポーネントです。

このグラフ化コンポーネントは、［チャート］と［チャートデータ2D］という2つのコンポーネントで構成します。チャートはグラフを描くキャンバスになり、チャートデータ2Dが実際のデータのグラフとなります。

チャートがグラフ領域のサイズや目盛などの背景を構成します。このチャートにはチャートデータ2Dを複数配置でき、複数グラフを1つのグラフ画面内に表示できます。

5-9-1 例題のデザイン（プロジェクト名 Accel Chart）

実際の例題として、加速度センサのX、Y、Zのデータを0.1秒間隔で取得し、折れ線グラフで表示するアプリを作成してみます。

例題の画面のデザイン構成は図5-9-1としました。上の方に表題を表示し、その下に加速度のデータを数値で表示します。その数値で折れ線グラフを作成し、X、Y、Zで色分けをして表示することにします。

●図5-9-1　例題の画面構成

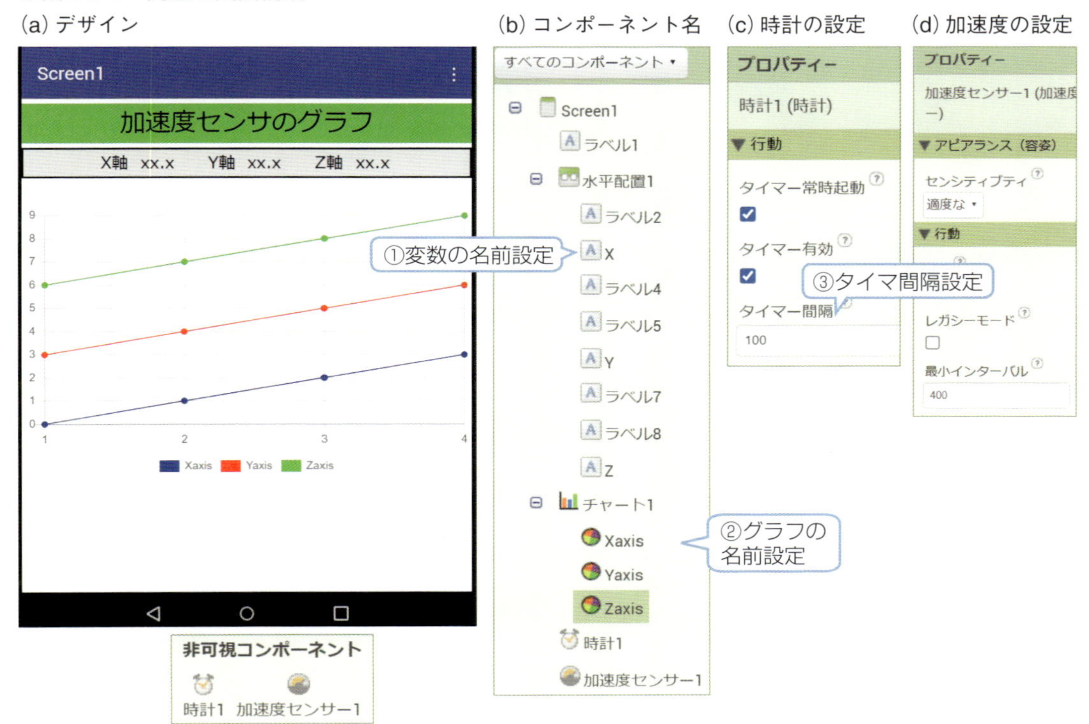

各コンポーネントで①数値を表示するラベルと②グラフには、名前を付けてブロックで指定しやすくしています。

③時計の時間間隔を100msecとして0.1秒間隔でデータを取得することにします。

加速度センサの設定は特に必要なく、デフォルトのままで使います。

チャートとグラフの設定が図5-9-2となります。チャートではグラフサイズとして高さを60%、横幅を画面いっぱいとし、グラフタイプを折れ線グラフとしています。このグラフ種類は図のように、折れ線グラフ、散布図、領域グラフ、棒グラフ、パイチャートから選択できます。折れ線グラフ以外はどちらかというと静的なグラフで、固定データをグラフ化するのに使います。

チャートデータ2Dの各グラフの設定では、3つのデータをグラフ化しますので、それぞれ色分けをし、名前を付けています。ラインタイプはデータ間の補完方法で、直線、曲線、階段で3種類から選択できます。

●図5-9-2　チャートとグラフの設定

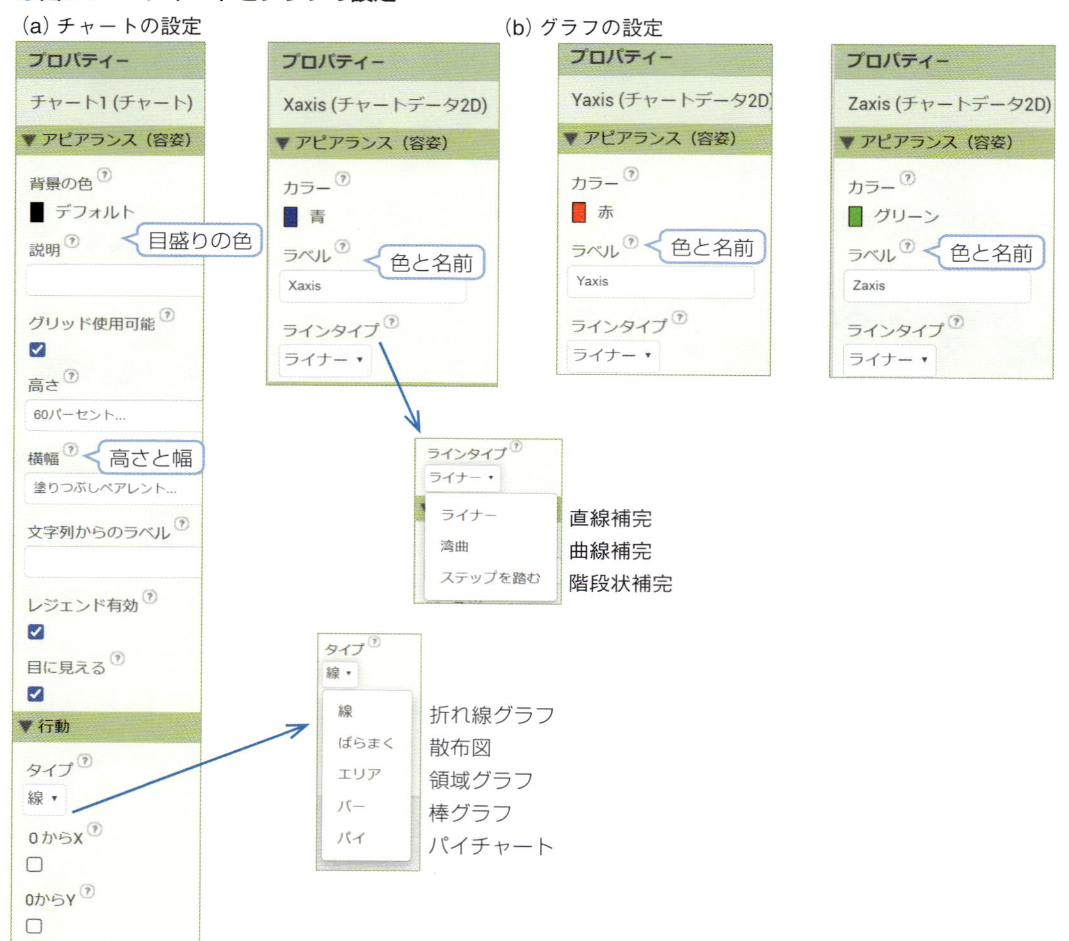

5-9-2 例題のブロックの設定

次にチャートで用意されているブロックですが、図5-9-3のようになっています。データが入力されたというイベントが用意されていますから、データが追加されたらすぐグラフを更新することができます。その他は見た目の設定項目が多くなっていますが、これらはデザインの設定で決めていますから変更するとき以外は使いません。

●図5-9-3　チャートのブロック

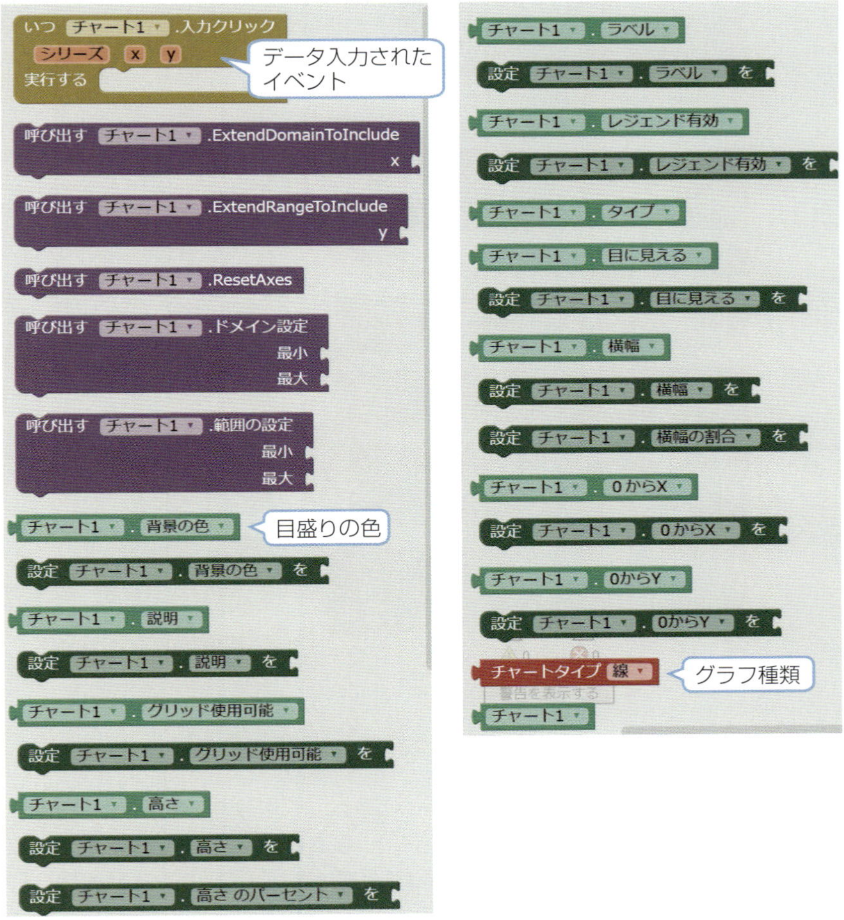

いつ チャート1 .入力クリック
シリーズ x y
実行する
データ入力されたイベント
呼び出す チャート1 .ExtendDomainToInclude x
呼び出す チャート1 .ExtendRangeToInclude y
呼び出す チャート1 .ResetAxes
呼び出す チャート1 .ドメイン設定 最小 最大
呼び出す チャート1 .範囲の設定 最小 最大
チャート1 . 背景の色
目盛りの色
設定 チャート1 . 背景の色 を
チャート1 . 説明
設定 チャート1 . 説明 を
チャート1 . グリッド使用可能
設定 チャート1 . グリッド使用可能 を
チャート1 . 高さ
設定 チャート1 . 高さ を
設定 チャート1 . 高さ のパーセント を
チャート1 . ラベル
設定 チャート1 . ラベル を
チャート1 . レジェンド有効
設定 チャート1 . レジェンド有効 を
チャート1 . タイプ
チャート1 . 目に見える
設定 チャート1 . 目に見える を
チャート1 . 横幅
設定 チャート1 . 横幅 を
設定 チャート1 . 横幅の割合 を
チャート1 . 0からX
設定 チャート1 . 0からX を
チャート1 . 0からY
設定 チャート1 . 0からY を
チャートタイプ 線
グラフ種類
チャート1

次がチャートデータ2Dのグラフで用意されているブロックで図5-9-4となります。

こちらもデータが入力されたというイベントが用意されていますから、グラフをすぐ更新できます。それ以外のブロックは、X、Yのデータを与えてグラフを描画するものと、外部データベースや内部ファイルのデータをグラフ描画するブロックがあります。またグラフを消去するブロックもあります。

●図5-9-4 グラフのブロック

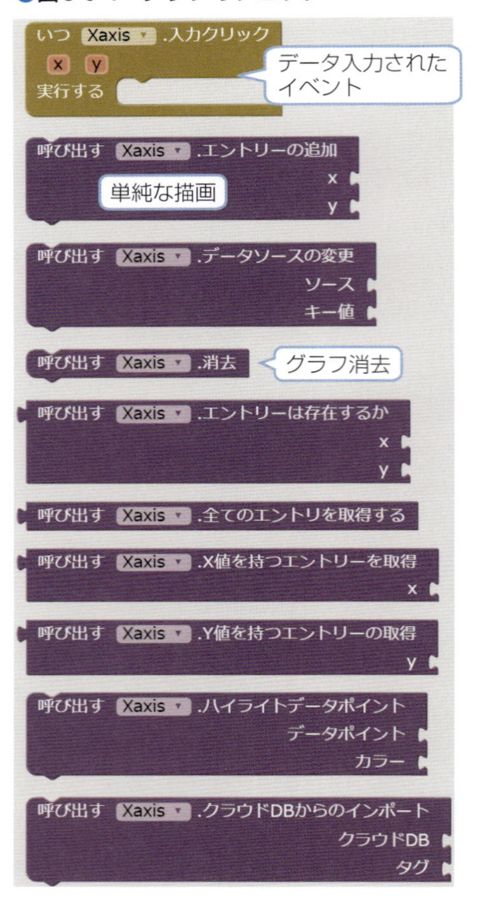

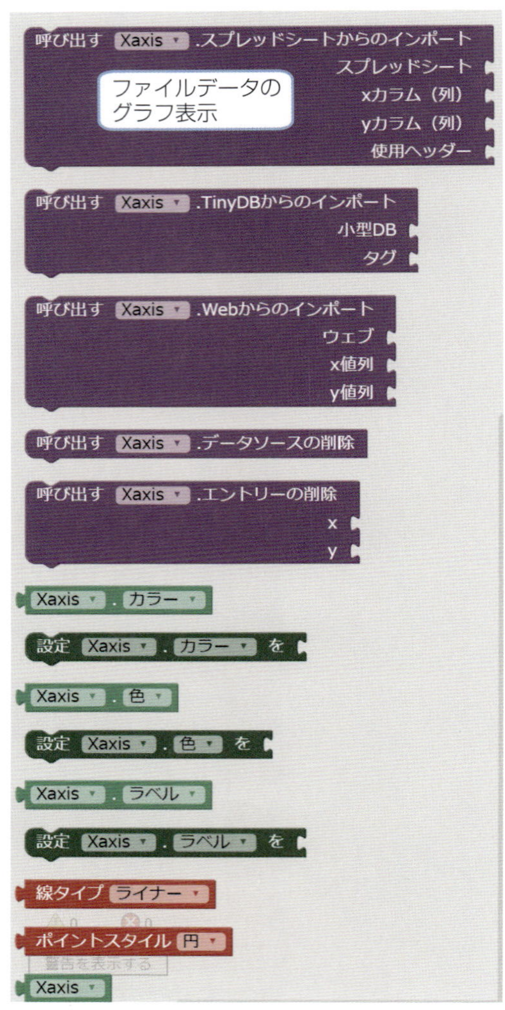

以上のブロックを使って作成した例題のブロックが図5-9-5となります。

X軸はサンプリング時間となるので①変数timeとして用意します。グラフ描画は②時計のインターバル（ここでは0.1秒）のイベントで実行します。

まず加速度センサのX、Y、Zの値をラベルに数値として小数以下の桁数を1桁で表示します。

続けてグラフ描画をエントリーの追加ブロックを使って、Xには変数timeを、Yには加速度センサの値を入れて描画します。これでグラフが表示されます。最後にtimeを0.1だけ増やして次のXの値として更新します。

●図5-9-5　例題のブロック構成

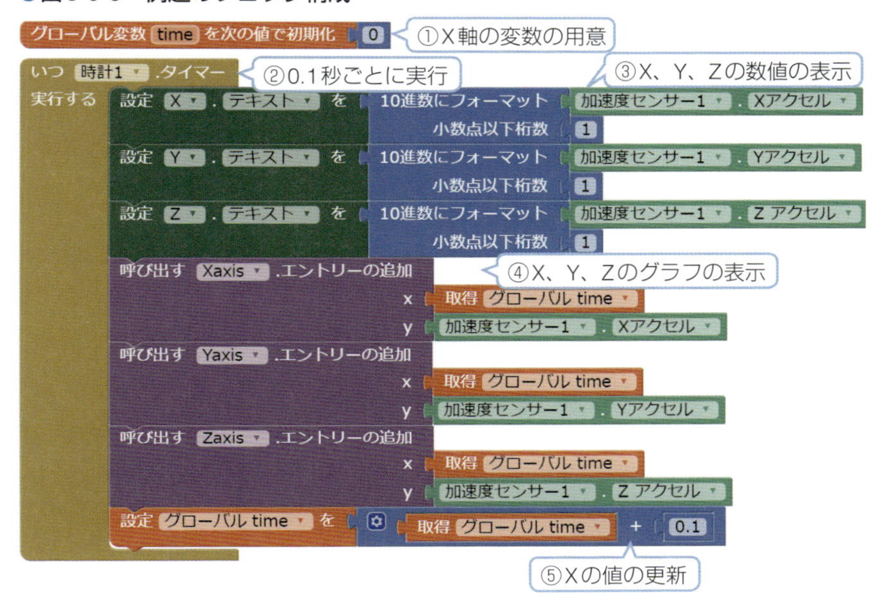

これでアプリは完成です。ビルドしてダウンロードしインストールします。

実際に動作させた結果が図5-9-6となります。これはアプリ起動後、スマホ/タブレットを縦と横に傾けたときのグラフとなります。

●図5-9-6　実際の動作結果例

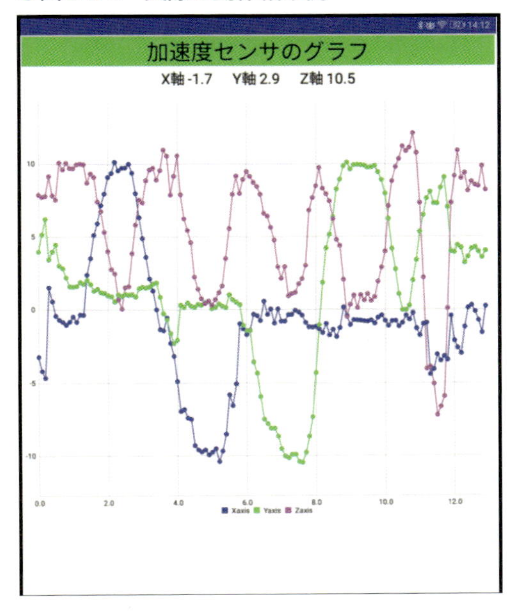

5-10 接続性 Bluetooth

「MIT App Inventor2にはBluetooth通信機能が用意されています。しかもサーバとクライアントが別々に用意されています。本節では、2台のスマホ/タブレットを使って、このBluetoothサーバとBluetoothクライアントを試してみます。

なお執筆時点では、英語版の「Connectivity」が日本語版で「接続性」と訳されているので、本書もこれで説明を進めます。

5-10-1 例題の全体構成

本節の例題は図5-10-1のような構成で、次のような簡単な機能を試してみます。

- サーバ側で接続待機とし、クライアントからの接続要求で接続を実行する
- 接続完了後は、双方から送信ボタンクリックでテキストを送信し、受信したテキストをラベルに表示する

●図5-10-1 例題の全体構成

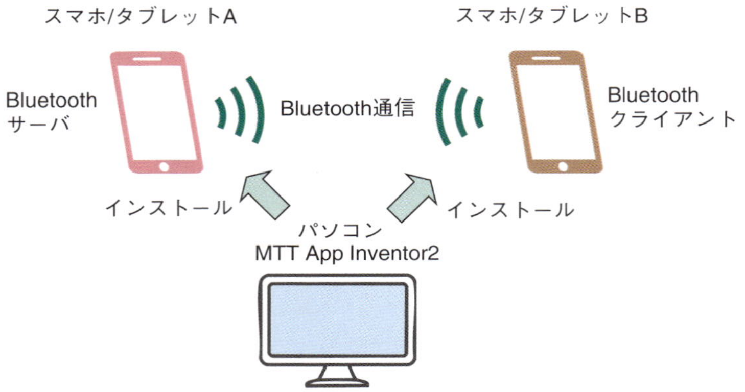

この例題の実行には、あらかじめ双方のスマホ/タブレットでBluetoothのペアリングを実行しておく必要があるので注意して下さい。

5-10-2 サーバ側のデザイン(プロジェクト名 BT_Server)

この例題のサーバ側のスマホ/タブレットの画面デザインを図5-10-2のようにしました。ボタンとラベル、テキストボックスだけですから簡単です。非可視コンポーネントとして時計とBluetoothサーバがあります。時計は500msecに設定しています。Bluetoothサーバは特に設定する項目はありません。ブロックで使うコンポーネントには名前を付加しています。

●図5-10-2　サーバ側のデザイン

(a) 画面構成

Screen1
Bluetooth サーバー
接続状態
送信テキスト　サーバからの送信だよ！
送信
受信テキスト
テキスト
非可視コンポーネント
Bluetoothサーバー1　時計1

(b) Bluetooth サーバの設定

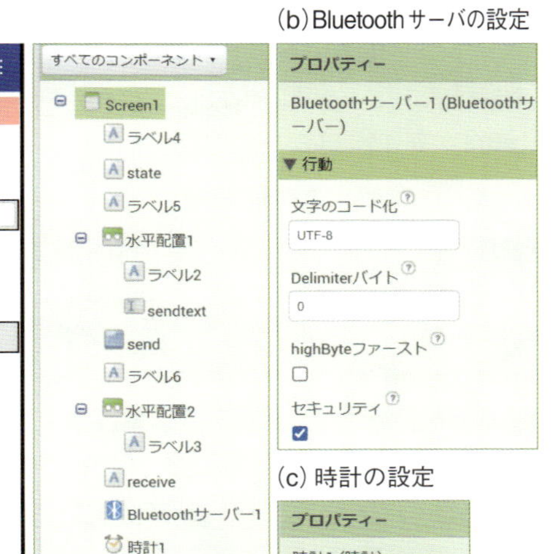

(c) 時計の設定

プロパティー
時計1 (時計)
▼行動
タイマー常時起動
タイマー有効
タイマー間隔
500

500msに設定

5-10-3　サーバ側のブロックの作成

新たなコンポーネントのBluetoothサーバで用意されているブロックは図5-10-3のようになります。日本語表示が少しわかりにくい表現になっていますが、慣れれば何とかなります。

[接続を許可]というのは、クライアントからの接続要求があって接続したという意味になります。[接続を受け入れる]というのは、サーバとして接続待ち状態（リスン状態という）にするという意味です。さらに[受信可能なバイト数]は、すでにバッファに入っている受信データ数のことです。

これらのブロックを使って作成した例題のサーバ側のブロックが図5-10-4となります。

起動時にサーバリスン状態とし、時計は停止とします。その後クライアントの接続ができたら時計を有効化します。これで0.5秒ごとに受信データ数が0より大きいかで受信の有無をチェックします。受信があったら、受信データを取得してラベル(receive)に表示します。

送信ボタンがクリックされたら、まず、接続中かをチェックし、接続中であればテキストボックス(sendtext)に入力されているテキストをそのまま送信します。接続されていない場合は、エラー表示をし、再度リスン状態とします。

●図5-10-3　Bluetoothサーバのブロック

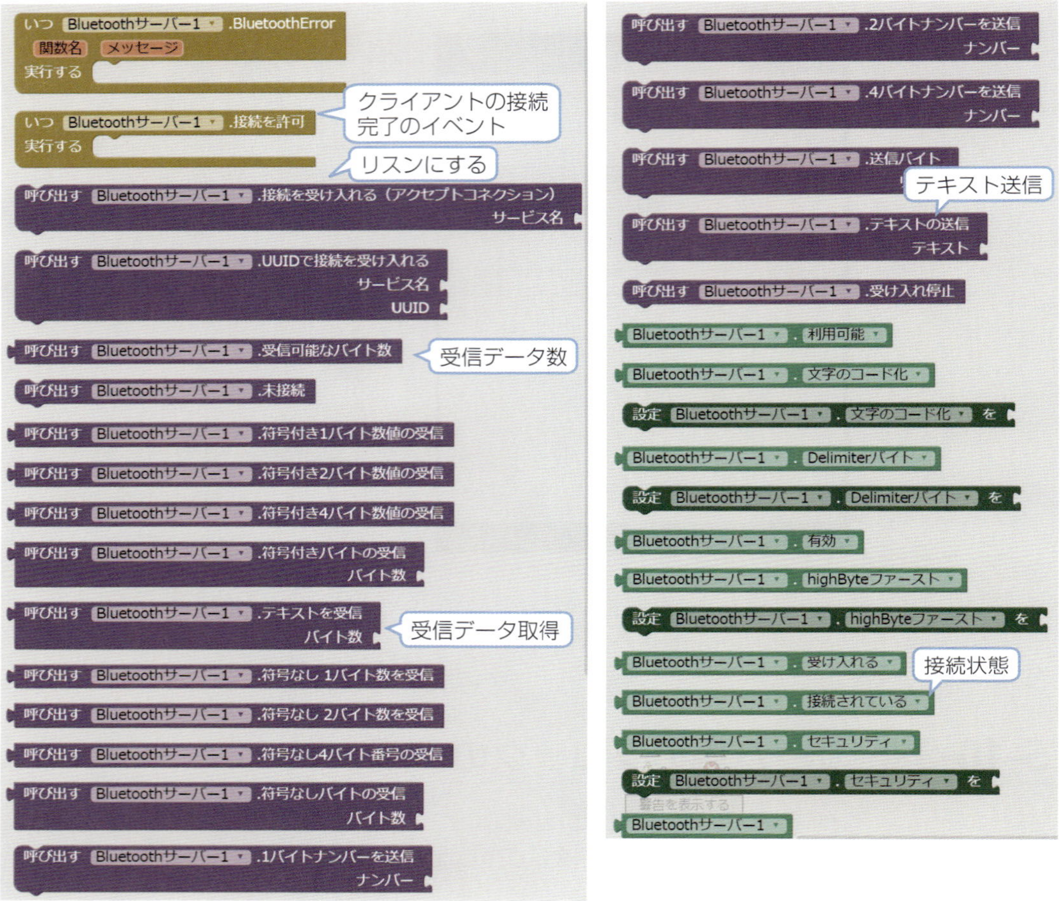

いつ Bluetoothサーバー1 .BluetoothError
関数名 メッセージ
実行する

いつ Bluetoothサーバー1 .接続を許可
実行する

クライアントの接続完了のイベント

リスンにする

呼び出す Bluetoothサーバー1 .接続を受け入れる（アクセプトコネクション）
サービス名

呼び出す Bluetoothサーバー1 .UUIDで接続を受け入れる
サービス名
UUID

呼び出す Bluetoothサーバー1 .受信可能なバイト数

受信データ数

呼び出す Bluetoothサーバー1 .未接続

呼び出す Bluetoothサーバー1 .符号付き1バイト数値の受信

呼び出す Bluetoothサーバー1 .符号付き2バイト数値の受信

呼び出す Bluetoothサーバー1 .符号付き4バイト数値の受信

呼び出す Bluetoothサーバー1 .符号付きバイトの受信
バイト数

呼び出す Bluetoothサーバー1 .テキストを受信
バイト数

受信データ取得

呼び出す Bluetoothサーバー1 .符号なし 1バイト数を受信

呼び出す Bluetoothサーバー1 .符号なし 2バイト数を受信

呼び出す Bluetoothサーバー1 .符号なし4バイト番号の受信

呼び出す Bluetoothサーバー1 .符号なしバイトの受信
バイト数

呼び出す Bluetoothサーバー1 .1バイトナンバーを送信
ナンバー

呼び出す Bluetoothサーバー1 .2バイトナンバーを送信
ナンバー

呼び出す Bluetoothサーバー1 .4バイトナンバーを送信
ナンバー

呼び出す Bluetoothサーバー1 .送信バイト

テキスト送信

呼び出す Bluetoothサーバー1 .テキストの送信
テキスト

呼び出す Bluetoothサーバー1 .受け入れ停止

Bluetoothサーバー1 . 利用可能

Bluetoothサーバー1 . 文字のコード化

設定 Bluetoothサーバー1 . 文字のコード化 を

Bluetoothサーバー1 . Delimiterバイト

設定 Bluetoothサーバー1 . Delimiterバイト を

Bluetoothサーバー1 . 有効

Bluetoothサーバー1 . highByteファースト

設定 Bluetoothサーバー1 . highByteファースト を

Bluetoothサーバー1 . 受け入れる

接続状態

Bluetoothサーバー1 . 接続されている

Bluetoothサーバー1 . セキュリティ

設定 Bluetoothサーバー1 . セキュリティ を

Bluetoothサーバー1

●図5-10-4　例題のサーバ側ブロック図

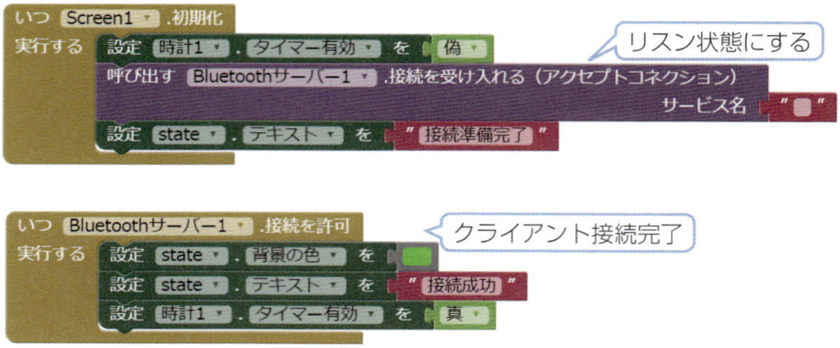

いつ Screen1 .初期化
実行する 設定 時計1 . タイマー有効 を 偽
呼び出す Bluetoothサーバー1 .接続を受け入れる（アクセプトコネクション）
サービス名 " "
設定 state . テキスト を " 接続準備完了 "

リスン状態にする

いつ Bluetoothサーバー1 .接続を許可
実行する 設定 state . 背景の色 を
設定 state . テキスト を " 接続成功 "
設定 時計1 . タイマー有効 を 真

クライアント接続完了

5-10-4 クライアント側のデザイン（プロジェクト名 BT_Client）

クライアント側の画面デザインは図5-10-5のようにしました。

●図5-10-5 クライアント側のデザイン

(a) 画面構成

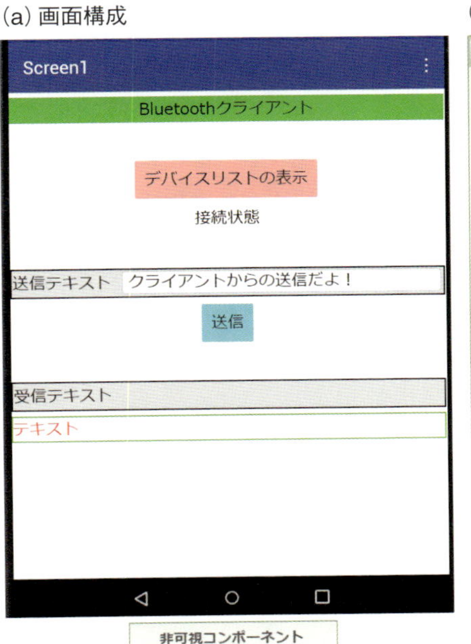

(b) リストピッカーの設定

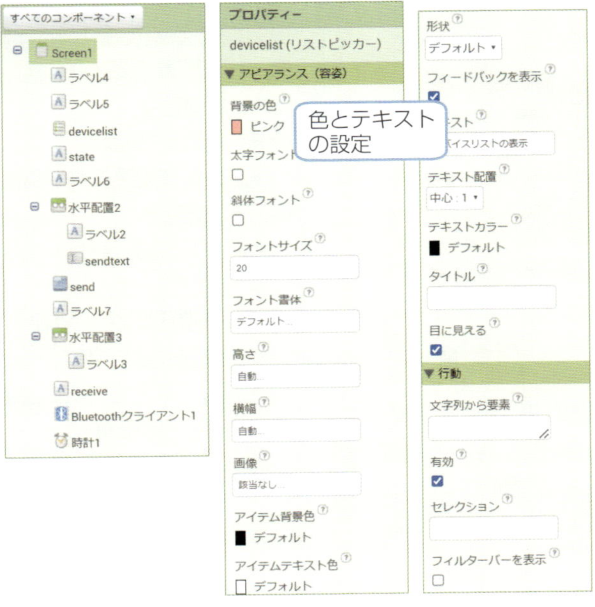

こちらは接続相手を探すため［リストピッカー］を使います。リストピッカーの設定は図のように文字サイズ、背景色、テキストの設定だけです。残りはラベル、ボタン、テキストだけですから簡単です。ブロックで使うコンポーネントには名前を付加しています。

5-10-5　クライアント側のブロック作成

クライアントのブロックでは、リストピッカーとBluetoothクライアントが新しいコンポーネントになります。リストピッカーで用意されているブロックが図5-10-6となります。非常にたくさんのブロックが用意されていますが、多くは見た目の設定変更をするもので、通常はデザインのほうで設定しているのであまり使うことはありません。

ピッキング前というイベントが少しわかりにくいですが、リストピッカーを開いたときという意味です。このイベントのときにリストに要素を追加することでリストが作成されます。

ピッキング後のイベントは要素の1つを選択したときのイベントで、そのとき［セレクション］で選択したものが取得できます。

●**図 5-10-6　リストピッカーのブロック**

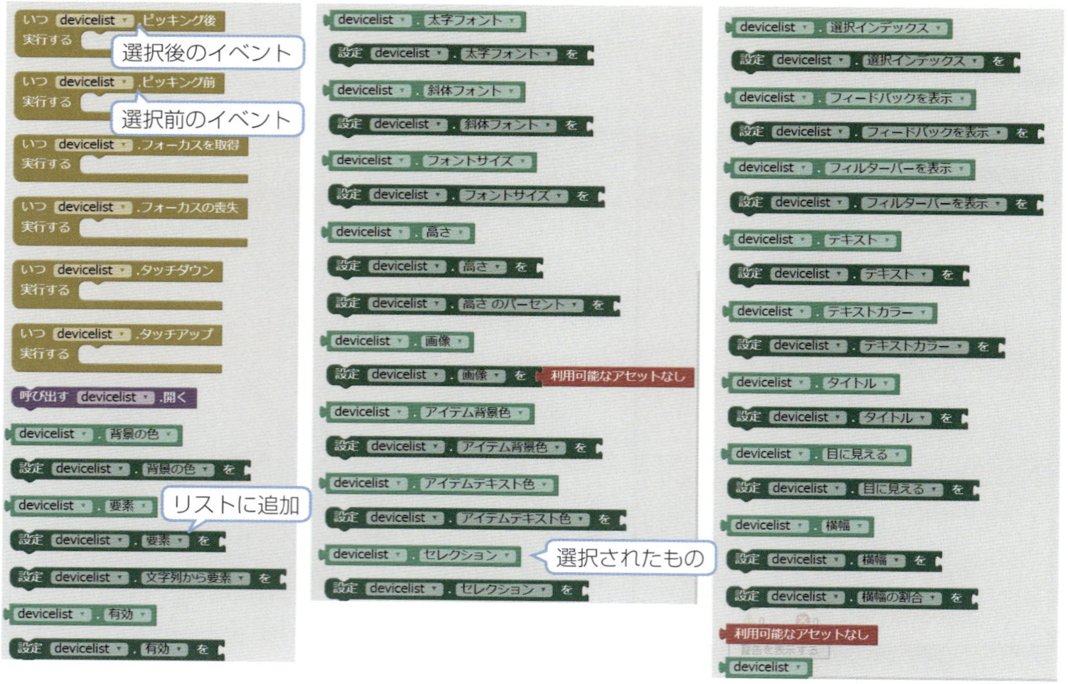

次にBluetoothクライアントで用意されているブロックが図5-10-7となります。サーバ側と類似のブロックとなっていますが、[接続]というブロックが指定した住所(アドレス)のサーバと接続することになります。

●図5-10-7　Bluetoothクライアントのブロック

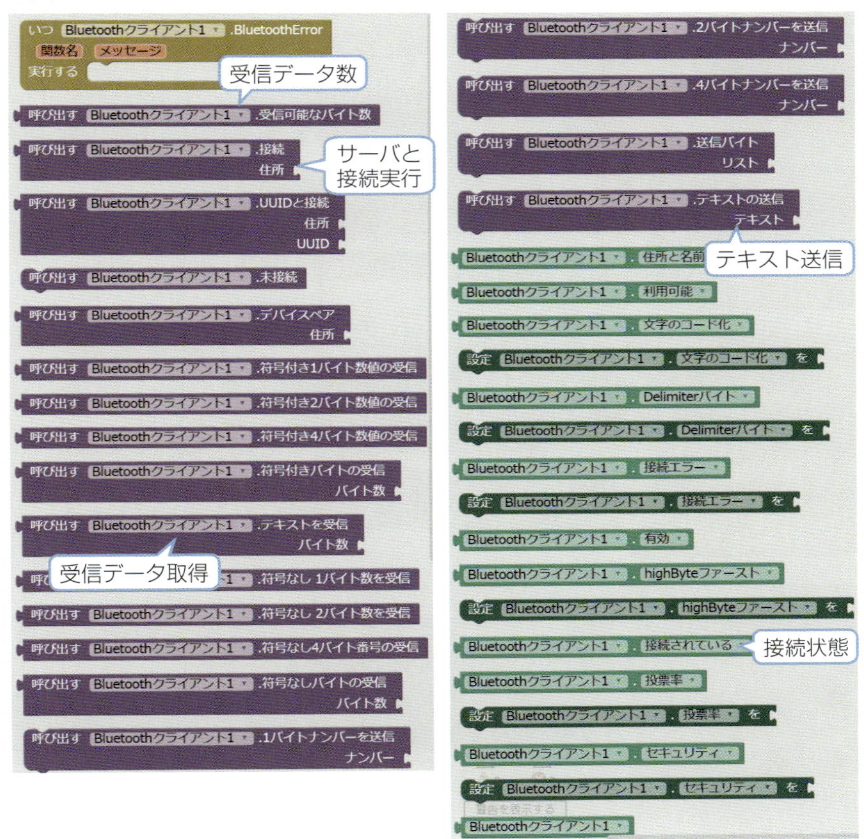

以上のブロックを使って作成した例題のクライアントのブロックが図5-10-8となります。

最初にリストピッカーがクリックされた[ピッキング前]というイベントで、Bluetoothで発見されたデバイスをリストアップします。このリストはスマホ/タブレットの別画面で表示されます。このリストから指定サーバを選択したという[ピッキング後]というイベントで、セレクションで指定したサーバと接続を実行します。接続成功と失敗で状態を表示しています。成功した場合は時計を開始します。

これで0.5秒間隔で受信をチェックし、サーバからのデータが受信できたら、受信データを取得してラベル(receive)に表示します。

送信ボタンがクリックされたら、接続中であればテキストボックス(sendtext)のテキストを送信します。接続異常であればエラー表示をします。

●図5-10-8　例題のクライアント側のブロック

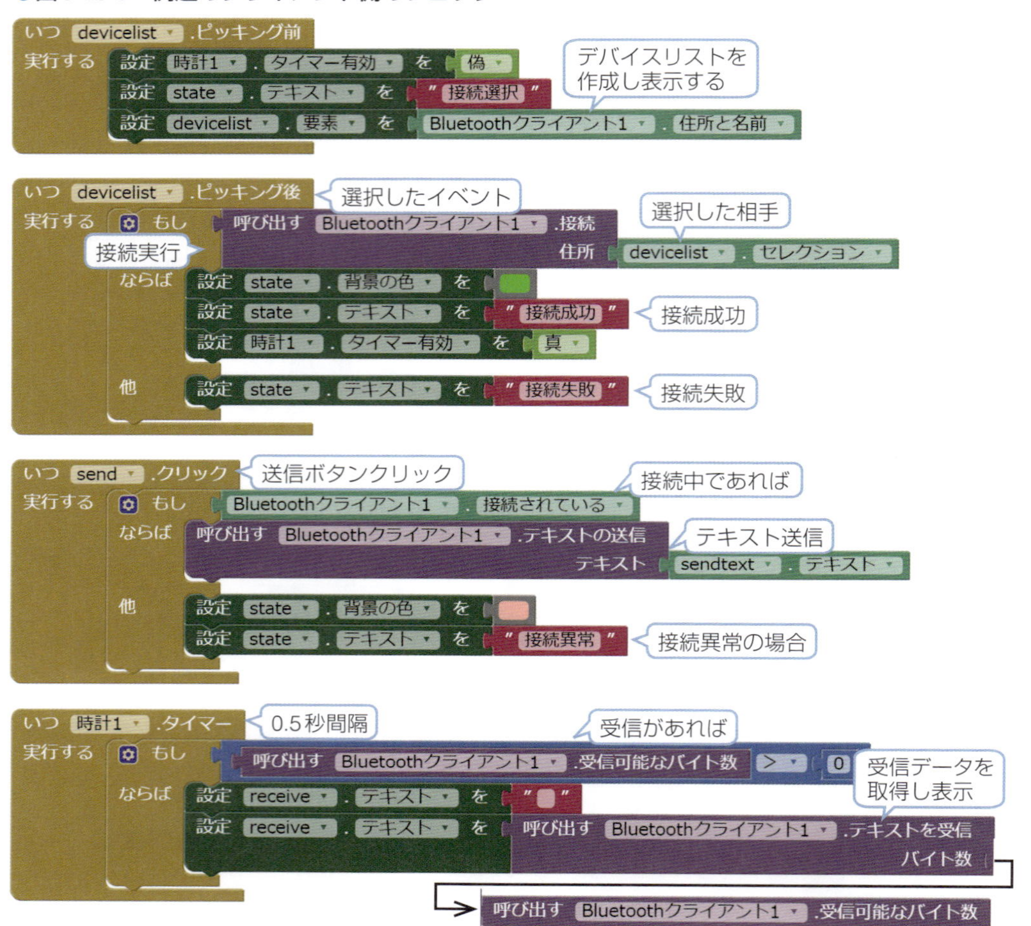

以上でサーバとクライアントの作成が完了です。

動作確認をします。前もってスマホ/タブレットの設定で互いにペアリングするのを忘れないようにします。

先にサーバを起動します。これで接続準備となります。このあとクライアント側を起動して、リストピッカーをタップすれば別画面でリストが表示されますから、ここで相手となるサーバをクリックします。

正常に接続成功となれば、互いに送受信できる状態ですから、いずれかの送信ボタンをクリックすれば、相手方の受信ラベルに送信したテキストが表示されます。

この例題はエラー処理を省略していますので、異なる手順では接続エラーとなります。

実際に動作させた結果が図5-10-9となります。

●図5-10-9　例題の動作結果例

(a) サーバー側

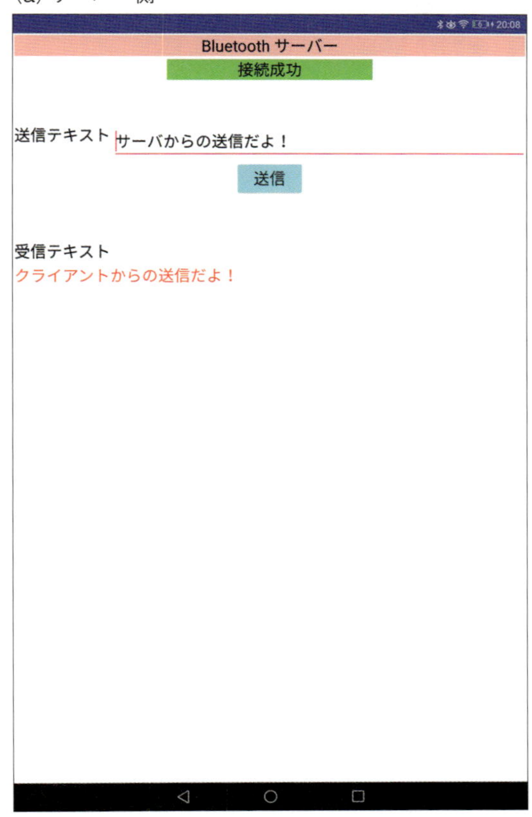

(b) クライアント側

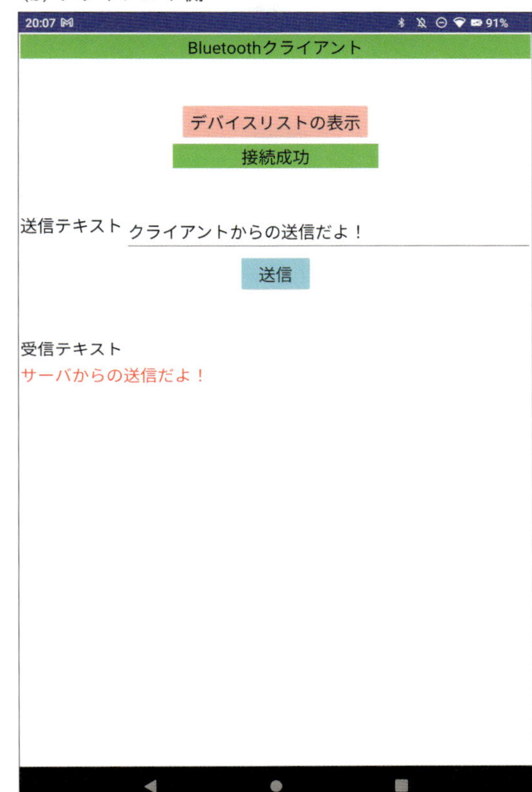

5-11 接続性　Bluetooth Classic

MIT App Inventor2には、接続性（通信）としてBluetooth Classicが用意されています。また、拡張としてBLE（Bluetooth Low Energy）も用意されています。

本節ではBluetooth Classicの使い方を解説します。Classicでの通信は、SPP（Serial Port Profile）という最も簡単なプロファイル*を使います。これを使うと単純なシリアル通信として扱うことができ、パソコンではCOMポートとみなせます。

ここでは例題として、スマホ/タブレットとRaspberry Pi Pico WをBluetoothで接続して通信し、LEDの制御や、センサの情報を読み出すアプリを作成してみます。

*Bluetoothデバイスの機能や特性を表す

5-11-1 例題の全体構成と機能

本章で作成する例題アプリのシステム全体構成は図5-11-1とします。

Basic Boardを使うことにします。Basic Boardをサーバとし、スマホ/タブレットをクライアントとして、Bluetooth通信で接続してスマホ/タブレットから制御してみます。

Bluetooth Classicは本書執筆時点ではMicroPythonではサポートされていないため、PicoのプログラムはArduinoのスケッチでプログラミングします。

●図5-11-1　例題のシステム全体構成

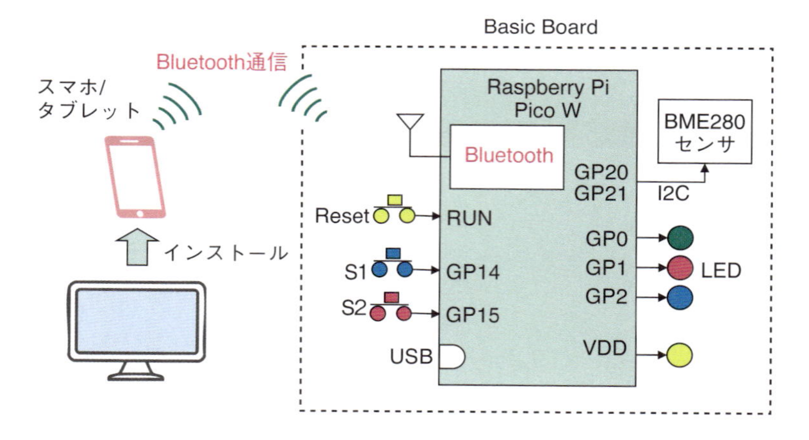

この構成で次のような機能を実装することにします。

①スマホ/タブレットでBasic BoardのBluetoothとペアリングを実行して接続準備をする

②接続できたらスマホ/タブレット側から1文字の数字のコマンドをBluetoothで送信する

③Raspberry Pi Pico W側では、受信したコマンドに応じた機能を実行し応答を返す
④応答の内容に基づいてスマホ/タブレット側で表示を更新する

コマンドは次のようにしました。

1：計測要求とし、PicoでBME280の計測値を読み出し、応答として返す
　応答には3個のLEDの状態も0か1で含む
　応答を受信したスマホ/タブレット側では計測値は数値で表示し、LEDはボタンの色で表示する
2：赤LEDのオン制御　これを受信したPicoは赤のLEDを点灯する
3：赤LEDのオフ制御　これを受信したPicoは赤のLEDを消灯する
4：緑LEDのオン制御　これを受信したPicoは緑のLEDを点灯する
5：緑LEDのオフ制御　これを受信したPicoは緑のLEDを消灯する
6：青LEDのオン制御　これを受信したPicoは青のLEDを点灯する
7：青LEDのオフ制御　これを受信したPicoは青のLEDを消灯する

Picoからの応答データのフォーマットは、図5-11-2のようにしました。すべて文字として扱います。データの区切りはカンマとします。

●図5-11-2　Picoからの応答フォーマット

tt.t, hh.h, pppp, R, G, B
温度 湿度 気圧 赤 緑 青

すべて文字として扱う
R, G, Bはそれぞれ下記とする
　0：消灯　　1：点灯

5-11-2　Pico側のプログラム作成

Raspberry Pi Pico WのプログラムをArduinoで作成します。

作成したスケッチがリスト5-11-1となります。ArduinoでBluetooth Classicは、「SerialBTライブラリ*」で簡単に扱えるので短いプログラムで完成します。BME280センサについてもライブラリ*があるのでこちらも簡単に扱えます。

* 最新のArduino IDEには標準で組み込まれている
* BME280用のライブラリは、「Adafruit BME280 Library」を追加インストールして使う

リスト 5-11-1　例題のArduinoのプログラム（Bluetooth_BME280_PICO.ino）

```
1   /**************************************************
2    * Raspberry Pi Pico W の Arduino で
3    * BME280の3種のデータをBluetoothで送信
4    * 3色のLEDを制御 Basicブレッドボードを使用
5    ***********************************************/
6   #include <Wire.h>
7   #include <SparkFunBME280.h>
8   #include <SerialBT.h>
9   // インスタンス生成
10  BME280 sensor;
11  // グローバル変数定義
```

Bluetoothのインクルード（8行目）

```
12  float temp, humi, pres;
13  char  data[32], rcv, state;
14  /***** 設定関数 ***********/
15  void setup(){
16    pinMode(1, OUTPUT);                            // LEDの設定
17    pinMode(0, OUTPUT);
18    pinMode(2, OUTPUT);
19    Wire.setSDA(20);                               // SDA
20    Wire.setSCL(21);                               // SCL
21    Wire.begin();                                  // I2Cの設定
22    sensor.settings.I2CAddress = 0x76;             // BMEのI2Cアドレス指定
23    sensor.beginI2C();                             // BMEの初期化
24    Serial.begin(115200);                          // モニタ用
25    SerialBT.begin();                              // Bluetooth用
26  }
27  /***** メインループ ******************/
28  void loop(){
29    int i;
30    // Bluetooth受信データ処理　コマンドで分離
31    while(SerialBT){
32      while(SerialBT.available()){                 // 受信レディーチェック
33        rcv = SerialBT.read();                     // 1文字受信
34        Serial.println(rcv);                       // モニタへ出力
35        // 計測要求の場合
36        if(rcv == '1'){                            // 1の場合
37          // センサからデータ読み出し
38          temp = sensor.readTempC();               // 温度
39          humi = sensor.readFloatHumidity();       // 湿度
40          pres = sensor.readFloatPressure()/100;   // 気圧
41          //*** データ編集しBluetoothで送信
42          dtostrf(temp, 4, 1, data);               // 文字列に変換
43          data[4] = ',';
44          dtostrf(humi, 4, 1, data + 5);           // 文字列に変換
45          data[9]=',';
46          dtostrf(pres, 4, 0, data+10);            // 文字列に変換
47          data[14]=',';
48          data[15] = (digitalRead(1) == 1) ? '1' : '0';
49          data[16] = ',';
50          data[17] = (digitalRead(0) == 1) ? '1' : '0';
51          data[18] = ',';
52          data[19] = (digitalRead(2) == 1) ? '1' : '0';
53          data[20] = 0;
54          Serial.println(data);                    // モニタへ出力
55          SerialBT.write(data, strlen(data));      // Bluetooth送信
56        }
57        // LED制御の場合
58        else if(rcv == '2'){digitalWrite(1, HIGH); }
59        else if(rcv == '3'){digitalWrite(1, LOW);  }
60        else if(rcv == '4'){digitalWrite(0, HIGH); }
61        else if(rcv == '5'){digitalWrite(0, LOW);  }
62        else if(rcv == '6'){digitalWrite(2, HIGH); }
63        else if(rcv == '7'){digitalWrite(2, LOW);  }
64
65      }
66    }
67  }
```

Bluetoothの初期化 (25)

Bluetoothの受信 (33)

Bluetoothの送信 (55)

実際に通信を開始するにはスマホ/タブレット側でペアリングを実行する必要がある

Arduino IDEでPicoのBluetoothを使う場合には、Picoの無線モジュールのBluetoothを有効にする必要があります。有効にするにはIDEのメインメニューから［Tools］→［IP/Bluetooth Stack "IPv4 Only"］→［IPv4 + Bluetooth］を選択します。これでWi-FiとBluetooth Classic*の両方が使えるようになります。

5-11-3　例題のデザインの作成（プロジェクト名 BME280_Bluetooth）

スマホ/タブレット側のプログラムは、MIT App Inventor2で構成します。まず画面のデザインは図5-11-4のようにしました。

［リストピッカー］は、もともとは要素として用意された選択肢をリスト形式で表示するコンポーネントですが、ここではBluetoothの接続相手をリストとして自動的に別画面で表示しますので、特に選択肢の設定はなく、図のように横幅を20%としているだけです。

Bluetoothの設定も特に設定する内容はなく、デフォルトのままで問題ありません。

あとは、これまでの例題と同じようにラベルとボタンで構成し、水平配置でまとめています。ブロック作成時に対象となるコンポーネントには名前を付けています。

ここで水平配置では、見た目が揃うように、図5-11-5のようなレイアウトとしています。温湿度、気圧の表示部では、水平配置のコンポーネントの横幅を40%とし、図のように各ラベルの横幅をパーセントで指定しています。これで文字を20ポイントとすれば、3つの表示の縦位置が揃います。

●図5-11-4　例題の画面構成

(a) 画面全体構成

●図 5-11-4　例題の画面構成（つづき）

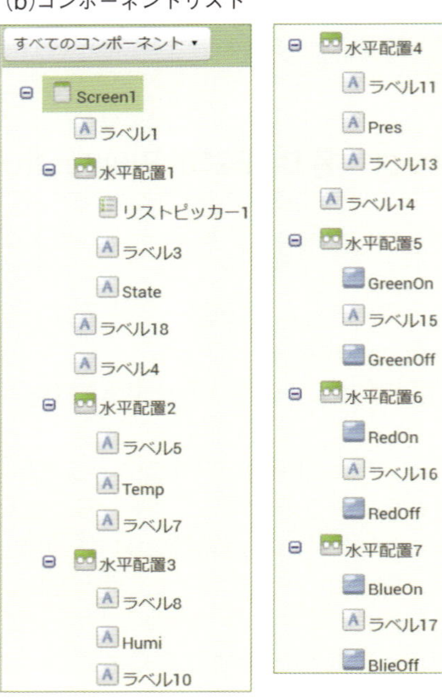

(c)リストピッカーの設定

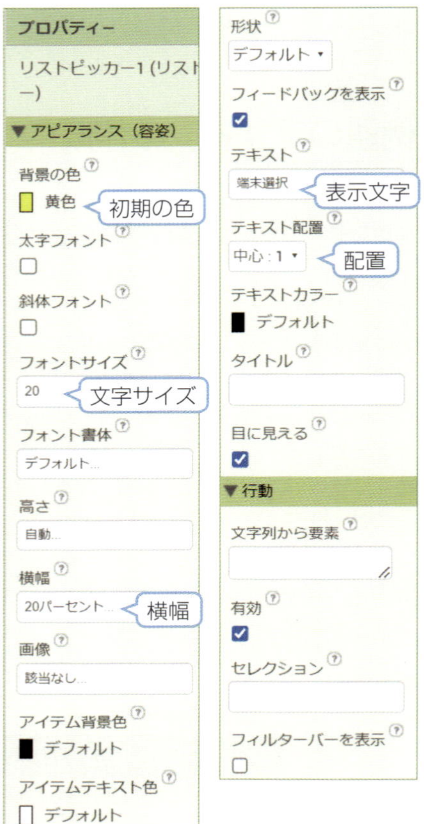

(d)Bluetoothの設定

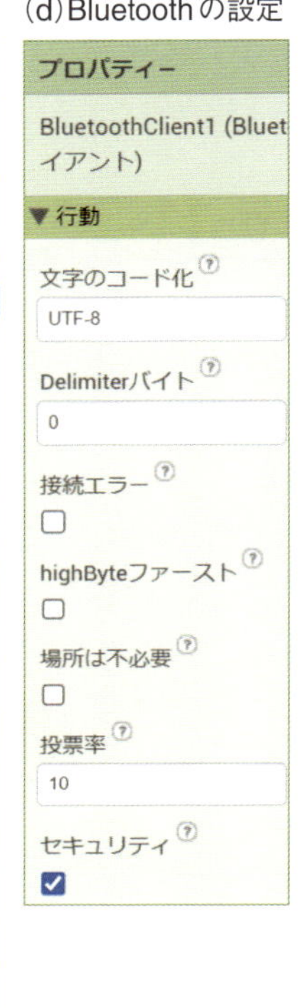

LED制御の水平配置では、横幅は他と同じ40%とし、ボタンの高さと横幅は自動としています。これで文字を20ポイントとすれば自動的に配置されます。

どちらも水平配置の右側にスペースができますが、実際の表示では見えないので問題ありません。

●図 5-11-5　水平配置のレイアウト設定

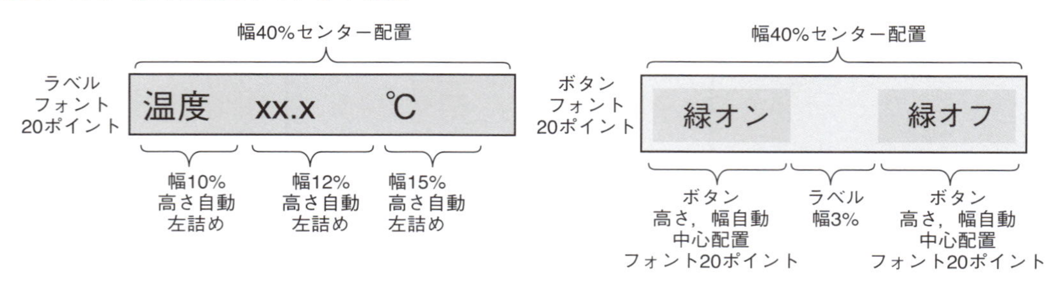

5-11-4　例題のブロックの作成

デザインができたら次はブロックを作成してプログラミングをします。本節の例題でも前節と同じように、Bluetoothのデバイスリストをリストピッカーで表示し、選択したデバイスとの接続を実行します。前節と同様にBluetoothのブロックで接続結果を接続状態として取得できますから、これで接続成功か失敗かを判定します。

本例題では送受信データは文字列としていますから、送受信ともテキストとして扱います。デバイスの区別は［住所と名前］を使います。ここの住所とはデバイスアドレスのことです。英語版のaddressをそのまま直訳して住所となっています。

作成した例題のブロックが図5-11-6と図5-11-7となります。図5-11-6では、次のような処理を実行しています。

1 Bluetoothデバイスとの接続処理

①アプリ起動時にクロックを停止して定期イベントを停止する
②リストピッカーのボタンが押されたら、Bluetoothの周辺のデバイスをリストとして表示する。この場合自動的に別画面に切り替えて*リスト表示する
③リストからデバイスが選択されたら選択したデバイスとBluetoothの接続を実行し、接続成功か失敗でStateのラベルの文字と色を変更する。成功した場合はクロックを開始する

* 画面の切り替えは自動的に実行される

2 LED制御のボタンクリック時の処理

①ボタンクリックのイベントで数字1文字をBluetoothで送信する
すべてのボタンで同じ処理を行う

●図5-11-6　例題のブロック　その1

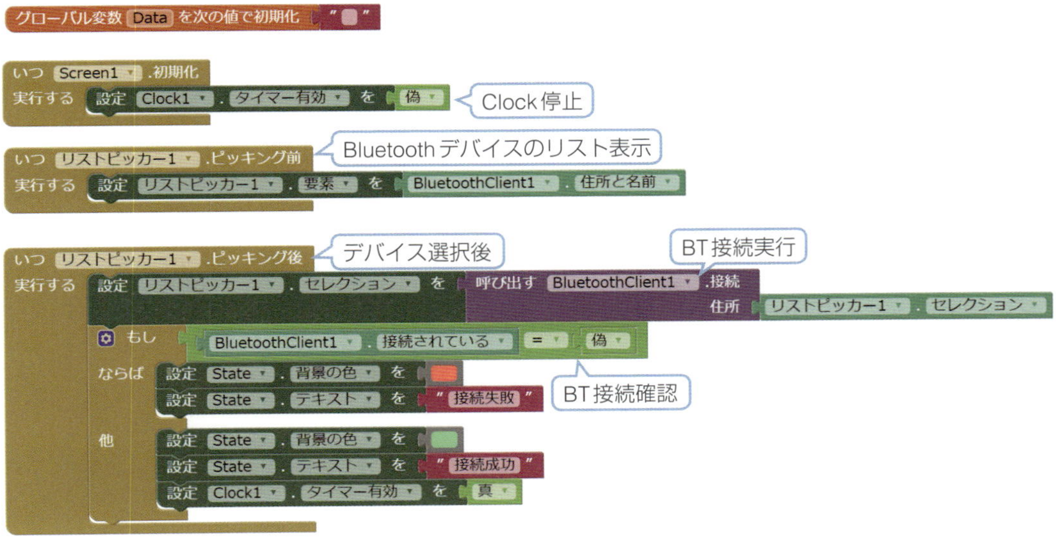

グローバル変数 Data を次の値で初期化 " "

いつ Screen1 .初期化
実行する 設定 Clock1 . タイマー有効 を 偽
Clock停止

いつ リストピッカー1 .ピッキング前
実行する 設定 リストピッカー1 . 要素 を BluetoothClient1 . 住所と名前
Bluetoothデバイスのリスト表示

いつ リストピッカー1 .ピッキング後
実行する 設定 リストピッカー1 . セレクション を 呼び出す BluetoothClient1 .接続 住所 リストピッカー1 . セレクション
もし BluetoothClient1 . 接続されている = 偽
ならば 設定 State . 背景の色 を
設定 State . テキスト を " 接続失敗 "
他 設定 State . 背景の色 を
設定 State . テキスト を " 接続成功 "
設定 Clock1 . タイマー有効 を 真
デバイス選択後
BT接続実行
BT接続確認

●図5-11-6　例題のブロック　その1（つづき）

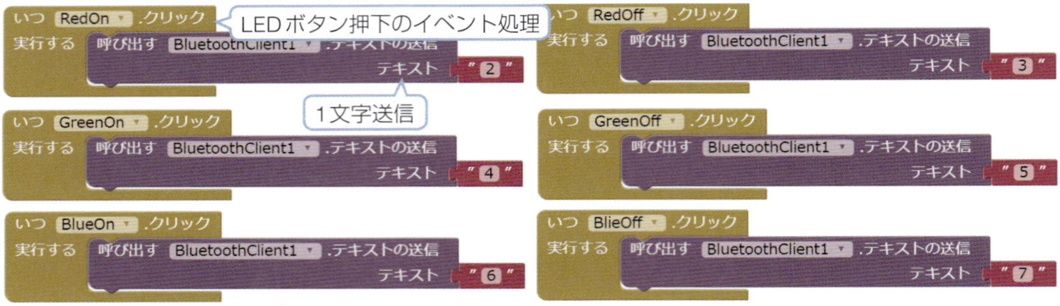

いつ RedOn .クリック
実行する 呼び出す BluetoothClient1 .テキストの送信
テキスト "2"
LEDボタン押下のイベント処理
1文字送信
いつ RedOff .クリック
実行する 呼び出す BluetoothClient1 .テキストの送信
テキスト "3"
いつ GreenOn .クリック
実行する 呼び出す BluetoothClient1 .テキストの送信
テキスト "4"
いつ GreenOff .クリック
実行する 呼び出す BluetoothClient1 .テキストの送信
テキスト "5"
いつ BlueOn .クリック
実行する 呼び出す BluetoothClient1 .テキストの送信
テキスト "6"
いつ BlieOff .クリック
実行する 呼び出す BluetoothClient1 .テキストの送信
テキスト "7"

●図5-11-7　例題のブロック　その2

いつ Clock1 .タイマー
インターバルイベント
実行する もし BluetoothClient1 . 接続されている
接続確認
ならば 呼び出す BluetoothClient1 .テキストの送信
テキスト "1"
計測要求送信
もし 呼び出す BluetoothClient1 .受信可能なバイト数 > 0
折り返しの受信確認
ならば 設定 グローバル Data を 呼び出す BluetoothClient1 .テキストを受信
バイト数
呼び出す BluetoothClient1 .受信可能なバイト数
受信データ取り出し Dataに格納
設定 State . テキスト を "データ受信"
設定 State . 背景の色 を
設定 debug . テキスト を 取得 グローバル Data
設定 グローバル Data を 分割する テキスト 取得 グローバル Data
区切り文字 ","
カンマで分離してリストに変換
設定 Temp . テキスト を リスト内の順番の要素を取得 リスト 取得 グローバル Data
順番 1
設定 Humi . テキスト を リスト内の順番の要素を取得 リスト 取得 グローバル Data
順番 2
設定 Pres . テキスト を リスト内の順番の要素を取得 リスト 取得 グローバル Data
順番 3
リストから順番にデータを取り出し編集してラベルに表示
もし リスト内の順番の要素を取得 リスト 取得 グローバル Data = "1"
順番 4
ならば 設定 RedOn . 背景の色 を
他 設定 RedOn . 背景の色 を
LEDの状態でボタンの色を変更
もし リスト内の順番の要素を取得 リスト 取得 グローバル Data = "1"
順番 5
ならば 設定 GreenOn . 背景の色 を
他 設定 GreenOn . 背景の色 を
もし リスト内の順番の要素を取得 リスト 取得 グローバル Data = "1"
順番 6
ならば 設定 BlueOn . 背景の色 を
他 設定 BlueOn . 背景の色 を

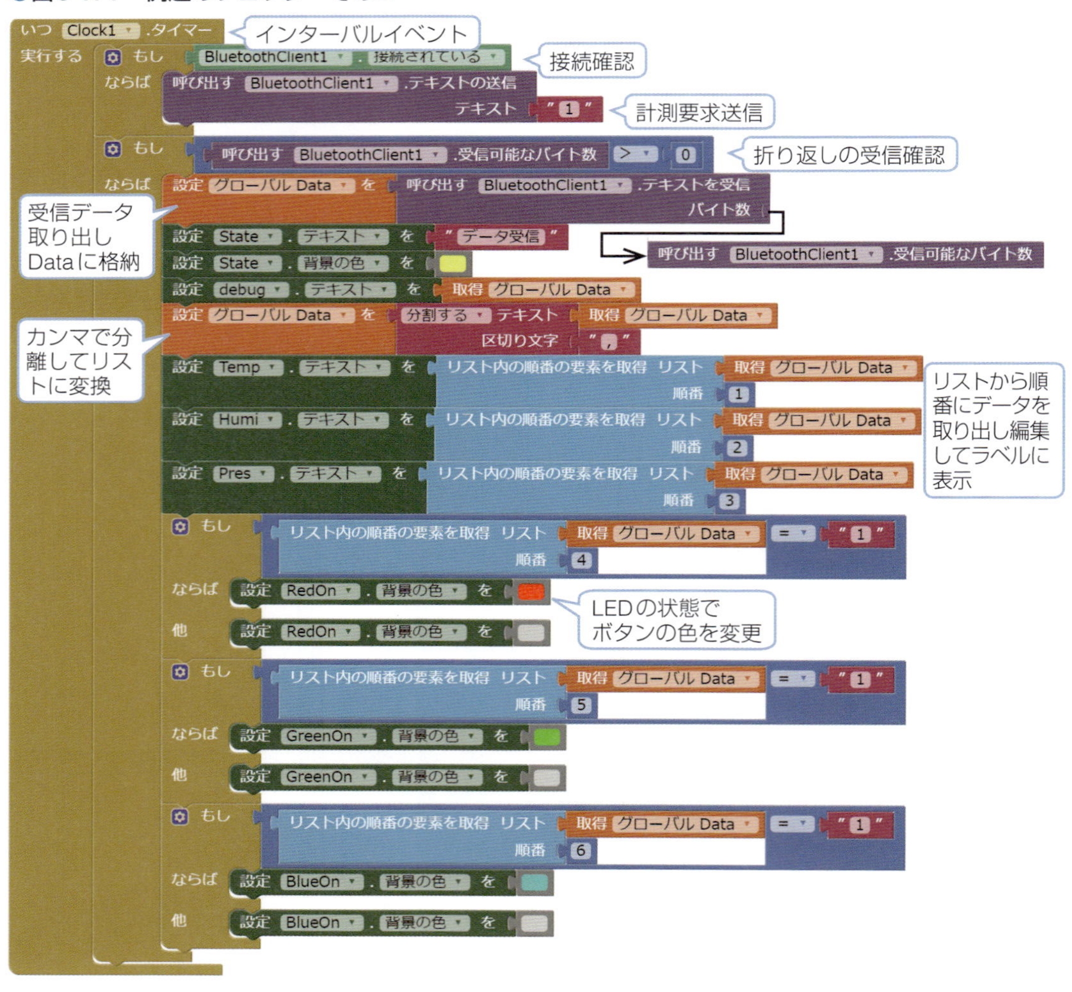

図5-11-7がクロックのイベント処理となります。

ここでは時計コンポーネントで指定した1秒周期のインターバルイベントで次の処理が繰り返されます。

①Bluetoothが接続中であれば、受信を待ち、受信があればデータを取り出す
このとき［受信可能なバイト数］というブロックを使うことで受信したバイト数だけのデータを取得できます。そして受信したデータを変数Dataに代入し、

②データ受信中であることを表すためStateの色とテキストを変更する
さらにdebugのラベルに受信したテキストを、そのまま表示することでデバッグに使えるようにする

③代入したDataのテキストをカンマ区切りで分離してリスト形式データに変換*する

④リスト化したデータをインデックスで順番に取り出し、計測データは文字列としてTemp、Humi、Presのラベルにそのまま表示*する

⑤LEDの部分のデータは、0か1かでLEDのオン側のボタンの背景色を変更する

*分離することで自動的にリスト形式に変換される

*桁数は送信する側で制限している

以上で例題のブロックは完成です。これをビルドしてダウンロードしインストール*すればアプリとして起動できます。

アプリのアイコンは他と同じようにChatGPT4oで生成*してもらって作成します。

*詳細は4-4節を参照

*詳細は5-3-5項を参照

実際に動作させたときの画面が図5-11-8となります。計測データの表示部が縦に揃っているのがわかります。

LEDは3個ともオンの状態です。この状態は1秒ごとの計測要求のデータで更新されますので、ボタンをクリックしてから少し遅れて色が変わります。

●図5-11-8　実際に動作させたときの画面例

5-12 接続性 BLE

Bluetooth Low Energy (BLE) を使って通信するアプリを作成してみます。MIT App Inventor2には[拡張] としてBLEが追加*できます。本節ではこのBLEの使い方を解説します。BLEの通信はまず通信相手を見つけることから始めます。

標準ではBLEは含まれていないので追加が必要。追加方法は5-1-2項を参照

本章では例題として、スマホ/タブレットとRaspberry Pi Pico WをBLEで接続して通信し、LEDの制御とセンサのデータを読み出して表示するアプリを作成します。

5-12-1 例題の全体構成と機能

本章で作成する例題アプリのシステム全体構成は図5-12-1とします。Raspberry Pi Pico Wを使ったBasic Boardのブレッドボードと、スマホ/タブレットとをBLE通信で接続します。BLE通信はPicoのMicroPythonでサポートされているので、Pico側はMicroPythonでプログラミングします。

●図5-12-1 例題の全体構成

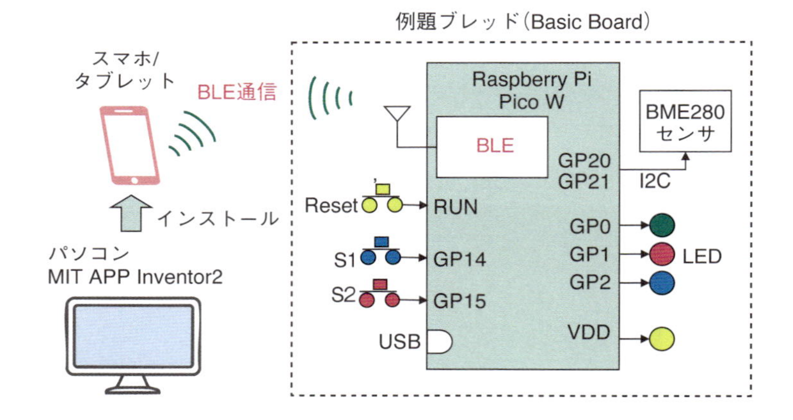

この構成で次のような機能を実装することにします。

①スマホ/タブレット側でBLEスキャンを実行し、Basic Board (mpy-uartという名称とした*)を見つけBLEで接続する

Pico側のプログラムで設定している

②接続できたら、スマホ/タブレット側から数値1文字のコマンドを実行して制御を行う。センサのデータは1秒間隔で要求し、LED制御はボタンをタップしたとき送信する

③Pico側からの応答に基づいてスマホ/タブレット側で表示を更新する

コマンドは次のようにしました。

0：緑LEDのオン制御　これを受信したPicoは緑のLEDを点灯する
1：緑LEDのオフ制御　これを受信したPicoは緑のLEDを消灯する
2：赤LEDのオン制御　これを受信したPicoは赤のLEDを点灯する
3：赤LEDのオフ制御　これを受信したPicoは赤のLEDを消灯する
4：青LEDのオン制御　これを受信したPicoは青のLEDを点灯する
5：青LEDのオフ制御　これを受信したPicoは青のLEDを消灯する
6：計測要求とし、PicoでBME280の計測値を読み出し、応答として返す
応答には3個のLEDの状態も0か1で含む
応答を受信したスマホ/タブレット側では計測値は数値で表示し、LEDはボタンの色で表示する

Picoからの応答データのフォーマットは、図5-12-2のようにしました。すべての数値を文字として扱います。データの区切りはカンマとします。

●図5-12-2　Picoからの応答フォーマット

tt.t, hh.h, pppp, G, R, B
温度 湿度 気圧 緑 赤 青

すべて文字として扱う
R, G, Bはそれぞれ下記とする
0：消灯　1：点灯

5-12-2　Pico側のプログラム作成

本章のPicoのプログラムはMicroPythonで作成します。

詳細は3-13節を参照

本書で使うRaspberry Pi Pico WのUUID*は、Pico側のMicroPythonのプログラムの中で定義しています。これを参照してMIT App Inventor2のブロックで指定することになります。

MicroPythonでBLEを扱う場合には、いくつかのライブラリを追加する必要があります。本章の例題の場合には次の2つのライブラリファイルを使います。

- ble_advertising.py
- ble_simple_peripheral.py

これらは次の本家のサイトから入手できます。

https://github.com/micropython/micropython/tree/master/examples/bluetooth

手順の詳細は3-13節を参照

ファイルを入手したら、これらをPicoにアップロード*しておきます。

このファイルのble_simple_peripheral.pyの最初のほうで、UUIDをリスト5-12-1のように定義しています。このUUIDをMIT App Inventor2のブロックで指定します。

リスト 5-12-1　UUIDの定義部(ble_simple_peripheral.py)

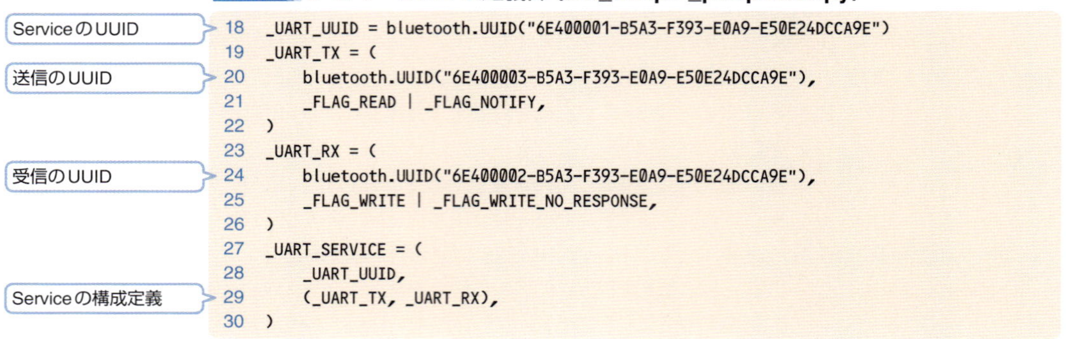


```
18 _UART_UUID = bluetooth.UUID("6E400001-B5A3-F393-E0A9-E50E24DCCA9E")
19 _UART_TX = (
20     bluetooth.UUID("6E400003-B5A3-F393-E0A9-E50E24DCCA9E"),
21     _FLAG_READ | _FLAG_NOTIFY,
22 )
23 _UART_RX = (
24     bluetooth.UUID("6E400002-B5A3-F393-E0A9-E50E24DCCA9E"),
25     _FLAG_WRITE | _FLAG_WRITE_NO_RESPONSE,
26 )
27 _UART_SERVICE = (
28     _UART_UUID,
29     (_UART_TX, _UART_RX),
30 )
```

以上の準備でメインのプログラム(プロジェクト名　BLE_pico_LED_BME280.py)を作成していきます。

初期設定部がリスト5-12-2となります。

最初のインポート部で2つのBLEのライブラリをインポートしています。次にBLE関連の初期化でインスタンス(sp)を生成しています。

あとは周辺として使うGPIOとセンサのインスタンスを生成しています。

リスト 5-12-2　初期化部

BLE関連インポート（12行目）
BLE関連初期化（17行目）
周辺の初期化（21行目）

```
1  #*****************************************************
2  # BLE通信でPicoとMIT App Inventorと通信
3  # 環境情報の表示とLEDの制御
4  # PicoのMicroPythonで制御
5  # ble_advertising.py と ble_simple_peripheral.py
6  # のUploadが必要
7  # mpy-uartというデバイス名になり自動接続される
8  #*****************************************************
9  from machine import Pin, I2C
10 from bme280 import BME280
11 import bluetooth
12 from ble_simple_peripheral import BLESimplePeripheral
13 import time
14 
15 # BLEのオブジェクトの生成
16 ble = bluetooth.BLE()
17 # BLESimplePeripheralをBLEオブジェクトとしてインスタンス生成
18 sp = BLESimplePeripheral(ble)
19 # 各インスタンス生成
20 Green = machine.Pin(0, machine.Pin.OUT)
21 Red = machine.Pin(1, machine.Pin.OUT)
22 Blue = machine.Pin(2, machine.Pin.OUT)
23 i2c = I2C(0, sda=Pin(20), scl=Pin(21), freq=400_000)
24 bme = BME280(i2c=i2c)
```

次がBLEで受信があった場合のサブ関数部とメインループ部で、リスト5-12-3となります。最後のメインループ部はBLEの接続が完了している場合、受信があったら受信のサブ関数を呼び出しているだけです。

受信のサブ関数部では、引数で渡される受信データを取り出し、その中身に応じて処理をします。

0から5のコマンドの場合は、それぞれ、緑、赤、青のLEDのオンオフを制御しています。その後応答を返すため、センサのデータを取得し、桁数を制限しながら編集して応答データの文字列としてまとめます。この最後にLEDの状態も追加しています。

編集が終わったら、応答として送信を実行しています。このようにBLEの送信は1行でできてしまいます。

計測制御のコマンドも含めて、受信があったら必ず同じ応答を返すようにしています。

以上でPico側のプログラムは完成です。ライブラリのお陰でメイン関数は単純な処理だけで済んでしまうので、短いプログラムとなります。

リスト 5-12-3　受信処理のサブ関数とメインループ部

```
26  #**** BLEの受信処理関数 *****
27  def on_rx(data):
28  #   print("Data received: ", data)
29      if data == b'0¥x00':
30          Green.value(1)
31      elif data == b'1¥x00':
32          Green.value(0)
33      if data == b'2¥x00':              ← LEDの制御
34          Red.value(1)
35      elif data == b'3¥x00':
36          Red.value(0)
37      if data == b'4¥x00':
38          Blue.value(1)
39      elif data == b'5¥x00':
40          Blue.value(0)
41      # BME280からデータ取得、補正変換
42      resp = ""
43      tmp = bme.read_compensated_data()[0]/100      ← センサのデータ取得
44      pre = bme.read_compensated_data()[1]/25600
45      hum = bme.read_compensated_data()[2]/1024
46      # 送信データの編集
47      resp += "{:2.1f},".format(tmp) + "{:2.1f},".format(hum)
48      resp += "{:4.0f},".format(pre)
49      resp += '1' if Green.value() else '0'
50      resp += ','                       ← 応答の編集
51      resp += '1' if Red.value() else '0'
52      resp += ','
53      resp += '1' if Blue.value() else '0'
54      sp.send(resp)   #送信実行          ← 応答送信実行
55
56  #***** メインループ ************
57  while True :
58      if sp.is_connected():       # BLE接続が完了していたら
59          sp.on_write(on_rx)      # 受信のCallback関数定義
```

5-12-3 例題のデザイン（プロジェクト名 LED_Cont_Pico_BLE）

次がスマホ/タブレット側のMIT App Inventor2の画面デザインの作成です。本節の例題の画面構成は図5-12-3のようにしました。

新しいコンポーネントとして、［BluetoothLE］と［リストビュー］があります。リストビューは複数の要素をリスト形式で表示させるもので、要素を追加すると自動的に行が増えていくので便利なコンポーネントです。ここではBLEのスキャンで発見したペリフェラルのリストとして使います。デフォルトから設定変更した部分は背景色、選択色、文字色だけです。

BluetoothLEの設定は特に必要ありません。

あとは、これまでの例題と同じようにラベルとボタンで構成し、水平配置でまとめ*ています。ブロック作成時に対象となるコンポーネントには名前を付けています。

*詳細は図5-11-5を参照

●図5-12-3 例題の画面構成

（a）画面構成

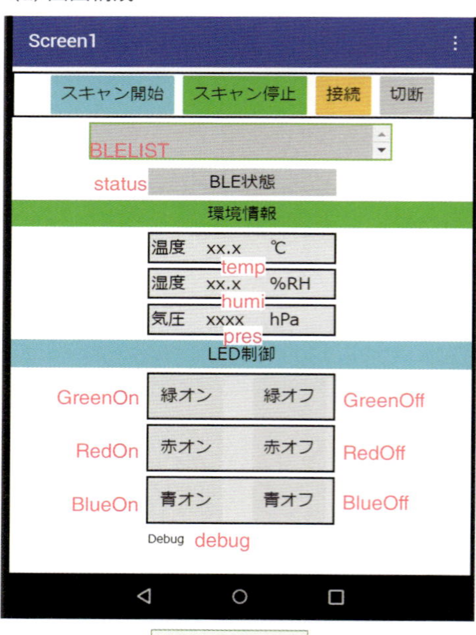

（b）コンポーネントと名称　（c）リストビューコンポーネントの設定

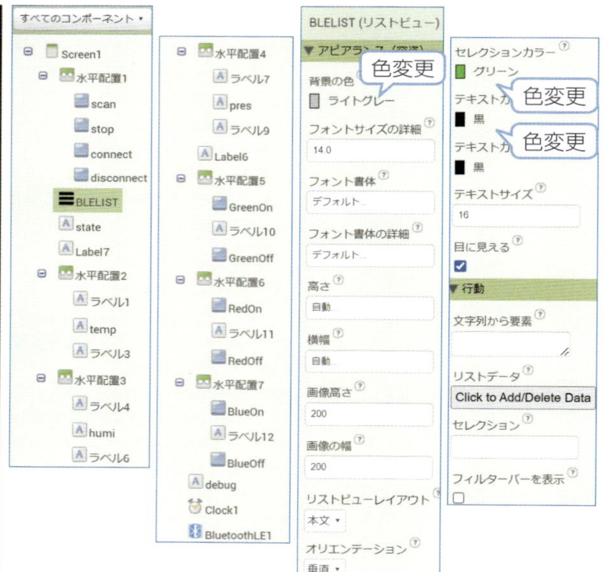

5-12-4　例題のブロックの作成

デザインができたら次はブロックを作成してプログラミングをします。

新たなコンポーネントのBluetoothLEに用意されているブロックが図5-12-4、図5-12-5となります。たくさんのブロックがありますが、送受信するデータの型ごとにブロックが用意されています。本例題では文字列で送受信するのでstringのブロックを使っています。

スキャンの開始と停止、接続完了、切断完了のイベントを使います。データ送受信はUUIDを指定して実行するようにします。

●図5-12-4　BluetoothLEのブロック　その1

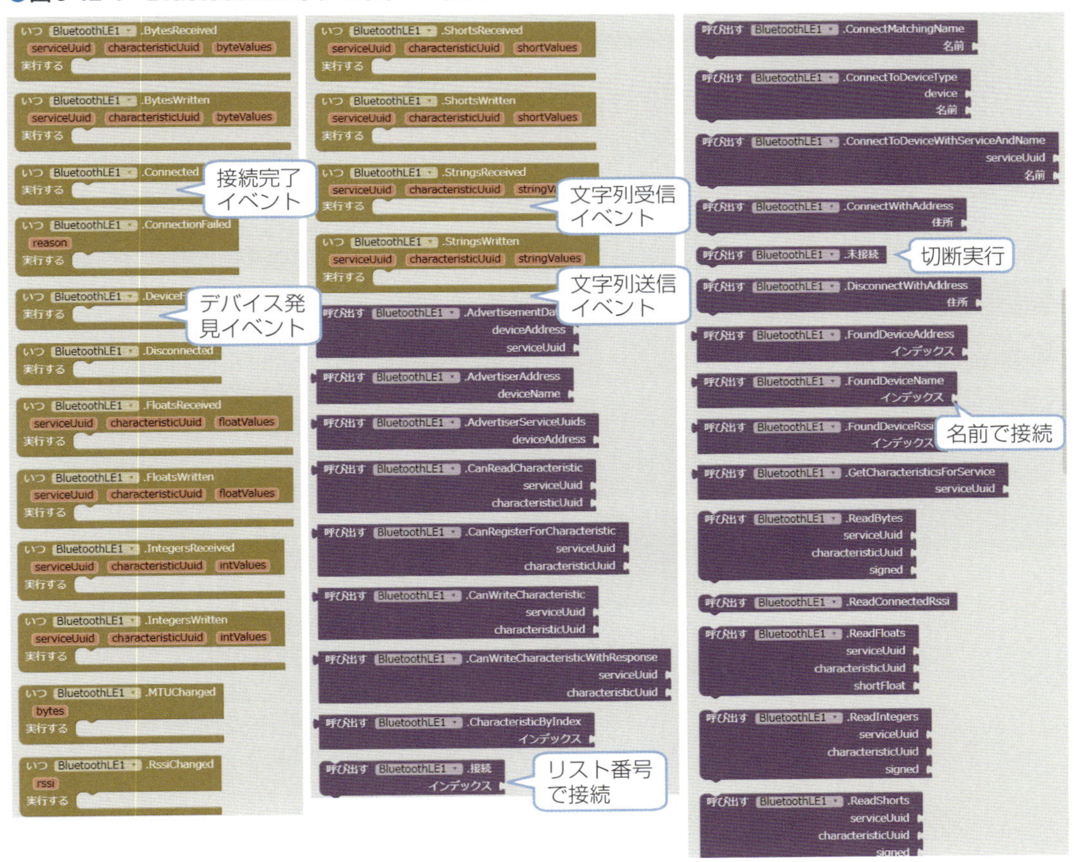

●図5-12-5 BluetoothLEのブロック　その2

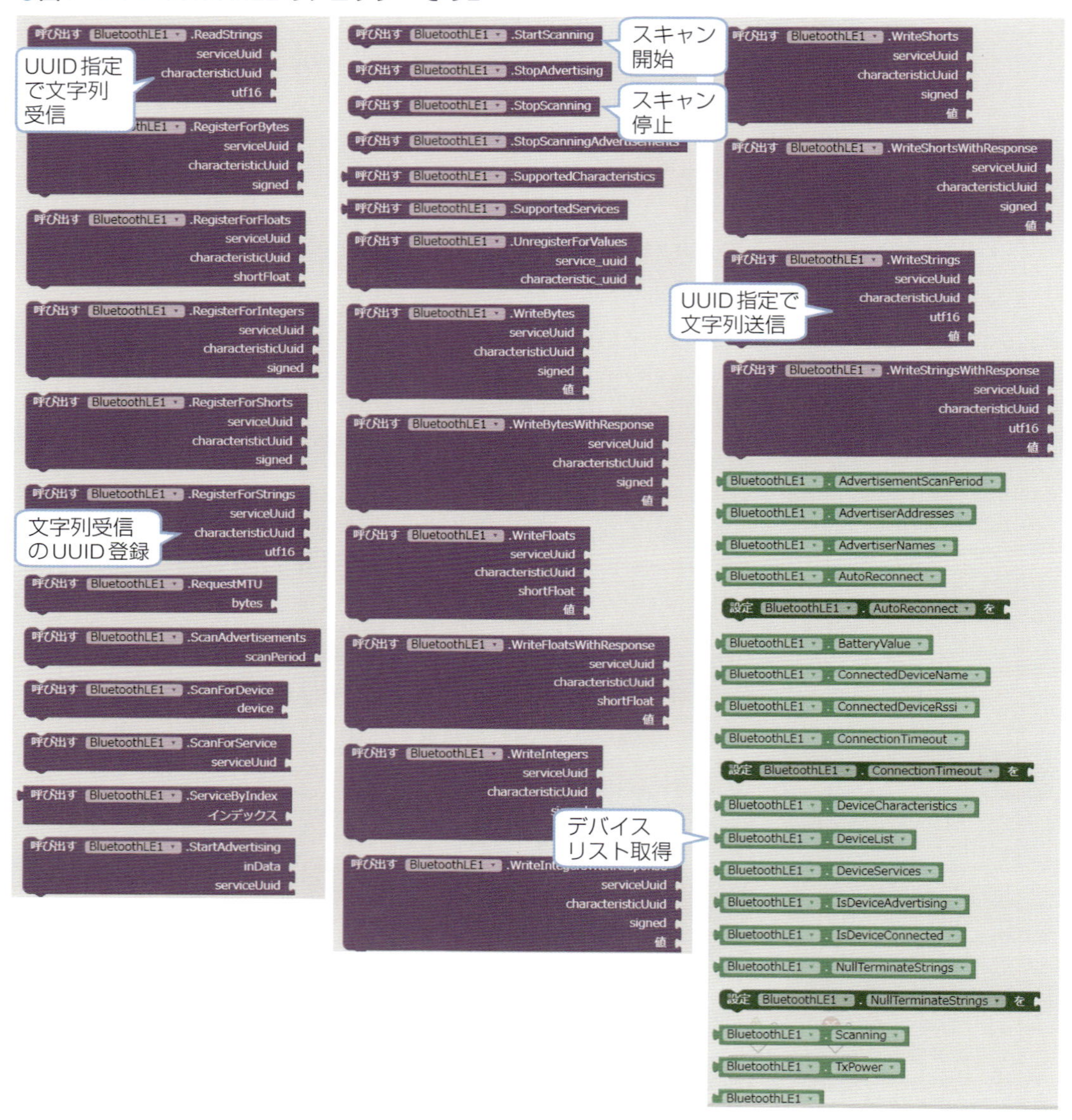

またリストビューのコンポーネントで用意されているブロックが図5-12-6となります。

本来は文字列で要素を作成してリストにするのですが、ここでは、BLEスキャンで発見したペリフェラルを追加しながらリストとします。

その中から1つを選択してBLEの接続相手として渡しますが、その要素の番号を渡すことで指定しています。実際の接続はBLEのほうで要素番号からペリフェラルの名称を取り出して接続することになります。

●図5-12-6　リストビューのブロック

これらのブロックを使って作成した例題のブロックが図5-12-7と図5-12-8となります。図5-12-7では初期化でボタン等の無効化をしてボタンクリックでアプリエラーとならないようにしています。またクロックも停止しています。

その後スキャン開始のボタンクリックでBLEスキャンを開始し、デバイスを発見した都度、リストビューに追加します。次にリストビューで1つ選択したあと、接続ボタンクリックでBLE接続を開始します。

接続に成功したら、まず受信のUUIDを使ってBLE受信を実行します。ここで受信を実行すると、実際に受信があったときに受信イベントが発生して受信処理を開始することになります。またクロックを開始し、ボタンを有効化します。これで

LED制御ボタンが使えるようになります。下側は、LEDの制御ボタンごとのイベント処理で、送信のUUIDを指定して一文字のコマンドを送信しています。

●図5-12-7　例題のブロック　接続と送信部

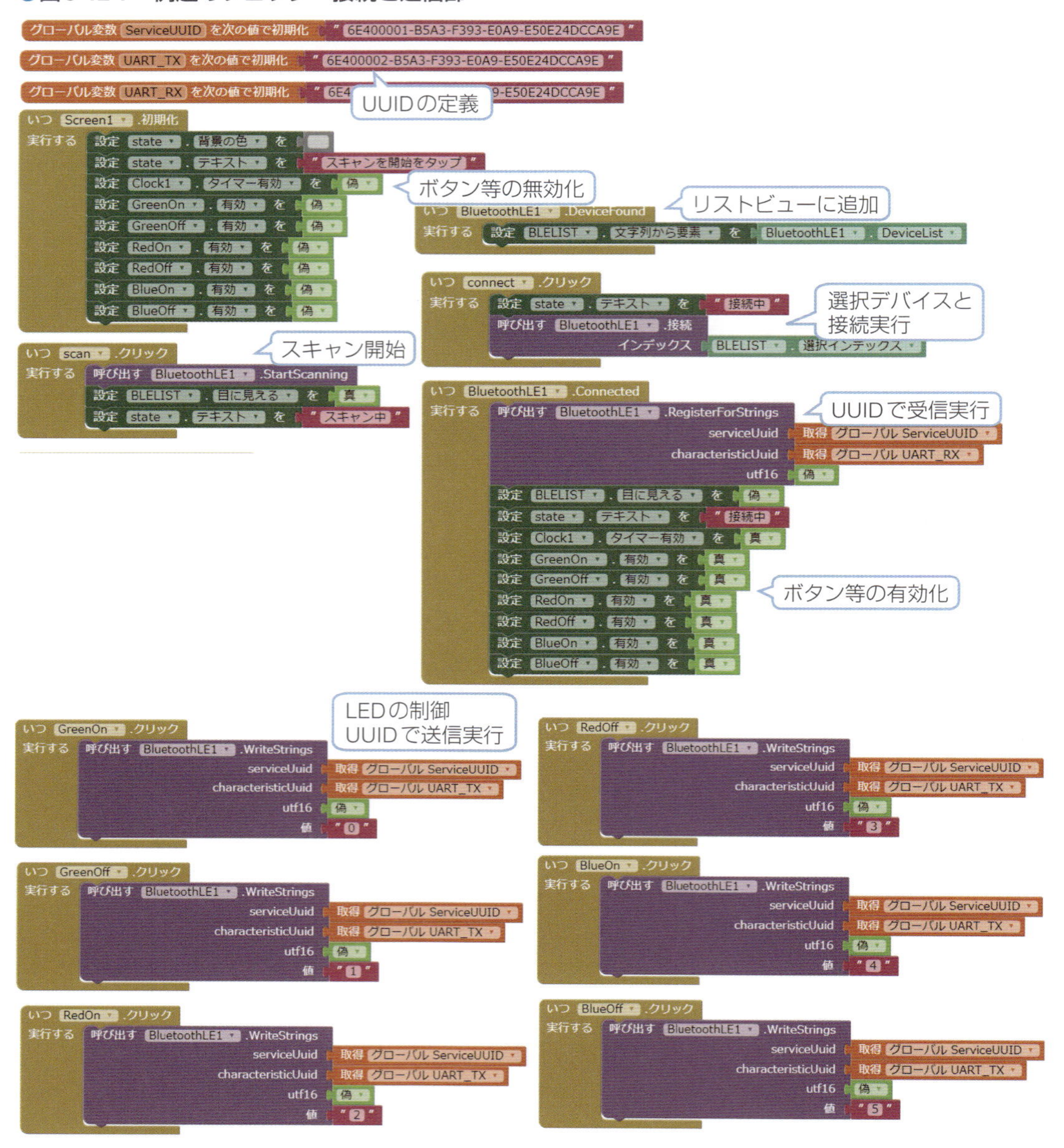

　図5-12-8が受信処理部です。先にタイマのイベントで計測コマンドを送信しています。これで1秒ごとに計測データを応答として受信することになります。その下が実際の受信データの処理部で、まず受信したデータを変数に代入し、それをカンマで分離してリスト形式に変換します。

　その後は、リスト内のデータを順番に取り出して、温度、湿度、気圧のデータはラベルに計測値として表示し、その後のLEDの部分は対応する色のLEDのオンオフ制御をしています。最下段はBLE接続を切断したイベント処理で、アプリを終了させることになります。

●図5-12-8　受信処理部

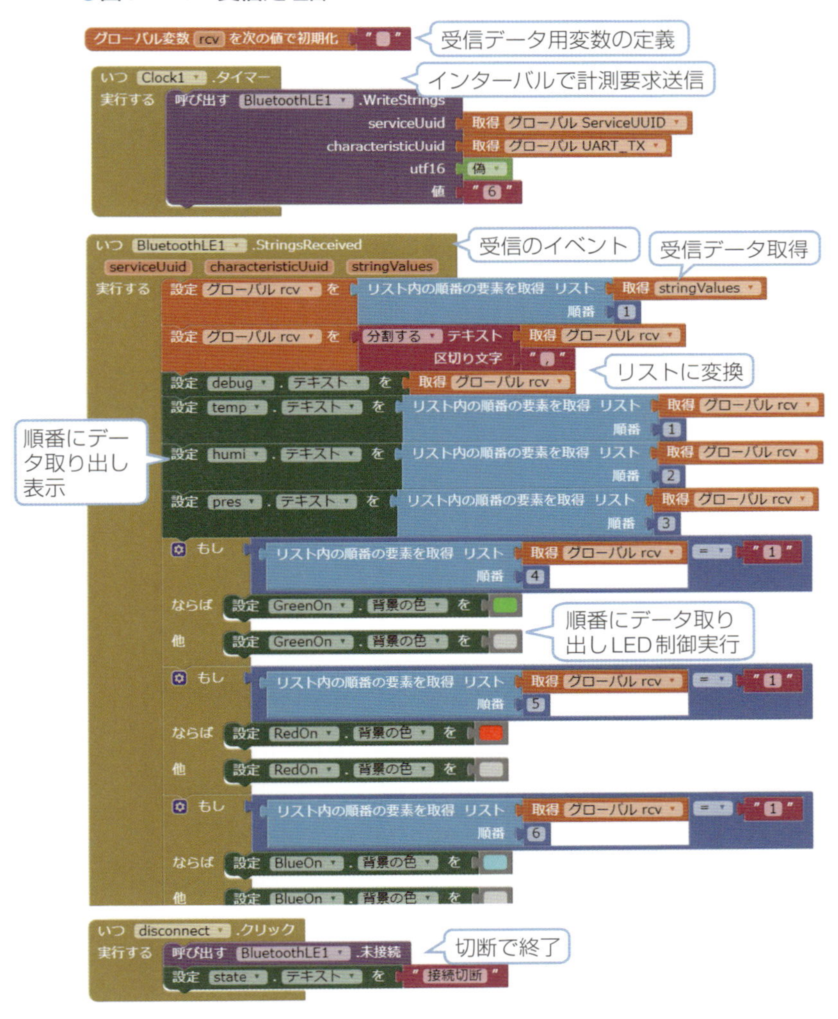

以上で本節のアプリ作成は完了です。これをビルドしてダウンロードしインストール*すればアプリとして起動できます。アプリのアイコンは他と同じようにChatGPT4oで生成*してもらって作成します。

詳細は4-4節を参照

詳細は5-3-5項を参照

実際に動作させたときの画面例が図5-12-9となります。

図5-12-9（a）はBLEスキャンをしたあと、mpy-uartを選択したところです。この後接続ボタンをクリックして接続を実行します。

図5-12-9（b）は接続を完了し、LEDの制御を3色ともオン制御したところです。計測値も正しく表示されています。この値も1秒ごとに更新されます。

応用としてこの計測データでチャートコンポーネントを使ってグラフ表示することも可能です。

●図5-12-9　例題の実行時の画面例

（a）スキャン後でmpy-uartを選択したところ

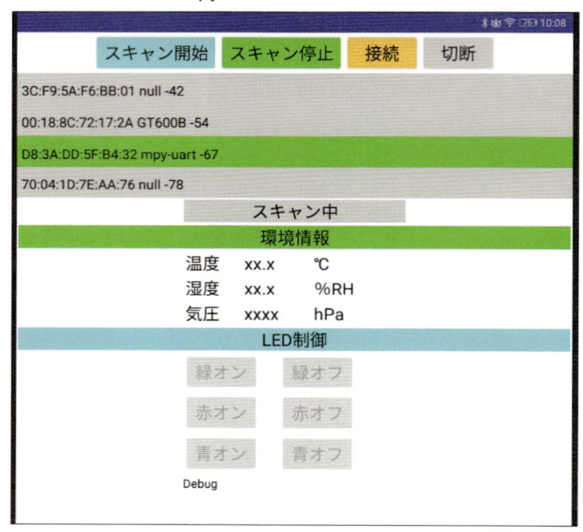

（b）接続完了でデータを表示、LEDをオン制御したところ

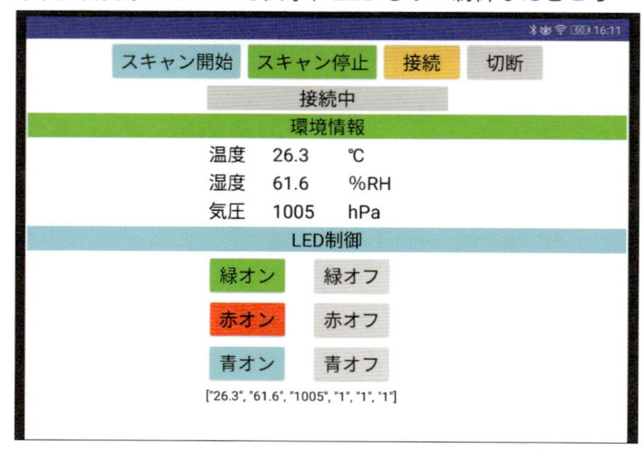

5-13 接続性　Wi-Fi通信とChatGPTo

MIT App Inventor2にはWi-Fiのコンポーネントも［Webコンポーネント］として用意されています。本節ではこのWebコンポーネントの使い方を説明します。

本節では例題として、スマホ/タブレットでChatGPT4oと接続して質問ができる端末としてみます。ブラウザを使えば同じことができてしまいますが、ここはWi-Fi通信の学習ということであえて試してみます。

5-13-1 例題の全体構成

本節の例題は図5-13-1のような構成とします。スマホ/タブレットから直接Wi-FiでChatGPT4oと接続し、クイズの出題を要求し、応答の質問を表示します。さらに正解も要求し、応答を正解として表示することにします。

パソコンのMIT App Inventor2で作成したプログラムをスマホ/タブレットにダウンロードし、スマホ/タブレットのWi-Fiを使ってアクセスポイント経由でインターネットに接続し、ChatGPT4oと通信をします。

●図5-13-1　例題の全体構成

5-13-2 ChatGPT4oとの通信方法

ChatGPT4oに質問し回答を得るには、POSTコマンドを送信する必要があります。このときのフォーマットは図5-13-2のようにします。

URL部はChatGPT4oのサーバのURLそのものです。ヘッダ部にはボディ部がJSON形式であることを指定し、さらに認証としてAPI-KEYを入力します。このAPI-KEYは、OpenAIのサイトから入手*しておいたものを使います。

ボディ部はmodelとmessageをJSON形式で指定します。message部は複数の内容が必要となるので配列形式（[と]で囲う）で指定します。

modelにはChatGPT4oのモデルを指定します。本書では「gpt-4o」*を使います。

ここにはroleとcontentのペアで指定しますが、roleには次の3種類があります。

*API-KEYの入手方法は6-5-3項参照

*ChatGPT4oの指定となる

system ：ChatGPT4oに対して特性や役割を指定する
user ：ユーザそのもの
assistant：ChatGPT4oからの応答メッセージ

contentに実際の要求メッセージや、応答メッセージを記述します。

●図5-13-2 ChatGPT4oへのPOSTコマンドのフォーマット

URL部
```
"https://api.openai.com/v1/chat/completions"
```
ヘッダ部
```
"Content-Type": "application/json"
"Authorization": "Bearer $OPENAI_API_KEY"
```
ボディ部 JSON形式
```
"{
   "model": "gpt-4o",
   "messages": [
    {
     "role": "system",
     "content": "You are a helpful assistant."
    },
    {
     "role": "user",
     "content": "Hello!"
    }
   ]
 }"
```


このPOSTコマンドによる要求に対するChatGPT4o側からの応答内容は、図5-13-3のようにJSON形式となっています。結構多くの内容が含まれていますが、実際に必要な部分はchoicesの中になります。

●図5-13-3 ChatGPTからの応答フォーマット

```
{
  "id": "chatcmpl-123",
  "obeject": "chat.completion",
  "created": 1677652288,
  "model": "gpt-4",
  "system_fingerprint": "fp_44709d6fcb",
  "choices": [{
    "index":0,
    "message":{
      "role":"assistant",
      "content": "¥n¥nHello there, how may I assist you today?",
    },
    "logprobs": null,
    "finish_reason": "stop"
  }],
  "usage": {
    "prompt_tokens": 9,
    "completion_tokens": 12,
    "total_tokens": 21
  }
}
```

「"」か「'」で囲む

このchoicesの中身もJSON形式になっていますから、次のようにKey*で指定して必要なメッセージ部を取り出す必要があります。

```
["choices"]["message"]["content"]
```

本例題の場合のボディ部の記述は、クイズの出題とそれの正解の応答をもらうことになります。

ChatGPTと会話を継続する場合、ChatGPT側ではこれまでの内容を覚えてくれないので、質問する側から、これまでのやり取りの内容をすべて配列として記述する必要があります。例えば本例題の場合には図5-13-4のように記述する必要があります。

最初にクイズの出題を要求する場合は図5-13-4（a）のようにuserとして出題要求を記述するだけで済みます。

しかし、正解を要求する場合には、図5-13-4（b）のように、出題要求したときの記述に追加する形で、ChatGPTから受信したクイズそのものと、正解を要求する内容を追加する必要があります。

ChatGPTから受信したクイズ内容は、図5-13-3のmessage部のcontentのデータから改行コードを削除*したものを使います。

改行コードが含まれているとJSON形式にならないため

●図5-13-4　ChatGPTと会話をする場合のボディ部

(a)最初にクイズの出題を要求する場合

```
{
   "model": "gpt-4o",
   "messages": [
               {"role": "system", "content": "あなたはクイズの専門家です。},
               {"role": "user", "content": "次のクイズを出して"}
             ]
}
```

(b)クイズの正解を要求する場合

```
{
   'model': 'gpt-4o',
   'messages': [
               {"role": "system", "content": "あなたはクイズの専門家です。"},
               {'role': 'user, 'content': '次のクイズを出して'},
               {'role': 'assistant','content': chat_response},
               {'role': 'user', 'content': 'クイズの答えは'}
             ]
}
```

そのまま

ChatGPTからの出題の中のmessage部から改行コードを削除したもの

5　MIT App Inventor2の使い方

5-13-3 デザインの作成（プロジェクト名 Quiz）

ChatGPTとの会話方法を理解したところで、スマホ/タブレットのMIT App Inventor2の画面設計を始めます。

この例題の画面デザインは図5-13-5のようにしました。ボタンが2個でフォントサイズを20ポイントにして背景色を指定しています。

クイズと正解の表示部のラベルは、横幅は画面いっぱいで、高さを30%にしました。フォントサイズも他と同じ20ポイントとしました。正解表示のほうは文字色を赤にしています。全体として簡単なデザインとなっています。

非可視コンポーネントのWebは特に設定する項目はありません。

●図5-13-5 例題のデザイン（Quiz）

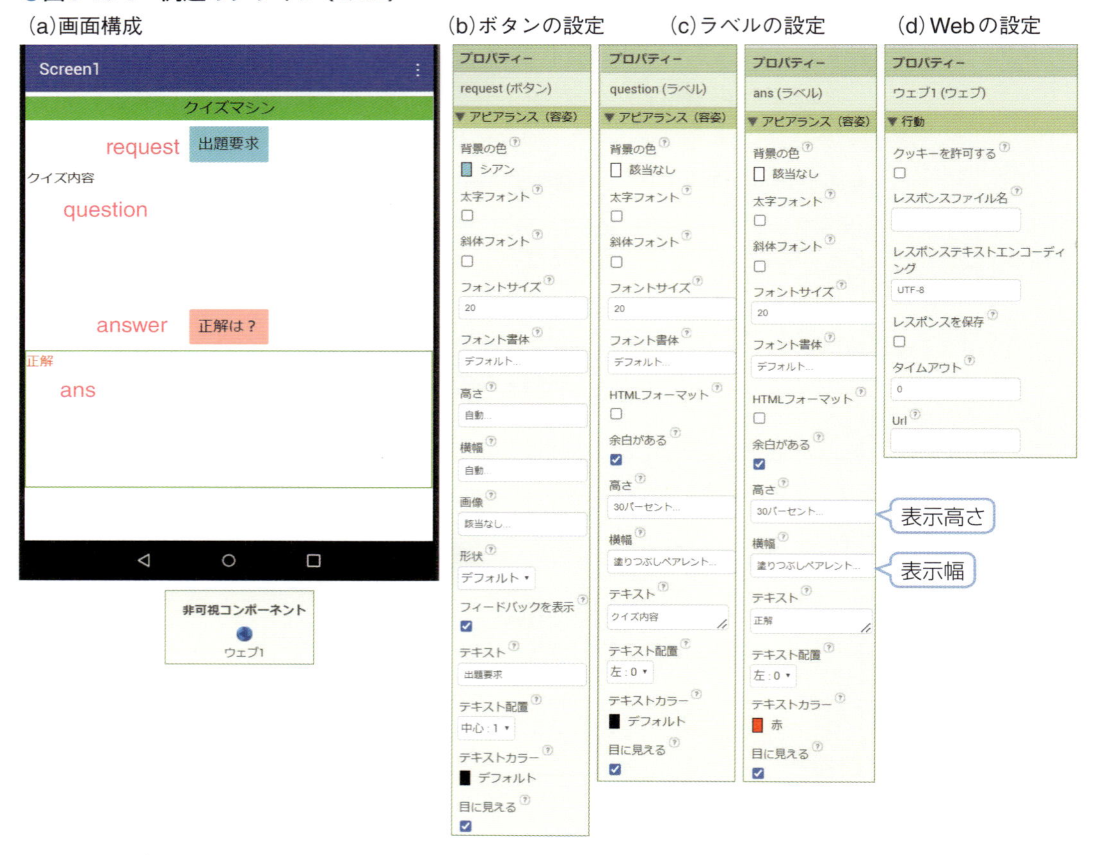

5-13-4　ブロックの作成

デザインができたらブロックを作成してプログラミングしていきます。新たなコンポーネントのWebコンポーネントで用意されているブロックが図5-13-6となります。たくさんのブロックがありますが、この中からPOSTコマンド関連のブロックとJSONテキスト作成関連のブロックを使います。

●図5-13-6　Webコンポーネントのブロック

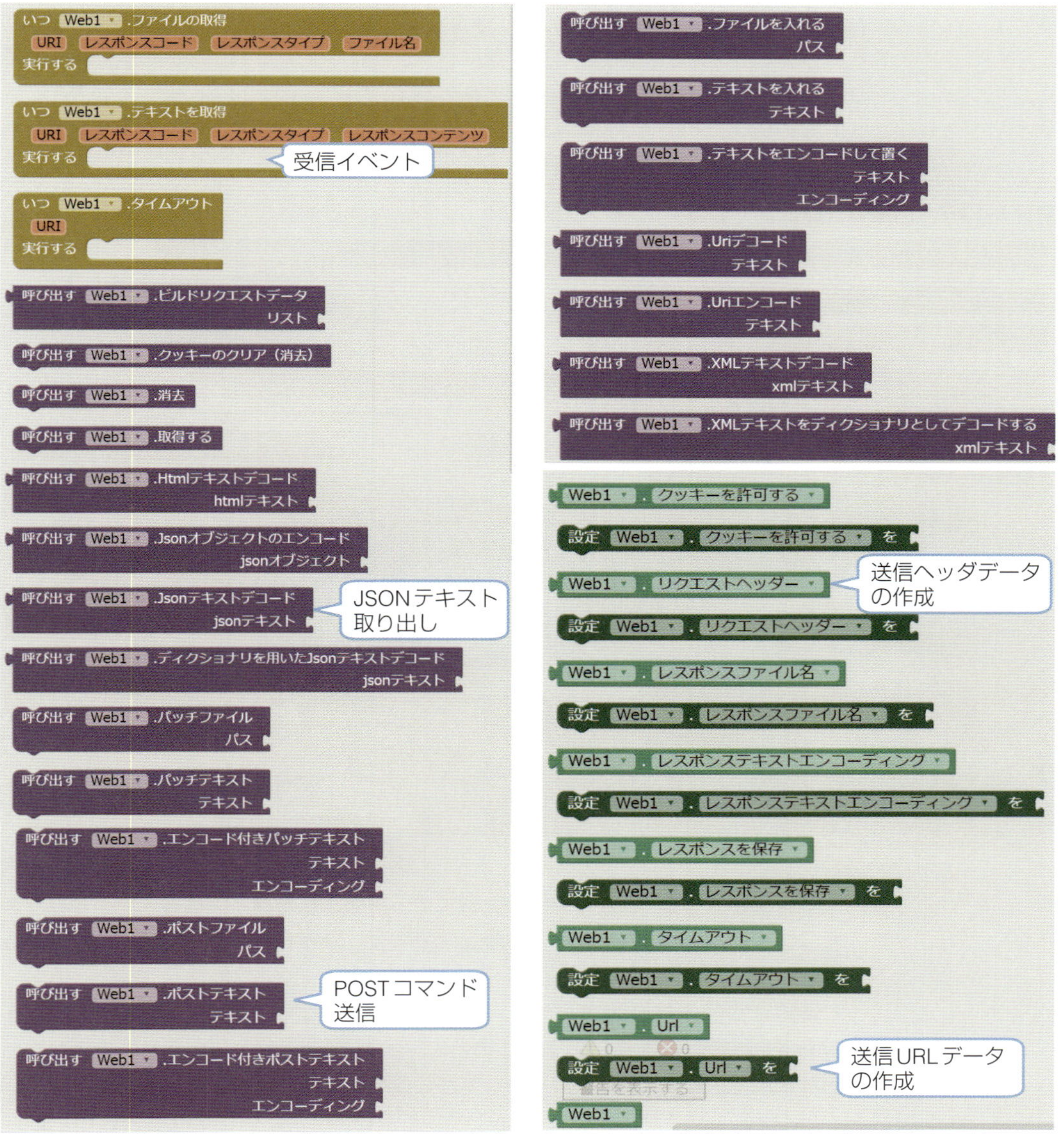

これらのブロックを使って作成した例題のブロックが図5-13-7、図5-13-8、図5-13-9となります。

図5-13-7は出題要求ボタンをクリックしたときの処理です。最初に変数としてAPI-KEY*を定義しています。Flag変数はChatGPTからの応答を表示する際の、出題と正解で表示位置を変えるための区別フラグです。prompt変数は、クイズの出題を要求するためのChatGPTへのプロンプト*となります。このプロンプトの命令の仕方次第で出てくるクイズの内容が大きく変わるのでいろいろ試す必要があります。

API-KEYの取得方法は6-5-3項を参照

ChatGPTへの命令や質問メッセージのこと

次が出題要求ボタンクリックのイベントで起動する部分です。まず正解表示部を消去し、Flag変数に0を代入しています。その後、POSTコマンドを送信するため、まずURLとヘッダ部を送信しますが、ヘッダ部はリスト形式で送信しています。続いてボディ部を送信します。ボディ部の送信内容は、図5-13-2に従っています。テキストの結合を使って必要な部分をつなげています。これで出題要求コマンドとして送信完了で、あとはChatGPTからの出題待ちとなります。

●図5-13-7 例題のブロック その1 クイズ出題要求

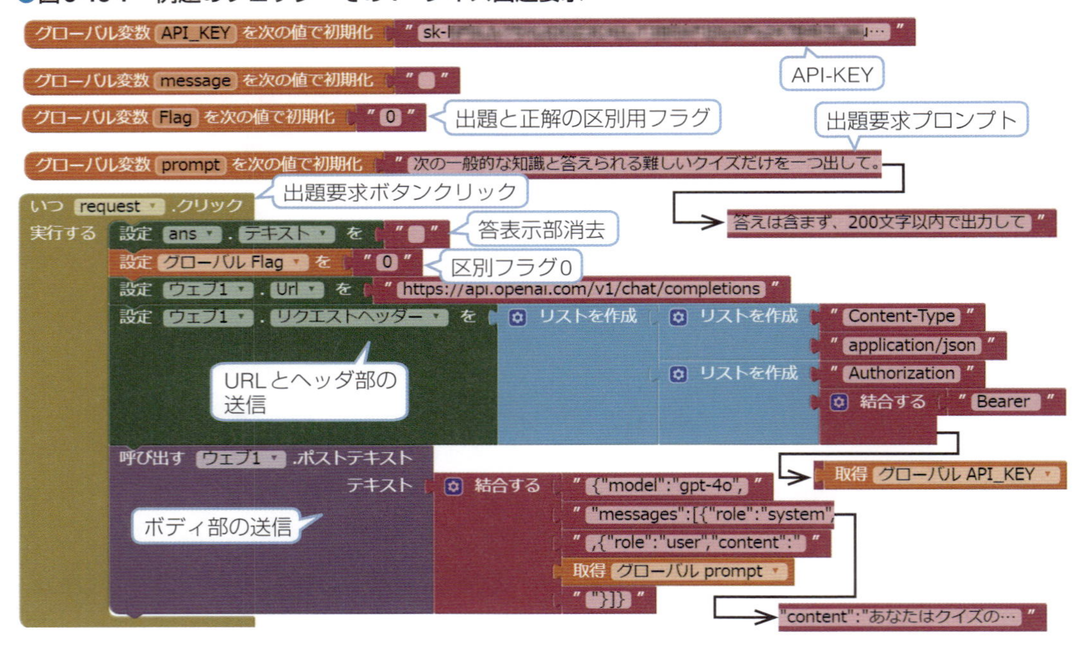

図5-13-8がChatGPTからの応答処理部で、出題されたクイズの表示と、正解を要求したときの正解の表示をする処理となります。いずれも、図5-13-3のフォーマットとなっていますから、message部をJSONのKeyを使って取り出します。

最初に受信内容全体を「レスポンスコンテンツ」として取り出し、JSONからPythonの辞書型に変換します。このとき、大括弧（[ ]）があると正常にできなかったので、大括弧をスペースに変換してから辞書型にしています。

次に辞書型になった変数からKeyを使って応答のテキスト部を取り出しています。

このときのKeyが、[choices][message][content]となります。さらにこの変換が失敗した場合には、レスポンスコンテンツをそのまま表示するようにしています。この内容にはChatGPT側からのエラーメッセージが含まれていて、失敗の原因が何かを教えてくれますのでデバッグに使えます。

最後にFlagの内容で、出題の場合はラベルquestionに、答えの場合はラベルansに取り出したテキストを表示するようにしています。

●図5-13-8　例題のブロック　その2　応答の表示部

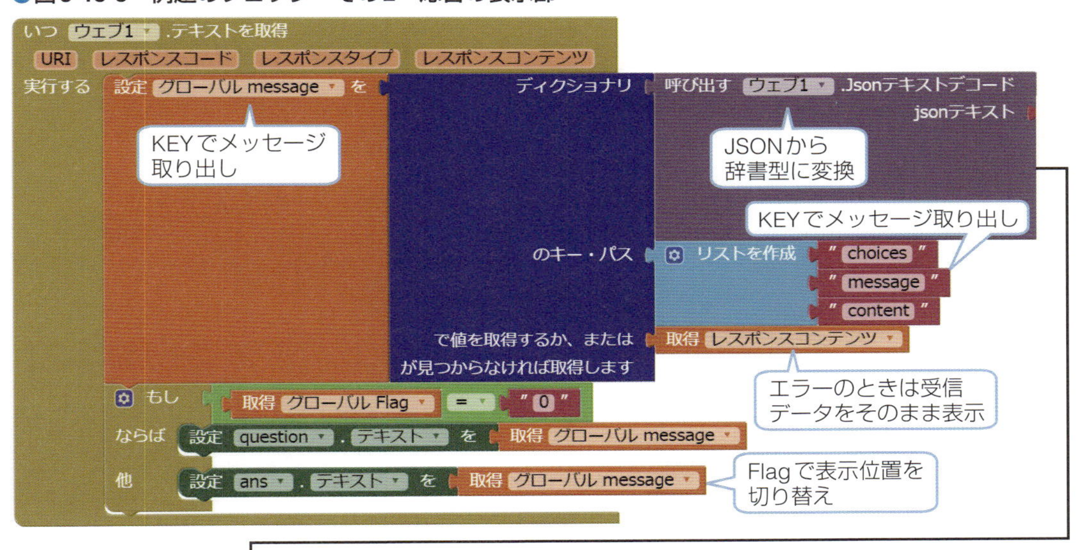

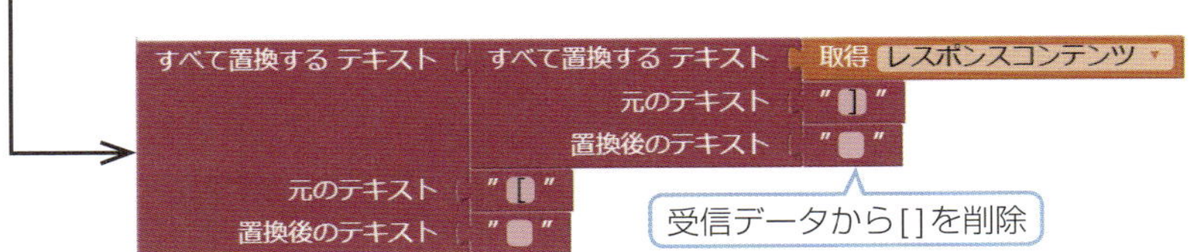

図5-13-9は、正解の要求ボタンをクリックしたイベント処理部で、最初にFlagに1を代入してからPOSTコマンドを送信しています。最初はURLとヘッダ部でここは出題要求の場合と同じです。

次がボディ部の送信ですが、ここは図5-13-4のように、出題要求の部分と、ChatGPTからの出題テキスト部を追加し、その後に正解の要求を追加しています。

この出題テキスト部には改行コードが含まれていて、そのままだと正しいJSONフォーマットにならないので、改行コードをスペースに変換しています。

●図5-13-9　例題のブロック　その3　正解の要求部

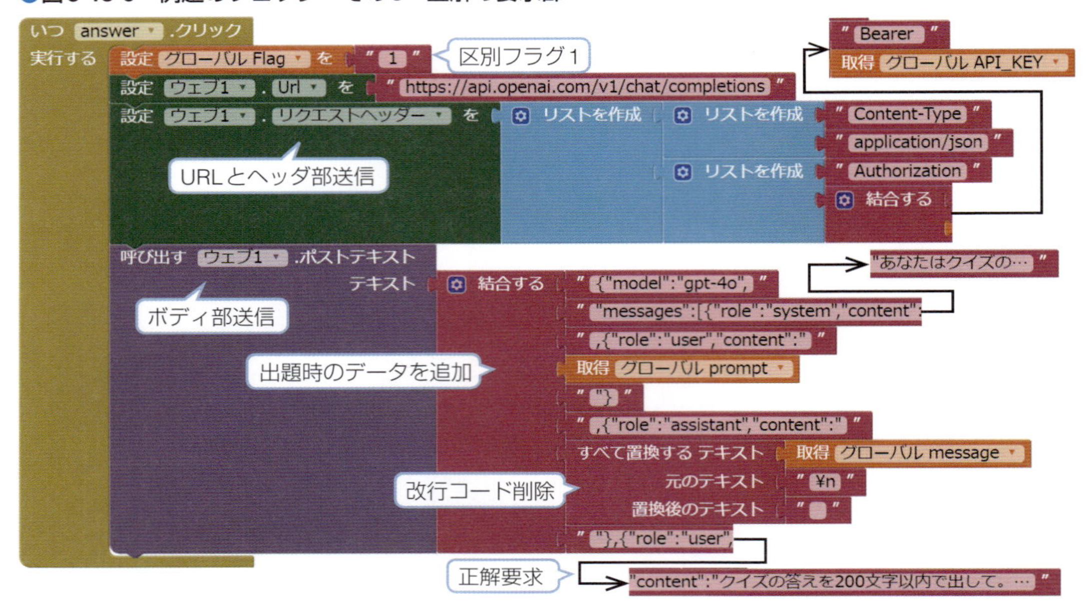

以上でブロック作成は完了です。これをビルドしてダウンロードしインストール*すればアプリとして起動できます。アプリのアイコンは他と同じようにChatGPT4oで生成*してもらって作成します。

詳細は4-4節を参照

詳細は5-3-5項を参照

実際に動作させたときの画面例が図5-13-10となります。このクイズは何度でも繰り返せますから結構楽しめます。難しいクイズと指定しているので、かなりの難題のクイズが出題されます。答えには解説も含まれているので雑学の勉強になります。

●図5-13-10　例題の実行結果例

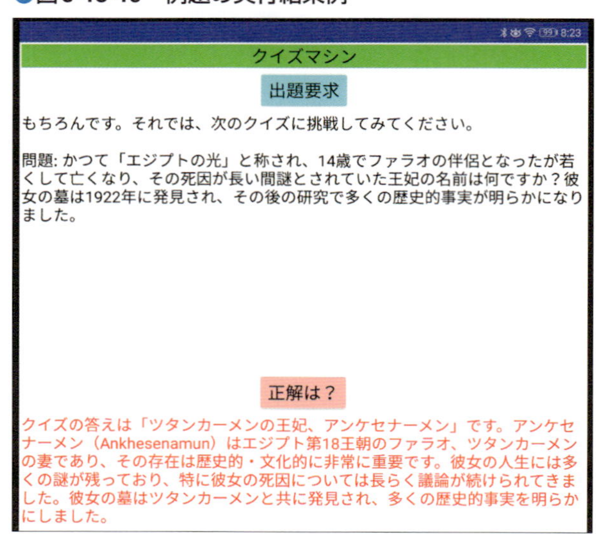

5-14 接続性　Wi-Fi IoTエッジ

MIT App Inventor2にはWi-Fiのコンポーネントも［Webコンポーネント］として用意されています。本節ではこのWebコンポーネントの使い方を説明します。

本節では例題として、スマホ/タブレットとRaspberry Pi Pico WとをWi-Fiで接続し、Pico側をHTTPサーバ、スマホ/タブレット側をHTTPクライアントとして動作させてみます。つまりPicoをIoT端末のように使ってみます。

5-14-1 例題のシステム構成

本章の例題は図5-14-1の構成とします。Raspberry Pi Pico Wを使った「IoT Board」に実装された、温湿度センサ、気圧センサ、OLED表示器、3個のLEDを使います。

このIoT BoardをHTTPサーバとして、クライアントとなるスマホ/タブレットからデータの要求とLEDの制御を実行することにします。

●図5-14-1　例題のシステム構成

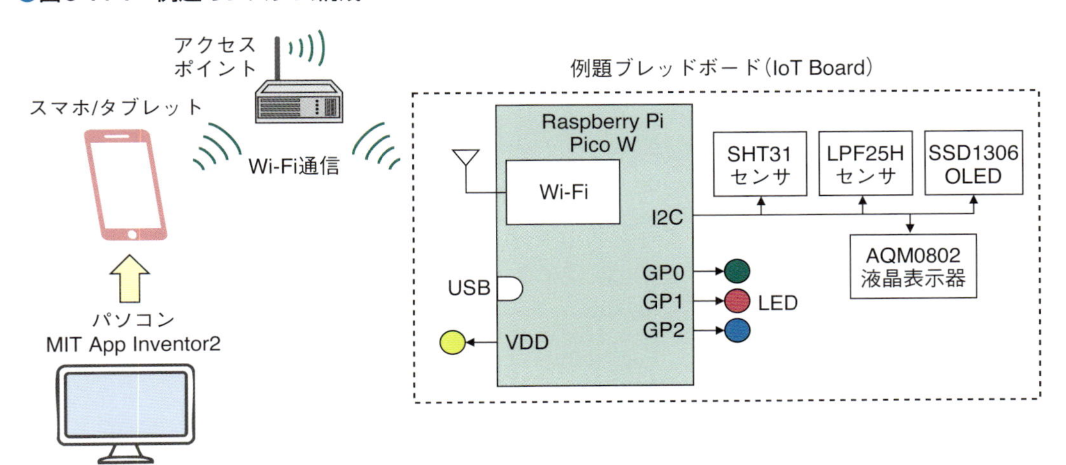

この構成で次のような機能を実装することにします。

スマホ/タブレット側から、コマンドをHTTP通信で送信し、これを受信したPico側から計測データとLEDの状態を返送したり、LEDの制御をしたりします。

スマホ/タブレットからのHTTPコマンドは「http://192.168.11.58/xxxx」*」のフォーマットで、「/xxxx」の部分を次のようにしました。

* IPアドレス部は読者の環境に合わせる。これはPico側のIPアドレス

/measure：計測要求とし、Pico側ですべてのセンサのデータを読み出し、3個のLEDの状態を含めて応答として返す

/gpio0：緑LEDのオフ制御
/gpio1：緑LEDのオン制御
/gpio2：赤LEDのオフ制御
/gpio3：赤LEDのオン制御
/gpio4：青LEDのオフ制御
/gpio5：青LEDのオン制御

Picoからの応答データのフォーマットは、図5-14-2のようなCSV形式ですべて文字列として扱います。

●図5-14-2　Picoからの応答フォーマット

tt.t, hh.h, pppp, G, R, B
温度　湿度　気圧　緑 赤 青

すべて文字として扱う
G, R, Bはそれぞれ下記とする
0：消灯　　1：点灯

5-14-2　Pico側のプログラム作成

Wi-Fi制御を含めたIoT Boardのプログラムは、Thonnyを使ってMicroPythonで作成します。Wi-Fi、OLED表示器などはライブラリが用意されていますから、比較的簡単に作成できます。

まず初期化部がリスト5-14-1となります。ここでは各モジュールのインスタンスを生成したあとグローバル変数を定義しています。2秒のタイマはハードウェアタイマを使って割り込みで動作させることにします。温湿度センサと気圧センサはライブラリがなかったので、I^2Cの関数を直接使っています。Wi-Fiの制御はnetworkとsocketのライブラリで実装できます。

リスト 5-14-1　初期化部（PICO_IoT_Sensors.py）

```
1   #*********************************************
2   #  ラズパイPicoの制御プログラム
3   #     センサ：SHT31、LPF25
4   #    表示器：SSD1306を接続
5   #    2秒ごとにセンサデータをOLEDに表示
6   #    MIT AppからHTMLで要求があれば状態を返す
7   #    LEDの制御要求でLEDをオンオフ
8   #*********************************************
9   from machine import Pin, I2C, Timer
10  import ssd1306
11  import time
12  import network
13  import socket
14
15  #**** インスタンス生成 *************
16  #GPIO
17  Green = machine.Pin(0, machine.Pin.OUT)
18  Red = machine.Pin(1, machine.Pin.OUT)
19  Blue = machine.Pin(2, machine.Pin.OUT)
```

```
20 #インターバルタイマの生成
21 intervaltimer = Timer()
22 #I2Cのインスタンス生成
23 i2c = I2C(0, sda=Pin(20), scl=Pin(21))
24 #OLEDのインスタンス生成
25 display = ssd1306.SSD1306_I2C(128, 64, i2c)
26 #気圧センサ初期設定
27 setting = bytearray([0x20, 0x90])
28 i2c.writeto(0x5C, setting)
29 #Wi-FiのSSIDとパスワード、変数定義
30 ssid = 'YOUR SSID'
31 password = 'YOUR PASSWORD'
32 co2 = 400
33 tmp = 0
34 hum = 0
35 pre = 0
```


次がタイマの割り込み処理関数部でリスト5-14-2となります。一番下側でタイマの動作を2秒間隔でCallback関数としてisrFuncを呼ぶように設定しています。

このisrFunc関数で2秒ごとの処理を実行しています。最初に温湿度センサのデータを読み込み、次に気圧センサのデータを読み出しています。

その後OLEDにセンサデータを表示しています。

リスト 5-14-2 タイマ割り込み処理部

```
37 #*** タイマ割り込み処理関数 ********
38 # 2秒ごとにセンサデータをOLEDに表示
39 def isrFunc(timer):
40     global tmp, pre, hum, co2
41     #センサ計測トリガ後温湿度入力
42     send = bytearray([0x2C, 0x06])
43     i2c.writeto(0x45, send)
44     time.sleep(0.5)
45     rcv =i2c.readfrom(0x45, 6)
46     #データ変換
47     tmp = rcv[0]<<8 | rcv[1]
48     hum = rcv[3]<<8 | rcv[4]
49     tmp = -45+175*(tmp/(2**16-1))
50     hum = 100*hum/(2**16-1)
51     #気圧センサ 0x28レジスタから連続3バイト読み出し
52     buf = bytearray([0xA8])
53     i2c.writeto(0x5C, buf)
54     rcv = i2c.readfrom(0x5C, 3)
55     pre = (rcv[2]<<16 | rcv[1]<<8 | rcv[0]) / 4096.0
56     #****OLEDに表示*****
57     display.fill(0)
58     display.text('-- Environment -', 0, 0, 1)
59     display.text(' PRS: '+str('{:4.0f}'.format(pre))+' hPa', 0, 14, 1)
60     display.text(' TMP: '+str('{:2.1f}'.format(tmp))+' DegC', 0, 28, 1)
61     display.text(' HUM: '+str('{:2.1f}'.format(hum))+' %RH ', 0, 42, 1)
62     display.show()
63 
64 #******* タイマ初期設定 **********************
65 #タイマ動作開始 2秒間隔
66 intervaltimer.init(period=2000, callback=isrFunc)
```

次がWi-Fiのアクセスポイントとの接続処理で、リスト5-14-3となります。まずWi-Fiのインスタンスを生成してから、アクセスポイントのSSIDとパスワードで*接続を実行し、接続できるまで繰り返します。接続ができたらサーバ動作をするためソケットを確保します。このときIPv4でTCP通信をクローズしたあと、再接続がすぐできるようにしています。最後にリスン状態にしてサーバ動作開始となります。

*これらは読者の環境に合わせる

リスト 5-14-3　Wi-Fiのアクセスポイントとの接続処理部

```
68  #**** アクセスポイントとの接続 **************
69  wlan = network.WLAN(network.STA_IF) # Wi-Fiインスタンス生成
70  wlan.active(True)                   # Wi-Fi有効化
71  wlan.connect(ssid, password)        # アクセスポイントに接続
72  # 接続成功を確認
73  while not wlan.isconnected():       # 接続待ち
74      pass
75  status =  wlan.ifconfig()
76  print('IP=' + status[0])
77  # ソケットの設定とサーバ動作開始 IPv4 TCP/IP
78  addr = socket.getaddrinfo('0.0.0.0', 80)[0][-1]
79  # IPv4でTCPクローズ後の再利用可能化
80  s = socket.socket(socket.AF_INET, socket.SOCK_STREAM)
81  s.setsockopt(socket.SOL_SOCKET, socket.SO_REUSEADDR,3)
82  s.bind(addr)
83  s.listen(5)
84  print('listening on', addr)
```

最後がメインループ部でリスト5-14-4となります。まずクライアントからの接続を待ち、接続があったらそのIPアドレスをシェルに出力し、クライアントからのデータを受信します。

続いて受信データの内容に基づいてLEDの制御を実行します。

その後、計測データとLEDの状態を応答メッセージとして編集してから送信しています。計測データは2秒ごとに実行しているので、そのデータをそのまま使い、あえてここでは計測の実行はしていません。したがって/measureのコマンドは特にすることはないので、クライアントからデータが受信できたら無条件で応答データを送信しています。

リスト 5-14-4　メインループ部

```
86  #**** メインループ ****************
87  # クライアント接続、メッセージ受信
88  while True:
89      conn, addr = s.accept()
90      print('Connected %s' % str(addr[0]))
91      if addr[0] == '192.168.11.1':    #Server inhibit
92          conn.close()
93      else:
94          request = conn.recv(1024)    #Data receive
95      #   print(request)  #受信データ確認
96  
97          #****** 受信データ処理 *******
98          if '/gpio/0' in request:    #LED Control
99              Green.value(0)
100         elif '/gpio/1' in request:
```

```
101                Green.value(1)
102            elif '/gpio/2' in request:
103                Red.value(0)
104            elif '/gpio/3' in request:
105                Red.value(1)
106            elif '/gpio/4' in request:
107                Blue.value(0)
108            elif '/gpio/5' in request:
109                Blue.value(1)
110            # HTTP レスポンス送信
111            res = "HTTP/1.1 200 OK¥r¥nContent-Type: text¥r¥n¥r¥n"
112            res += "{:2.1f},".format(tmp) + "{:2.1f},".format(hum)
113            res += "{:4.0f},".format(pre)
114            res += '1' if Green.value() else '0'
115            res += ','
116            res += '1' if Red.value() else '0'
117            res += ','
118            res += '1' if Blue.value() else '0'
119            conn.send(res)                          # 送信実行
120    #       print(res)                              # 送信データ確認
121            conn.close()
```

以上でPico側のプログラムは完成です。

これをPicoにダウンロードして実行を開始すればスマホ/タブレットから制御を実行できます。

5-14-3　例題のデザイン（プロジェクト名 Web_Sensor_IoT）

スマホ/タブレット側のプログラムは、MIT App Inventor2で構成します。まず画面のデザインは図5-14-5のようにしました。

上段でURLを指定*するようにしました。これで相手を特定して接続ボタンで接続して通信することができます。センサデータを表示する部分は、先の例題*と同様に水平配置の横幅を40%として作成しています。またLEDの制御ボタンも同様としています。ブロックエディタで扱うコンポーネントにはそれぞれ名前を設定しています。

新規の非可視コンポーネントのWebコンポーネントの設定は、図5-14-5（c）のように特に設定することはなくデフォルトのままとしています。

* IPアドレス初期値は読者の環境に合わせて変更

* 詳細は図5-11-5を参照

●図5-14-5　例題のデザイン

5-14-4　例題のブロックの作成

デザインができたら次はブロックを作成してプログラミングをします。

新たなコンポーネントのWebコンポーネントに用意されているブロックが図5-14-6となります。たくさんのブロックがありますが、送受信するデータのフォーマットごとに実行するブロックとなっています。本例題では受信イベントと、送信データ編集と送信実行のブロックだけを使っています。

この送信実行のブロックは［呼び出すWeb1取得する］という名称でわかりにくいのですが、このブロックは、HTTPのGETやPOSTコマンドと同じ機能を実行します。つまり、URLとして作成したGETコマンドを送信して、折り返しの応答を取得するという機能を実行します。

この応答受信で受信イベントが発生し、［テキストを取得］のブロックで［レスポンスコンテンツ］としてデータを取り出すことができます。

●図5-14-6　Webコンポーネントのブロック

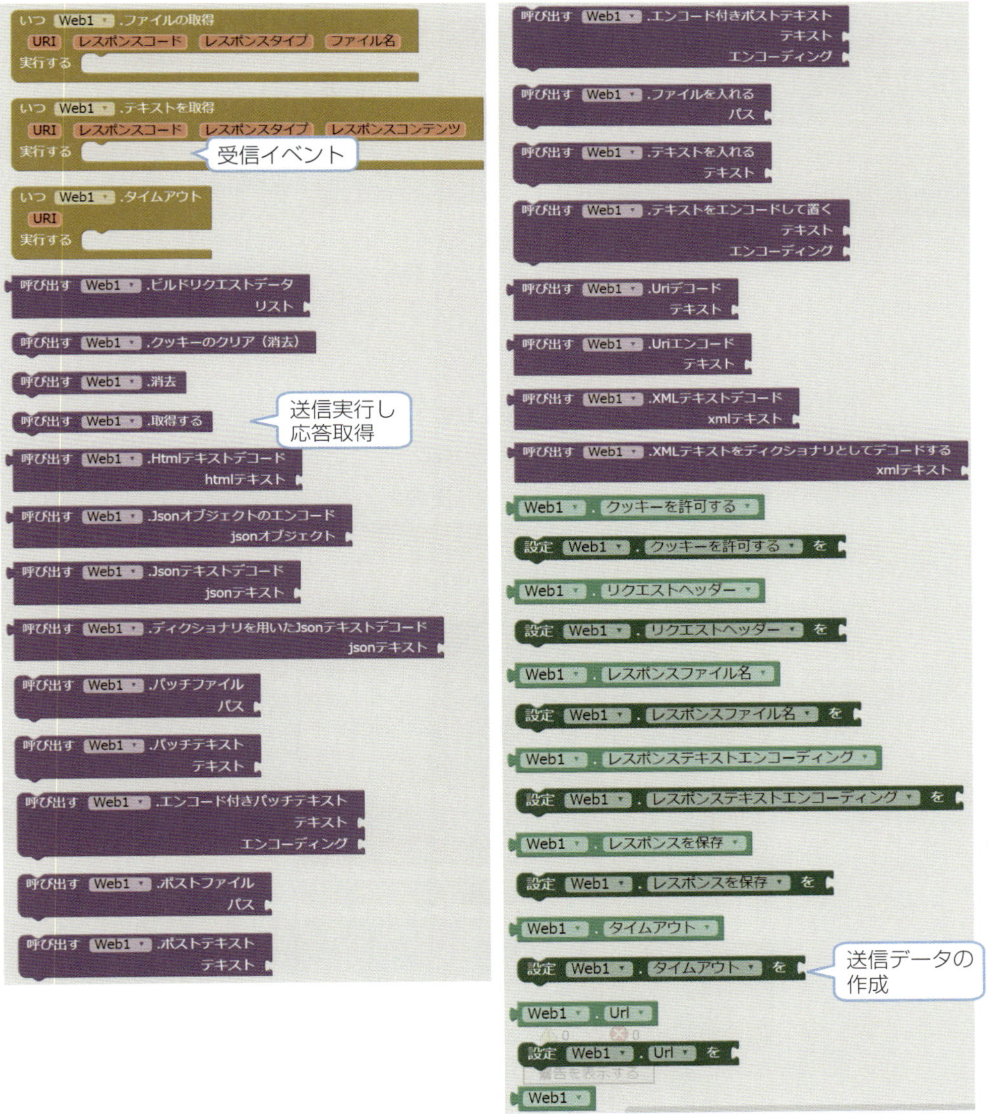

　これらのブロックを使って作成した例題のブロックが図5-14-7、図5-14-8、図5-14-9となります。

　図5-14-7では、グローバル変数としてURLとDataを用意しています。テキストボックスにIPアドレスが入力されたら変数IPに代入します。そしてConnectボタンが押されたらIPアドレスをURLとしてサーバと接続し、タイマを有効化します。これで図の右側の1秒ごとのタイマイベントで計測要求のコマンドが指定URLに送信され始めます。

●図5-14-7 例題のブロック その1

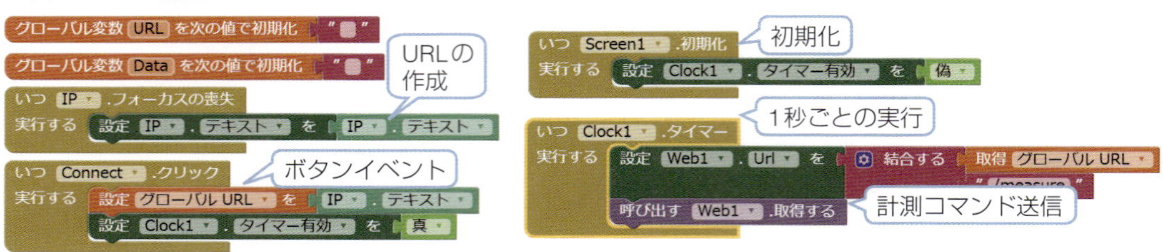

図5-14-8が、これの応答の受信イベント処理となります。受信イベントのレスポンスコンテンツとしてPicoから送信されたCSV形式のデータが取り出せますから、これをリスト形式に変換しDataに代入します。

次にリストのDataからインデックスで計測データを順番に取り出しテキストとしてラベルに表示します。続くLEDの状態データの場合は、各色のオンボタンの背景色を変更します。0の場合はグレーに、1の場合は、緑、赤、青の色に変更します。

●図5-14-8 例題のブロック その2

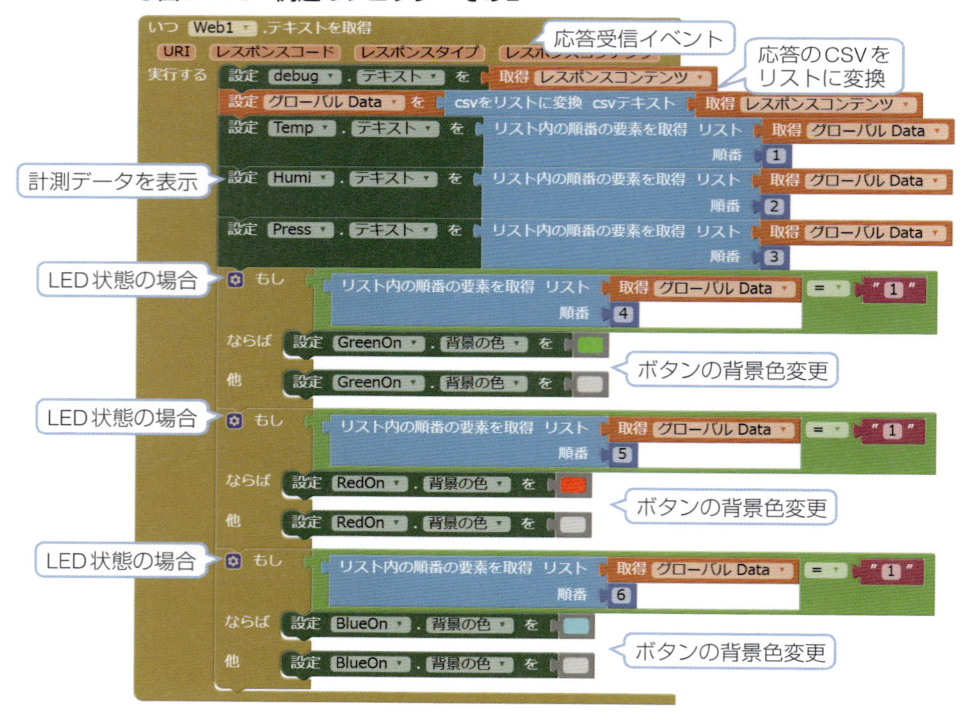

図5-14-9はLED制御ボタンのクリックイベントの処理部になります。

イベントごとに制御コマンドをURLに付加して送信します。これの応答として状態データが返されてきますから、図5-14-8の受信イベントが起動され、LEDボタンの背景色が更新されます。

●図5-14-9　例題のブロック　その3

以上で例題のブロックは完成です。これをビルドしてダウンロードしインストール*すればアプリとして起動できます。

アプリのアイコンは他と同じようにChatGPT4oで生成*してもらって作成します。

詳細は4-4節を参照
詳細は5-3-5項を参照

5-14-5 動作確認

実際に動作させたときの画面例が図5-14-10となります。計測データは1秒ごとに更新されます。図では3個のLEDすべてをオンにした状態です。

一番下側の数字の並びが、Pico側から送られてきたデータで、CSV形式のデータとして送られてきていることがわかります。これをデバッグ用として使います。

●図5-14-10　例題の動作画面例

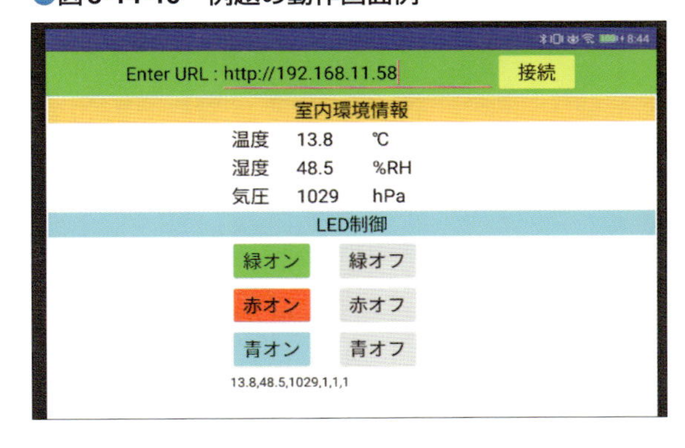

5-15 ストレージ

MIT App Inventor2には［ストレージ］というコンポーネントにファイルとデータベースとがあります。本節では、簡単に使えるファイルの扱い方について解説します。

データベースは何らかの外部にあるサーバを使いますが、ファイルはスマホ/タブレット本体の中に格納するので、扱いやすくなっています。

小型DB（TinyDB）というスマホ/タブレット本体のメモリを使う簡易データベースもありますが、変数の値の一時保存という感じのものですので、あまり使い勝手はよくありません。

またGoogleのスプレッドシートを保存場所として使うこともできますが、使うための設定や条件が複雑なのでここでは省略します。

5-15-1 例題の全体構成

本章もやはり例題で説明します。作成した例題の全体構成が図5-15-1となります。他の節でも使っている「Basic Board」を使います。

●図5-15-1　例題の全体構成

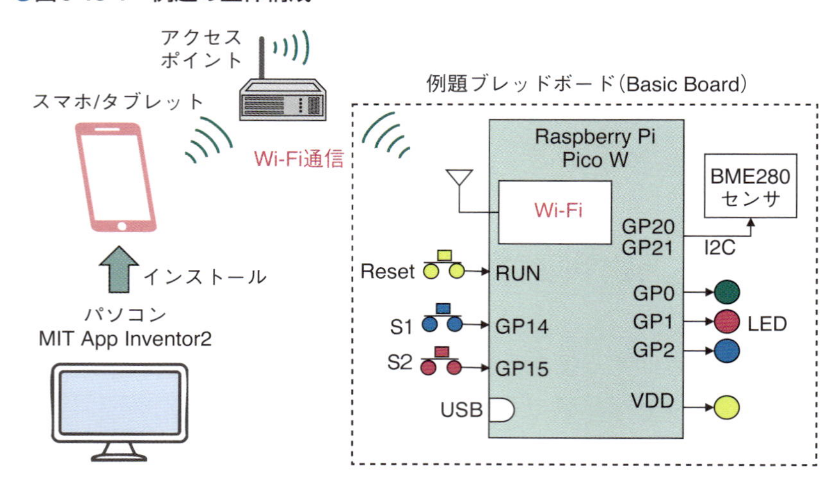

この構成で、次の機能を実装することにします。わかりやすくするため単純な機能とします。

- スマホ/タブレットとBasic BoardをWi-Fi通信で接続する
- 3秒間隔でBasic Boardの複合センサのデータを取得しテキスト表示する
- 同時に折れ線グラフ表示をする
- 同時にデータをCSV形式としてファイルに保存する

5-15-2 Pico側のプログラム作成

このアプリで使ったBasic BoardのMicroPythonのプログラムを説明します。

初期化部とセンサデータ取得部がリスト5-15-1のようになります。Wi-Fi接続ができたらIPアドレスをシェルに表示しています。続けてソケットを用意してからサーバのリスン動作を開始しています。再利用可能化というのは、デバッグ中などでいったん停止すると、そのあとTCP通信が終了する数分間は次の接続ができなくなるのを回避するための設定です。

リスト 5-15-1 初期化部とWi-Fi接続部（WiFi_TH_Data_Save.py）

```
1  #*****************************************
2  #  HTTPリクエスト受信、コマンドに応じて
3  #  HTTPレスポンスを返す
4  #  センサデータをテキストで返す
5  #  スマホ/タブレット側でデータ保存
6  #****************************************
7  from machine import Pin, I2C
8  from bme280 import BME280
9  import network
10 import socket
11 import time
12 # Wi-Fi設定データ定義
13 ssid = 'YOUR SSID'
14 password = 'YOUR PASSWORD'
15 
16 # 各インスタンス生成
17 Green = machine.Pin(0, machine.Pin.OUT)
18 Red = machine.Pin(1, machine.Pin.OUT)
19 Blue = machine.Pin(2, machine.Pin.OUT)
20 i2c = I2C(0, sda=Pin(20), scl=Pin(21), freq=400_000)
21 bme = BME280(i2c=i2c)
22 
23 # アクセスポイントと接続、サーバ動作開始
24 wlan = network.WLAN(network.STA_IF)                    # Wi-Fiインスタンス生成
25 wlan.active(True)                                      # Wi-Fi有効化
26 wlan.connect(ssid, password)                           # アクセスポイントに接続
27 # 接続成功を確認
28 while not wlan.isconnected():                          # 接続待ち
29     pass
30 status =  wlan.ifconfig()
31 print('IP=' + status[0])
32 
33 # ソケットの設定とサーバ動作開始 IPv4 TCP/IP
34 addr = socket.getaddrinfo('0.0.0.0', 80)[0][-1]
35 s = socket.socket(socket.AF_INET, socket.SOCK_STREAM)
36 s.setsockopt(socket.SOL_SOCKET, socket.SO_REUSEADDR,3)  #再利用可能化
37 s.bind(addr)
38 s.listen(5)
39 print('listening on', addr)
```

次がメインループ部でリスト5-15-2となります。

クライアントからの接続があったら応答送信を開始します。このときアドレスがパソコンの場合には無視しています。その他つまりスマホ/タブレットからの接続の場合には、BME280からデータを取得し、データを文字列に編集してHTTPレスポンスの形式で返送しています。

リスト 5-15-2　メインループ部

```
41  #***** メインループ *************
42  while True:
43      conn, addr = s.accept()
44      print('Connected %s' % str(addr[0]))
45      if addr[0] == '192.168.11.1':    #Server inhibit
46          conn.close()
47      else:
48          request = conn.recv(1024)    #Data receive
49  #       print(request)  #受信データ確認
50          # 受信データ処理
51          if '/measure' in request:
52              # BME280からデータ取得、補正変換
53              tmp = bme.read_compensated_data()[0]/100
54              pre = bme.read_compensated_data()[1]/25600
55              hum = bme.read_compensated_data()[2]/1024
56              # HTTPレスポンス送信
57              res = "HTTP/1.1 200 OK¥r¥nContent-Type: text¥r¥n¥r¥n"
58              res += "{:2.1f},".format(tmp) + "{:2.1f},".format(hum) + "{:3.1f}".format(pre/10)
59              conn.send(res)  #送信実行
60              print(res)  #送信データ確認
61              conn.close()
```

以上がPico側のプログラムです。

5-15-3　例題のデザイン（プロジェクト名 Data_Save）

次は、MIT App Inventor2でのスマホ/タブレット側のアプリの作成です。

画面デザインは図5-15-2のようにしました。テキスト表示部は、これまでの例題と同じにしています。設定詳細は図5-11-5を参照して下さい。

グラフのチャートは高さを50%で線グラフを指定しています。ファイルは新たなコンポーネントになりますが、設定はスコープを共有としているだけです。ブロックでも設定しているのでここでの設定は省略できます。時計の設定では間隔を3秒にしています。

●図5-15-2　例題の画面デザイン（Data_Save）

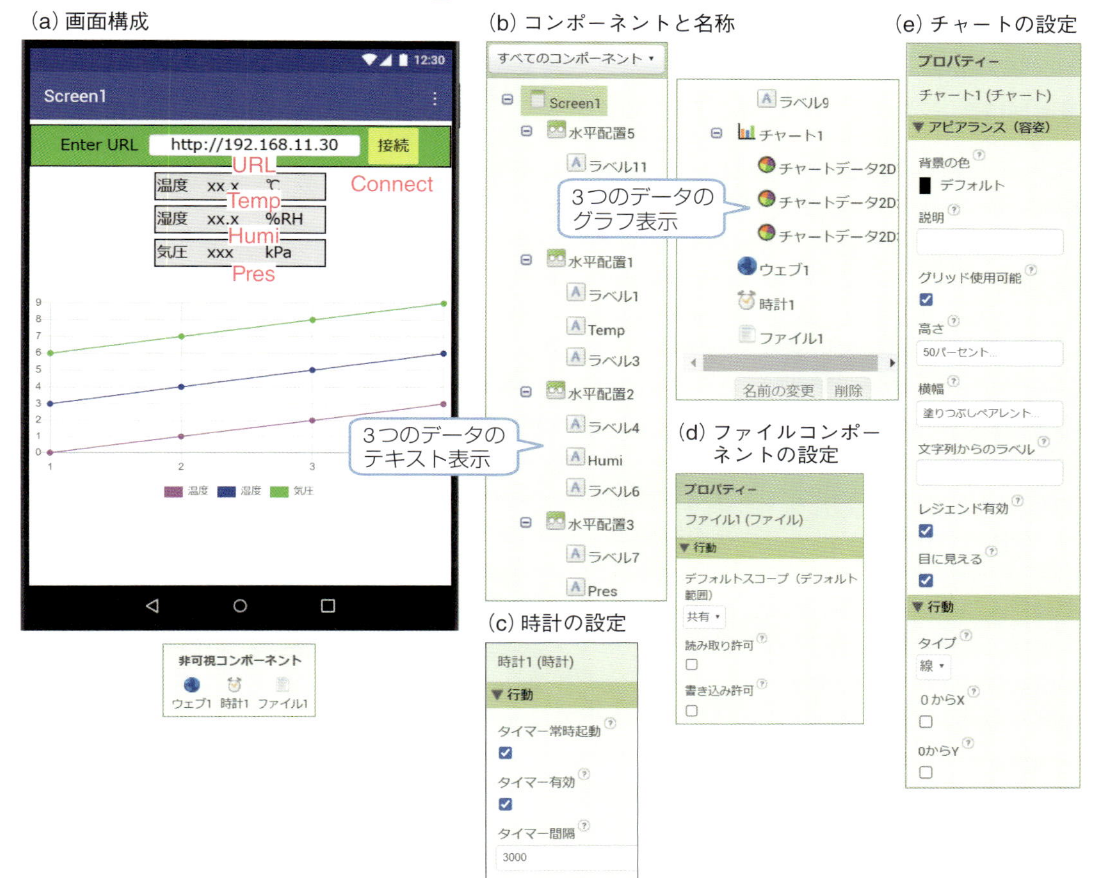

5-15-4　例題のブロックの作成

例題のブロックを作成します。新コンポーネントのファイルで用意されているブロックが図5-15-3になります。

多くの場合データを追記する使い方で保存することになると思います。ここで保存場所の指定で「スコープ」という用語が出てきますが、これが結構重要な要素となっています。

スコープには次のような6種類がありますが、共有以外は暗号化されるため、ファイルマネージャ等のアプリでは読み書きできないのと、アプリを削除するとなくなってしまうので、通常は共有で使います。

①アプリ　　　：Android2.2以降ではアプリ固有のディレクトリに格納される
②アセット　　：アプリアセットから読み取り専用で読み出せる
③キャッシュ　：アプリのキャッシュディレクトリに格納される

④レガシー　　：旧版のMIT App Inventor用、Android11以降では動作しない
⑤プライベート：アプリのプライベートディレクトリに格納される
⑥共有　　　　：デバイスの共有ディレクトリに格納されるので自由度が高い

●図5-15-3　ファイルコンポーネントのブロック

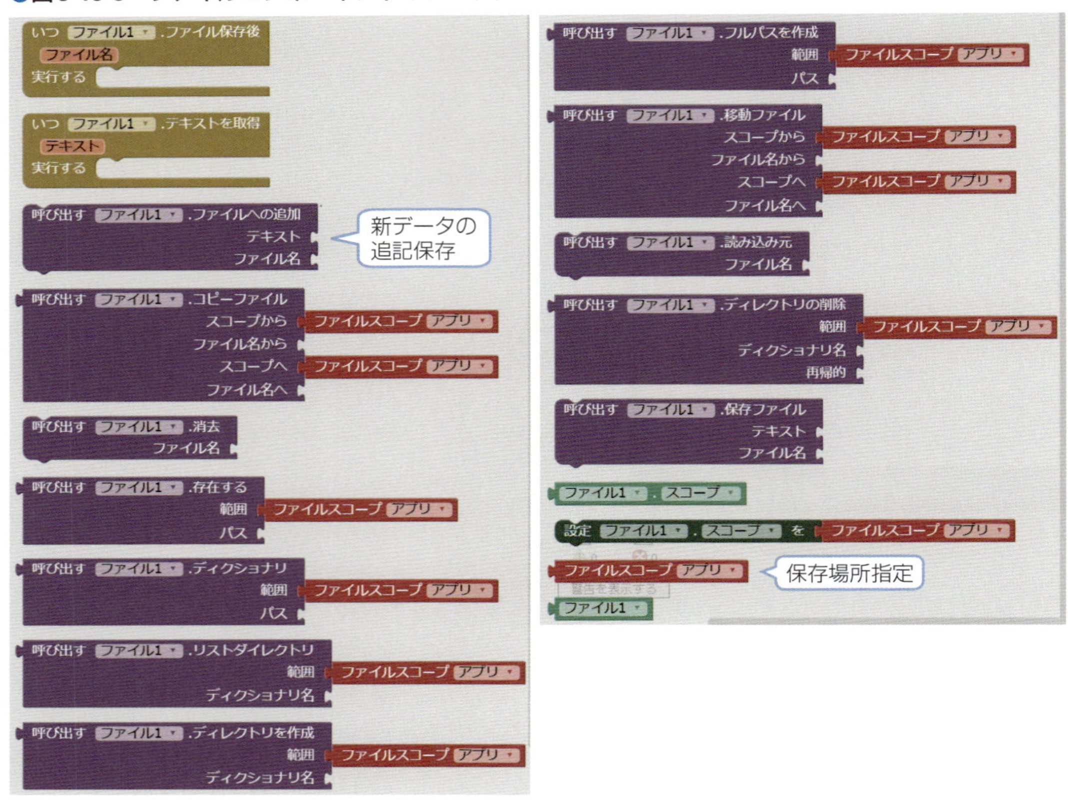

これらのブロックを使って作成した例題のブロックが図5-15-4と図5-15-5となります。

図5-15-4では、最初にURL、センサデータ用のグローバル変数を用意しています。次にURLのテキスト欄に変更があったらURLとして変数に代入し、Connectボタンクリックで、Picoサーバに接続します。接続できたら時計の3秒間隔のイベントで、指定URLに、HTMLのデータ要求のGETコマンドを送信します。

●図5-15-4　例題のブロック　その1

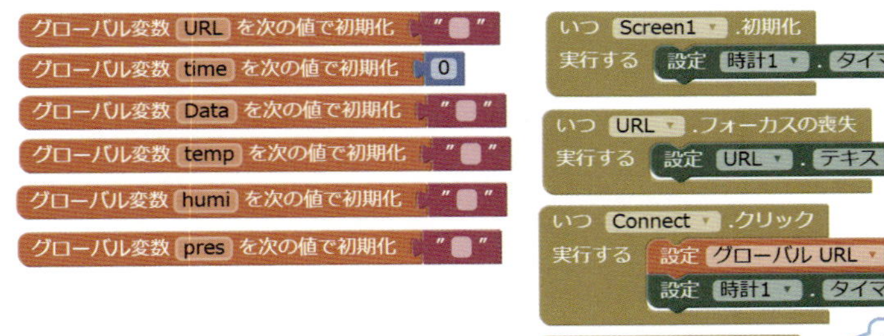

次に、折り返しの受信データの処理部が図5-15-5です。

●図5-15-5　例題のブロック　その2

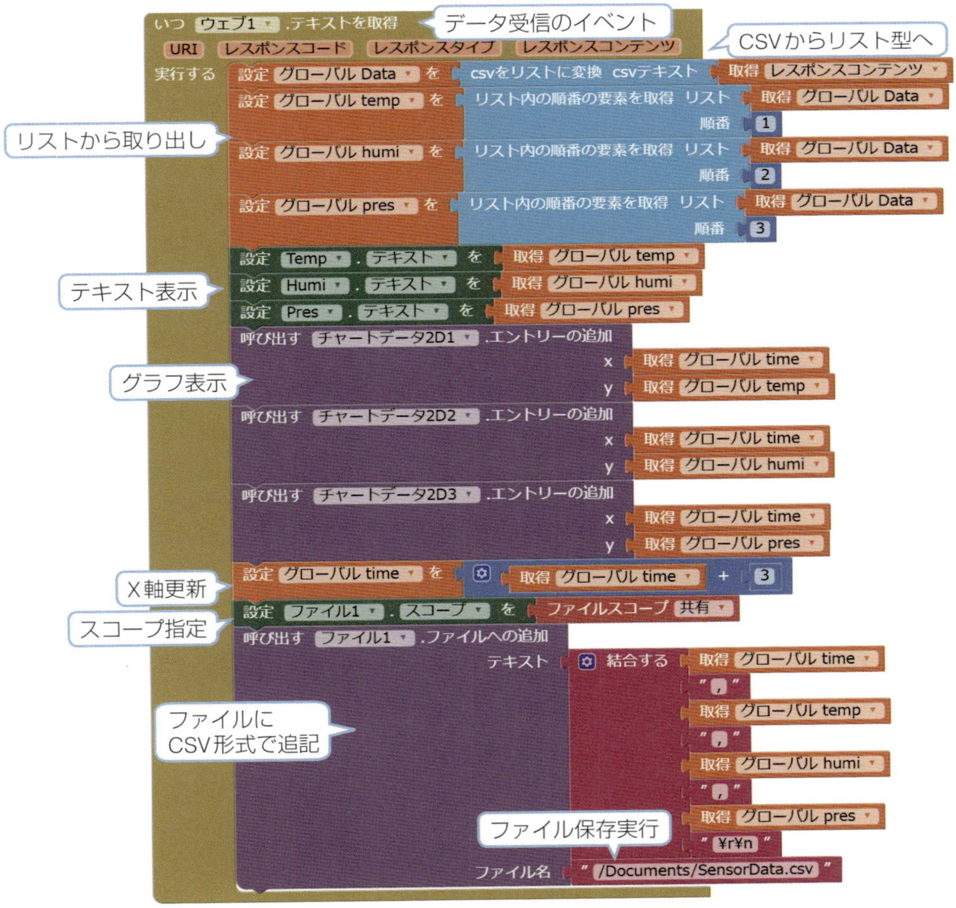

データ受信のイベントで開始します。受信データのレスポンスコンテンツにテキストデータがCSV形式で格納されていますから、それをリスト型に変換しDataとします。

そしてDataのリストの順でデータを取り出して変数temp、humi、presに代入します。

続いてそれらの変数をラベルにテキストとして表示し、さらにグラフとして表示します。

最後にそれらのデータとX軸の時間の値を、CSV形式としてファイルに追記し、最後に、「Documents/SensorData.csv」というディレクトリとファイル名で保存しています。

これでアプリの作成は完了です。ビルドしてダウンロード、インストールします。

5-15-5 動作確認

実際に実行した結果は図5-15-6のようになります。数値表示とグラフ表示ができています。気圧はkPa単位として温湿度と同じグラフ単位の中で表示できるようにしました。

そしてスマホ/タブレットのファイルマネージャで、本体の内部ストレージのDocumentsフォルダを確認すると確かにファイルが保存されています。

スマホ/タブレットをUSBケーブルで接続しても、このファイルを見ることができませんが、Google Driveか、OneDriveに転送できますから、パソコンに転送して扱うことができます。

●図5-15-6 例題の実行結果

(a) 実行結果例

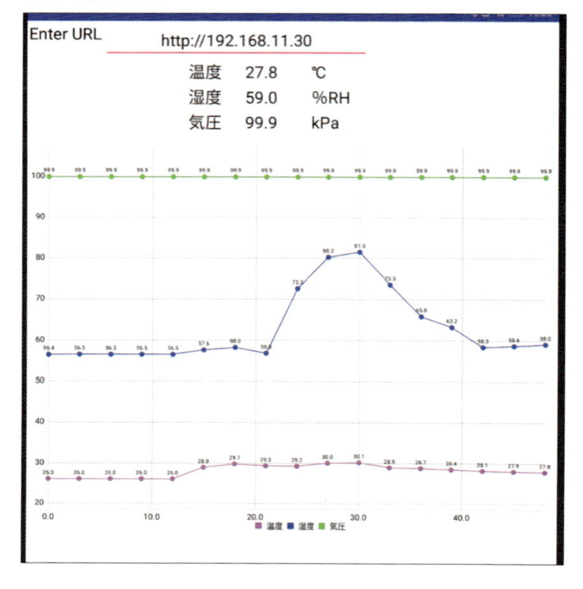

(b) ファイルの確認

第6章
製作例

6-1 リモコンカーの製作

市販キットの車体を使ってRaspberry Pi Pico Wで制御するリモコンカーを製作してみます。Wi-Fiを使ってスマホ/タブレットからリモコンできるようにします。さらに超音波距離センサで障害物を検出し回避する動作をさせるようにしました。

完成したリモコンカーの外観は写真6-1-1のようになります。

●写真6-1-1　完成したリモコンカー

6-1-1 リモコンカーシステムの全体構成

製作するリモコンカーの全体構成を図6-1-1のようにしました。制御部はRaspberry Pi Pico Wを中心として、モータ制御には小型のモータドライバを使い、電源はモータ専用にリチウム電池を使います。モータはTTモータというギヤードモータを使いました。

Picoの電源も専用のリチウム電池を使い、ダイオードを挿入してUSB電源との並列動作を可能にしています。

超音波距離センサはパルス幅でインターフェースできるものを使いました。

●図6-1-1　リモコンカーの全体構成

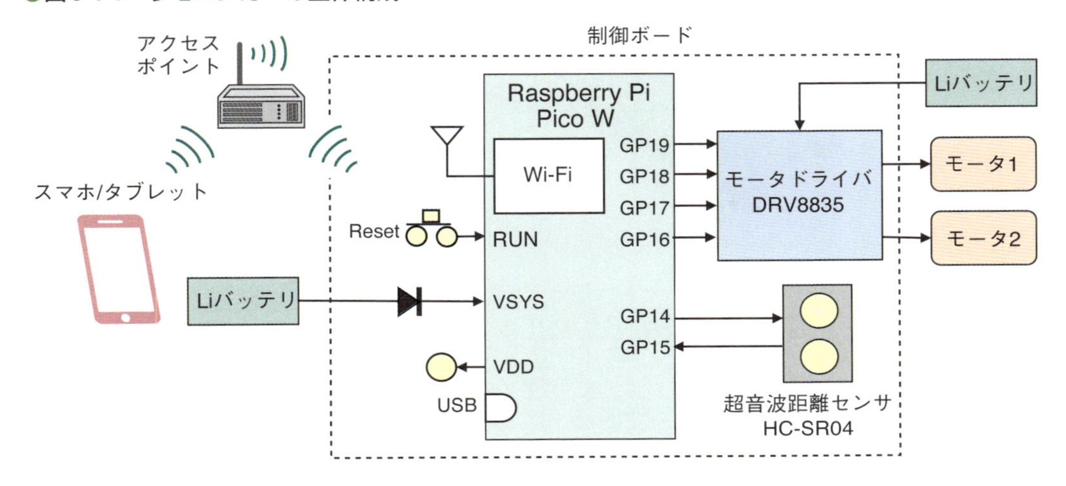

ここで使ったデバイスの外観と仕様を説明します。

1 車体キット　FT-DC-002

車のシャーシと駆動モータがキットになった製品で図6-1-2に示すような外観と仕様となっています。アルミの上下の板とTTモータが2個、車輪が2個、前輪用のキャスタが付属しているキットで、簡単に組み立てができます。TTモータは専用に作られたもののようですが、市販されている多くの製品と同じような仕様となっています。

●図6-1-2　車体キット

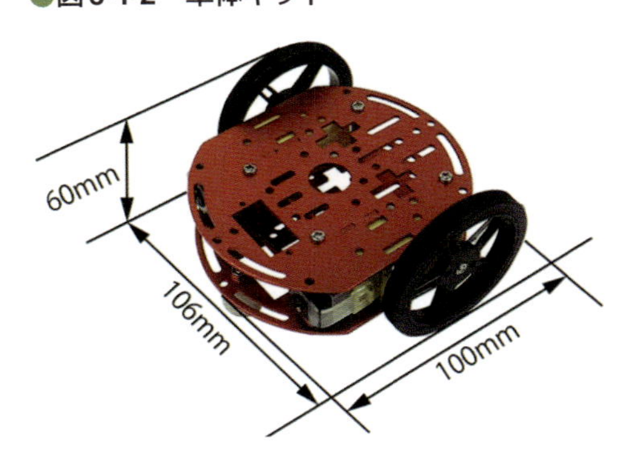

付属モータの仕様

型番	：FT-DC-130D 2台
ギヤ比	：1：48
電源	：3V～6V
無負荷電流	：0.15A@３V 0.2A@6V
ストール時	：Max 1.2A
無負荷回転数	：130RPM@3V 200RPM@6V
起動時トルク	：1.5kg·cm@3V 2.0kg·cm@6V
入手先	：秋月電子通商

2 モータドライバ　DRV8835

使用したモータドライバは図6-1-3に示すような小型基板にICを実装したもので、フルブリッジ構成*となっているので、2台のDCモータの回転方向と回転数の制御が可能なドライバとなっています。対象となるモータは、図6-1-2のモータですから、駆動電流は余裕があります。このICはモードが2種類ありますが、本書では図に示すモード0で使います。

*Hブリッジとも呼ばれる。4組のトランジスタで回転方向と回転数が制御できる回路構成

●図6-1-3　モータドライバの外観と仕様

型番　　　　　：DRV8835
回路構成　　　：フルブリッジ
負荷電源電圧：0～11V DC
負荷電流　　　：最大1.5A
ロジック電圧：2V～７V
入力PWM　　　：最高250kHz
入手先　　　　：秋月電子通商

動作モード

MODE	xIN1	xIN2	xOUT1	xOUT2	動作
0	0	0	HiZ	HiZ	空転
	0	PWM	L	PWM	逆転
	PWM	0	PWM	L	正転
	1	1	L	L	ブレーキ

ピン配置

Pin	信号名	Pin	信号名
1	VM	12	VCC
2	AOUT1	11	MODE
3	AOUT2	10	AIN1
4	BOUT1	9	AIN2
5	BOUT2	8	BIN1
6	GND	7	BIN2

3 超音波距離センサ

使用した距離センサは、図6-1-4に示すような送受センサが一体化され完成した形のものを使いました。使い方は図のようにトリガパルスを与えると、距離に応じたパルス幅のEcho信号が出力されるので、このパルス幅を計測して距離を求めます。

●図6-1-4　超音波距離センサの外観と仕様

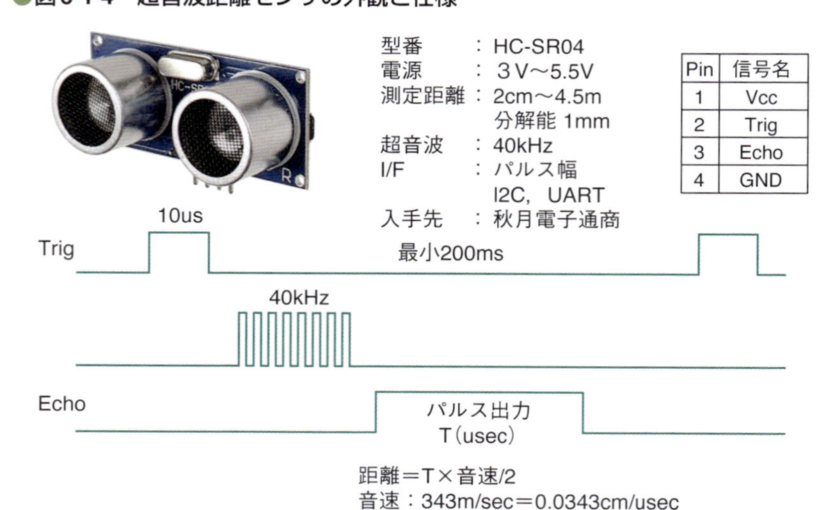

型番　　　：HC-SR04
電源　　　：３V～5.5V
測定距離：2cm～4.5m
　　　　　　分解能 1mm
超音波　　：40kHz
I/F　　　　：パルス幅
　　　　　　I2C，UART
入手先　　：秋月電子通商

Pin	信号名
1	Vcc
2	Trig
3	Echo
4	GND

6-1-2　ハードウェアの製作

まず全体構成に基づいて制御部を製作します。制御部の回路図が図6-1-5です。これをブレッドボードで組み立てました。

●図6-1-5　制御部の回路図

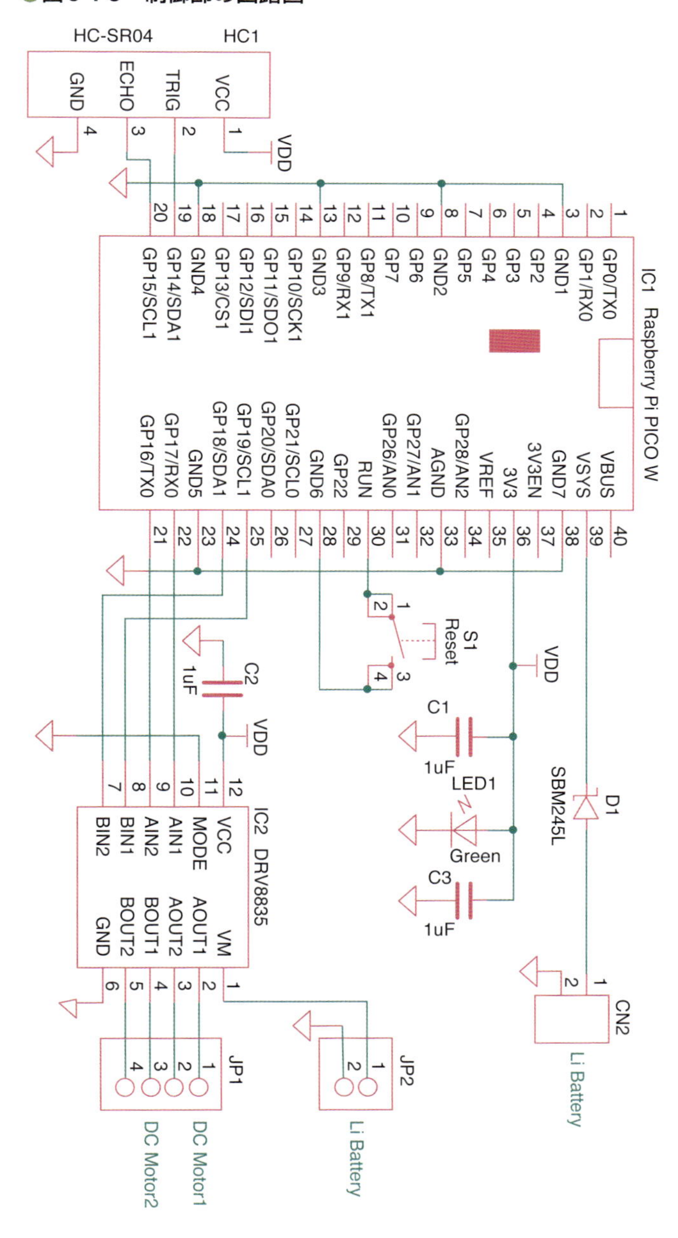

組立図と完成したブレッドボードが図6-1-6です。

超音波距離センサはブレッドボードの端に両面接着テープで固定し、配線はジャンパ線を使って接続しています。

キット付属のモータにはヘッダソケット付きケーブルが接続済みとなっているので、これをそのまま利用しています。2個のモータは逆方向に回転させる必要がありますから、配線の赤、黒が逆になるように接続します。

Pico用のリチウム電池接続用のコネクタは、コネクタソケットをダイオードと太めのリード線でブレッドボードに固定されるようにして実装しました。これで意外としっかり固定できました。

●図6-1-6　組立図と完成したブレッドボード

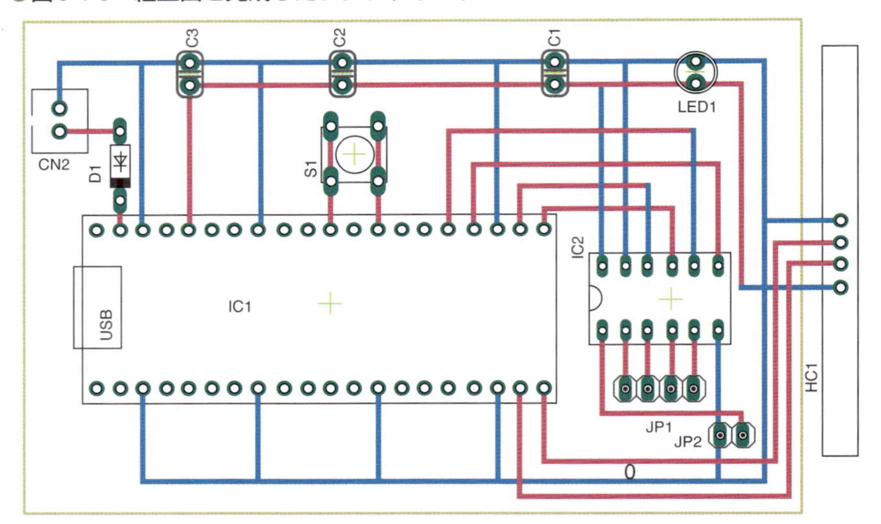

あとはこのブレッドボードを両面接着テープで車体の上側のシャーシに固定すれば完成です。両方のリチウム電池は車体の中に実装しています。その様子が写真6-1-2となります。

●写真6-1-2　車体内部の様子

6-1-3　Pico側のプログラムの作成

Raspberry Pi Pico W側のプログラムはMicroPythonで作成します。

ここで大きな問題は、Wi-Fiからの制御コマンドの受信処理をしながら、超音波距離センサの処理を高速で実行する必要があることです。超音波距離センサの処理を高速で実行しないと、間に合わず障害物に衝突してしまいます。

そこでスレッドを使って、2つの処理を別々のコア*で実行させることで、両方の処理を同時並行処理させることにしました。両方のコアからのモータ制御の出力が競合する可能性がありますから、ロックオブジェクトを使って競合を回避するようにしています。

このスレッド動作で重要なことがあります。最新のMicroPython Firmware v1.24.1ではこの同時並行処理が正常に動作せず*、1つ前のv1.23.0で動作させる必要があります。ブートスイッチを押しながらリセットして、「RPI_PICO_W-20240602-v1.23.0.uf2」のファイルを本体メモリにコピー*してから始めて下さい。

リモコン制御は、スマホ/タブレット側から、コマンドをWi-Fi経由のGETコマンドでコマンドを送信して制御します。コマンドは「http://192.168.11.63/xxxx*」」のフォーマットで、「/xxxx」の部分を次のようにしました。

/forward　：前進制御
/backward　：後進制御
/turnleft　：左旋回制御
/turnright　：右旋回制御
/stop　：停止制御
/speed/yyyyy/：速度設定制御　　yyyyyが速度値

*3-15節参照

*原因は不明、Wi-Fiの処理と関係がありそう

*詳細手順は、2-2節を参照

*IPアドレス部はPicoのIPアドレスになる。読者の環境に合わせて変更

作成したプログラムの初期設定部がリスト6-1-1となります。

最初のライブラリのインポートでは、ネットワーク関連とスレッド関連をインポートしています。Wi-Fiのアクセスポイントの定義*と、PWM出力の初期設定で10kHzの周期としています。さらにモータ制御の競合回避用のロックオブジェクトを定義しています。続いてモータの方向とPWMデューティ値をグローバル変数として両方のコアで参照できるようにしています。

その後はモータの制御を実行するサブ関数で、前進、後進、ブレーキ、速度設定の関数となっています。速度設定はスマホ/タブレットからの制御コマンドで指定されるデューティ値を使います。

*SSID、Passwordは読者の環境に合わせて変更

リスト 6-1-1 初期設定部とモータ制御関数

```
1  #***********************************************
2  #  ロボットカーの制御プログラム
3  #  MIT APP Inventorで作成したタブレットから制御
4  #   超音波距離センサで対象物回避
5  #***********************************************
6  from machine import PWM, Pin
7  import utime
8  import network
9  import socket
10 import re
11 import _thread
12 # Wi-Fi設定データ定義
13 ssid = 'YOUR SSID'
14 password = 'YOUR PASSWORD'
15 # 各インスタンス生成
16 MA2PWM = PWM(Pin(16), freq=10000)
17 MA1PWM = PWM(Pin(17), freq=10000)
18 MB2PWM = PWM(Pin(18), freq=10000)
19 MB1PWM = PWM(Pin(19), freq=10000)
20 # ロック作成
21 lock = _thread.allocate_lock()
22 #グローバル変数定義
23 Direction = 0   #進行方向
24 Duty1 = 0   #左モータ速度
25 Duty2 = 0   #右モータ速度
26 #**** モータ制御関数 ******
27 def Backward(duty1, duty2): #後進
28     MA2PWM.duty_u16(0)
29     MA1PWM.duty_u16(duty1)
30     MB2PWM.duty_u16(0)
31     MB1PWM.duty_u16(duty2)
32 def Forward(duty1, duty2):  #前進
33     MA1PWM.duty_u16(0)
34     MA2PWM.duty_u16(duty1)
35     MB1PWM.duty_u16(0)
36     MB2PWM.duty_u16(duty2)
37 def Break():                #停止
38     MA1PWM.duty_u16(0)
39     MA2PWM.duty_u16(0)
40     MB1PWM.duty_u16(0)
41     MB2PWM.duty_u16(0)
42 def SetSpeed(duty1, duty2): #速度変更
43     global Direction
```

```
44      if Direction == 0:
45          Forward(duty1, duty2)
46      else:
47          Backward(duty1, duty2)
```

3-11節を参照

次のリスト6-1-2がネットワーク接続を実行する部分で、ここは第3章で説明*した内容のままです。ThonnyのシェルにIPアドレスが出力されます。

リスト 6-1-2　ネットワーク接続部

```
49  #**** アクセスポイントと接続、サーバ動作開始
50  wlan = network.WLAN(network.STA_IF) # Wi-Fiインスタンス生成
51  wlan.active(True)                   # Wi-Fi有効化
52  wlan.connect(ssid, password)        # アクセスポイントに接続
53  # 接続成功を確認
54  while not wlan.isconnected():       # 接続待ち
55      pass
56  status =  wlan.ifconfig()
57  print('IP=' + status[0])
```

6
製作例

次が超音波距離センサの処理部でリスト6-1-3となります。

ここはコア1側で実行するスレッド用関数として作成します。まずモータの方向とデューティが参照できるようにグローバル変数定義をし、次に永久ループとして全体を構成します。

超音波距離センサに10μsec幅のトリガ信号を出力したあと、Echoの信号がHighになってからLowになるまでのパルス幅をタイマで測定します。その結果から距離を計算しています。

Directionが0のときは前進中

その距離が、前進中のときだけ*15cm以下の距離になったら、モータをいったん停止制御し、続いて右方向に90度向きを変え、その後元の速度で前進を開始します。90度向きを変えるには右旋回を1.2秒だけ実行しています。この時間は実機で実際に確かめて決める必要があります。

超音波距離センサの最短周期

また、モータ制御はメインの処理と競合しますから、with構文を使ってロックしています。以上の処理を最短の0.2秒周期*で繰り返します。

リスト 6-1-3　超音波距離センサのスレッド部

```
59  # 距離測定用ピン設定
60  Trigger = Pin(14, Pin.OUT)
61  Echo = Pin(15, Pin.IN)
62  #******* 距離測定のCore1側スレッド ********
63  def mes_dist():
64      global Direction, Duty1, Duty2
65      while True:
66          with lock:
67              Trigger.low()
68              utime.sleep_us(2)
69              Trigger.high()  #トリガパルス出力
70              utime.sleep_us(10)
71              Trigger.low()
72              # 距離計測  タイマの時間で
73              while Echo.value() == 0:
74                  state_off = utime.ticks_us()
```

```
75            while Echo.value() == 1:
76                state_on = utime.ticks_us()
77            distance = (state_on - state_off)*0.0343/2
78            # print(distance, 'cm')
79            # 15cm以下で右旋回
80            if Direction == 0:
81                if distance < 15 :
82                    Break()
83                    utime.sleep(0.5)
84                    Direction = 1             # バック
85                    SetSpeed(50000, 0)        # 右旋回90度
86                    utime.sleep(1.2)          # 1.2秒
87                    Direction = 0             #  前進
88                    SetSpeed(Duty1, Duty2)    #  元の速度で
89            utime.sleep(0.2)                  # 距離検出周期
```

次がコア0側で実行するメインスレッドの処理でリスト6-1-4となります。

最初にサーバ動作を開始し、クライアント接続*を待ちます。接続があったらデータを受信します。そのデータのコマンド種類に従ってモータの制御を実行します。モータの前進、後進の切替時は0.5秒待ってからモータを回しています。それぞれの処理後、コマンドに対するHTTPの応答を返信して接続終了となります。

* スマホ/タブレットのこと

最後に2つのスレッドの実行を開始しています。これで超音波距離センサの処理がコア1側でメイン処理がコア0側で実行されることになります。

リスト 6-1-4　Wi-Fiからのコマンド処理のメインスレッド

```
91  #******** Core0側のメインスレッド **********
92  def server():
93      global Direction, Duty1, Duty2
94      #**** ソケットの設定とサーバ動作開始 IPv4 TCP/IP
95      addr = socket.getaddrinfo('0.0.0.0', 80)[0][-1]
96      s = socket.socket(socket.AF_INET, socket.SOCK_STREAM)
97      s.setsockopt(socket.SOL_SOCKET, socket.SO_REUSEADDR,3)
98      s.bind(addr)
99      s.listen(5)                             #サーバリスン開始
100     print('listening on', addr)
101     #クライアント接続処理
102     while True:
103         conn, addr = s.accept()             #クライアント接続
104         print('Connected %s' % str(addr[0]))
105         if addr[0] == '192.168.11.1':       # Server inhibit
106             conn.close()
107         else:
108             request = conn.recv(1024)       # Data receive
109             print(request)                  # 受信データ確認
110             # 受信データ処理 モータの制御
111             with lock:
112                 if '/forward' in request:
113                     Break()
114                     utime.sleep(0.5)
115                     Direction = 0
116                     Forward(Duty1, Duty2)
117                 elif '/backward' in request:
118                     Break()
119                     utime.sleep(0.5)
```

```
120                 Direction = 1
121                 Backward(Duty1, Duty2)
122             elif '/turnleft' in request:
123                 SetSpeed(60000, 50000)
124             elif '/turnright' in request:
125                 SetSpeed(50000, 60000)
126             elif '/stop' in request:
127                 Direction = 3
128                 Break()
129             elif '/speed' in request:   #速度変更
130                 temp = request[11:16]
131                 Duty1 = int(temp)
132                 Duty2 = int(temp)
133                 SetSpeed(Duty1, Duty2)
134             # HTTP レスポンス送信
135             res = "HTTP/1.1 200 OK¥r¥nContent-Type: text¥r¥n¥r¥n"
136             conn.send(res)              #送信実行
137 #           print(res)                  #送信データ確認
138             conn.close()
139 #******* スレッド実行開始 ************
140 #Core1
141 _thread.start_new_thread(mes_dist, ())
142 #Core0
143 server()
```


6-1-4　スマホ/タブレット側のプログラム作成（プロジェクト名 RoboCar）

スマホ/タブレット側のプログラムはMIT App Inventor2で作成します。
まず画面のデザインは図6-1-7のようにしました。

●図6-1-7　画面デザイン

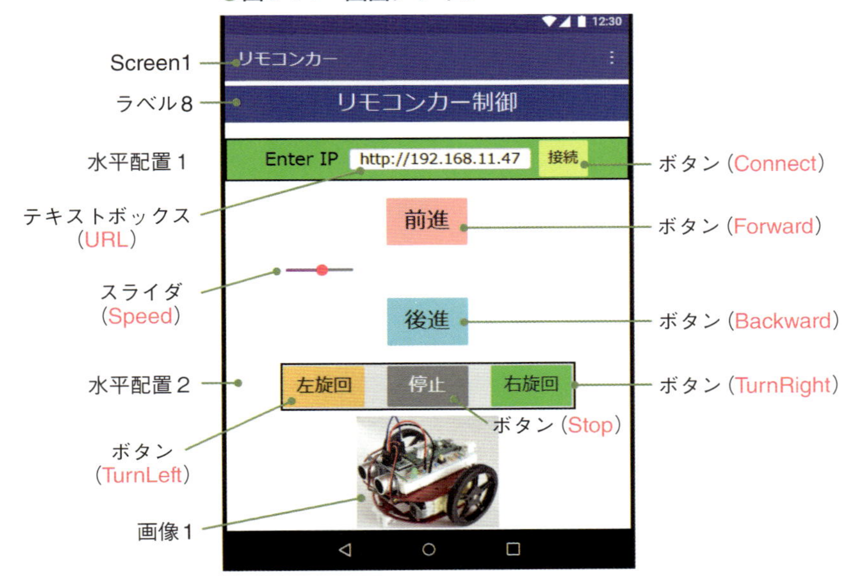

●図6-1-7　画面デザイン（つづき）

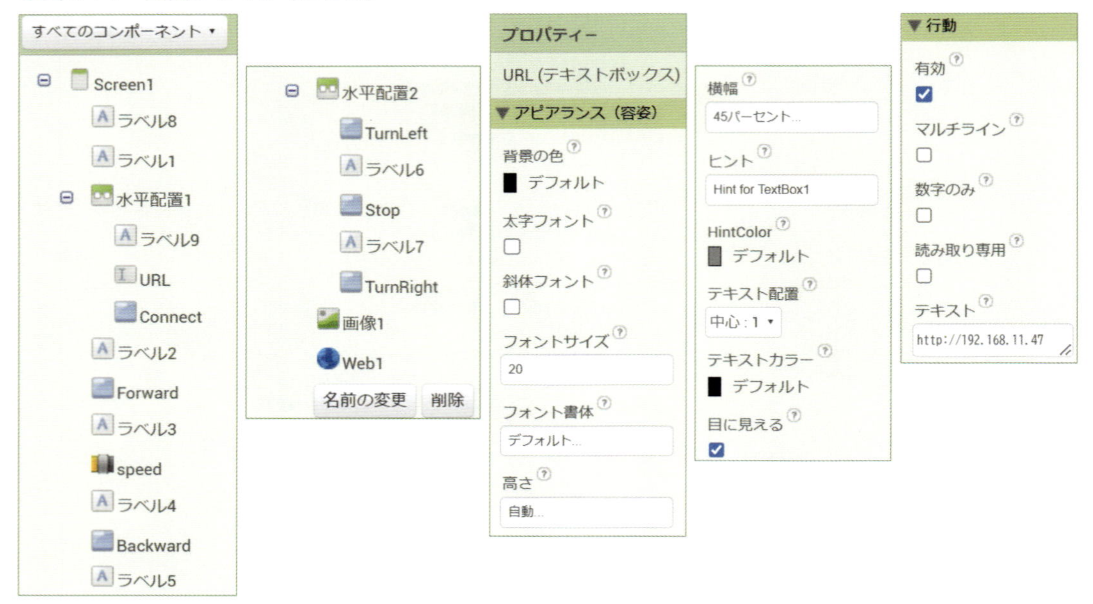

5-4-1項で例に使ったデザインです。ボタンやスライダなどのサイズは自動かパーセントで指定しています。これで画面サイズの異なるスマホ/タブレットでも同じように表示することができます。またブロックエディタで使う必要があるコンポーネントには赤字で表示した名前を付加しています。ボタンとボタンの間にはラベルを挿入して適当な間隔があくようにしています。

ボタンやスライダの設定は図6-1-8のようにしています。前進、後進のボタンは文字サイズを30ポイントにして大き目にし、幅を20%で統一しています。スライダは幅を70%とし、値の範囲をPWMのデューティ値の範囲に合わせて50000から65535の範囲としています。最小値を50000としたのはこれ以下ではモータが回らないためです。水平配置で左右旋回と停止ボタンをまとめています。画像は高さを25%としたあと、幅を画像に合わせて調整しています。

デザインが完了したらブロックプログラミングです。ブロックは図6-1-9のように意外と簡単な構成でできてしまいます。

最初はURLの設定で、テキストボックスURLが設定されたらそれをURL変数として格納します。Connectボタンクリックで接続します。

その後はボタンかスライダがタップされるごとに、それぞれのコマンドをWeb1を使って送信しています。これでそれぞれがGETコマンドとして送信されます。

スライダの処理では「thumbの位置」という変数で設定値が取得できますから、これをパラメータとして一緒に追加して送信しています。

●図6-1-8　ボタンやスライダの設定

●図6-1-9　ブロックの全体構成

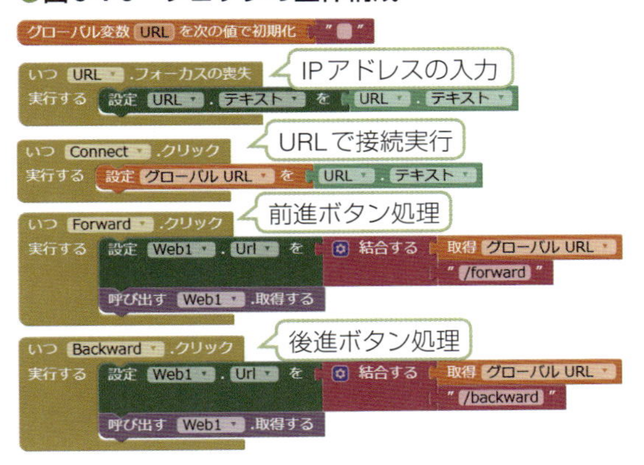

●図6-1-9　ブロックの全体構成（つづき）

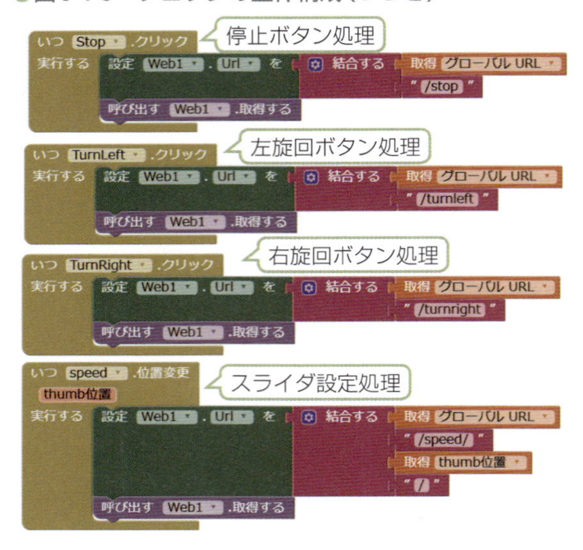

詳細は4-4節を参照

詳細は5-3-5項を参照

以上で例題のブロックは完成です。これをビルドしてダウンロードしインストール*すればアプリとして起動できます。

アプリのアイコンは他と同じようにChatGPT4oで生成*してもらって作成します。

6-1-5　動作確認

Raspberry Pi Pico WのIPアドレスを入力する

実際に動作させたときの画面例が図6-1-10となります。

操作手順は、最初にURL部に値を入力*してから接続ボタンをタップします。これでWi-Fi接続が開始されます。

ちょっと待って接続ができたらスライダで速度を設定します。これで車は動き出します。あとは前進、後進、旋回のボタンで動きをコントロールします。

前方に障害物があれば自動でいったん停止し、右に90度旋回してから前進を始めます。この機能は前進中のときだけ動作します。

●図6-1-10　動作画面例

6-2 CO_2モニタの製作

　CO_2センサを使ってCO_2濃度を測定し、濃度に応じてサーボモータで目盛表示し、テープLEDを使ってケースの色を可変するCO_2モニタを製作します。
　完成したCO_2モニタの外観が写真6-2-1となります。

●写真6-2-1　完成したCO_2モニタ

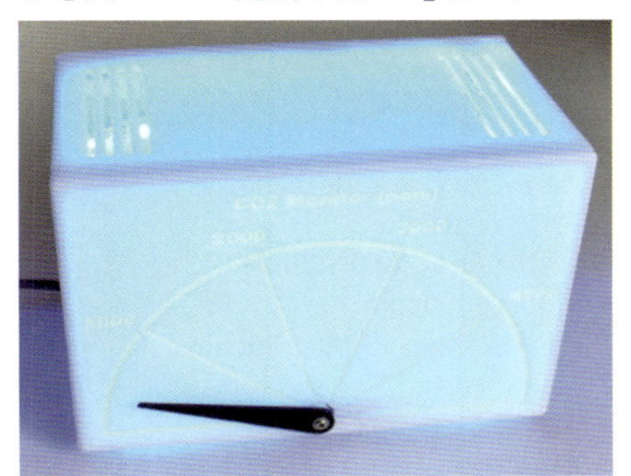

6-2-1　CO_2モニタの全体構成

　製作するCO_2モニタの全体構成は図6-2-1としました。

●図6-2-1　CO_2モニタの全体構成

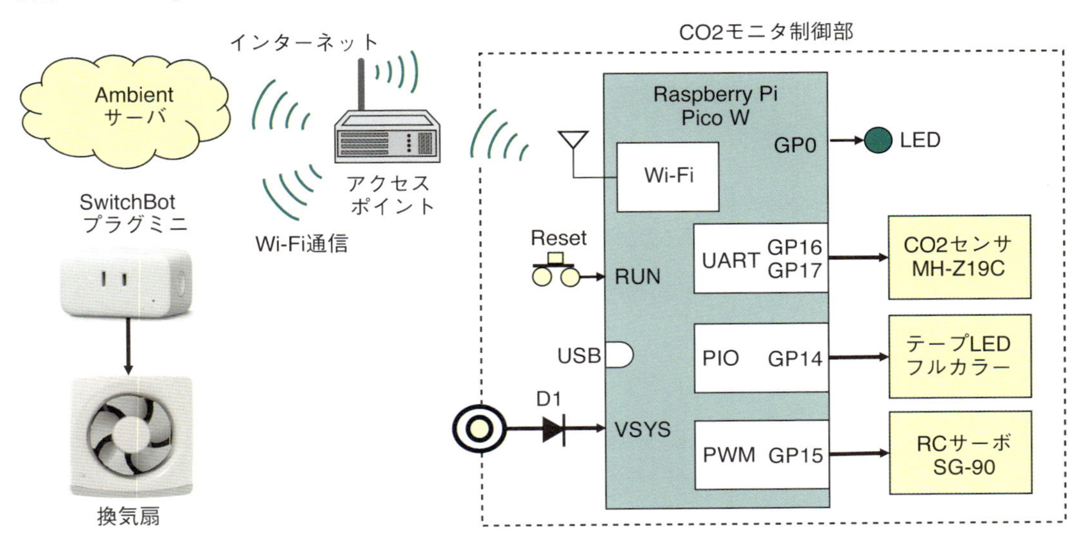

CO_2センサとしてMH-Z19Cという赤外線式のCO_2センサを使います。これをUARTで接続し、CO_2濃度に応じてRCサーボの角度をPWMで制御します。さらにPico内蔵のPIOを使ってテープLEDを制御*し、CO_2濃度に応じて色を可変します。

詳細は3-14節を参照

CO_2濃度のデータを一定間隔で測定し、それをインターネット経由Ambient*のクラウドにアップしてグラフを作成します。

グラフ表示のクラウドサービス。受信したデータをグラフ化し、ネット上に表示する

さらにCO_2濃度が一定以上の値になったらSwitchBotのプラグミニをオンとして換気扇を動かします。CO_2濃度が低下したら換気扇をオフとします。

本章で使うCO_2センサは図6-2-2のような仕様になっていて、CO_2濃度をppm単位で取得できます。マイコンとのインターフェースはUARTによるシリアル通信か、PWMによるパルス幅となっています。

●図6-2-2　CO_2センサの仕様

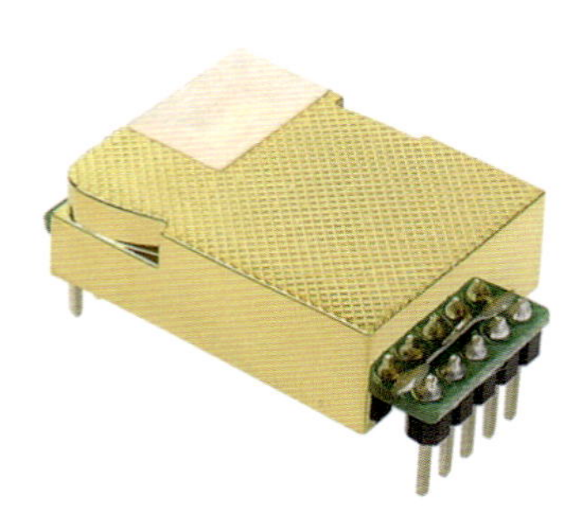

型番　：MH-Z19C
電源　：DC5V±0.1V
　平均40mA　Max120mA
検出範囲：400～5000ppm
　分解能1ppm　精度±50ppm
応答時間：2分
出力I/F　：UART（3.3V TTLレベル）
　9600bps　データ8ビット
　1ストップ　パリティなし
出力I/F　：PWM　周期1004ms
　デューティ202ms～1002ms
ゼロ調整：自動（室内）
寸法　：33×20×9mm
入手先　：秋月電子通商

No	信号名	機能
1	HD	外部ゼロ調整
2	SR	----
3	TX	送信出力
4	RX	受信入力
5	Vo	---
6	VIN	電源5V
7	GND	グランド
8	AOT	----
9	PWM	パルス出力

UARTのシリアル通信で制御する場合は図6-2-3のような簡単なプロトコルで使えます。0x86というコマンドを含めた9バイトを送ると、応答としてCO_2濃度の2バイトのデータを含んだ9バイトが返送されてきます。この2バイトから直接ppmの値を得ることができます。ただし電源オン後の数十秒の間は応答がありませんので、その対応*をする必要があります。

受信の永久待ちにならないようにする必要がある

●図6-2-3　CO_2センサのUARTプロトコル

(a) コマンド

0xFF	0x01	0x86	0x00	0x00	0x00	0x00	0x00	0x79

(b) 応答

0xFF	0x86	High	Low	---	---	---	---	Sum

濃度＝High×256＋Low（ppm）

6-2-2　ハードウェアの製作

まず全体を制御する制御部から製作します。完成した制御部の基板の外観が写真6-2-2となります。

●写真6-2-2　制御部の外観

そして制御部の回路図が図6-2-4となります。Raspberry PI Pico Wを中心にしてCO_2センサをUARTで接続、サーボモータは3ピンのヘッダピンで接続、テープLEDは専用のコネクタケーブルを直接基板にはんだ付けしています。

電源として外部からDC5VのACアダプタから供給し、単独動作ができるようにします。テープLEDとサーボモータには大電流が必要ですので、この5Vを直接供給します。PicoにはダイオードD1を挿入してVSYS端子に供給します。これでUSB電源との並列供給*が可能になります。LED1は目印用でデバッグのときに使います。

*詳細は2-1-4項を参照

●図6-2-4　制御部の回路図

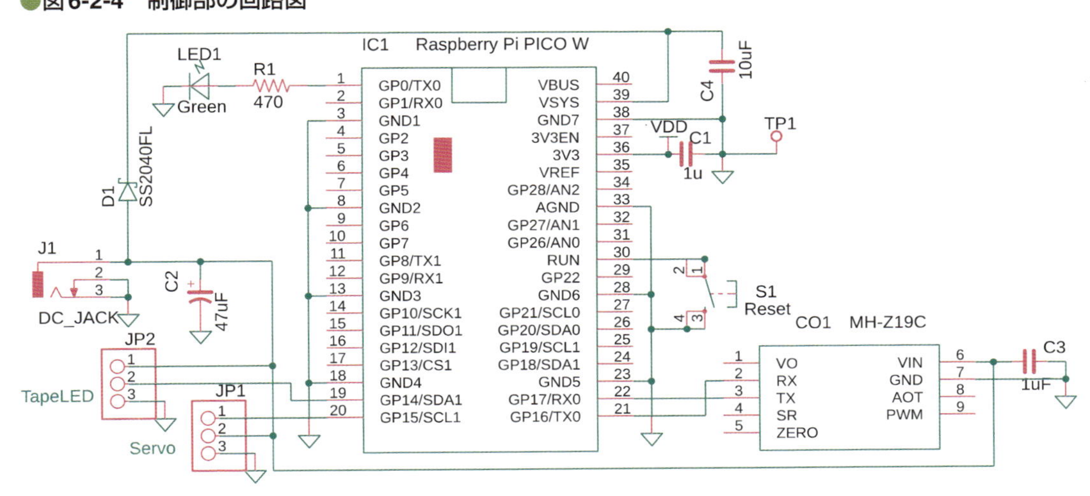

この回路図を元にした組立図が図6-2-5となります。

●図6-2-5　組立図

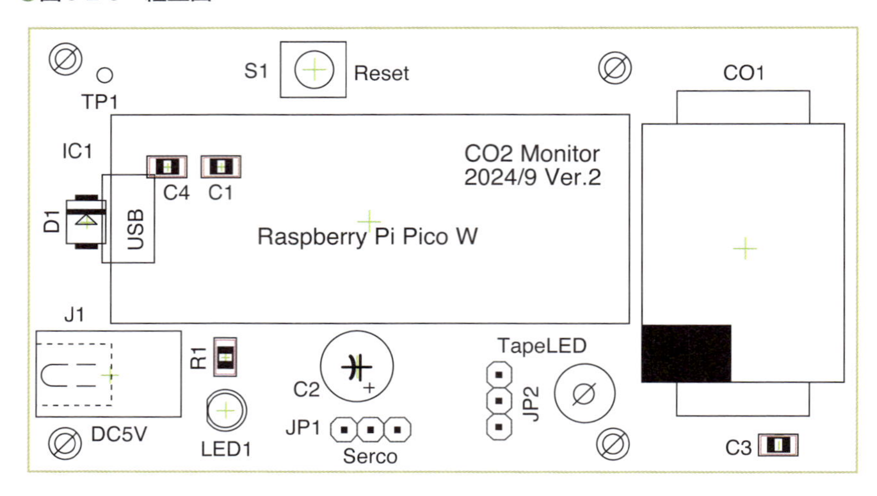

全体を実装するケースと、指針は3Dプリンタで製作しました。全面パネルには目盛とppmの数値が表示できるようにしました。裏面パネルにはテープLEDを実装しています。この実装は写真6-2-3のようにテープLEDの両面接着テープを利用して無理矢理折り曲げて固定しています。ちょっと長めでしたから半分程度の長さで切断しても良いかと思います。

●写真6-2-3　裏面パネルのLED実装

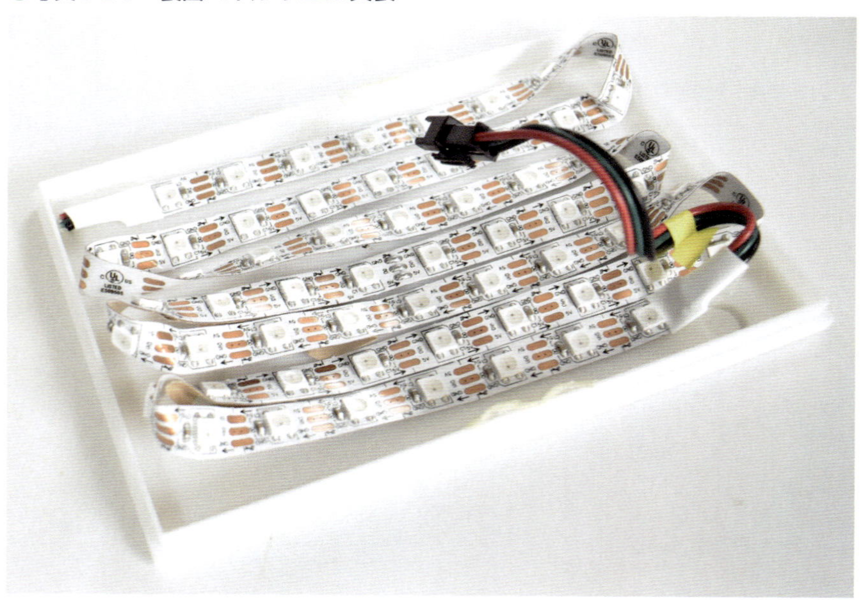

6-2-3　プログラムの作成

Raspberry PI Pico WのMicroPythonのプログラムの作成です。完成したプログラムがリスト6-2-1からリスト6-2-5となります。

リスト6-2-1では、ライブラリをインポートしたあと必要なデバイスのインスタンスを生成しています。その後ネットワーク関連のデータを定義しています。Ambientのbodyではd1とd2の2項目を指定していますが、使っているのはd1だけで、CO_2濃度を設定しています。

リスト 6-2-1　初期設定部

```
1   #*********************************************
2   #  PICOの製作例  CO2モニタ
3   #     センサ：MH-Z19C
4   #********************************************
5   from machine import Pin, I2C, Timer, PWM, UART
6   import time
7   import network
8   import urequests
9   import socket
10  import array, rp2
11
12  #**** インスタンス生成 *************
13  #GPIO
14  Green = machine.Pin(0, machine.Pin.OUT)
15  #インターバルタイマの生成
16  intervaltimer = Timer()
17  #I2Cのインスタンス生成
18  i2c = I2C(1, sda=Pin(18), scl=Pin(19))
19  #UARTのインスタンス生成
20  serial = UART(0, baudrate=9600, tx=Pin(16), rx=Pin(17))
21  #サーボのインスタンス生成
22  servo = PWM(Pin(15), freq=50)
23
24  #Wi-FiのSSIDとパスワード、変数定義
25  ssid = 'YOUR SSID'
26  password = 'YOUR PASSWORD'
27  # Ambient用 送信メッセージ定義
28  url = 'https://ambidata.io/api/v2/channels/'+'82219'+'/data'
29  http_headers = {'Content-Type':'application/json'}
30  http_body = {'writeKey':'YOUR KEY', 'd1':0.0, 'd2':0.0}
31  # Global 変数
32  co2 = 400
33  Flag = 0
34  Degree = 0
35  RGB = [0, 0, 0]
36  interval = 0
37  counter = 0
```

リスト6-2-2がタイマの割り込み処理関数、タイマ設定部と、テープLEDの制御関数部になります。タイマは10秒ごとに割り込みを生成するようにしてFlag変数をセットしています。テープLED制御関数は3-14節で解説したのと同じとなっています。

リスト 6-2-2 タイマ設定とテープLED制御関数

```
38
39 #*** タイマ割り込み処理関数 ********
40 # 10秒ごとにセンサデータ測定
41 def isrFunc(timer):
42     global Flag
43     Flag = 1
44 #******* 初期設定 ************************
45 #タイマ動作開始 10秒間隔
46 intervaltimer.init(period=10000, callback=isrFunc)
47
48 #********* テープLED関連 **********
49 # NeoPixel WS2812Bの変数設定
50 NUM_LEDS = 60   # NeoPixelの数
51 LED_PIN = 14# NeoPixel信号接続端子
52 # LEDのRGBの値を指定する24bit(8bit x 3)の配列を定義
53 ar = array.array("I", [0 for _ in range(NUM_LEDS)])
54 #***** テープLED制御関数定義(PIO) *****
55 @rp2.asm_pio(sideset_init=rp2.PIO.OUT_LOW, out_shiftdir=rp2.PIO.SHIFT_LEFT,
56              autopull=True, pull_thresh=24)
57 def ws2812():
58   T1 = 2
59   T2 = 5
60   T3 = 3
61   wrap_target()
62   label("bitloop")
63   out(x, 1) .side(0) [T2 - 1]
64   jmp(not_x, "do_zero") .side(1) [T1 - 1]
65   jmp("bitloop") .side(1) [T3 - 1]
66   label("do_zero")
67   nop() .side(0) [T3 - 1]
68   wrap()
69 # テープLEDインスタンス定義
70 sm = rp2.StateMachine(0, ws2812, freq=8_000_000, sideset_base=Pin(LED_PIN))
71 sm.active(1)
72 # テープLED出力データ生成関数
73 def drawpix(num, r, g, b):
74   ar[num] = g << 16 | r << 8 | b
```

3-16節参照。APIトークンは読者が取得したものとする

3-11節参照

リスト6-2-3がSwitchBot制御関数*とWi-Fiのアクセスポイントとの接続部*で、これらはいずれも第3章で解説したものと同じとなっています。

リスト 6-2-3 SwitchBot制御関数とWi-Fi接続部

```
76 #**** SwitchBotデバイスの操作 ****
77 # SwitchBot API設定
78 SWITCHBOT_API_URL = "https://api.switch-bot.com/v1.0/devices/DEVICE_ID/commands"
79 API_TOKEN = 'YOUR API TOKEN'
80 # SwitchBot制御サブ関数
81 def control_switchbot(device_id, command):
82     headers = {
83         'Authorization': API_TOKEN,
84         'Content-Type': 'application/json; charset=utf8'
85     }
86     data = {
87         'command': command,
88         'parameter': 'default',
```

```
89          'commandType': 'command'
90      }
91      response = urequests.post(SWITCHBOT_API_URL.replace("DEVICE_ID", device_id), json=data, headers=headers)
92      print('Response:', response.text)
93      response.close()
94
95  #**** アクセスポイントとの接続 **************
96  wlan = network.WLAN(network.STA_IF)      # Wi-Fiインスタンス生成
97  wlan.active(True)                        # Wi-Fi有効化
98  wlan.connect(ssid, password)             # アクセスポイントに接続
99  # 接続成功を確認
100 while not wlan.isconnected():            # 接続待ち
101     pass
102 status =  wlan.ifconfig()
103 print('IP=' + status[0])                 # 接続成功でIPアドレス表示
```


リスト6-2-4がメインループの前半部で、永久ループで繰り返す部分です。最初にFlagをチェックして10秒ごとに繰り返し実行するようにしています。

CO_2センサにトリガコマンド送信後、センサからCO_2濃度データを読み出しています。この濃度値を元にサーボを制御して指針を動かします。濃度の0～5000ppm*の範囲を目盛の0～180度としています。

* CO_2濃度は実際には400ppm以上

さらにテープLEDの色の制御をしています。濃度の段階を5段階にして青（400～800ppm）、シアン（800～1000ppm）、緑（1000～1500ppm）、黄（1500～2500ppm）、赤（2500pp～5000ppm）の色とし、それぞれの間を濃度に応じて明るさを可変しています。

リスト 6-2-4　CO_2データ取得、サーボ制御、LED制御

```
105 #**** メインループ *****************
106 # CO2センサからデータ取得しサーボとLED制御
107 command_to_co2 = bytes([0xFF,0x01,0x86, 0, 0, 0, 0, 0, 0x79])
108 while True:
109     if Flag == 1:
110         Green.value(1)
111         Flag = 0;
112         #**** CO2センサデータ読み出し ***
113         serial.write(command_to_co2)     # コマンド送信
114         time.sleep(0.1) #wait
115         rcv = serial.read(9)             # 9バイト読み込み
116         if rcv and len(rcv) == 9:        # 受信確認
117             rcv_list = list(rcv)         # リストに変換
118             print(rcv_list)              # デバッグ用
119             if rcv_list[1] == 134:       # 0x86確認
120                 #CO2データを求める
121                 co2 = rcv_list[2] * 256 + rcv_list[3]
122             else: continue
123         else: continue
124         print(co2)                       # デバッグ用
125
126         #**** サーボの制御 **********
127         #CO2濃度から角度を求める　0 to 5000 を 0 to 180へ
128         Degree = 180 - 180*co2/5000
129         #角度からデューティ値を求める
130         Duty = (int)((Degree/180.0)*(7860-1770)+1770)
```

```
131         # RCサーボの制御
132         servo.duty_u16(Duty)
133         # print(Duty)
134
135         #*** テープLEDの制御 ********
136         #CO2濃度から色を決める
137         if co2 > 2500:
138             RGB = [(int)(255*co2/5000), 0, 0]    # Red
139         elif co2 > 1500:
140             RGB = [(int)(255*co2/2500), 128, 0]  # Yellow
141         elif co2 > 1000:
142             RGB = [0, (int)(255*co2/1500), 0]    # Green
143         elif co2 > 800:
144             RGB = [0, (int)(255*co2/1000), 128]  # Cyan
145         else:
146             RGB = [0, 0, 255]                    # Blue
147         # LED制御実行
148         for j in range(0, NUM_LEDS):
149             drawpix(j, RGB[0], RGB[1], RGB[2])
150         sm.put(ar, 8)                            # 出力
```

リスト6-2-5がAmbientへの送信と、SwitchBotの制御部となっています。この部分は30秒ごとの繰り返しにするため最初にinterval変数で3カウントしています。

AmbientにはCO_2濃度だけを設定して送信しています。

SwitchBotの制御は、CO_2濃度が2000ppmを5回連続、つまり2分半継続したらプラグミニをオンに制御して換気扇を回します。その後CO_2濃度が800ppm以下になったらオフ制御をしています。

リスト 6-2-5　Ambient送信とSwitchBot制御部

```
152         #***** Ambientへ送信 *************
153         interval = interval +1
154         if interval >= 3:
155             interval = 0
156             # Body部にデータセット　辞書形式のデータに文字列として代入
157             http_body['d1'] = str(co2)           # CO2セット
158             #***** Ambientに送信　urequiestで送信 ********
159             try:
160                 res = urequests.post(url, json=http_body, headers=http_headers)
161                 # Message 200 is OK
162                 print('HTTP State=', res.status_code)
163                 print(http_body)
164                 res.close()                      # 接続終了
165             except Exception as e:               # 接続エラーの処理
166                 print(e)
167                 pass
168
169             #****** SwitcjBotの制御 ******************
170             if co2 > 2000:
171                 counter += 1
172                 if counter > 4:                  # 5回連続で超えた場合
173                     control_switchbot("3C8427A1B462", "turnOn")
174                     counter = 0;
175             elif co2 < 800:
176                 counter = 0
177                 control_switchbot("3C8427A1B462", "turnOff")
```

```
178
179            Green.value(0)
```

以上がプログラム全体です。

6-2-4 動作確認

ケース内部に息を吹き込めばすぐCO_2濃度が上昇するので、これで動作を確認できます。

実際にしばらく動作させた結果のAmbientのグラフが図6-2-6となります。常時は400ppmを保っていますが、人が部屋に入ってしばらくすると上昇します。また息をケースに吹き込むとすぐ3000ppm以上まで上昇します。

今回使ったCO_2センサは動作が安定していて、テープLEDの温度が上昇して、接着剤の有機ガスが発生している状態でもCO_2濃度だけに反応しているようです。

●図6-2-6　Ambientのグラフ例

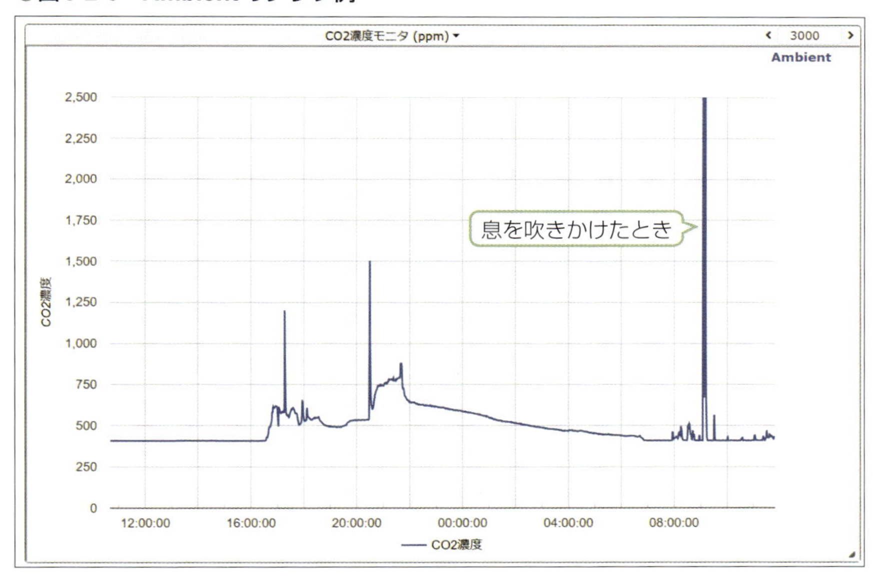

6-3 リチウム電池充電器の製作

リモコンカーでも使っているリチウム電池を充電できる充電器を製作します。できるだけ簡単にするため充電専用ICを使います。このICは超小型ですので、変換基板を使ってブレッドボードに実装できるようにして全体をブレッドボードで製作します。完成した充電器の外観が写真6-3-1となります。右上側のブレッドボードはBasic Boardです。マイコン処理をBasic Boardに実装します。ジャンパ線はGNDと電流と電圧を測定するための接続です。

●写真6-3-1　完成した充電器の外観

6-3-1 充電器の全体構成

このリチウム電池充電器の全体構成は図6-3-1のようにしました。充電機能は専用IC（MCP73827）で実現します。

さらに充電状況がわかるように、電圧と電流を測定してスマホ/タブレットに送信し、グラフ表示します。さらに、Ambientクラウドにも送信してグラフ表示できるようにします。これらの処理にはBasic Boardを充電ボードに連結して実行することにします。

●図6-3-1　充電器の全体構成

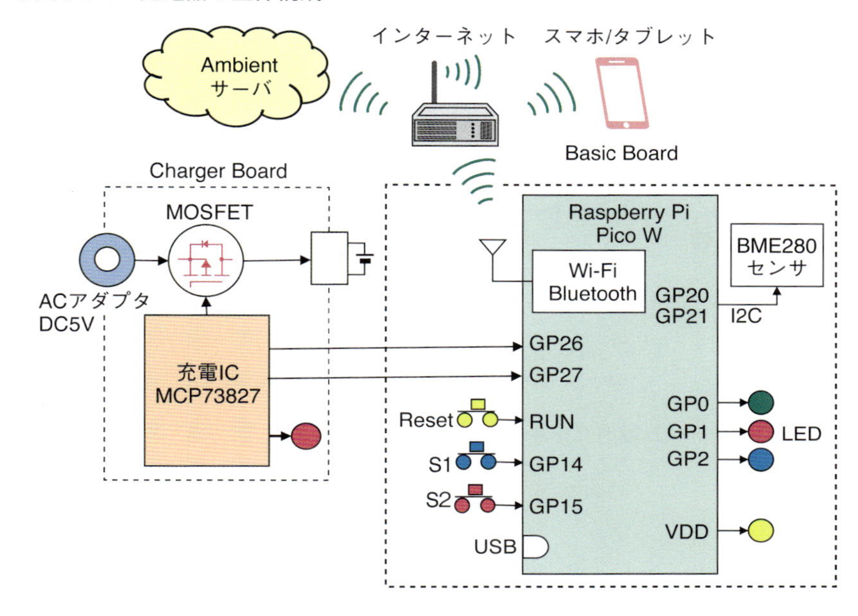

ここで使ったリチウム電池充電専用ICの外観と仕様は図6-3-2のようになっています。

●図6-3-2　リチウム電池充電専用ICの外観と仕様

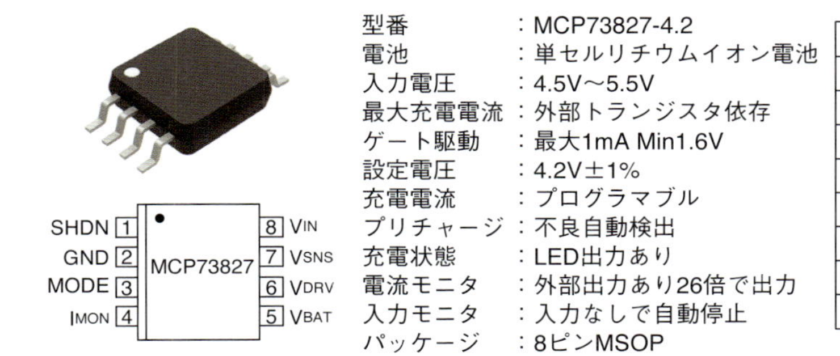

No	信号名	機能
1	SHDN	Lowで強制停止
2	GND	グランド
3	MODE	状態出力
4	IMON	電流モニタ出力
5	VBAT	電池電圧モニタ入力
6	VDRV	外部MOSFET駆動出力
7	VSNS	電流検出
8	VIN	入力電源

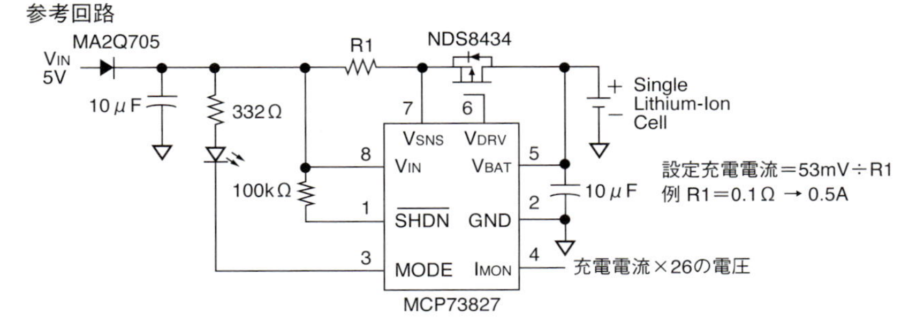

このICの便利なところは、充電電流がICのピンから得られることです。電流値を26倍した電圧値で出力されるため、0.5Aのとき1.3Vとなり、そのままPicoのアナログ入力ピンに接続することができます。

入力はDC5Vで外付けのMOSFETトランジスタで電流を制御するので最大電流を大きくすることができますし、R1の抵抗で電流を制限することもできます。

6-3-2　ハードウェアの製作

充電器の回路図を図6-3-3のようにしました。

データシートの参照回路とほぼ同じ構成とし、バッテリ電圧を計測するため、R4とR5で分圧してPicoのアナログ入力としています。電流はICのピンの出力をそのまま直接Picoのアナログ入力としています。

●図6-3-3　リチウム電池充電器の回路図

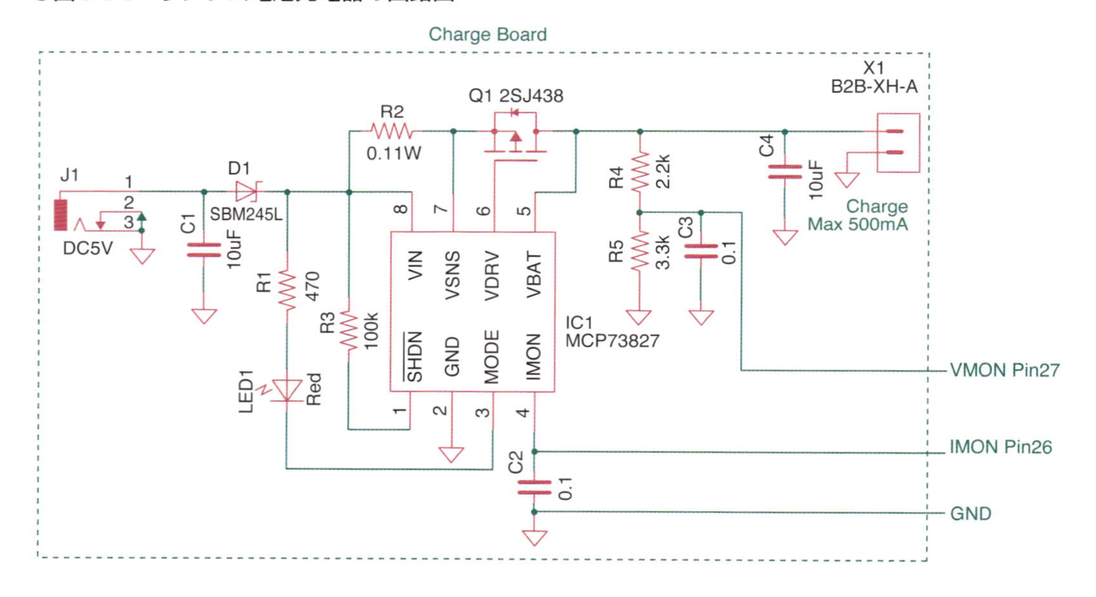

これをブレッドボードに実装するため、ICは変換基板に実装してDIPタイプにしています。DCジャックもDIP変換基板に実装したもの*を使っています。MOSFETトランジスタには大き目のパッケージで発熱の少ないものを使ったので、そのままで放熱器は不要です。

* 秋月電子通商製のDIP化シリーズ

組立図と完成したブレッドボードが図6-3-4となります。

●図6-3-4　充電器の組立図と完成した外観

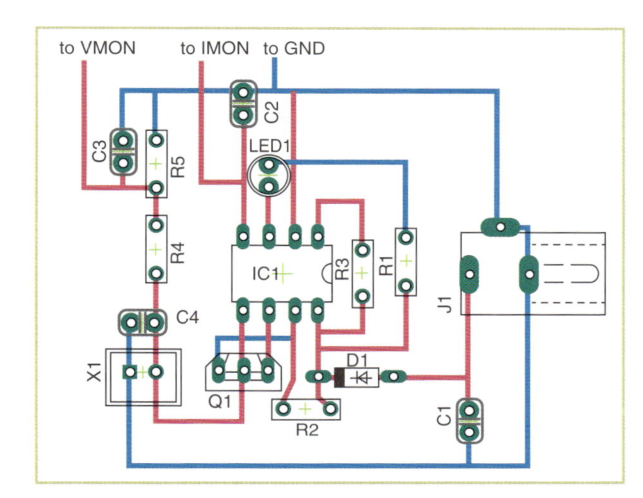

6-3-3　Pico側のプログラムの作成

Raspberry Pi Pico WのMicroPythonのプログラムの作成です。

このプログラムで難しいところは、スマホ/タブレットからの計測要求を受け取ってデータを返送することと、Ambientへのデータ送信を同じWi-Fiを使って行うため、この交通整理が必要なことです。

特に、スマホ/タブレットへの対応のため、Raspberry Pi Pico Wをサーバとしてリスンモードで構成しますが、このリスン動作がブロッキング動作のため、他のことができなくなってしまいます。これをタイムアウト機能を使ってノンブロッキング動作として、その間にAmbientへの送信動作を挿入します。

スマホ/タブレット側はMIT App Inventor2を使って一定周期で計測要求を送信し、Pico側から受け取ったデータをグラフ表示します。

Ambientへの送信は、Picoのタイマ機能を使って30秒ごとに送信するようにします。

作成したプログラムを説明します。リスト6-3-1が初期設定部です。最初に必要なライブラリをインクルードしていますが、gcというのはガーベージコレクションというライブラリで、メモリに貯まった余計なデータ*を削除するためのライブラリです。

*HTTP通信で多くのメッセージが送受されるため、メモリ不足になることがある

インスタンスでは、タイマの割り込みを使うため、ハードウェアタイマをインクルードしています。あとはグローバル変数とネット関連の定数の定義です。

Wi-FiアクセスポイントのSSID、Passwordは読者の環境に合わせて下さい。また、Ambientのライトキーは読者が取得したものを使って下さい。

リスト 6-3-1　初期設定部（Charger_MIT_Ambient_Timer.py）

```
1   #**********************************************
2   #   Battery Charger
3   #   タブレットのApp Inventorからの要求で
4   #   電圧と電流値を返す
5   #   さらにタイマの一定間隔でAmbientにデータ送信
6   #   Charger_MIT_Ambient_Timer.py
7   #**********************************************
8   from machine import Pin, ADC, Timer
9   import time
10  import network
11  import socket
12  import urequests
13  import gc
14
15  #*** インスタンス生成
16  Green = Pin(0, Pin.OUT)
17  Red = Pin(1, Pin.OUT)
18  Blue = Pin(2, Pin.OUT)
19  IMON = ADC(26)
20  VMON = ADC(27)
21  Timer1 = Timer(-1)       # Timer1生成
22
23  #** グローバル変数定義
24  Current = 0
25  Volt = 0
26  Flag = 0
27  # Wi-Fi設定データ定義
28  ssid = 'YOUR SSID'
29  password = 'YOUR PASSWORD'
30  # Ambient用 POSTメッセージ定義
31  url = 'https://ambidata.io/api/v2/channels/'+'82194'+'/data'
32  http_headers = {'Content-Type':'application/json'}
33  http_body = {'writeKey':'YOUR WRITE KEY', 'd1':0.0, 'd2':0.0}
```

チャネルID

次がタイマの割り込み処理関数とAmbientへの送信用サブ関数、Wi-Fi接続処理となっています。タイマの割り込み処理ではFlag変数に1を代入しているだけで、Ambientへの送信処理はメインループのほうで実行しています。

Ambientへの送信処理では、電流と電圧はメインループで取得したデータを参照

するため、グローバル変数扱いとしています。そのデータをd1、d2のパラメータとして送信しています。

ネットワーク接続処理では、アクセスポイントに接続したら、サーバ動作としてリスン状態とします。

リスト 6-3-2　タイマ割り込み処理とネットワーク接続処理

```
35  #******* Timer1割り込み処理 *********
36  def T1(t) :
37      global Flag
38      Flag = 1
39  # Timer1の起動 30秒設定
40  Timer1.init(period=30000, mode=Timer.PERIODIC, callback=T1)
41  
42  #***** Ambient送信処理サブ関数  ***************
43  def ambient():
44      global Current, Volt
45      Red.value(1)
46      #******* 送信データ編集 *********
47      http_body['d1'] = str(Current)          # 電流セット
48      http_body['d2'] = str(Volt/100)         # 電圧セット
49      #***** Ambientに送信  urequiestで送信 ********
50      res = urequests.post(url, json=http_body, headers=http_headers)
51      # Message 200 is OK
52      print('HTTP State=', res.status_code)   # 応答確認モニタ
53      # print(http_body)                      # 送信内容確認モニタ
54      res.close()                             # 接続終了
55      Red.value(0)
56  
57  #**** アクセスポイントと接続、サーバ動作開始
58  wlan = network.WLAN(network.STA_IF)         # Wi-Fiインスタンス生成
59  wlan.active(True)                           # Wi-Fi有効化
60  wlan.connect(ssid, password)                # アクセスポイントに接続
61  # 接続成功を確認
62  while not wlan.isconnected():               # 接続待ち
63      pass
64  status =  wlan.ifconfig()
65  print('IP=' + status[0])
66  #**** ソケットの設定とサーバ動作開始 IPv4 TCP/IP
67  addr = socket.getaddrinfo('0.0.0.0', 80)[0][-1]
68  s = socket.socket(socket.AF_INET, socket.SOCK_STREAM)
69  s.setsockopt(socket.SOL_SOCKET, socket.SO_REUSEADDR,3)
70  s.bind(addr)
71  s.listen(5)                                 #サーバリスン開始
72  print('listening on', addr)
```

リスト6-3-3がメインループで、最初にFlagをチェックして1だったらAmbientへの送信関数を呼び出して送信を実行します。

続いてサーバ動作ですが、クライアント接続待ちが、ブロッキングとなるため、settimeout()メソッドにより0.5秒間隔で接続待ちを解除して、他の処理が実行可能としています。これで最初のFlagのチェックの処理を繰り返すことができます。

クライアント接続があったら、受信を実行し、メッセージに/measureが含まれていたら電圧*と電流を計測して返送しています。もし受信ができずエラーになっ

* 電流と同じグラフ座標にするため10mV単位の値としている

相手となるスマホ/タブレット以外からの接続の場合

たら*何もせず先に進みます。このときの返信のデータフォーマットは、「xxx.x,yyy.y」のCSV形式としています。

送受信が終わったらガーベージコレクションを実行して、使わない変数が格納されているメモリ領域を空けるようにしています。

最後にクライアント接続待ちのタイムアウトになった場合には、何もせず先に進んでwhileループの最初に戻るようにしています。これでクライアント接続待ちがノンブロッキング動作となり、最初のFlagチェックの部分が実行できることになります。

リスト 6-3-3 メインループ部

```
74  #***** メイン関数 *************
75  while True:
76      #***** 一定時間間隔でAmbientに送信
77      if Flag == 1:                                   # タイマフラグオンの場合
78          Flag = 0
79          ambient()                                   # Ambientに送信
80
81      #  ***** クライアント接続処理
82      s.settimeout(0.5)                               # 接続タイムアウト時間設定
83      try:    #タイムアウトエラー判定  クライアント接続がない
84          conn, addr = s.accept()                     # クライアント接続
85          try:    #受信エラー判定
86              # タブレットとの接続処理
87              Green.value(1)
88              request = conn.recv(1024)               # Data receive
89  #           print(request)                          # 受信データ確認
90              # 受信データ処理
91              if '/measure' in request:               # タブレットから計測要求
92                  result = VMON.read_u16()            # 電圧計測
93                  Volt = (550*3.3*result)/(3.3*65536) # 電圧値分圧考慮で変換  10mV
94                  result = IMON.read_u16()            # 電流計測
95                  Current = (3.3*result*10000)/(65535*26)
96                  # HTTP レスポンス送信
97                  res = "HTTP/1.1 200 OK¥r¥nContent-Type: text¥r¥n¥r¥n"
98                  res += "{:3.1f}".format(Volt) + ",{:3.1f}".format(Current)
99                  conn.sendall(res)                   # 送信実行
100                 print("Volt={:3.1f} mV".format(Volt) + "  Current={:3.1f} mA".format(Current))
101 #               print(res)                          # 送信データ確認
102                 conn.close()                        # 接続終了
103             else:
104                 conn.close()
105         except:                                     #受信エラーの場合は無視して継続
106             pass
107         Green.value(0)
108         gc.collect()                                #ガーベージコレクション
109     #クライアント  タイムアウトの場合  クライアント接続が無くても継続させる
110     except OSError:
111         pass
```

以上でRaspberry Pi Pico WのMicroPythonのプログラムは完成です。

6-3-4 画面デザイン（プロジェクト名 Charger）

スマホ/タブレット側のプログラムはMIT App Inventor2で作成します。画面デザインは図6-3-5のようにしました。非可視コンポーネントとしてクロックとWebを追加し、クロックを10秒のタイマとして設定しています。この周期でデータを要求することになります。ファイルは共有だけ設定します。

●図6-3-5 画面デザイン その1

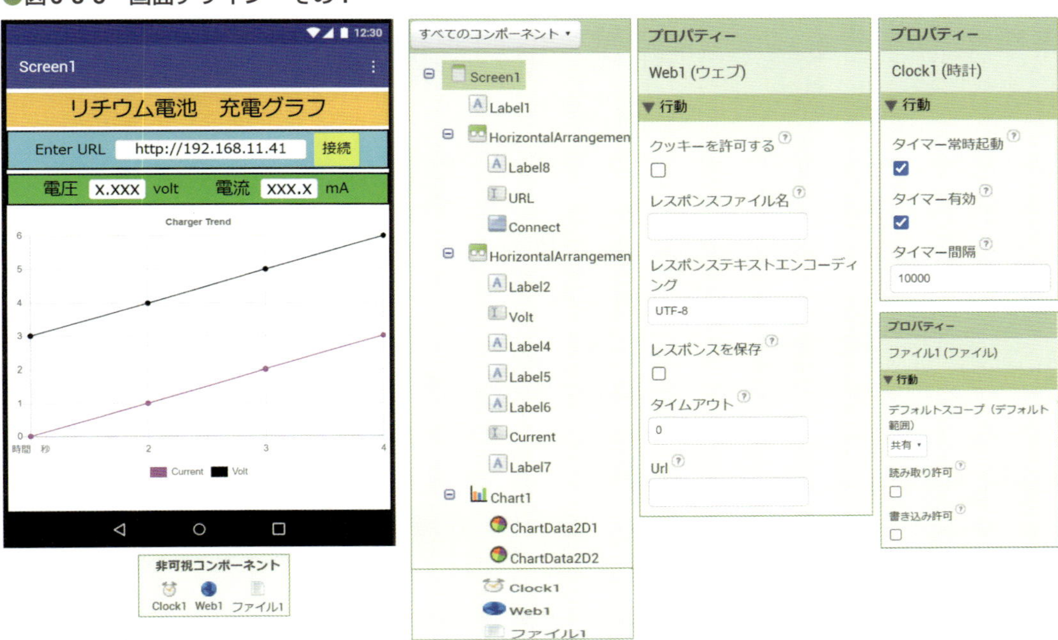

Wi-Fi接続部とグラフ部の設定が図6-3-6となります。URLをテキストボックスに入力することにしましたが、このテキストボックスの横幅は50%としています。通常使うIPアドレスを初期値として表示しています。ここに入力後、接続ボタンクリックで接続を実行します。

取得した電圧と電流のデータを横幅15%のテキストボックスに数値表示するとともに、グラフデータとして使います。グラフはチャートを横幅は画面一杯、高さを65%として線グラフタイプに設定しています。実際のグラフはチャートデータ2Dのコンポーネントを使って色を指定しています。

●図6-3-6 画面デザイン その2

(a) Wi-Fi接続設定部　　(b) グラフ表示部

6-3-5 ブロックデザイン（プロジェクト名 Charger）

ブロックデザインは図6-3-7、図6-3-8のようにしました。

図6-3-7では、初期化でタイマを停止し、既存のファイルがあれば消去しておきます。URLのテキストボックスに入力された値をURLとして、接続ボタンでPicoに接続します。その後は、クロックの周期でデータ要求を、/measureを付加したGETコマンドで送信します。

●図6-3-7　ブロックデザイン　その1

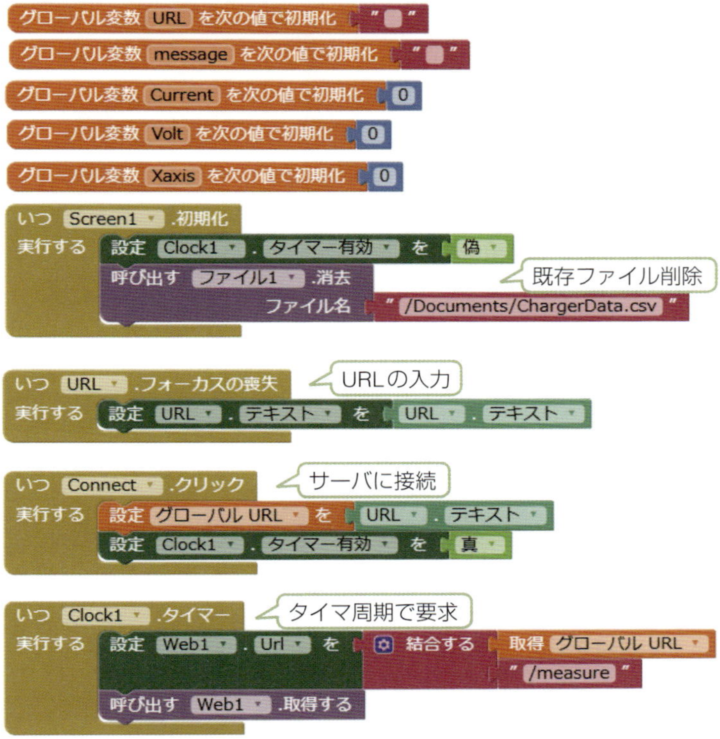

グローバル変数 URL を次の値で初期化 " "
グローバル変数 message を次の値で初期化 " "
グローバル変数 Current を次の値で初期化 0
グローバル変数 Volt を次の値で初期化 0
グローバル変数 Xaxis を次の値で初期化 0
いつ Screen1 .初期化
実行する 設定 Clock1 . タイマー有効 を 偽
呼び出す ファイル1 .消去
ファイル名 " /Documents/ChargerData.csv "
既存ファイル削除
いつ URL .フォーカスの喪失
実行する 設定 URL . テキスト を URL . テキスト
URLの入力
いつ Connect .クリック
実行する 設定 グローバル URL を URL . テキスト
設定 Clock1 . タイマー有効 を 真
サーバに接続
いつ Clock1 .タイマー
実行する 設定 Web1 . Url を 結合する 取得 グローバル URL
" /measure "
呼び出す Web1 .取得する
タイマ周期で要求

折り返し返送されたテキストの受信処理部が図6-3-8となります。

受信したレスポンスコンテンツをカンマで区切ってリスト形式に変換しmessage変数に代入します。

リスト形式のmessage変数のインデックスで、電圧と電流を取り出してテキストボックスに表示します。このとき電圧は100で割り算してVolt単位で表示しています。

グラフ表示はサブ関数の構成にして呼び出して実行しています。X軸を10秒単位に合わせるため10ずつカウントアップしています。Y軸は電流と電圧のデータをそのまま使って表示しています。電圧はmV単位として電流と同じグラフで表示できるようにしています。グラフ表示のサブ関数部では、縦軸を設定してから、電圧と電流の値をエントリーとして追加してグラフ化しています。

さらに計測値をファイルとして保存しています。この保存処理もサブ関数としています。保存場所は、スマホ/タブレットの本体の内部ストレージのDocumentsフォルダ内で、「ChargerData.csv」として保存されます。

●図6-3-8 ブロックデザイン その2

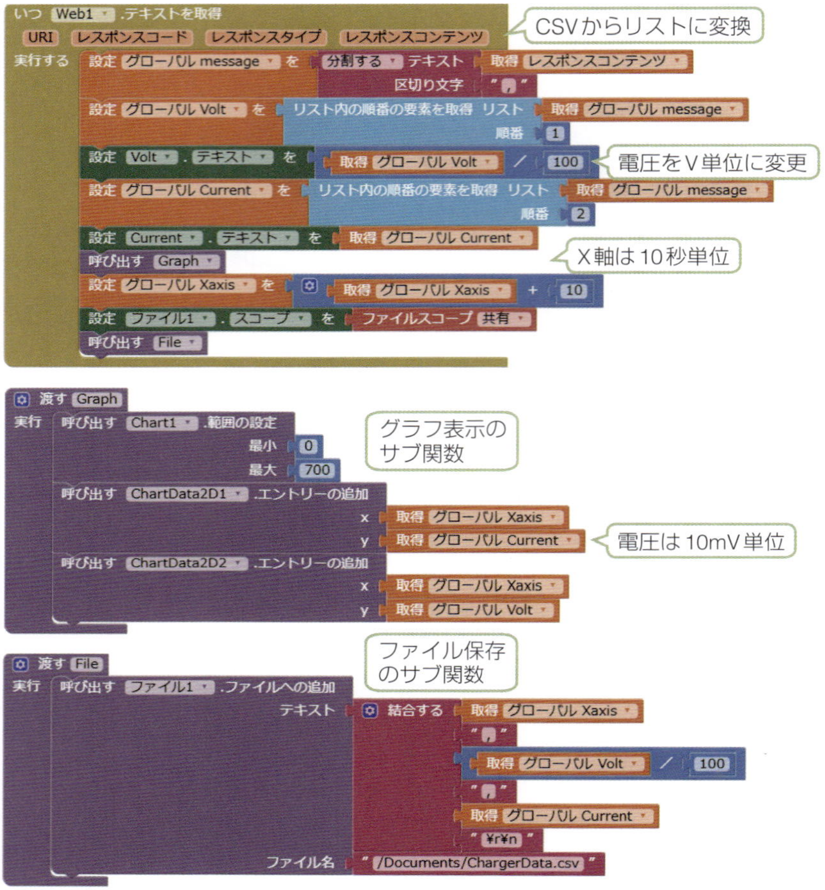

以上でスマホ/タブレット側のプログラムは完成です。これをビルドしてダウンロードしインストール*すればアプリとして起動できます。アプリのアイコンは他と同じようにChatGPT4oで生成*してもらって作成します。

詳細は4-4節を参照

詳細は5-3-5項を参照

6-3-6 動作確認

スマホ/タブレット側の操作手順は、最初にURL部に値を入力*します。その後接続ボタンクリックで接続を実行します。

Raspberry Pi Pico WのIPアドレスを入力する

これで10秒ごとにデータを要求しグラフ表示していきます。Raspberry Pi Pico W側は起動と同時に30秒ごとに電圧と電流のAmbientへの送信を開始します。並行してスマホ/タブレット側からの要求に応じてデータを返送します。

ここで充電する電池を接続すれば充電中のデータがスマホ/タブレットとAmbientの両方に送信されることになります。

実際に動作させたときのAmbientのグラフ例が図6-3-9、タブレットの画面例が図6-3-10となります。ちょうど1時間ほど最大電流で充電して4.2Vに達し、そこから定電圧のまま充電電流が減っていって8400秒つまり2.3時間ほどで充電完了となっています。

スマホ/タブレット側はスリープに入らないように設定しておく必要がありますが、Ambient側は何もしなくてもデータが送られ続けるので長時間のデータを採取する場合は便利に使えます。

スマホ/タブレットに保存されたファイルは、Googleドライブなどに転送すればCSVファイルとして取り出せますから、Excel等でグラフを作成することもできます。

●図6-3-9　Ambientのグラフ例

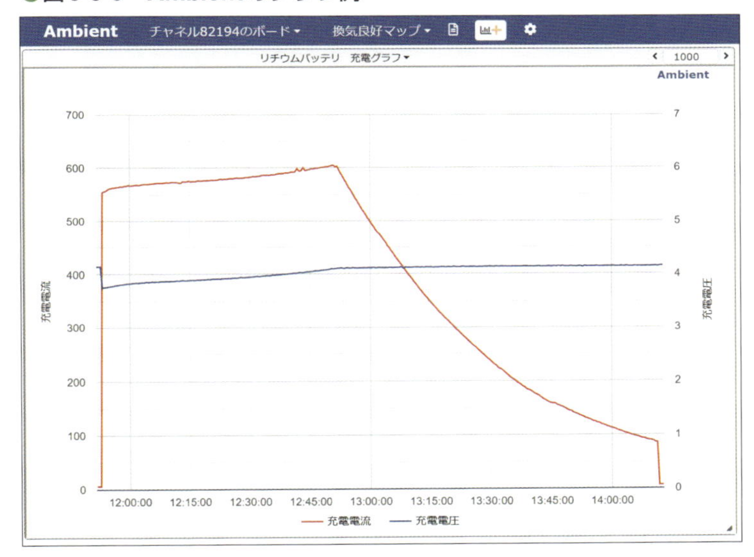

●図6-3-10　タブレットの画面例

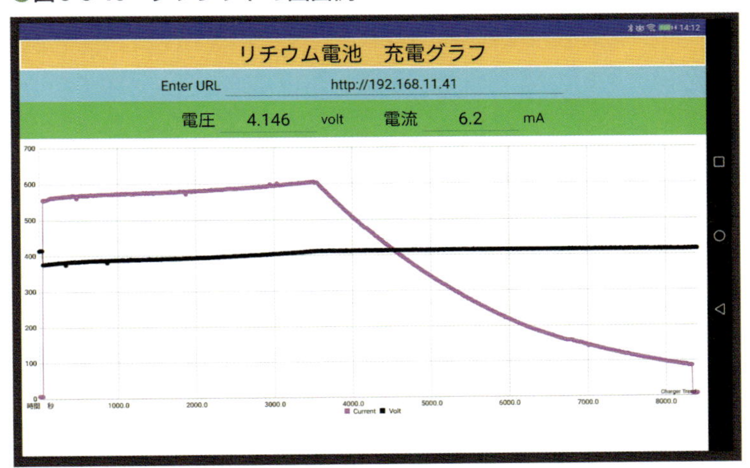

6-4 植栽水やり器の製作

本節では、Pico Boardを使って植木鉢に自動で水やりを実行する装置を製作してみます。完成した植栽水やり器の外観が写真6-4-1となります。全体を透明アクリルで構成しました。

●写真6-4-1　植栽水やり器の外観

6-4-1 植栽水やり器の全体構成と機能

製作した水やり器の全体構成は図6-4-1のようにしました。

Pico Boardにキャパシタタイプの土壌センサ*を接続して植栽の湿度状態を検出し、1分間隔で、乾いた状態を検出しポンプで水を供給します。さらに水位センサでタンクの水位をモニタし、少なくなったらブザーで知らせるようにします。

*抵抗タイプの土壌センサは温度の影響が大きいため使えない

土壌センサ、温湿度センサ、水位センサの状態を5秒周期でOLEDに表示するとともに、5分間隔でAmbientに送信してグラフ化し、インターネット経由でモニタできるようにします。

電源はDC5VのACアダプタから供給します。

●図6-4-1　水やり器の全体構成

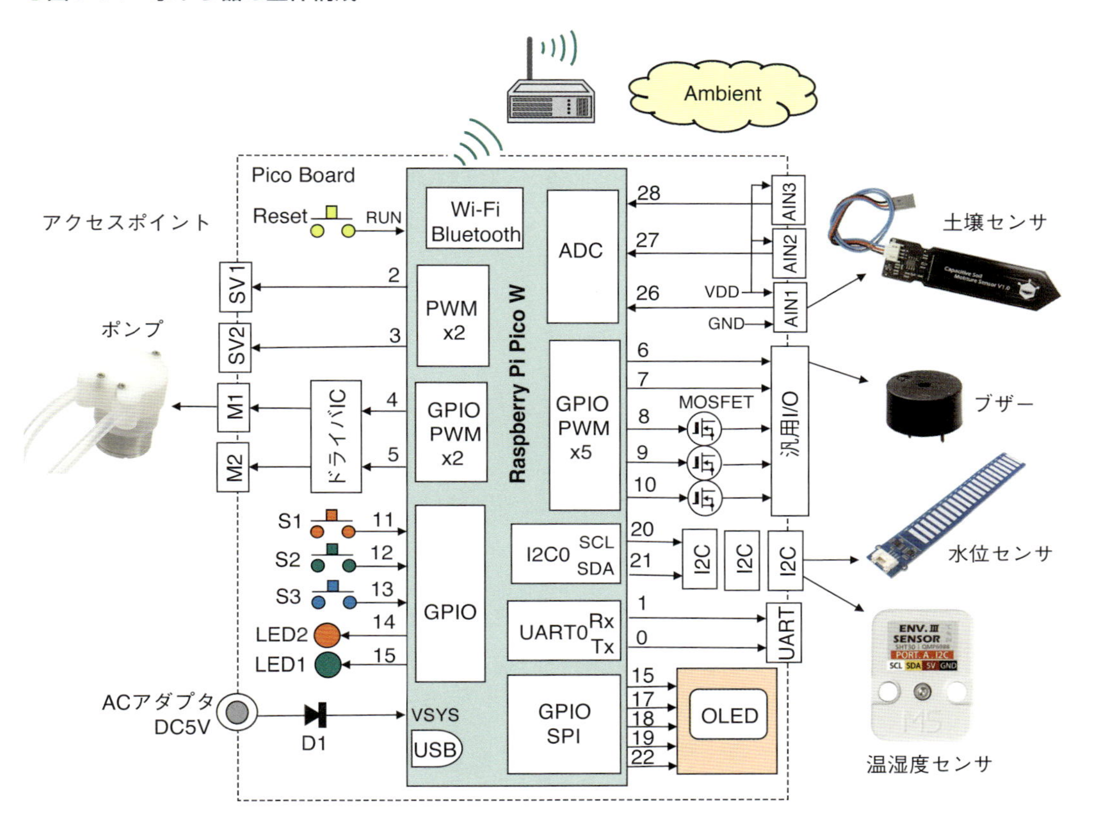

本章で新たに使ったデバイスの説明をします。

1 水ポンプ

水を送るポンプには図6-4-2のようなチューブポンプを使いました。小型で水をゆっくり送れるので鉢から飛び出ることもなく好都合のポンプです。ただ送れる水量は少ないので大きな鉢の場合は送る時間を長くする必要があります。

また、電源電圧が3Vとなっています。Pico Boardのモータドライブの端子に接続する場合は5V電源となっていますから、図のようにダイオードを1個か2個直列に挿入して電圧を下げる必要があります。またモータに極性があるので、赤いマークの端子にプラス側の電源を接続する必要があります。

●図6-4-2　ポンプの外観と仕様

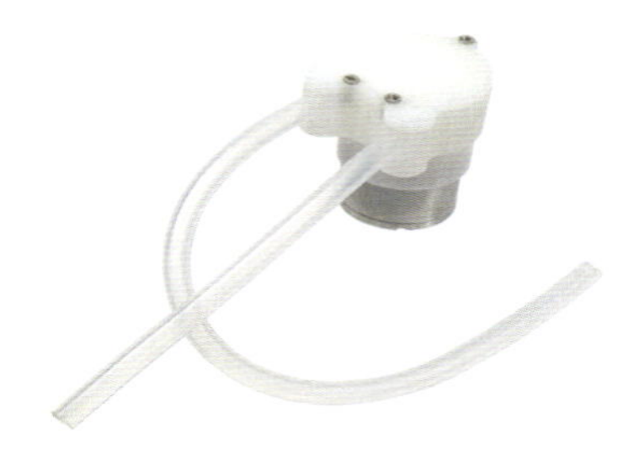

型番　　　　：チューブポンプPP301-030
電源　　　　：DC2.2V～3.8V　Typ 3.0V
無負荷電流：Max 900mA
流量　　　　：Min 120ml/min
最大圧力　　：1kg

【電源の供給方法】

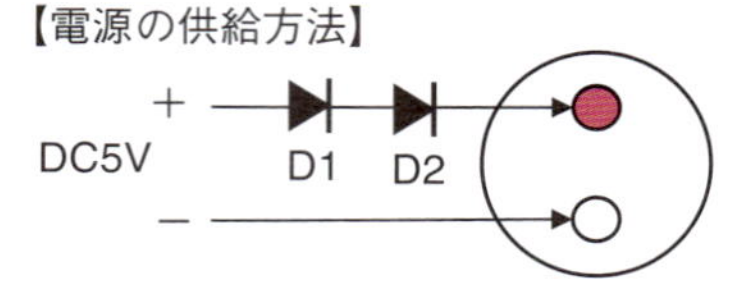

2 水位センサ

水タンクの水位を計測するために図6-4-3のような水位センサを使いました。Grove接続、つまりI^{2}Cで接続できるので便利に使えます。使い方は、レベルが下側と上側の2分割となっていて、それぞれにマイコンが使われているので、2つのデバイスとしてI^{2}Cで接続することになります。通信は単純にI^{2}Cで読み出すだけです。下側が8レベル、上側が12レベルの水位となっていて、それぞれ12バイトと8バイトのデータを読み出し、1レベル1バイトの値で0から0xFFの値となっています。その値が100を超えていたら水があるという認識となります。

●図6-4-3　水位センサの外観と仕様

型番　　　　　：Grove水位センサ
コントローラ：ATTINY1616MCU×2
電源　　　　　：DC3.3V～5.0V
測定範囲　　　：10cm 静電容量方式
　　　　　　　　12＋8＝20段階で水位検知
測定精度　　　：±5mm
重さ　　　　　：9.8g
寸法　　　　　：20×133mm
I/F　　　　　　：Grove I2C
　　　　　　　　アドレス　0x77, 0x78

測定方式
上側　I2Cアドレス0x78
　　　12バイト読み込み　各バイトが1段階
下側　I2Cアドレス0x77
　　　8バイト読み込み　各バイトが1段階
各バイト値が100以上の場合水検知

3 温湿度センサ

周囲の環境として温度と湿度を計測することにしました。使ったセンサが図6-4-4のような外観と仕様になります。やはりGrove接続でI^{2}Cインターフェースです。中のセンサはSHT30で、Pico Boardで使っているSHT31と全く同じ使い方ができます。このセンサには気圧センサも実装されていますが使っていません。

●図6-4-4　温湿度センサの外観と仕様

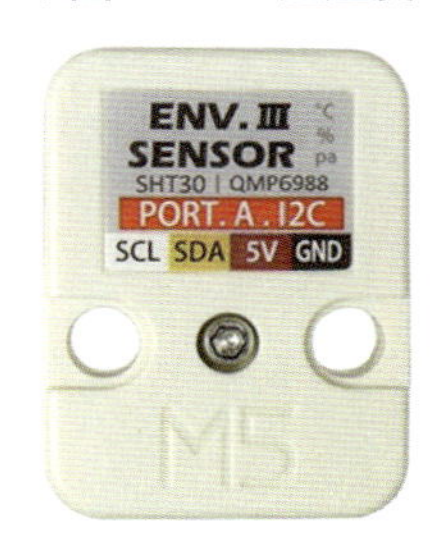

型番	：ENVⅢ　温湿度気圧センサ M5STACK用
温湿度センサ	：SHT30　I2Cアドレス0x44 温度　0〜60℃±0.2℃ 湿度　10〜90%RH±2%
気圧センサ	：QMP6988　I2Cアドレス0x70 気圧　300〜110hPa
I/F	：I2C　プルアップ付
電源	：DC2.4V〜3.6V
コネクタ	：Grove

6-4-2　ハードウェアの製作

全体をアクリル板に載せて組み立てました。背面が写真6-4-2のようになります。水タンクは市販の10cm×10cm×20cmの透明*のアクリルボックスをそのまま使い、接着剤でアクリル板の裏面に固定しています。そのケースの内側に水位センサを配置しています。ポンプはアクリル板にタイラップで固定し、ダイオード*はモータ端子に直接はんだ付けしています。

土壌センサと水供給用のチューブを一緒にして鉢に届くようにします。水の供給にすぐ反応するようにチューブの先に土壌センサを配置するようにします。チューブはポンプ付属のものは短いので、写真のような自在継手*を使って延長しています。

*長期運用時にはアオコが発生するため、水タンク部分はホイル等で覆うほうがベター

*ダイオードの向きに注意すること

*太さの異なるチューブでも接続できるので便利

●写真6-4-2　植栽水やり器の背面構成

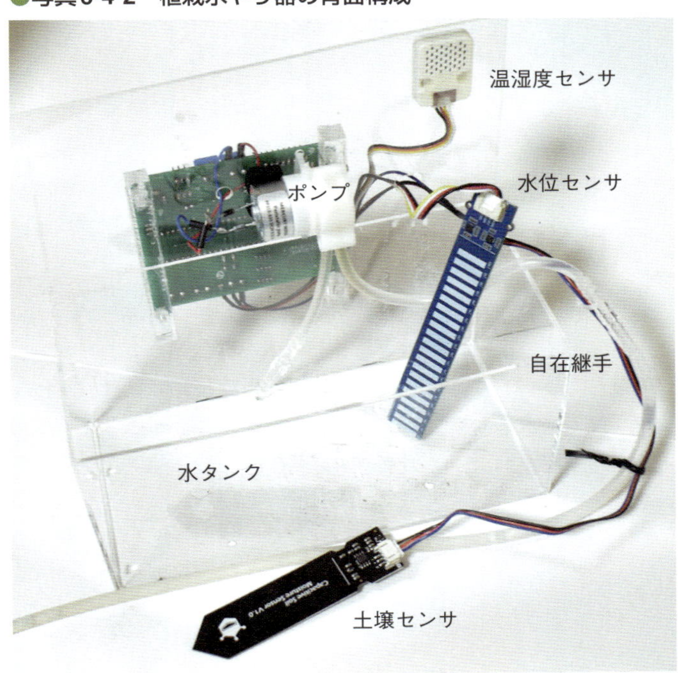

前面側が写真6-4-3となります。Pico Boardはアクリル角材に固定したあと、アクリル板に接着剤で固定しています。OLEDの表示があるので正常に見られるように基板の向きに注意が必要です。接続するデバイスは、Groveコネクタと端子台だけになるので簡単に接続できます。温湿度センサはアクリル板の上側に少し離して両面接着テープで固定しました。

●写真6-4-3 前面の構成

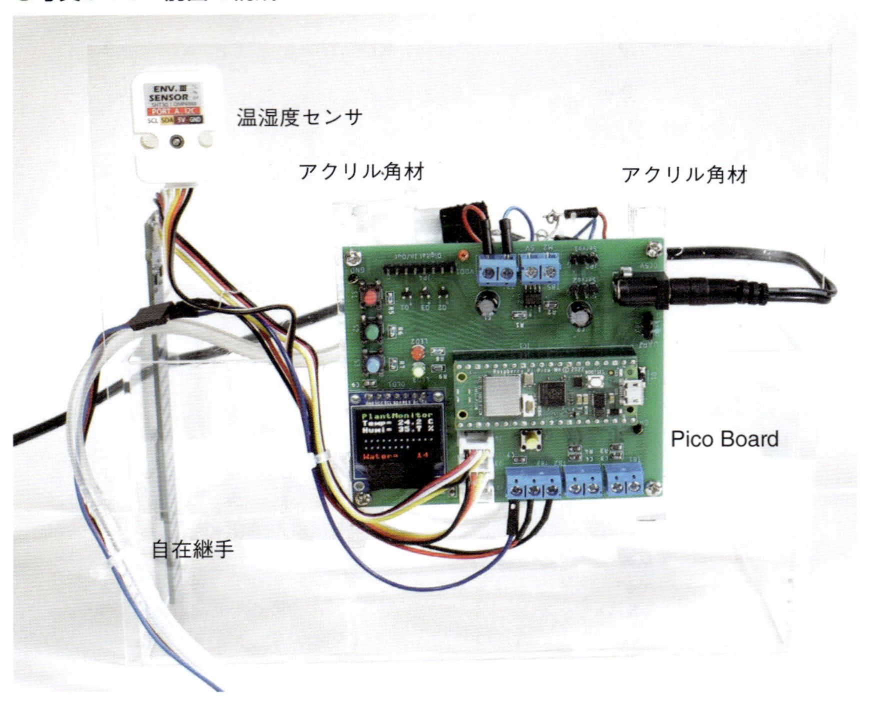

6-4-3 プログラムの作成

プログラムはRaspberry PI Pico W側だけですから、Thonnyを使ってMicroPythonで作成します。

全体のフローが図6-4-5となります。単純な1つの流れで構成しました。メインループでは各センサの計測をしてOLEDに表示することをタイマの5秒間隔の割り込みで繰り返しています。そして5分ごとにモータ制御とAmbientへの送信を実行しています。

●図6-4-5　全体フロー

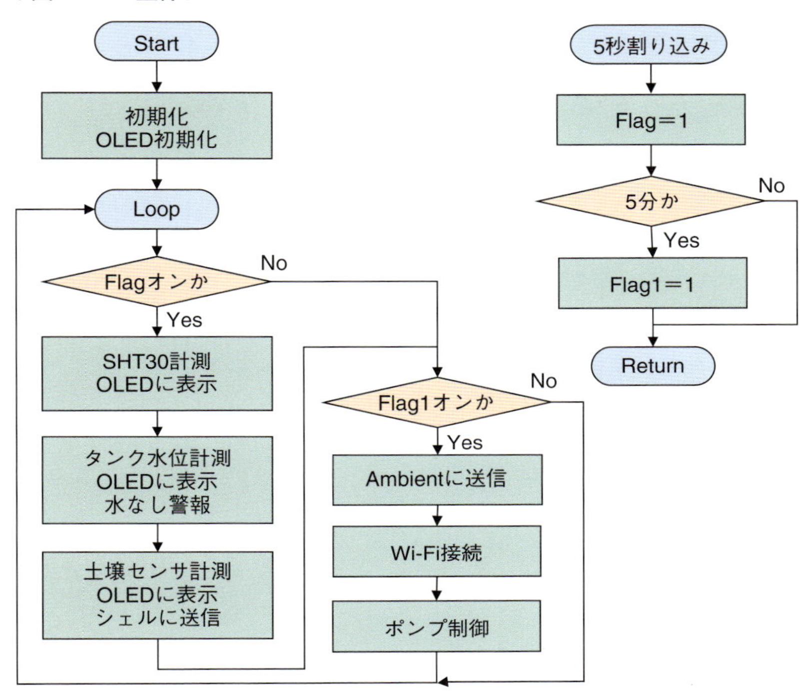

こうして作成したプログラムがリスト6-4-1からリスト6-4-5となります。いずれの部分もこれまでに説明したものばかりですので、ほぼコピーでできます。

リスト6-4-1が初期設定部です。追加インストールが必要なライブラリは、SSD1331だけですが、インストール方法は3-8-1項を参照して下さい。

続いて定数の定義とインスタンスの生成をしています。Thresholdは土壌の湿度がどの程度になったらポンプで水やりを開始するかを決定する値で、初期値を2450としていますす。

リスト 6-4-1　初期設定部（Plant.py）

```
1   #************************************
2   # 植栽水やり器
3   #    土壌センサでポンプを駆動
4   #       Plant.py
5   #************************************
6   from machine import Pin, I2C, SPI, ADC, Timer
7   import ssd1331
8   from ssd1331 import fbcolor
9   import _thread
10  import utime
11  import network
12  import socket
13  import urequests
14  
15  #色定数の定義
```

```
16 WHITE = fbcolor(1, 1, 1)
17 RED   = fbcolor(1, 0, 0)
18 GREEN = fbcolor(0, 1, 0)
19 BLUE  = fbcolor(0, 0, 1)
20 YELLOW= fbcolor(1, 1, 0)
21 MAGENTA=fbcolor(1, 0, 1)
22 CYAN  = fbcolor(0, 1, 1)
23 BLACK = fbcolor(0, 0, 0)
24 Interval = 60                   # 5分時計
25 Flag = 0
26 Flag1 = 0
27 Threshold = 2450
28 # wi-Fiアクセスポイント定義
29 ssid = 'YOUR SSID'
30 password = 'YOUR PASSWORD'
31
32 #**** インスタンスの生成 ****
33 Timer1 = Timer(-1)
34 i2c = I2C(0, sda=Pin(20), scl=Pin(21))
35 rst = machine.Pin(15, Pin.OUT)
36 dc = machine.Pin(17, Pin.OUT)
37 cs = machine.Pin(22, Pin.OUT)
38 spi = SPI(0, baudrate=5_000_000, polarity=1, phase=1, sck=Pin(18), mosi=Pin(19), miso=Pin(16))
39 display = ssd1331.SSD1331(spi, 96, 64, rst, dc, cs)
40 Water = ADC(26)
41 Pump = Pin(4, Pin.OUT)
42 Red = Pin(14, Pin.OUT)
43 BZ = Pin(6, Pin.OUT)
44 SW1 = Pin(11, Pin.IN)
45 SW2 = Pin(12, Pin.IN)
46 SW3 = Pin(13, Pin.IN)
```

リスト6-4-2　が初期化部の後半でタイマの割り込み処理関数とタイマの定義となっています。最後にOLEDの初期化を実行しています。

リスト 6-4-2　初期化部　その2

```
48 # ***** Timer1 Callback関数 *****
49 def T1(t):
50     global Interval, Flag, Flag1
51     Flag = 1                # 5秒フラグセット
52     Interval -= 1
53     if Interval == 0:
54         Interval = 60       # 5分周期
55         Flag1 = 1           # 5分フラグセット
56 Timer1.init(mode=Timer.PERIODIC, period=5000, callback=T1)
57 #表示器の初期化
58 display.reset()            # 表示器リセット
59 display.clear(BLACK)       # 画面をクリア
60 display.update()           # 画面の更新
61 Pump.value(0)              # Stop Pump
62 BZ.value(1)                # Stop Buzzer
```

リスト6-4-3がメインループの前半部です。

SW1を押すとThresholdが10ずつ増加し、土壌がより乾燥した状態にならないと水やりが開始されなくなります。SW2を押すとThresholdが10ずつ減少し、土壌がより湿った状態でも水やりが開始されるようになります。

そのあとは5秒ごとに実行する部分です。各種センサの計測とOLEDへの表示実行部です。最初は温湿度センサでここはSHT31と同じとなっています。続いてOLEDの見出し表示と温度、湿度の表示をしています。

次が水タンクの上位レベル側の水位測定とOLED表示です。レベルごとに1文字の表示とし、それぞれのレベルの水検知がなしなら「.」で、水ありなら「*」で表示しています。上側が12レベルで1行を使って表示しています。

OLEDの実際の表示は次の土壌センサが終わったあとに一括での表示となります。

リスト 6-4-3　メインループ　その1

```
64  #******* メインループ **********************
65  while True:
66      #****** スイッチの処理　スレッショルドのアップダウン　*******
67      if SW1.value() == 0:
68          utime.sleep(0.1)
69          while SW1.value() == 0:
70              Threshold += 10
71              utime.sleep(0.5)
72          Flag = 1
73      if SW2.value() == 0:
74          utime.sleep(0.1)
75          while SW2.value() == 0:
76              Threshold -= 10
77              utime.sleep(0.5)
78              print(Threshold)
79          Flag = 1
81      #********** 5秒ごとの処理 *****************
82      if Flag == 1:                             # 5secごとの処理
83          Flag = 0                              # Clear Flag
84          # 見出し表示
85          display.clear(BLACK)                  # 画面をクリア
86          display.text('PlantMonitor', 0, 0, GREEN)
87          #***** センサ計測と表示 ***************
88          # SHT31センサ計測トリガ後温湿度入力
89          send = bytearray([0x2C, 0x06])
90          i2c.writeto(0x44, send)               # 測定コマンド送信
91          utime.sleep(0.5)
92          rcv =i2c.readfrom(0x44, 6)            # データ6バイト読み出し
93          # データ変換と表示
94          tmp = rcv[0]<<8 | rcv[1]              # 温度の取り出し
95          hum = rcv[3]<<8 | rcv[4]              # 湿度の取り出し
96          tmp = -45+175*(tmp/(2**16-1))         # 温度℃に変換
97          hum = 100*hum/(2**16-1)               # 湿度%RHに変換
98          Msg= 'Temp= {:2.1f} C'.format(tmp)    # 温度編集
99          display.text(Msg, 0,10, WHITE)        # 温度表示設定
100         Msg = 'Humi={: 3.1f} %'.format(hum)   # 湿度編集
101         display.text(Msg, 0, 20, WHITE)       # 湿度表示設定
102         #****** タンク水位レベル測定、表示 ******
103         # 上位レベル測定、表示
104         Msg = ''
105         high = i2c.readfrom(0x78, 12)         # 12バイトRead
106  #      print(high)
107         for i in range(0,12):                 # 水有りチェック
108             if high[i] > 100:                 # スレッショルド以上か
109                 Msg += '*'                    # 水有り
110                 level = 8+i                   # レベルセット
```

```
111             else:
112                 Msg += '.'                # 水なし
113         display.text(Msg, 0, 33, CYAN)    # レベル表示設定
```

リスト6-4-4がメインループの続きで、水位の下位レベルの測定と表示となります。さらに水なしの警報処理が続きます。その後は土壌センサの計測と表示ですが、土壌センサの値のばらつきが大きいので、0.3秒間隔で10回計測した平均値を求めてから、表示しています。最後に測定データをすべてThonnyのシェルに送信してデバッグ用としています。

リスト 6-4-4　メインループ　その2

```
114         # 下位レベル測定、表示
115         Msg = ''
116         level = 0
117         low = i2c.readfrom(0x77, 8)     # 8バイトRead
118     #   print(low)
119         for i in range(0, 8):           # 水有りチェック
120             if low[i] > 100:
121                 Msg += '*'              # 水有り
122                 if level < 8:
123                     level = i;
124             else:
125                 Msg += '.'              # 水なし
126         display.text(Msg, 0, 43, CYAN)  # レベル表示設定
127         #** 水なし警報処理 ****
128         if level <= 2:                  # 水なし警報
129             BZ.value(0)                 # ブザーオン
130             utime.sleep(1)              # 1sec
131             BZ.value(1)
132         #**** 土壌センサ測定、表示 **********
133         result = 0
134         for i in range(0, 10):          # 10回の平均
135             result += Water.read_u16()/16
136             utime.sleep(0.3)            # 0.3secX10=3sec
137         result /= 10                    # 平均を求める
138         Msg = 'W={:4.0f}  {:4.0d}'.format(result, Threshold)
139         display.text(Msg, 0, 53, WHITE)
140         display.update()                # 全体表示出力実行
141         # シェルに送信
142         print('Temp = {:2.1f} DegC  Humi = {:3.1f} %RH  Water={:4.0f}'.format(tmp, hum, result))
```

続いてリスト6-4-5が5分ごとの処理部です。先にAmbientへの送信処理を実行しています。このプログラムでは、5分間隔と間隔が長いので、毎回アクセスポイントに接続し直してからAmbientに送信しています。送信データは、温度、湿度、土壌湿度、水レベルの4項目としています。Ambient送信処理の間赤色LEDを点灯して目印としました。

最後にポンプの制御を実行しています。ポンプは、土壌センサがしきい値（スレッショルド）*より大きく乾燥した状態で、かつ水レベルが3以上の場合にポンプをオンとして15秒間だけ回します。この時間は鉢サイズに合わせて、水の量が適した量になるように調整する必要があります。

*この値は調整が必要

リスト 6-4-5 メインループ その3

```
144     #******** 5分ごとの処理 *****************************
145     if Flag1 == 1:
146         Flag1 = 0
147         #******* Ambient送信 *******************
148         Red.on()                                # 目印オン
149         # Ambient用 送信メッセージ定義
150         url = 'https://ambidata.io/api/v2/channels/'+'85662'+'/data'
151         http_headers = {'Content-Type':'application/json'}
152         http_body = {'writeKey':YOUR KEY', 'd1':0.0, 'd2':0.0, 'd3':0.0, 'd4':0.0}
153         #***** Wi-Fiに接続 *******
154         wlan = network.WLAN(network.STA_IF)
155         wlan.active(True)
156         while not wlan.isconnected():
157             wlan.connect(ssid, password)
158             # 接続待ち
159             utime.sleep(1)
160         # 接続成功
161         status =  wlan.ifconfig()
162         print('IP=' + status[0])                # 自分のIPアドレス表示
163         # Body部にデータセット  辞書形式のデータに文字列として代入
164         http_body['d1'] = str(tmp)              # 温度セット
165         http_body['d2'] = str(hum)              # 湿度セット
166         http_body['d3'] = str(result)           # 土壌湿度
167         http_body['d4'] = str(level)            # タンクレベル
168         #***** Ambientに送信  urequiestで送信 ********
169         try:
170             res = urequests.post(url, json=http_body, headers=http_headers)
171             # Message 200 is OK
172             print('HTTP State=', res.status_code)
173             print(http_body)
174             res.close()                         # 接続終了
175         except Exception as e:                  # 接続エラーの処理
176             print(e)
177             pass
178         Red.off()
179 
180         #******  ポンプ制御 *************
181         if result > Threshold:                  # 乾燥レベル    要調整
182             if level > 2:                       # 水がある条件
183                 Pump.value(1)                   # Start Pump
184                 utime.sleep(15)                 # オン時間  要調整
185                 Pump.value(0)                   # Stop Pump
```

以上がプログラム全体となります。このプログラムの名前をmain.pyとしてRaspberry PI Pico Wにアップロードすれば、ACアダプタだけで動作するようになります。

6-4-4　動作確認

このプログラムを動作させたときのOLEDの表示が写真6-4-4となります。水位レベルは「*」が水ありのレベルになり、下側が水位レベルが低いほうになります。

W表示が土壌センサの値とスレッショルド値で、これが2450以上の場合は乾燥状態ということにしましたが、この値は調整が必要です。

実際に植木を使って試しているところが写真6-4-5となります。これをしばらく放置したときのAmbientのグラフ表示例が図6-4-6となります。

●写真6-4-4　OLEDの表示例

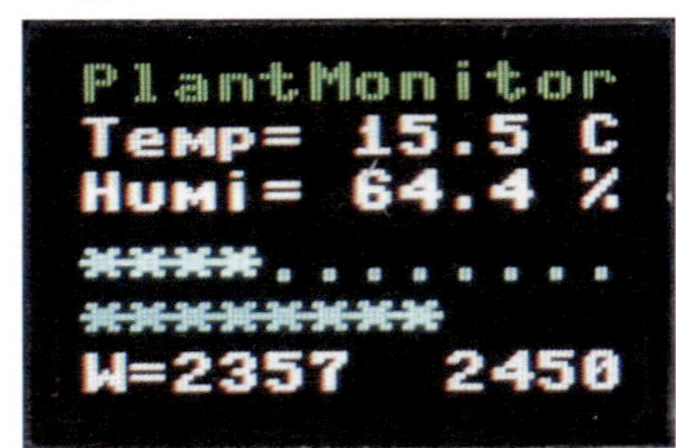

●写真6-4-5　実際に試しているところ

●図6-4-6　Ambientグラフ例

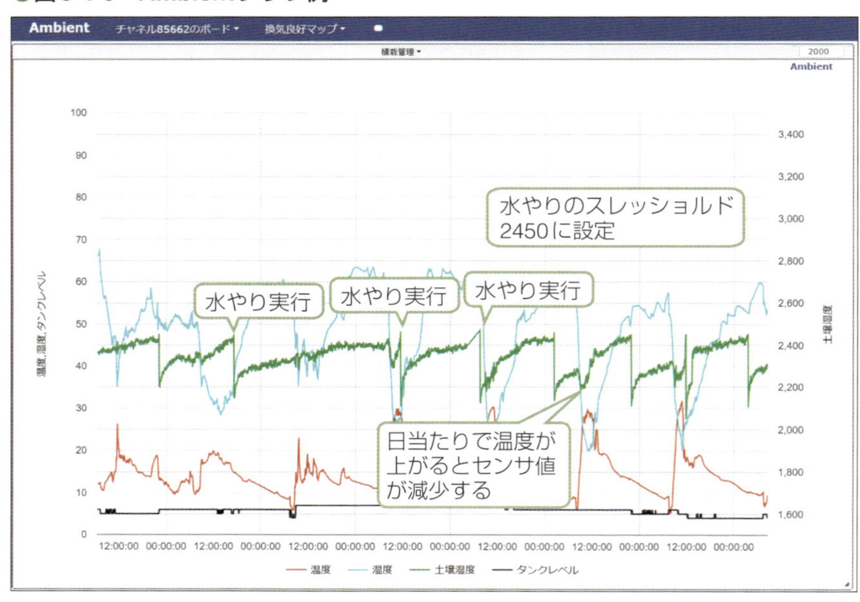

6-5 クイズマシンの製作

　マイコンからChatGPTを使ってみようということで、Raspberry Pi Pico WとChatGPTとで会話をするマシンを製作してみました。OpenAIが提供するAPIを使って、ChatGPTにクイズの出題を要求し、次に正解を要求するというクイズマシンです。
　完成したクイズマシンの外観が写真6-5-1となります。

●写真6-5-1　完成したクイズマシンの外観

6-5-1 クイズマシンの全体構成

　製作したクイズマシンの全体構成は図6-5-1のようにしました。Raspberry Pi Pico Wに接続されたスイッチSW1オンにより、Wi-Fi経由でChatGPTにクイズの出題を要求し、出題されたクイズを液晶表示器の上半分に表示します。その後、スイッチSW2オンでクイズの正解を要求し、回答を液晶表示器の下半分に表示します。
　Raspberry Pi Pico WのプログラムはMicroPythonで作成します。QVGAサイズのフルカラーグラフィックの液晶表示器に、日本語で表示するため必要なフォントをネットから拝借しています。

●図6-5-1　クイズマシンの全体構成

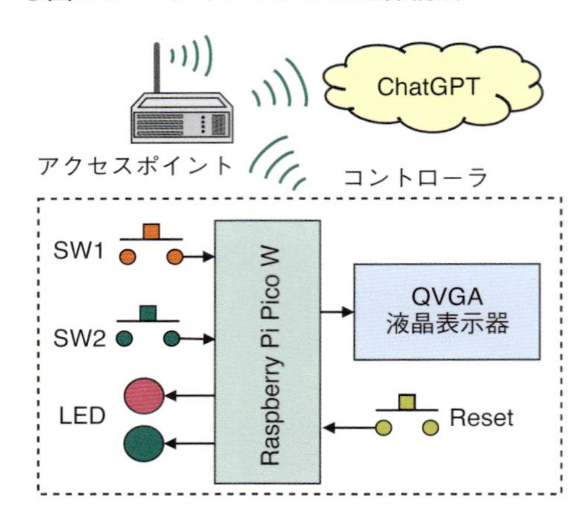

ここで使ったQVGAサイズの液晶表示器の外観と仕様は図6-5-2のようになっています。外部インターフェースが4線式のSPIインターフェースとなっていますが、ILI9341というコントローラはMicroPythonのライブラリで使えますので、使うのは容易です。しかし、今回はUTF-8形式の日本語表示が必要なため、フォントを含めてライブラリを補強する必要があります。

液晶表示器の表示は写真6-5-1のように横向き表示とし、上半分に出題されたクイズを表示し、下側半分に正解を表示するようにしています。

●図6-5-2　QVGA液晶表示器の外観と仕様

型番	MSP2807
電源	DC3.3V〜5V
消費電流	約90mA
サイズ	2.8インチ
コントローラ	ILI9341
ドット数	320×240 QVGA
色数	16ビット(RGB565)
外部接続	4線式SPI
バックライト	白色LED
タッチパネル	SPI接続
SDカード	裏面に実装

No	信号名	対象
1	VCC	共通
2	GND	
3	CS	液晶表示器
4	RESET	
5	DC/RS	
6	SDI(MOSI)	
7	SCK	
8	LED	
9	SDO(MOSI)	
10	T_CLK	タッチパネル
11	T_CS	
12	T_DIN	
13	T_DO	
14	T_IRQ	

6-5-2　ハードウェアの製作

製作したハードウェアの回路図は図6-5-3のようにしました。Raspberry Pi Pico WとQVGAの2.8インチの液晶表示器を中心に構成しています。液晶表示器はSPI通信での接続となります。LEDには抵抗内蔵のものを使って抵抗を省略しました。

●図6-5-3　回路図

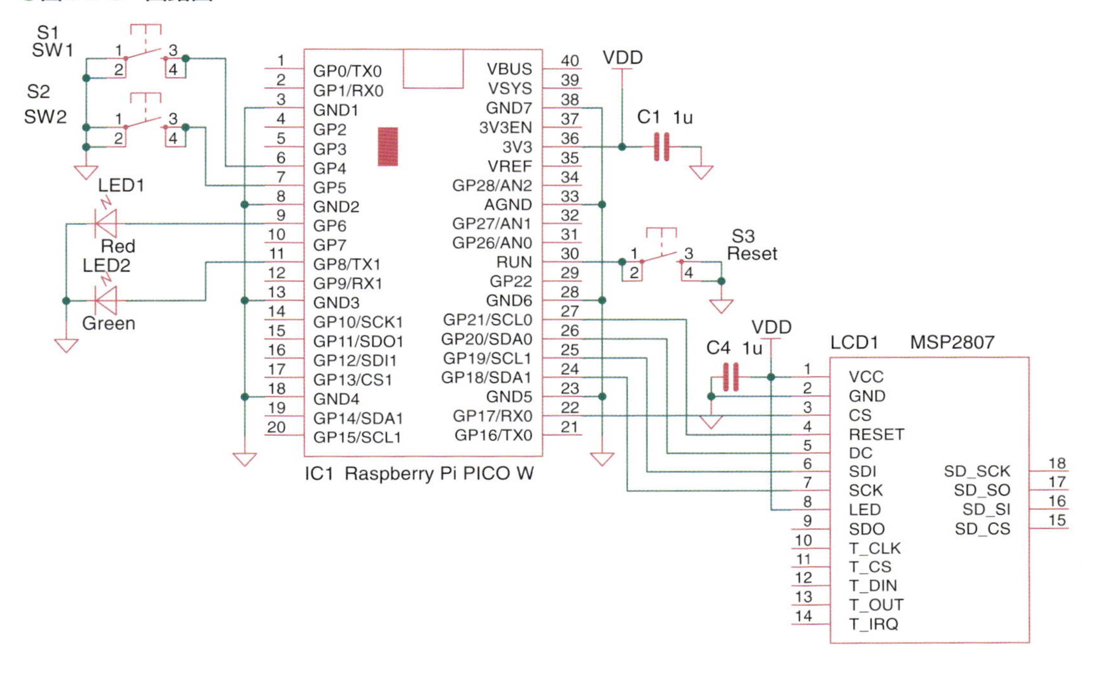

この回路をブレッドボードで製作しました。配線が完成した外観が図6-5-2となります。Picoと液晶表示器をはずした状態の写真です。左右両端の配線は電源とGNDを接続する渡り配線です。上側にあるリセットスイッチはリードの片側はどこにも挿入しないで浮かせたままとしています。

●図6-5-4　完成したブレッドボード

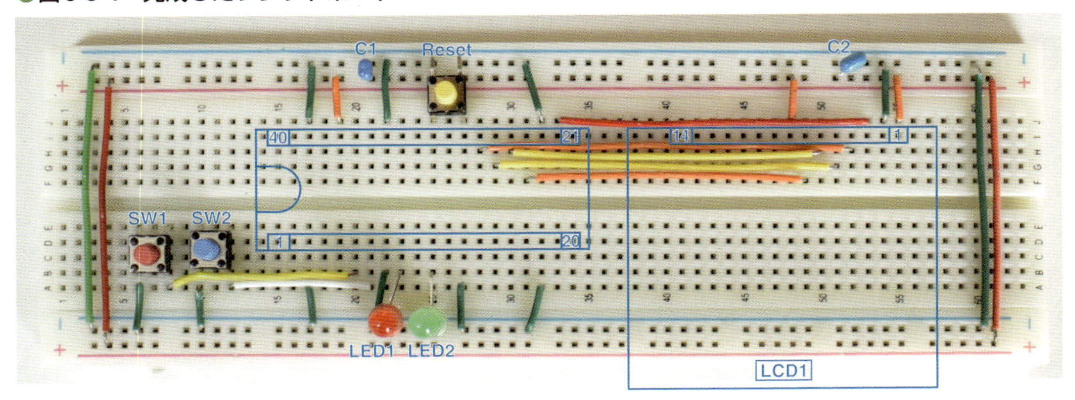

6-5-3 OpenAIのAPIの取得と課金

ChatGPTをRaspberry Pi Pico Wから使うために、OpenAIが提供しているAPIを使う必要があります。APIとは、上記各種モデルへのアクセスを可能にするインターフェースで、外部システムからサービスを使えるようにしてくれます。このAPIを使うには、OpenAIからAPIを取得し、課金する必要があります。

本書ではこのAPIをChatGPT用に使いますが、現在提供されているGPTモデルには表6-5-1のような種類があり、それぞれ料金が異なります。最新のGPT-4o-mini*が圧倒的に安くなっていますから、本書でもこのGPT-4o-miniを使うことにします。APIはどのモデルでも使えます。トークンは英語ベースですが、日本語では大体0.7kトークン程度になると思います。

* 本書執筆時点での最新モデル

▼表6-5-1　GPTモデルと仕様料金

モデル名	入力側価格	出力側価格	備　考
GPT-4o-mini GPT-4o-mini-2024-07-18	$0.00015 /1k tokens	$0.0006 /1k tokens	2023年10月までの学習 128kコンテキストまで 入力可能
GPT_4o GPT-4o-2024-05-13	$0.005 /1k tokens	$0.015 /1k tokens	
GPT-4-Turbo GPT-4-trubo-2024-04-09	$0.01 /1k tokens	$0.03 /1k tokens	
GPT-3.5-turbo-0125	$0.0005 /1k tokens	$0.0015 /1k tokens	2021年9月までの学習 16kコンテキストまで 入力可能

このAPIの取得方法を説明します。まずChromeなどのブラウザでOpenAIにログインできるようにします。OpenAIのサイト　https://openai.com/ja-JP/　を開きます。

これで開く画面の一番下まで進むと図6-5-5の画面となるので、ここで「API login」をクリックします。これでアカウント作成になるので、メールアドレスとパスワードを入力してアカウントを作成します。確認メールで確認すればログインできるようになります。

●図6-5-5　OpenAIのログインページ

ログイン後、図6-5-5の画面で③APIログインを指定すると図6-5-6のPersonalのページが開くので、左上で①［Default project］を選択し、さらに右上の②歯車アイコンをクリックします。

●図6-5-6　Personalのページ

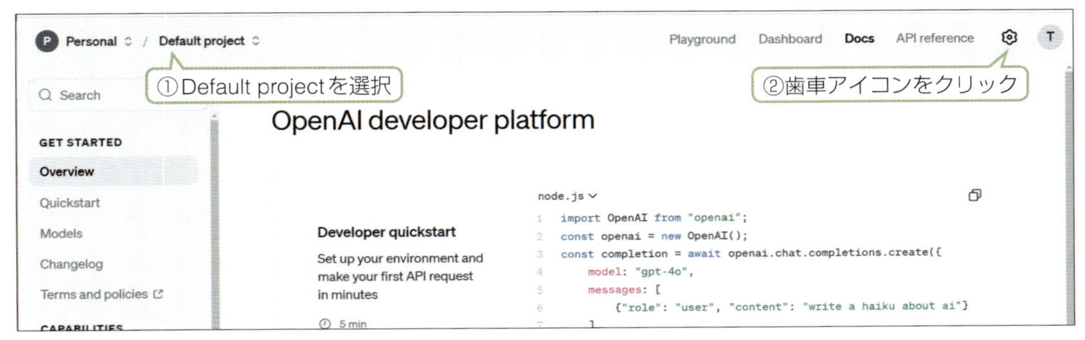

これで開くページ図6-5-7の左側で①API keysをクリックすると開くページで、②［Create new secret key］のボタンをクリックして新規にPAI Key生成を開始します。

●図6-5-7　API Keyの生成開始

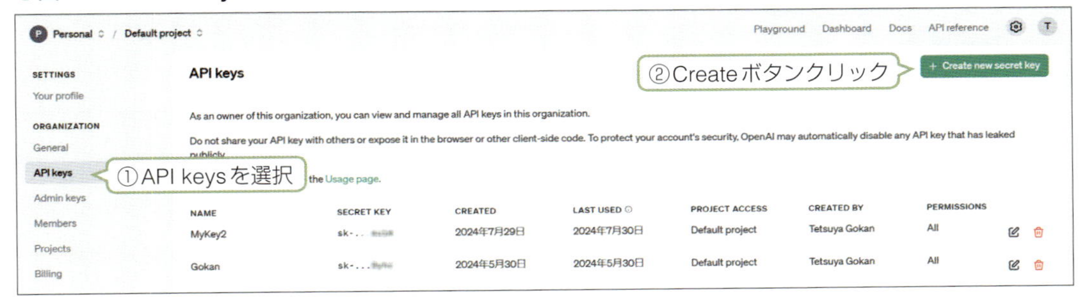

これでAPI Keyを生成する図6-5-8の画面になります。①キーの名称を入力してから、②［Create secret key］ボタンをクリックすれば③キーが生成されます。Keyはこのダイアログで一度しか表示されませんから、④［Copy］ボタンをクリックしてコピーし、自分のパソコンに保管しておきます。

●図6-5-8　API keyの生成とコピー

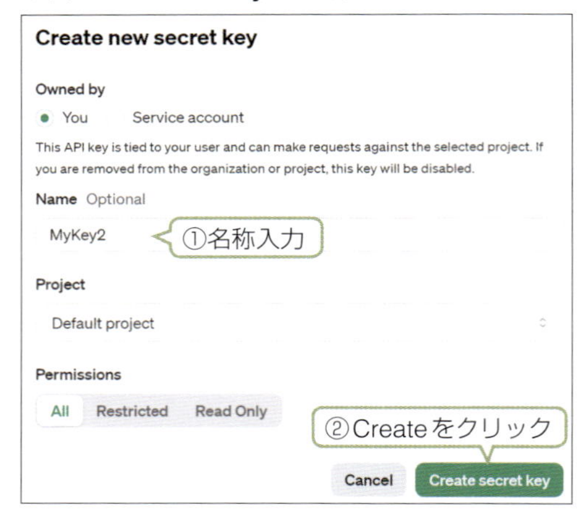

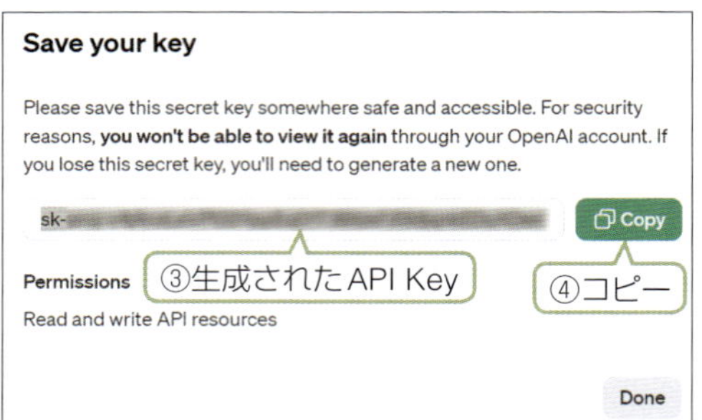

以上でAPI Keyの取得は完了です。

この後、戻ったPersonalの図6-5-9の①［Usage］のメニューをクリックすると、②これまでの使用量のログが表示されます。またこれまでに使った料金も表示されます。

●図6-5-9　使用量のログ画面

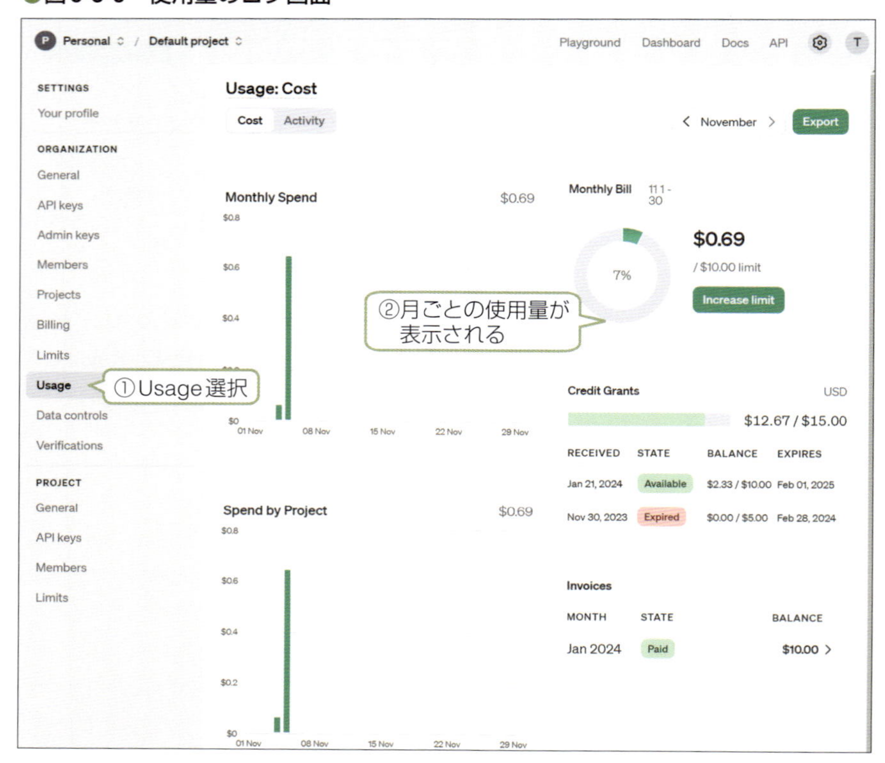

続いて課金の設定をします。同じ図6-5-9の画面で①［Billing］を選択します。これで課金の設定となるので、先にクレジットカードの登録をします。上にあるメニューで②［Payment methods］を選択して開く画面で③クレジットカードを登録します。

●図6-5-10　クレジットカードの登録

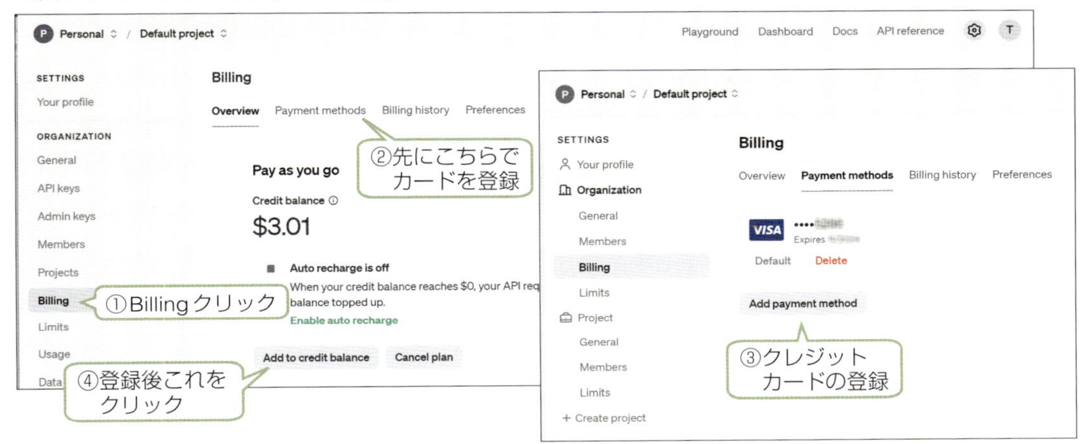

次に戻った図6-5-10の画面で④［Add to credit balance］をクリックすると図6-5-11の画面になるので、①金額を入力してから②［Continue］とし、確認ダイアログになったら③［Confirm payment］で確認します。金額は5ドルもあれば十分だと思います。これを使い切るには相当ハードな使い方が必要です。

●図6-5-11　課金額の設定

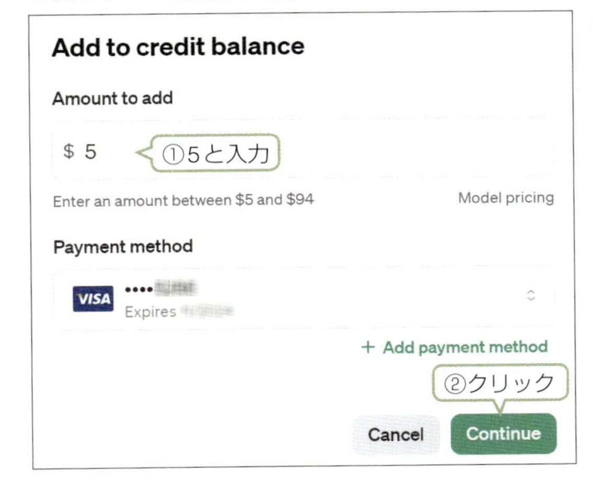

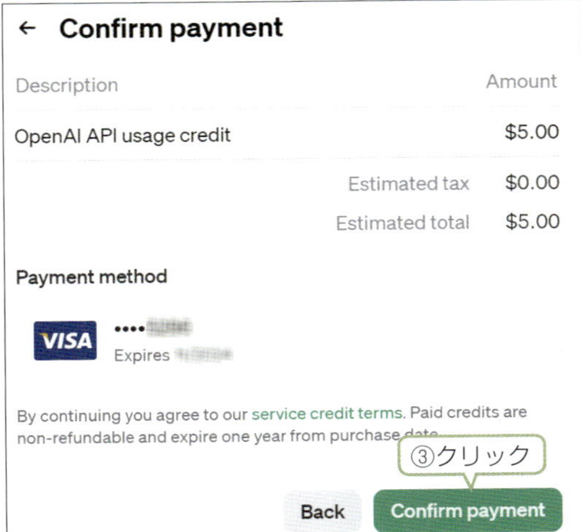

6-5-4　APIの使い方

OpenAIのAPIをChatGPT用に使う場合のプログラミング方法について説明します。Raspberry Pi Pico WのMicroPythonでプログラミングする場合についての説明です。

APIを使ってChatGPTに何らかの要求をする場合には、HTTP通信のPOSTコマンドを使います。

POSTコマンドのフォーマットは図6-5-12のようになります。まずリクエスト部は標準的なPOSTコマンドとし、ヘッダ部にChatGPTのURLと、JSON形式の指定と、認証でBearerでAPIキーを指定します。これでChatGPTとのアクセスが確立されます。

そして空行のあと、実際に要求する内容をBody部として記述します。この中身はJSON形式として、model、messageをキーとして作成します。さらにmessageの中にはroleとcontentを指定します。このroleが、誰がcontentを出したのかを示すもので、userの場合のcontentはユーザが出した要求で、assistantの場合はChatGPTから出力されたcontentということになります。

●図6-5-12　POSTコマンドフォーマット

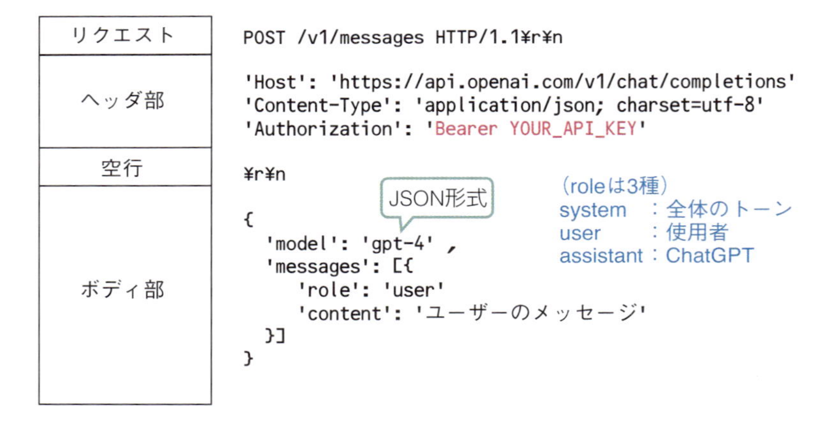

この後の実際のChatGPTとの送受信の仕方については、5-13-2項と同じ手順となります。

6-5-5　プログラムの作成

Raspberry Pi Pico WのMicroPythonのプログラム全体のフローは図6-5-13のようにしました。最初に初期化後Wi-Fi接続を実行し、接続できたらメインループに入ります。メインループではSW1が押された場合は、ChatGPTにクイズの出題を要求し、その応答を液晶表示器に表示します。SW2が押された場合は、ChatGPTに出題に対する答えを要求し、応答を液晶表示器の下半分に表示します。

ChatGPTとの送受の部分はサブ関数として独立としています。そのほかに液晶表示器に日本語を表示するために追加したサブ関数があります。

●図6-5-13 全体プログラムフロー

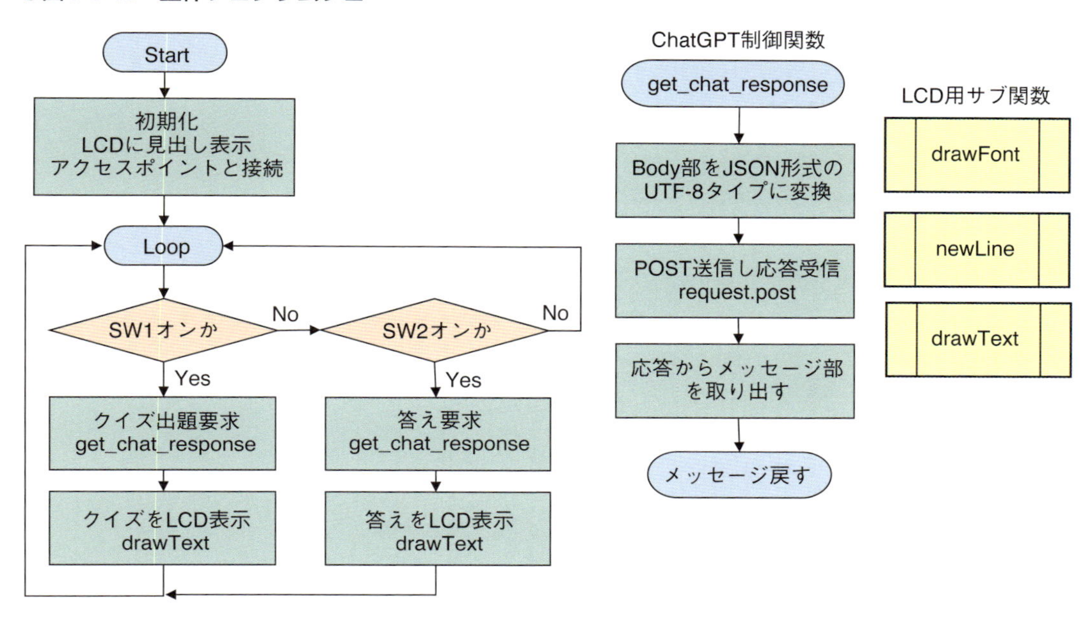

MicroPythonのプログラム作成に当たって、液晶表示器用のライブラリと、日本語のフォントを追加します。これらはネットに公開されているライブラリを拝借しました。

❶液晶表示器用ライブラリ

次のサイトから「ili9341.py」のみを使います。開いたgithubから「ili9341.py」だけを選択してダウンロードします。このファイルでは日本語フォントを表示する関数が不足していますので、それに必要な関数を追加し、このライブラリのクラスメソッドとして追加しています。

https://github.com/rdagger/micropython-ili9341

❷フォントライブラリ

次のサイトから一括でzipファイルとしてダウンロードします。ダウンロードしたファイルを解凍展開し、その中のmfontフォルダのみを使います。mfontフォルダのフォントフォルダの中にはフォント本体と制御関数が含まれています。フォントには8、10、12、14、16、20、24ドットと多くのフォントが含まれていて、すべてをRaspberry Pi Pico Wに実装するにはメモリ容量不足でできないので、本稿では20ドットフォントのみ実装しています。

https://github.com/Tamakichi/pico_MicroPython_Multifont

結局、液晶表示器用ライブラリとフォントのライブラリとしてUploadしたものは図6-5-14となります。mfontはフォルダごとUploadします。そうしないと制御プログラムでフォルダを指定しているのでエラーとなってしまいます。

このあと、これにmain.pyをUploadして全体のプログラムとなります。

●図6-5-14 Uploadしたライブラリ

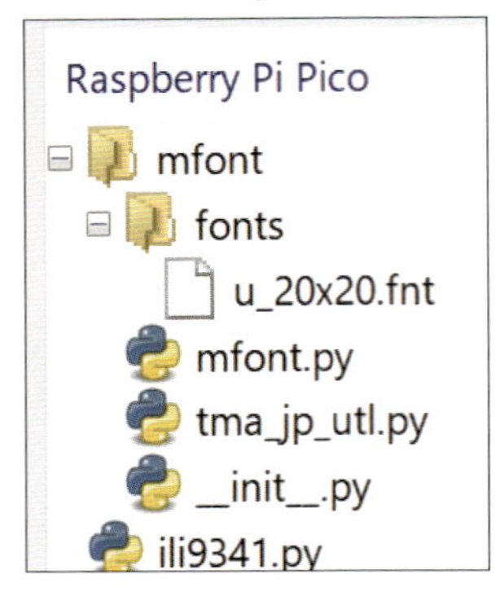

作成したプログラムを説明します。初期化部がリスト6-5-1となります。

最初に必要なライブラリをインクルードしています。液晶表示器にはSPIモジュールを使いますので、これをPinモジュールと一緒にインクルードしています。

液晶表示器用ライブラリとフォントのライブラリ、さらにWi-Fiを使ってPOSTコマンドが記述できるようにurequestsライブラリを追加しています。またChatGPTの応答処理に必要なJSONモジュールもインクルードしています。

その後はインスタンスの生成で、スイッチ、LED、SPIを生成しています。SPIは50MHzという高速設定としています。液晶表示器は横向きで使う設定としています。最後に液晶表示器に使う色を定義しています。

リスト 6-5-1　初期化部

```
1   #coding: utf-8
2   #**************************************
3   # Raspberry Pi Pico クイズマシン
4   #  LCD ILI9341  + ChatGPT
5   #  mfont で日本語表示
6   #**************************************/
7   from machine import Pin, SPI
8   import ili9341
9   from mfont import mfont
10  import urequests as requests
11  import time
12  import network
13  import json
14  
15  #****** GPIO設定 *********
16  SW1 = Pin(4, Pin.IN, Pin.PULL_UP)
17  SW2 = Pin(5, Pin.IN, Pin.PULL_UP)
18  LED_RED = Pin(6, Pin.OUT)
19  LED_GREEN = Pin(8,Pin.OUT)
20  #***** LCDの初期設定 ******************
21  # SPIバスの設定
22  spi = SPI(0,
23              baudrate=50000000,
24              sck=Pin(18),
```

```
25              mosi=Pin(19))
26
27  # ILI9341 LCDのインスタンス生成
28  display = ili9341.Display(spi,cs=Pin(17),dc=Pin(20),rst=Pin(21),width=320,height=240,rotation=90)
29  LCD_HEIGHT = const(240)
30  LCD_WIDTH = const(320)
31
32  # 色名称の定義
33  WHITE   = ili9341.color565(0xFF,0xFF,0xFF)
34  BLACK   = ili9341.color565(0, 0, 0)
35  RED     = ili9341.color565(0xFF, 0, 0)
36  GREEN   = ili9341.color565(0, 0xFF,0)
37  BLUE    = ili9341.color565(0, 0, 0xFF)
38  YELLOW  = ili9341.color565(0xFF,0xFF,0)
39  CYAN    = ili9341.color565(0, 0xFF, 0xFF)
40  MAGENTA = ili9341.color565(0xFF, 0, 0xFF)
```


次は液晶表示器の日本語表示のための関数追加で、フォントを描画する関数と改行、文字列表示の関数です。フォントはfs変数で指定されますが、20×20ドットのフォントを使うようになっています。最後にこれらの関数を元の液晶表示器ライブラリのクラスのメソッドとして追加しています。

これらの関数は上記フォントライブラリのTamakichiさんのサイトを参考にしました。

リスト 6-5-2 液晶表示器の追加関数

```
42  #******* LCD制御関数 ****************
43  #******* フォントの表示 *****
44  def drawFont(self, font, x, y, w, h, Color, BACK):
45      bn = (w+7)>>3
46      py = y
47      for i in range(0, len(font), bn):
48          px = x
49          for j in range(bn):
50              for k in range(8 if (j+1)*8 <=w else w % 8):
51                  self.draw_pixel(px+k,py, Color if font[i+j] & 0x80>>k else BACK)
52              px+=8
53          py+=1
54  #****** 改行 ******
55  def newLine(self, BACK):
56      self.x=0
57      if self.y+self.mf.fs*2 > LCD_HEIGHT:
58          self.scroll(-self.mf.fs)
59          self.fill_rectangle(0, self.y, LCD_WIDTH, LCD_HEIGHT-self.y, BACK)
60      else:
61          self.y=self.y+self.mf.fs
62  #***** テキストの表示 ******
63  def drawText(self, text, x, y, fs, Color, BACK, wt=0):
64      self.x = x
65      self.y = y
66      # フォントの設定
67      self.mf = mfont(fs)
68      self.mf.begin()
69      # テキスト表示
70      for c in text:
71          if c == '¥n': # 改行コードの処理
```

```
72              self.newLine(BACK)
73              continue
74          code = ord(c)
75          font = self.mf.getFont(code)
76          if self.x+self.mf.getWidth()>=LCD_WIDTH:
77              self.newLine(BACK)
78          self.drawFont(font, self.x, self.y, self.mf.getWidth(), self.mf.getHeight(), Color, BACK)
79          if wt:
80              time.sleep_ms(wt)
81          self.x+=self.mf.getWidth()
82      self.mf.end()
83  #****** Display Classにメソッドを追加 *****
84  ili9341.Display.drawText = drawText
85  ili9341.Display.drawFont = drawFont
86  ili9341.Display.newLine  = newLine
```

次がChatGPTと送受する関数get_chat_response(data)で、リスト6-5-3となります。OpenAI API Keyの部分は読者が取得したAPI Keyに変更して下さい。

前半はPOSTコマンドで要求を出す部分で、POSTコマンドのヘッダ部の定数を定義し、要求のプロンプト部はdataというパラメータでもらうようにしています。

POST送信と応答の受信はurequestsライブラリを使うことで、1行で済ませています。これでresponse変数に要求した応答が代入されます。

応答はJSON形式ですから、responseのテキストをjson.loadsでJSONオブジェクトに変換してからmessage部を取り出しています。

リスト 6-5-3　ChatGPT制御関数

```
88  #********* ChatGPT制御 ********
89  # OpenAI API key
90  openai_api_key = "YOUR KEY"
91  # OpenAI Chat Completion APIエンドポイントを設定
92  ENDPOINT = 'https://api.openai.com/v1/chat/completions'
93  # Chatbotの応答を取得する関数
94  def get_chat_response(data):
95      # APIリクエストヘッダーを設定
96      headers = {
97          'Content-Type': 'application/json; charset=utf-8',
98          'Authorization': 'Bearer ' + openai_api_key
99      }
100     # APIリクエストを送信
101     try:
102         json_data = json.dumps(data)
103         encoded_data = bytes(json_data, 'utf-8')
104         response = requests.post(ENDPOINT, headers=headers, data=encoded_data)
105         # API応答を解析
106         response_json = json.loads(response.text)
107         print(response_json)
108         message = response_json['choices'][0]['message']['content'].strip()
109         return message
110     except:
111         return "Error"
```

次が初期スタートの部分でリスト6-5-4となります。液晶表示器に見出しを表示したあとWi-Fiの接続を実行しています。ここのSSIDとPasswordは読者の環境に変更して下さい。Wi-Fiの接続ができたらIPアドレスをThonnyのシェルに表示するようにしています。また接続前に緑と赤の両方のLEDを点灯し、接続完了で消灯していますので、これでも接続完了がわかります。

リスト 6-5-4　初期スタート部

```
113 #******** 見出し表示 ********
114 txt = "  ＊＊＊ クイズマシン ６＊＊＊ "
115 display.drawText(txt, 0, 0, 20, CYAN, BLACK, 0)
116 #******** Wi-Fi接続開始 ********
117 LED_RED.value(1)    #目印On
118 LED_GREEN.value(1)
119 #Wi-FiのSSIDとパスワード設定
120 ssid = 'YOUR SSID'
121 password = 'YOUR PASSWORD'
122 wlan = network.WLAN(network.STA_IF)
123 wlan.active(True)
124 wlan.connect(ssid, password)
125 # WiFi接続完了待ち　3秒間隔
126 max_wait = 10
127 while max_wait > 0:
128     if wlan.status() < 0 or wlan.status() >= 3:
129         break
130     max_wait -= 1
131     print('waiting for connection...')
132     time.sleep(3)
133 # 接続失敗の場合
134 if wlan.status() != 3:
135     raise RuntimeError('network connection failed')
136 #接続成功の場合　IPアドレス表示
137 else:
138     print('Connected')
139     status = wlan.ifconfig()
140     print( 'ip = ' + status[0] )
141     LED_RED.value(0)    #目印Off
142     LED_GREEN.value(0)
```

最後はメインループ部でリスト6-5-5となります。SW1が押されたらクイズの出題を要求し、応答を液晶表示器に表示しています。このときの要求のプロンプトの書き方が重要で、この書き方次第でクイズの内容が大きく変わります。

SW2が押されたら、クイズの答えを要求し、応答を液晶表示器の下半分に表示しています。このときの要求には出題とクイズの内容と答えの要求すべてをまとめてChatGPTに送信する必要があります。これで出題されたクイズの答えを得ることができます。

リスト 6-5-5　メインループ

```
143
144 #******* メインループ ************************
145 while True:
146     #****SW1が押されたらクイズの出題を要求し表示する****
147     if SW1.value() == 0:
148         LED_RED.value(1)
149         #全画面消去
150         display.clear()
```

```
151            #ChatGPTに要求
152            prompt1 = "あなたはクイズの専門家です。次の難しいクイズをひとつ100文字以内で出して下さい。"
153            data = {
154                'model': 'gpt-4o-mini',
155                'messages': [{'role': "user", 'content': prompt1 }]
156               }
157            #CHATGPTの応答を取得
158            chat_response1 = get_chat_response(data)
159            #応答をLCDに表示
160            display.drawText(chat_response1, 0, 0, 20, WHITE, BLACK, 0)
161            LED_RED.value(0)
162
163        #****SW2が押されたら答えを要求し表示する****
164        if SW2.value() == 0:
165            LED_GREEN.value(1)
166            data = {
167                'model': 'gpt-4o-mini',
168                'messages': [{'role': "user", 'content': prompt1 },
169                            {'role': 'assistant', 'content': chat_response1},
170                            {'role': 'user', 'content': "クイズの答えを60文字以内で答えて。"}]
171               }
172            #CHATGPTの答えを取得
173            chat_response2 = get_chat_response(data)
174            #答えをLCDに表示
175            display.drawText(chat_response2, 0, 140, 20, YELLOW, BLACK, 0)
176            LED_GREEN.value(0)
```

6-5-6 動作確認

でき上がったMicroPython のプログラムの名称を「main.py」に変更し、ThonnyからUpload to /としてRaspberry Pi Pico Wにアップロード*します。これでパソコンなしで単体で動作するようになるので、毎回プログラムをダウンロードする必要はなくなり、電源さえ供給すれば動作します。

*アップロード方法の詳細は2-2-5項を参照

動作を開始し、液晶表示器に見出しが表示され、赤、緑の両方のLEDが点灯すれば、正常に動作を開始しています。両方のLEDが消灯したらWi-Fi接続完了ですから、SW1を押して赤色LEDが点灯すれば出題を要求しています。しばらくすれば液晶表示器にクイズが表示されます。

SW2を押せば緑のLEDが点灯し答え要求しています。ここもしばらくすると答えを液晶表示器に表示します。

以降は何度でも出題と答えを繰り返せます。ときどきおかしなクイズや答えだったりしますが、これもまた楽しめます。

実際の出題と回答の例が図6-5-15となります。

●図6-5-15 実際の例

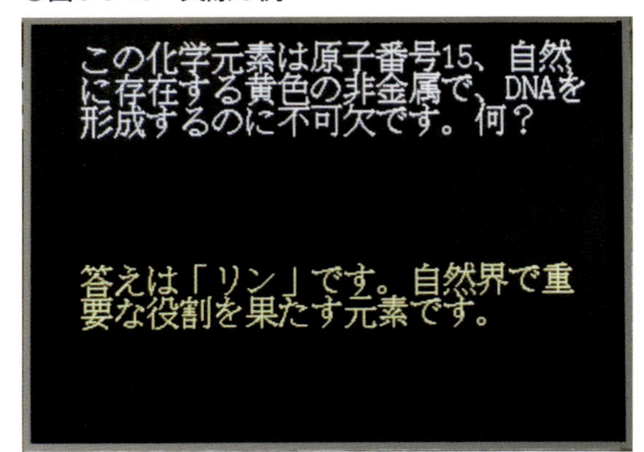

6-6 作詞マシンの製作

ChatGPTを活用した製作例をもう1つ紹介します。時刻、天気、環境情報をネットワークから取得し、その条件でイメージされる詩の創作をChatGPTに依頼するというものです。完成した作詞マシンの外観が写真6-6-1となります。

●写真6-6-1　作詞マシンの外観

6-6-1 作詞マシンの全体構成と機能

作詞マシンの全体構成を図6-6-1のようにしました。この構成で実行する機能を次のようにしました。

- NTP*から時刻を取得、OpenWeatherMap*から天気情報を取得し、それらの環境条件でイメージされる詩の生成をChatGPTに要求し、生成された詩を液晶表示器に表示する
- 同じ詩をローマ字に変換要求し、生成された結果で音声合成LSIを駆動して詩を朗読する
- さらに同じ詩でイメージされる色を5色ChatGPTに生成させ、テープLEDでゆっくりと変化させながら光らせる

NTP:Network Time Protocol　ネットワークから現在時刻を取得できる

各種の気象情報を提供しているオンラインサイト

●図6-6-1　作詞マシンの全体構成

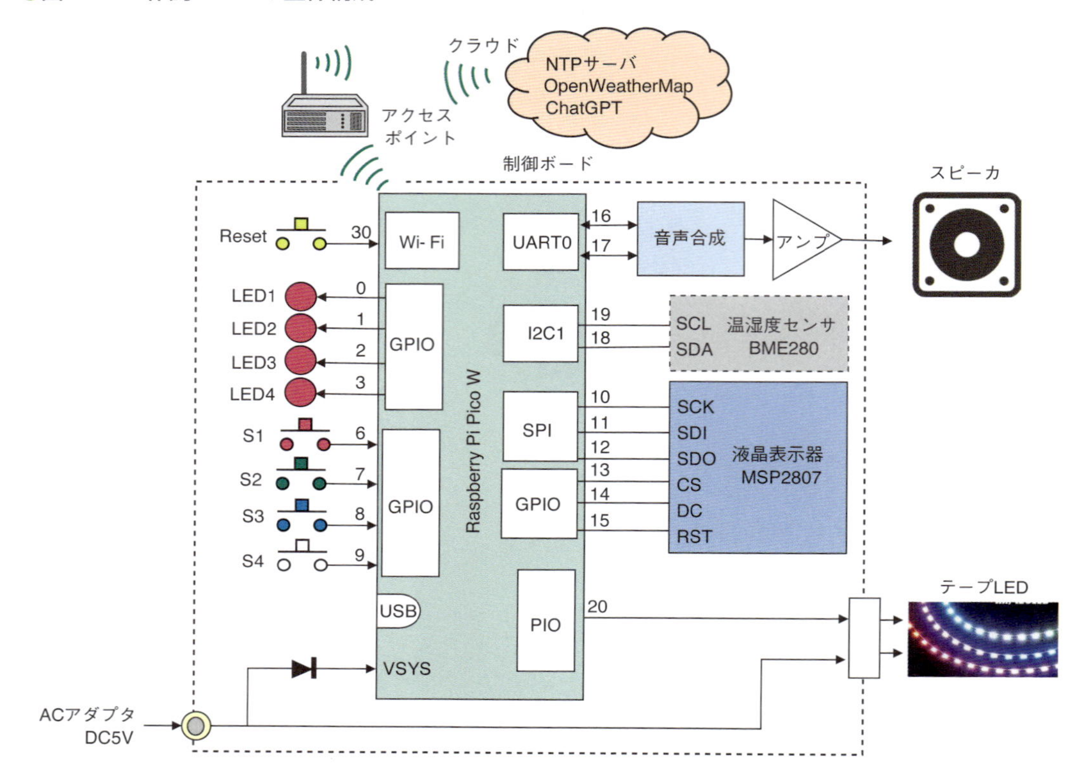

ここで新たに使ったデバイスは音声合成ICとオーディオアンプになります。音声合成ICの外観と仕様が図6-6-2となります。このICは便利なICで、UART接続でローマ字の文字列を送信すれば、それを音声のオーディオ信号で出力します。抑揚や句読点などの対応もできるようになっています。

●図6-6-2　音声合成ICの外観と仕様

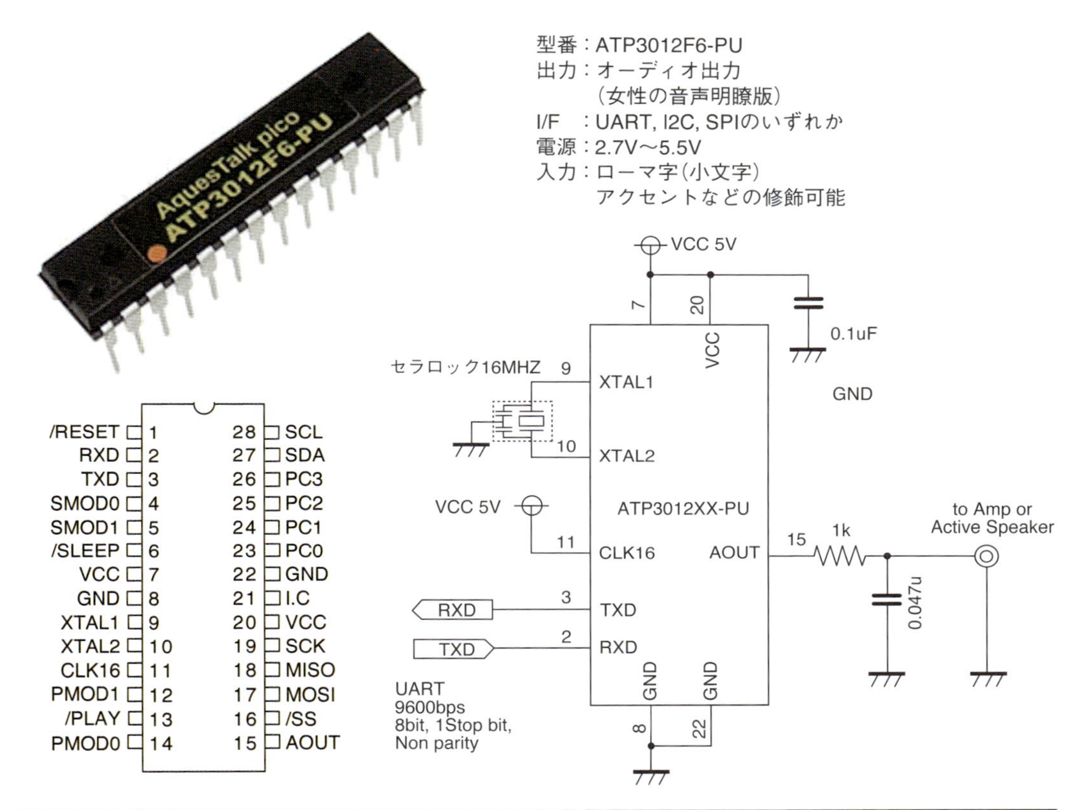

端子名	I/O	説明
/RESET	I*	Lowでリセット リセットタイミング等はデバイスのデータシート参照
RXD	I	USART RXD UART通信プロトコル参照
TXD	O	USART TXD UART通信プロトコル参照
SMOD0	I*	通信モード選択
SMOD1	I*	通信モード選択
/SLEEP	I	スリープ状態にして消費電流を下げる
VCC	―	電源
GND	―	GND
XTAL1	I	16MHz/10MHｚ（CLK16端子に依存）の
XTAL2	I	クリスタル/セラミック発振子接続
CLK16	I*	動作クロック16MHz/10MHz切替 Hi:16M Low:10M
AOUT	O	音声出力端子（0-VCC[V] PWM出力）
/PLAY	O	発声ステータス 発声中はLOWレベルになる

端子名	I/O	説明
PMOD0	I*	動作モード選択
PMOD1	I*	動作モード選択
/SS	I*	SPI Slave Select SPI通信プロトコル参照
MOSI	I	SPI Master Out Slave In
MISO	O	SPI Master In Slave Out
SCK	I	SPI Serial Clock
I.C	―	未使用 OPENにする
PC0	I*	プリセットメッセージ選択
PC1	I*	プリセットメッセージ選択
PC2	I*	プリセットメッセージ選択
PC3	I*	プリセットメッセージ選択
SDA	I/O	I2C Serial Data
SCL	I	I2C Serial Clock

* 内部でプルアップ

オーディオアンプICの外観と仕様は図6-6-3となっています。このICも外付けの部品が最少で結構大きな音としてスピーカを駆動することができます。ただしこのICはすでに販売終了となっていて、ピン互換品がHT82V73Aとして販売されています。これをDIP化基板に実装すればそのまま使えます。

●図6-6-3　オーディオアンプICの外観と仕様

HT82V739

HT82V73A

オーディオアンプ
型番：HT82V739
　　（互換品 HT82V73A）
出力：1.2W 8Ω 5V
電源：2.2V〜5.5V
歪率：10%以下
外観：8ピンDIP/SOP

OUTN	1	8	VDD
Aud In	2	7	OUTP
VREF	3	6	NC
VSS	4	5	$\overline{CE}$

HT82V739
– DIP-A/SOP-A

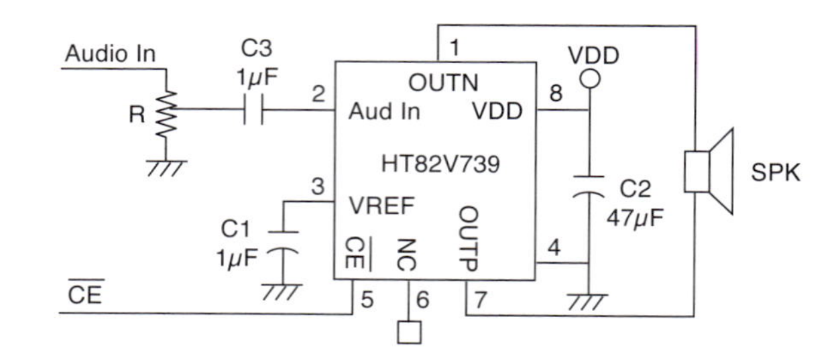

6-6-2 ハードウェアの製作

プリント基板の作成方法は第2章の章末コラムを参照

　この製作例では制御部をプリント基板*化しました。全体構成を元に作成した回路図が図6-6-4となります。

　液晶表示器は6-5節で使ったものと同じで、SPI接続となります。音声合成ICとオーディオアンプはデータシート通りの接続としています。

　CN1に出力するLEDの制御部は、当初の設計はフルカラーのPowerLEDを使う計画でしたので、MOSFETを3個ドライバとして組み込んでいますが、その後テープLEDに変更したため、R1，R2、R3の実装を無しとしてストラップ線を追加してテープLED用の回路に変更しています。

　電源はパソコンなしで単独で動作するように、DC5VのACアダプタから供給します。この5Vを直接テープLED用の電源とし、ダイオードD1を挿入してPico用の電源としてVSYSピンに供給しています。*Picoから出力される3.3V電源を全体のVDDとして供給しています。オーディオアンプの電源として3.3Vはちょっと低いのですが、5Vのノイズを考慮してあえて3.3Vとしています。

供給方法の詳細は2-2節を参照

●図6-6-4 回路図

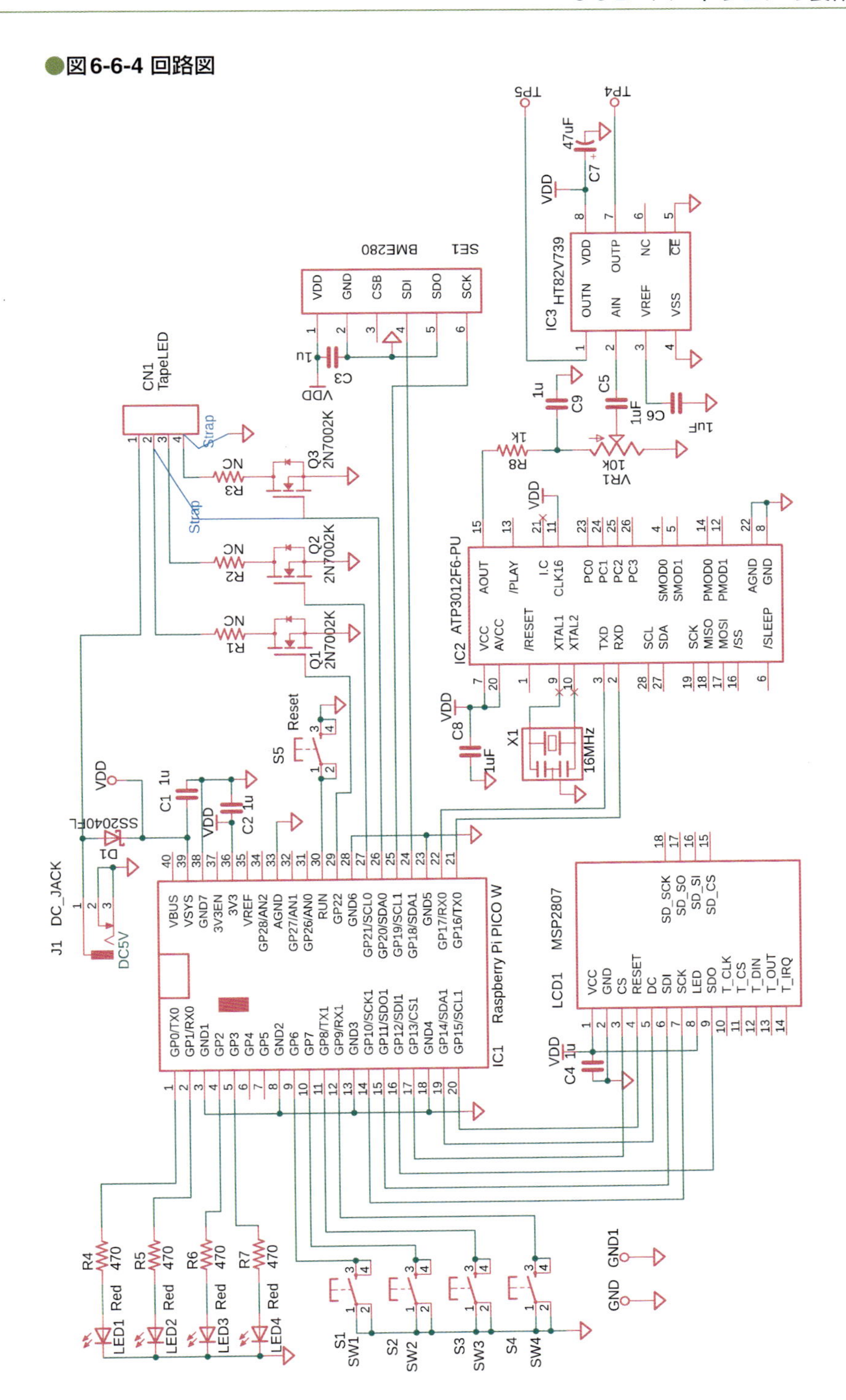

IC1 Raspberry Pi PICO W
IC2 ATP3012F6-PU
IC3 HT82V739
LCD1 MSP2807
SE1 BME280
CN1 TapeLED
J1 DC_JACK
DC5V
D1 SS2040FL
X1 16MHz
VR1 10K
Q1 2N7002K
Q2 2N7002K
Q3 2N7002K
S5 Reset
VDD
GND
GND1
TP4
TP5

この回路から作成したプリント基板の組立図が図6-6-5となります。

●図6-6-5　組立図

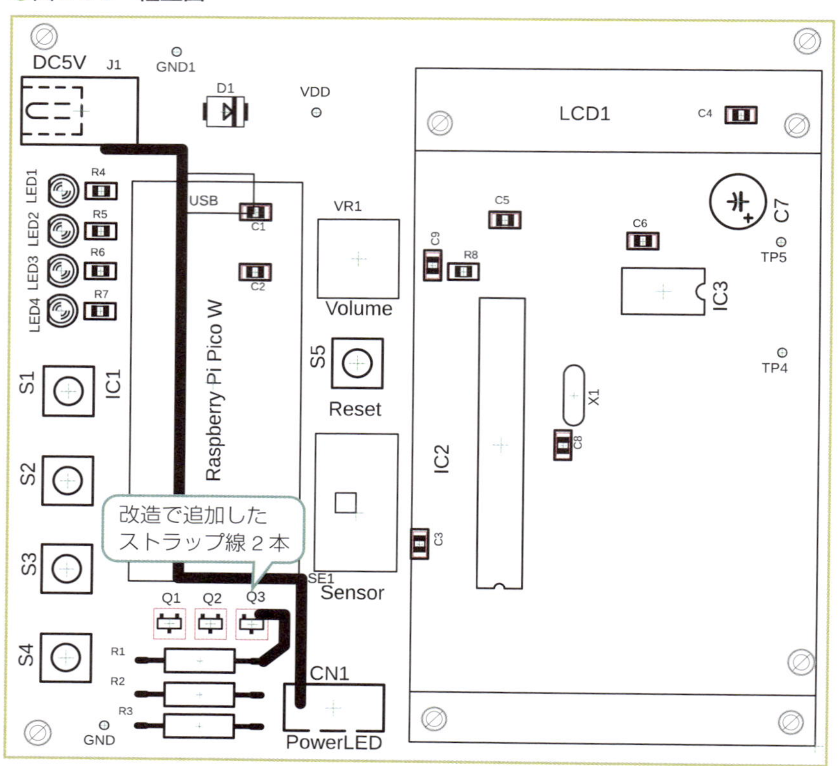

組み立て完了した基板が図6-6-6となります。

●図6-6-6　完成した制御部の基板

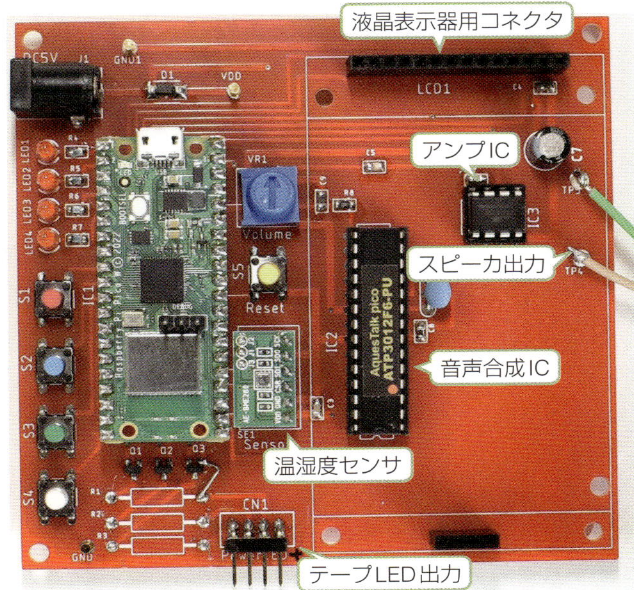

6-6-3　プログラムの構成とOpenWeatherMapの使い方

作成するプログラムはRaspberry Pi Pico WのMicroPythonのプログラムだけとなりますが、全体の流れを説明します。

作詞の要求手順は図6-6-7のようになります。プログラム実行を開始したとき、環境情報としてNTP*サーバから現在時刻を取得します。そしてこの時刻でPico内蔵のRTC*を設定します。あとはRTCから現在時刻を取得できます。

次にSW1が押されたら、作詞の手順を開始します。環境情報として天気情報を取得するため、OpenWeatherMapからデータを入手します。

これにはOpenWeatherMapからAPIを取得してGETコマンドで取得します。実はハードウェアで気圧、温度、湿度が得られるセンサを組み込んでいるのですが、OpenWeatherMapから同じ情報が取得でき、しかも外気のデータですので、こちらを使うことにしてセンサの情報は使っていません。

この時刻と環境の情報を元に、ChatGPTに作詞を依頼します。応答として得られた詩を液晶表示器に表示します。

さらに同じ詩をローマ字に変換することをChatGPTに要求し、応答のローマ字を音声合成ICに出力して詩の朗読を実行します。

Network Time Protocolの略でネットワークで時刻を同期するために使われる

RTC：Real Time Clockで時計機能を果たすモジュール

●図6-6-7　作詞の要求手順

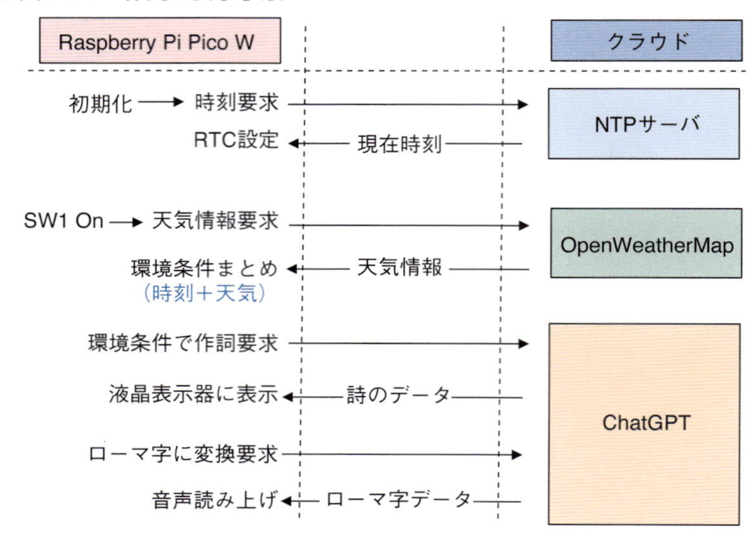

次にSW4を押したときの色の生成の手順が図6-6-8となります。

こちらの場合も天気情報を新たに取得し、時刻と合わせた環境条件で、光の色の生成を要求します。5色の要求をRGBの数値の配列として要求します。

そして応答として得られた5色の間をゆっくりと変化するように制御します。これを永久ループとして繰り返しますので、独立のスレッドとしてコア1側で実行するようにします。これで色を可変している間にも、コア0側で新たな作詞の要求の処理を実行できるようになります。

●図6-6-8　色の生成手順

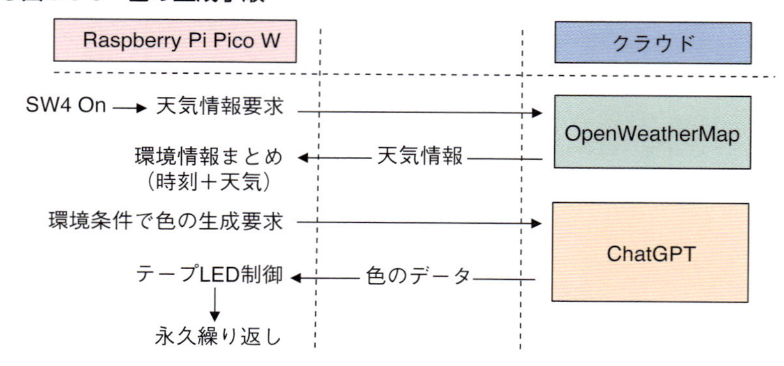

ここで天気情報を得るために使うOpenWeatherMapの使い方を説明します。

OpenWeatherMapから、無料枠でそのときの天気情報を取得することができます。多くの情報が得られるので、その中から必要なものだけを取り出す必要があります。

まず、OpenWeatherMapを使うためには、サイトを開いてAPIを取得する必要があります。

OpenWeatherMapのサイト 「https://openweathermap.org」を開きます。これで開く図6-6-9のページで、①［Sign in］をクリックして②メールアドレスとパスワードを入力したあと、③［Submit］ボタンをクリックします。

●図6-6-9　Sign inする

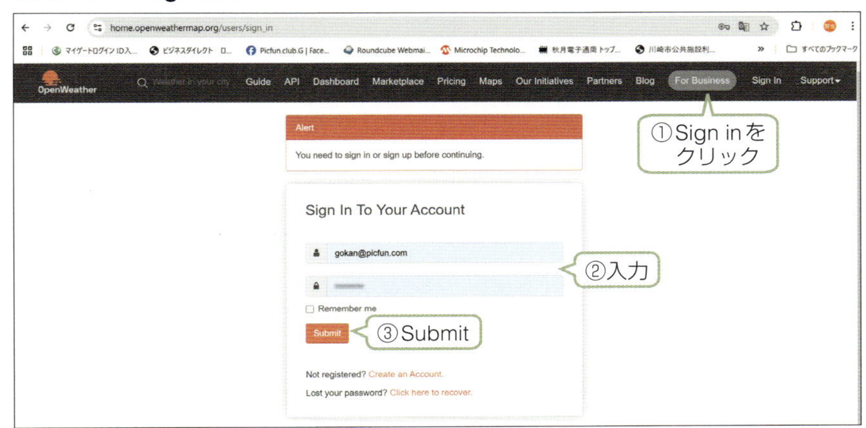

これで開く図6-6-10の画面で、下側にあるメニューで①［API keys］をクリックします。

●図6-6-10　API keysをクリック

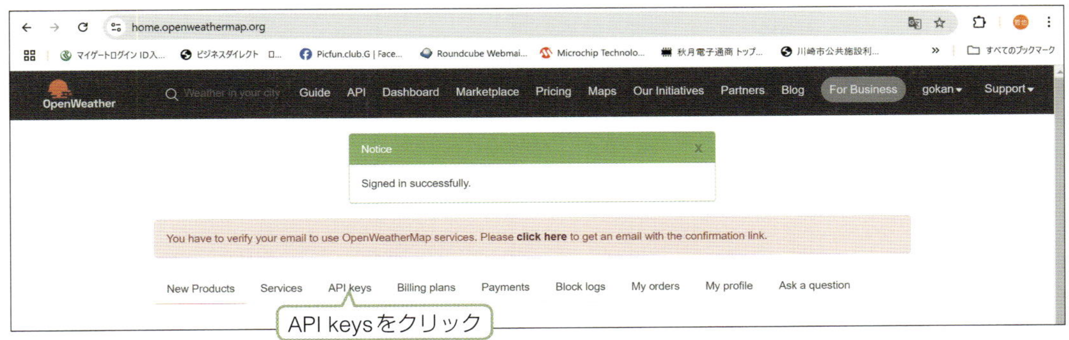

これで開く図6-6-11の画面でAPIキーを生成します。この画面は一度生成すると右上の自分のIDをクリックすると開くドロップダウンメニューからも開くことができます。

最初に①name欄に生成するキーの名称を入力してから②［Generate］ボタンをクリックします。これで③Key欄にキーコードが生成されますから、④これをコピーし自分のパソコンに保存します。これで使うためのキーを取得できます。

●図6-6-11　APIキーの生成

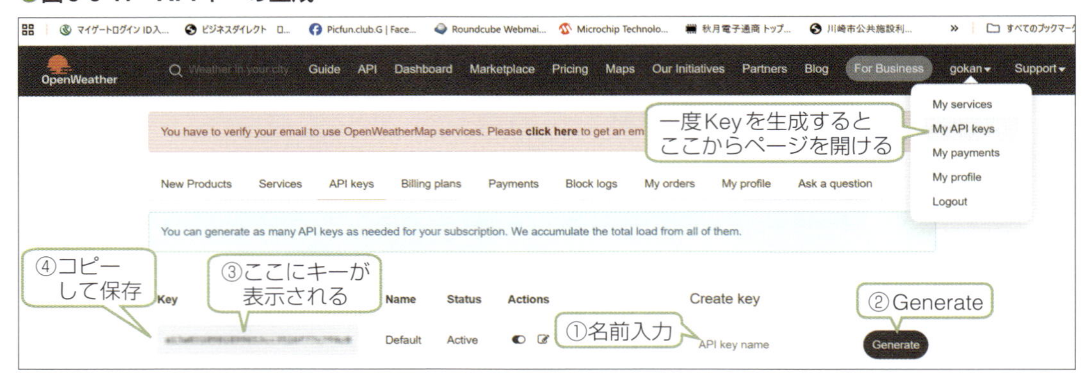

このキーを使ってMicroPythonで天気情報を要求するには、図6-6-12（a）のようにGETコマンドを使います。要求には都市名（例えば町田市など）と取得したキーを指定します。折り返しの情報はresponse変数に返されます。

このresponseの中身をJSONコードに変換した結果のdataの内容は、図6-6-12（b）のようになります。基本の情報はmainの中にあり、天気はweatherの中にあります。

これらの情報を取り出すには、図6-6-12（c）のようにJSONのキーを使って取り出すことができます。ここでは気圧、温度、湿度、天気を取り出しています。

天気の日本語の部分がUTF-8形式のコードになっていますが、MicroPythonで文字列として扱えば日本語として表示できます。

●図6-6-12　OpenWeatherMapへの要求と応答内容

（a）要求のGETコマンドフォーマット

```
api_url = "http://api.openweathermap.org/data/2.5/weather?q={}&appid={}&units=metric&lang=ja".format(city_name, api_key)
response = urequests.get(api_url)
data = response.json()
```

（b）応答のdataのフォーマット

```
{
    'timezone': 32400,
    'sys': {'type': 2, 'sunrise': 1730754465, 'country': 'JP', 'id': 2033467, 'sunset': 1730792627},
    'base': 'stations' ,
    'main' :
    {
        'pressure': 1015,
        'feels_like': 18.73,
        'temp_max': 20.53,
        'temp': 19.28,
        'temp_min': 18.35,
        'humidity': 56,
        'sea_level': 1015,
        'grnd_level': 1004
    },
    'visibility': 10000,
    'id': 1857871,
    'clouds': {'all': 0},
    'coord': {'lon': 139.4508, 'lat': 35.5403},
    'name': '¥u753a¥u7530¥u5e02' ,
    'cod': 200,
    'weather': [{'id': 800, 'icon': '01d', 'main': 'Clear', 'description': '¥u6674¥u5929'}],
    'dt': 1730784185,
    'wind': {'speed': 3.6, 'deg': 90}
}
```

都市名の日本語（町田市）

日本語の部分

（c）取り出し方

```
pres = data['main']['pressure']
temp = data['main']['temp']
humi = data['main']['humidity']
weather = data['weather'][0]['description']
```

以上でOpenWeatherMapから天気情報を取得できます。

6-6-4　プログラムの作成

以上の条件でMicroPythonのプログラムを作成します。まず多くのライブラリをインポートして実機にアップロードする必要があります。実機にロードされたファイルが図6-6-13となります。

BME280ライブラリは、micropython-bme280をインストールします。mfontとili9341のライブラリは6-5-5項を参照して下さい。

●図6-6-13　実機に搭載されたファイル

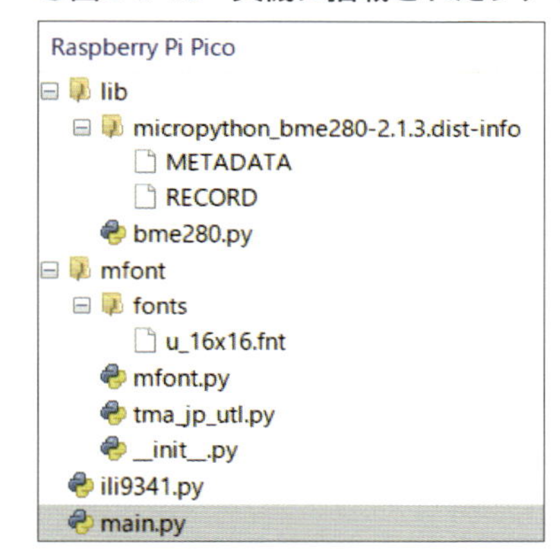

リスト6-6-1が初期設定部です。最初に多くのライブラリをインポートしています。BME280は、データは未使用ですが、プログラムとしては組み込んでいます。UARTは音声合成IC用となります。

リスト　リスト6-6-1　初期設定部

```
1   #coding: utf-8
2   #******************************************
3   # Raspberry Pi Pico W  詩の創造
4   #  LCD ILI9341  + ChatGPT
5   #  mfontで日本語表示
6   #  時刻NTP  天気情報 OpenWeatherMap
7   #******************************************
8   from machine import Pin, SPI, I2C, UART, PWM
9   import ntptime
10  import ili9341
11  from bme280 import BME280
12  from mfont import mfont
13  import urequests
14  import time
15  import utime
16  import network
17  import json
18  import _thread
19  import array, rp2
```

```
20
21  #****** GPIO設定 *********
22  SW1 = Pin(6, Pin.IN, Pin.PULL_UP)
23  SW2 = Pin(7, Pin.IN, Pin.PULL_UP)
24  SW3 = Pin(8, Pin.IN, Pin.PULL_UP)
25  SW4 = Pin(9, Pin.IN, Pin.PULL_UP)
26  LED1 = Pin(0, Pin.OUT)
27  LED2 = Pin(1, Pin.OUT)
28  LED3 = Pin(2, Pin.OUT)
29  LED4 = Pin(3, Pin.OUT)
30
31  #******* UARTのインスタンス生成 ****
32  uart = UART(0, baudrate=9600, tx=Pin(16), rx=Pin(17))
33
34  #**** センサのインスタンス生成 ****
35  i2c = I2C(1, sda=Pin(18), scl=Pin(19), freq=400_000)
36  bme = BME280(i2c=i2c)
```

リスト6-6-2はテープLED関連部となります。ここは3-14節で説明した内容と同じです。

リスト 6-6-2　テープLED関連部

```
38  # NeoPixel WS2812Bの変数設定
39  NUM_LEDS = 60    # NeoPixelの数
40  LED_PIN = 20     # NeoPixel信号接続端子
41  #スレッドの変数定義
42  runnning = False
43  First = True
44  # LEDのRGBの値を指定する24bit(8bit x 3)の配列を定義
45  ar = array.array("I", [0 for _ in range(NUM_LEDS)])
46
47  # テープLED制御関数定義
48  @rp2.asm_pio(sideset_init=rp2.PIO.OUT_LOW, out_shiftdir=rp2.PIO.SHIFT_LEFT, autopull=True, pull_thresh=24)
49  def ws2812():
50    T1 = 2
51    T2 = 5
52    T3 = 3
53    wrap_target()
54    label("bitloop")
55    out(x, 1) .side(0) [T3 - 1]
56    jmp(not_x, "do_zero") .side(1) [T1 - 1]
57    jmp("bitloop") .side(1) [T2 - 1]
58    label("do_zero")
59    nop() .side(0) [T2 - 1]
60    wrap()
61  # テープLEDインスタンス定義
62  sm = rp2.StateMachine(0, ws2812, freq=8_000_000, sideset_base=Pin(LED_PIN))
63  sm.active(1)
64  # テープLED出力データ生成関数
65  def drawpix(num, r, g, b):
66    ar[num] = g << 16 | r << 8 | b
```

次がリスト6-6-3とリスト6-6-4で液晶表示器関連部となります。ここも6-5節と同じとなっているので説明は省略します。

リスト 6-6-3　液晶表示器関連部　その1

```
69  #***** LCDの初期設定 ******************
70  # SPIバスの設定
71  spi = SPI(1,
72            baudrate=50000000,
73            sck=Pin(10),
74            mosi=Pin(11))
75  # ILI9341 LCDのインスタンス生成
76  display = ili9341.Display(spi, cs=Pin(13), dc=Pin(14), rst=Pin(15),width=240, height=320)
77  LCD_HEIGHT = const(320)
78  LCD_WIDTH = const(240)
79  # 色名称の定義
80  WHITE   = ili9341.color565(0xFF,0xFF,0xFF)
81  BLACK   = ili9341.color565(0, 0, 0)
82  RED  = ili9341.color565(0xFF, 0, 0)
83  GREEN   = ili9341.color565(0, 0xFF,0)
84  BLUE= ili9341.color565(0, 0, 0xFF)
85  YELLOW  = ili9341.color565(0xFF,0xFF,0)
86  CYAN= ili9341.color565(0, 0xFF, 0xFF)
87  MAGENTA = ili9341.color565(0xFF, 0, 0xFF)
88
89  #******* LCD制御関数 ****************
90  # フォントの表示
91  def drawFont(self, font, x, y, w, h, Color, BACK):
92      bn = (w+7)>>3
93      py = y
94      for i in range(0, len(font), bn):
95          px = x
96          for j in range(bn):
97              for k in range(8 if (j+1)*8 <=w else w % 8):
98                  self.draw_pixel(px+k,py, Color if font[i+j] & 0x80>>k else BACK)
99              px+=8
100         py+=1
```

リスト 6-6-4　液晶表示器関連部　その2

```
102 # 改行
103 def newLine(self, BACK):
104     self.x=0
105     if self.y+self.mf.fs*2 > LCD_HEIGHT:
106         self.scroll(-self.mf.fs)
107         self.fill_rectangle(0, self.y, LCD_WIDTH, LCD_HEIGHT-self.y, BACK)
108     else:
109         self.y=self.y+self.mf.fs
110
111 # テキストの表示
112 def drawText(self, text, x, y, fs, Color, BACK, wt=0):
113     self.x = x
114     self.y = y
115     # フォントの設定
116     self.mf = mfont(fs)
117     self.mf.begin()
118     # テキスト表示
119     for c in text:
120         if c == '¥n': # 改行コードの処理
121             self.newLine(BACK)
122             continue
```

```
123         code = ord(c)
124         font = self.mf.getFont(code)
125         if self.x+self.mf.getWidth()>=LCD_WIDTH:
126             self.newLine(BACK)
127         self.drawFont(font, self.x, self.y, self.mf.getWidth(), self.mf.getHeight(), Color, BACK)
128         if wt:
129             time.sleep_ms(wt)
130         self.x+=self.mf.getWidth()
131     self.mf.end()
132 
133 #Display Classにメソッドを追加
134 ili9341.Display.drawText = drawText
135 ili9341.Display.drawFont = drawFont
136 ili9341.Display.newLine  = newLine
```

次はChatGPTに要求して応答を受信する関数で、これも6-5節と同じです。

リスト 6-6-5　ChatGPT制御関数部

```
138 #********* ChatGPT制御 ********
139 # OpenAI API key
140 openai_api_key = "YOUR KEY"
141 # OpenAI Chat Completion APIエンドポイントを設定
142 ENDPOINT = 'https://api.openai.com/v1/chat/completions'
143 # Chatbotの応答を取得する関数
144 def get_chat_response(data):
145     # APIリクエストヘッダーを設定
146     headers = {
147         'Content-Type': 'application/json; charset=utf-8',
148         'Authorization': 'Bearer ' + openai_api_key
149     }
150     # APIリクエストを送信
151     try:
152         json_data = json.dumps(data)
153         encoded_data = bytes(json_data, 'utf-8')
154         response = urequests.post(ENDPOINT, headers=headers, data=encoded_data)
155         # API応答を解析
156         response_json = json.loads(response.text)
157 #       print(response_json)
158         message = response_json['choices'][0]['message']['content'].strip()
159         return message
160     except:
161         return "Error"
```

次はネットワークに接続する部分でリスト6-6-6となります。ここはお決まりの手順です。前後でLEDの表示制御をして単体動作のとき目で見て接続完了がわかるようにしています。

リスト 6-6-6　ネットワーク接続部

```
163 #見出し表示
164 LED1.value(1)
165 LED2.value(1)
166 LED3.value(0)
167 LED4.value(0)
168 txt = " ＊＊＊ 詩の創造マシン ＊＊＊"
169 display.drawText(txt, 0, 0, 16, RED, WHITE, 0)
```

```
170
171 #******** Wi-Fi接続開始 ********
172 #Wi-FiのSSIDとパスワード設定
173 ssid = 'YOUR SSID'
174 password = 'YOUR PASSWORD'
175 #ssid= 'YOUR SSID'
176 #password = 'YOUR PASSWORD'
177 wlan = network.WLAN(network.STA_IF)
178 wlan.active(True)
179 wlan.connect(ssid, password)
180 # WiFi接続完了待ち　3秒間隔
181 display.drawText("ネットワーク接続中", 0, 18, 16, YELLOW, BLACK, 0)
182 max_wait = 10
183 while max_wait > 0:
184     if wlan.status() < 0 or wlan.status() >= 3:
185         break
186     max_wait -= 1
187     print('waiting for connection...')
188
189     time.sleep(3)
190 # 接続失敗の場合
191 if wlan.status() != 3:
192     raise RuntimeError('network connection failed')
193 #接続成功の場合　IPアドレス表示
194 else:
195     print('Connected')
196     status = wlan.ifconfig()
197     print( 'ip = ' + status[0] )
198     LED1.value(0)
199     LED2.value(0)
200     LED3.value(1)
201     LED4.value(0)
```


次はNTPとOpenWeatherMapとの接続制御の関数で、リスト6-6-7となります。最後で実際にNTPから時刻を取得してRTCを設定しています。

NTPから取得できる時刻は世界標準時ですから9時間を差し引いて日本標準時にしてからRTCに設定しています。RTCへの設定はRTCのライブラリを使っています。

OpenWeatherMapとの接続部は6-6-3節で説明した方法で必要な天気情報を取り出して変数に代入しています。

リスト 6-6-7　NTPとOpenWeatherMapとの接続関数

```
203 #***** NTPサーバーからUTC時刻を取得してJSTに変換してRTCに設定 ******
204 def set_jst_time():
205     ntptime.settime()                      # UTC時刻をset
206     utc = utime.gmtime()                   # UTC時刻を取得
207     utc_timestamp = utime.mktime(utc)      # UTCのタイムスタンプを取得
208     jst_timestamp = utc_timestamp + 9*3600  # JSTに変換(9時間分の秒を加算)
209     jst = utime.localtime(jst_timestamp)
210     # RTCにJSTを設定
211     machine.RTC().datetime((jst[0], jst[1], jst[2], jst[6], jst[3], jst[4], jst[5], 0))
212     #(year, month, day, weekday, hours, minutes, seconds, subseconds)
213
214 #***** OpenWeatherMapから天気情報を取得 ******
215 # OpenWeatherMap API設定
216 api_key = YOUR KEY'
```

```
217 city_name = 'Machida'
218 api_url = "http://api.openweathermap.org/data/2.5/weather?q={}&appid={}&units
        =metric&lang=ja".format(city_name, api_key)
219 def get_weather():
220     global pres, temp, humi, weather
221     response = urequests.get(api_url)
222     if response.status_code == 200:  # HTTP OK
223         data = response.json()
224 #       print(data)
225         pres = data['main']['pressure']
226         temp = data['main']['temp']
227         humi = data['main']['humidity']
228         weather = data['weather'][0]['description']
229     else:
230         print('¥r¥n天気情報を取得できませんでした')
231     response.close()
232
233 #***** NTCから時刻取得しRTCを設定 *****
234 set_jst_time()
235 display.drawText("時刻を設定しました。", 0, 36, 16, YELLOW, BLACK, 0)
236 LED3.value(0)
```

次はテープLEDの色変化を実行する関数で、スレッドとしてコア1側で実行する永久ループとなっています。

色変化は5色のデータをChatGPTから取得しますが、図6-6-14のフォーマットで取得するように設定しています。RGBの256段階の値を配列として取得し、これをリスト形式に変換して使います。

●図6-6-14　ChatGPTから取得する5色の色のフォーマット

・ChatGPTが生成したRGBの値

```
[
 [216, 235, 241],
 [176, 224, 230],
 [173, 216, 230],
 [175, 238, 238],
 [240, 248, 255]
]
```

数値のみの2次元配列形式の出力

・Pythonのリストオブジェクトに変換後のRGBの値

```
[[216, 235, 241], [176, 224, 230], [173, 216, 230], [175, 238, 238],
[240, 248, 255]]
```

この色変化を実行する関数がリスト6-6-8となります。赤、緑、青の順でRGB値との差を、0.2秒間隔で1ずつプラスマイナスして次の配列の値に変更します。

リスト 6-6-8　テープLEDの色変化制御関数

```
239 #***** テープLEDを連続制御する関数  ******
240 def LED_Control():
241     global RGB
242     red = 0
243     green = 0
244     blue = 0
```

```
245     while True:
246         print("¥r¥nLoop Restart")
247         for i in range(0, 4) :
248             #赤色の可変制御
249             if int(RGB[i][0]) > int(RGB[i+1][0]) :
250                 for red in range(int(RGB[i][0]), int(RGB[i+1][0]), -1) :
251                     for j in range(0, NUM_LEDS):
252                         drawpix(j, red, RGB[i][1], RGB[i][2])
253                     sm.put(ar, 8)
254                     time.sleep(0.2)
255             else :
256                 for red in range(int(RGB[i][0]),int(RGB[i+1][0])) :
257                     for j in range(0, NUM_LEDS):
258                         drawpix(j, red, RGB[i][1], RGB[i][2])
259                     sm.put(ar, 8)
260                     time.sleep(0.2)
261             #緑の可変制御
262             if int(RGB[i][1]) > int(RGB[i+1][1]) :
263                 for green in range(int(RGB[i][1]), int(RGB[i+1][1]), -1) :
264                     for j in range(0, NUM_LEDS):
265                         drawpix(j, red, green, RGB[i][2])
266                     sm.put(ar, 8)
267                     time.sleep(0.2)
268             else :
269                 for green in range(int(RGB[i][1]),int(RGB[i+1][1])) :
270                     for j in range(0, NUM_LEDS):
271                         drawpix(j, red, green, RGB[i][2])
272                     sm.put(ar, 8)
273                     time.sleep(0.2)
274             #青の可変制御
275             if int(RGB[i][2]) > int(RGB[i+1][2]) :
276                 for blue in range(int(RGB[i][2]), int(RGB[i+1][2]), -1) :
277                     for j in range(0, NUM_LEDS):
278                         drawpix(j, red, green, blue)
279                     sm.put(ar, 8)
280                     time.sleep(0.2)
281             else :
282                 for blue in range(int(RGB[i][2]),int(RGB[i+1][2])) :
283                     for j in range(0, NUM_LEDS):
284                         drawpix(j, red, green, blue)
285                     sm.put(ar, 8)
286                     time.sleep(0.2)
```

次がメインループになります。最初がリスト6-6-9でChatGPTに作詞を要求する部分です。時刻と天気情報を取得し、さらにセンサのデータも取得して液晶表示器に表示してから、ChatGPTに作詞を要求しています。作詞にはChatGPTへのプロンプトとなる文章が肝心で、この文章次第で作詞の内容が大きく変わります。

要求後の応答を取り出し、液晶表示器に表示しています。ここは日本語での表示となります。

リスト 6-6-9 メインループ その1

```
289 #******* メインループ ************************
290 while True:
291     #**** SW1が押されたら詩の生成を要求し表示する ****
292     if SW1.value() == 0:
```

```
293         LED1.value(1)
294         display.clear()
295         # RTCから現在の時刻を取得
296         rtc = machine.RTC()
297         year, month, mday, hour, minute, second, weekday, yearday = utime.localtime()
298     #    print('現在時刻：{}月{}日 {}時{}分'.format(month, mday, hour, minute))
299         display.drawText("天気情報を取得します。", 0, 54, 16, YELLOW, BLACK, 0)
300         get_weather()
301         gaiki ='現在時刻：{}月{}日 {}時{}分 気圧:{}hPa 外気温度:{}°C 外気湿度:{}%RH 天気:{}'¥
302                     .format(month, mday, hour, minute, pres, temp, humi, weather)
303         display.drawText(gaiki, 0, 72, 16, CYAN, BLACK, 0)
304         #BME280からデータ取得、補正変換
305         tmp = bme.read_compensated_data()[0]/100
306         pre = bme.read_compensated_data()[1]/25600
307         hum = bme.read_compensated_data()[2]/1024
308         situnai = '室内気圧:{:4.0f}hPa 室内温度:{:2.1f}°C 室内湿度:{:2.1f}%RH'.format(pre, tmp, hum)
309         display.drawText(situnai, 0, 126, 16, GREEN, BLACK, 0)
310 
311         #****** ChatGPTに詩の生成を要求 *******
312         #メッセージ表示
313         display.drawText("ChatGPTに要求中です。", 0, 180, 16, RED, BLACK, 0)
314         #ChatGPTに要求
315         prompt1 = gaiki + "あなたはプロの詩人です。この雰囲気を癒す抒情詩を、数値を含まない日本語で
                            150文字以内で生成して下さい。"
316         data = {
317              'model': 'gpt-4',
318              'messages': [{'role': "user", 'content': prompt1 }]
319             }
320         #CHATGPTの応答を取得
321         chat_response1 = get_chat_response(data)
322         #応答をLCDに表示
323         display.clear()
324         display.drawText(chat_response1, 0, 0, 16, WHITE, BLACK, 0)
325         LED1.value(0)
```

メインループの続きは詩のローマ字への変換部でリスト6-6-10となります。

まずChatGPTにローマ字への変換を要求します。応答のローマ字の文章で少し編集を加えます。まず句点の「。」のあとに改行コードを追加しています。これは行ごとに分割してリスト構造にするためです。

さらに助詞の前のスペースを削除します。助詞の前にスペースがあると、音声合成ICの読み上げ時に間があいてしまうためです。

そして音声合成ICへの出力部では、リスト化された行ごとに文章を取り出し、最後に復帰コードを追加して出力しています。これは音声合成ICが復帰コードで音声への変換を開始するためです。そして最後に音声出力が完了するのを「>」コードの応答を確認することで確認しています。

リスト 6-6-10 メインループ部 その2

```
327         #**** 続けてローマ字出力を要求する ****
328         temp = ""
329         LED2.value(1)
330         data = {
331             'model': 'gpt-4',
332             'messages': [{'role': "user", 'content': prompt1 },
```

```
333                     {'role': 'assistant', 'content': chat_response1},
334                     {'role': 'user', 'content': "同じ詩をすべて小文字のヘボン式のローマ字で出力して。"}]
335             }
336         #CHATGPTからローマ字を取得
337         chat_response2 = get_chat_response(data)
338         chat_response2.lower()
339         LED2.value(0)
340         #****** ローマ字文章の編集 ******
341         #ピリオッドに改行を追加
342         temp = chat_response2.replace('.', ".¥n")
343         #助詞の前のスペースを削除
344         temp = temp.replace(' no ', 'no ')
345         temp = temp.replace(' ni ', 'ni ').replace(' ni,', 'ni,').replace(' ni', 'ni')
346         temp = temp.replace(' ga ', 'ga ').replace(' ga,', 'ga,').replace(' ga.', 'ga.').replace(' ga', 'ga')
347         temp = temp.replace(' o ', 'o ').replace(' o,', 'o,')
348         temp = temp.replace(' e ', 'e ').replace(' e,', 'e,')
349         temp = temp.replace(' wo ', 'o ').replace(' wo,', 'o,').replace(' wo', 'o')
350         temp = temp.replace(' wa ', 'wa ').replace(' wa,', 'wa,').replace(' wa', 'wa')
351         temp = temp.replace(' to ', 'to ').replace(' to,', 'to,').replace(' to', 'to')
352         temp = temp.replace(' ka ', 'ka ')
353         temp = temp.replace(' na ', 'na ')
354         temp = temp.replace(' mo ', 'mo ').replace(' mo,', 'mo,')
355         temp = temp.replace(' dewa,', 'dewa,').replace(' dewa ', 'dewa ')
356         temp = temp.replace(' kara ', 'kara ')
357         temp = temp.replace(' de,', 'de,').replace(' de ', 'de ')
358         temp = temp.replace(' iku.', 'iku.')
359         temp = temp.replace(' shi ', 'shi ').replace(' shi,', 'shi,')
360         temp = temp.replace(' suru.', 'suru.')
361         temp = temp.replace(' niwa ', 'niwa ')
362         temp = temp.replace(' de', 'de ')
363         temp = temp.replace(' te ', 'te ').replace(' te,', 'te,')
364         temp = temp.replace(' mo ', 'mo ').replace(' mo,', 'mo,')
365         # 改行で分割しリストに保存
366         speech = temp.split('¥n')
367         #*** 行ごとに音声出力 ****
368         for item in speech :
369             if item != '' :          #空行は無視
370                 uart.write(item)     #音声合成ICに送信
371                 uart.write('¥r')     #音声出力実行
372                 print(item)          #デバッグ用モニタ出力
373                 LED4.value(1) if LED4.value()== 0 else LED4.value(0)
374                 #音声出力完了待ちし
375                 while uart.read(1) != b'>':
376                     time.sleep(0.5)
```

最後がリスト6-6-11でSW3とSW4が押されたときの処理になります。

SW3が押されたときは、現在表示中の詩の朗読を再開します。ローマ字に変換した結果のリストを再度音声合成ICに出力して音声に変換します。

SW4が押されたときは、ChatGPTへ色の生成を要求する処理を実行します。

この処理はスレッドとしてコア1側で永久ループとして実行するので、SW4スイッチが押されたらスレッドを一時停止してから、時刻と天気情報を再取得し、その環境での色を5色要求しています。ここもChatGPTへの要求文章、つまりプロンプトの作成の仕方で色が大きく変わります。

数値だけの応答となるようにする必要があるので、ここは十分に伝える必要があります。応答が取得できたら新規色データとして、色を変化させる関数を呼んで永久ループをスレッドとして再開します。

リスト 6-6-11　メインループ部　その3

```
378     #***** SW3が押された場合　音声****
379     if SW3.value() == 0 :
380         #行ごとに音声出力
381         for item in speech :
382             if item != '':                          #空行は無視
383                 uart.write(item)
384                 uart.write('¥r')                    #音声出力実行
385                 print(item)                         #デバッグ用
386                 LED4.value(1) if LED4.value()== 0 else LED4.value(0)
387                 #音声出力完了待ち
388                 while uart.read(1) != b'>':
389                     time.sleep(0.5)
390 
391     #***** SW4が押されたらカラーの生成を要求 ******
392     if SW4.value() == 0 :
393         global running
394         running = False                             #スレッド一時停止
395         LED3.value(1)
396         # RTCから現在の時刻を取得
397         rtc = machine.RTC()
398         year, month, mday, hour, minute, second, weekday, yearday = utime.localtime()
399         get_weather()
400         gaiki ='現在時刻：{}月{}日 {}時{}分 気圧:{}hPa 外気温度:{}°C 外気湿度:{}%RH 天気:{}' ¥
401                 .format(month, mday, hour, minute, pres, temp, humi, weather)
402         #ChatGPTに要求
403         prompt1 = gaiki + "この雰囲気でイメージされる大きく異なるカラフルな5通りの光色を、" + "¥
404          余計なコメント無しのR、G、Bの値だけを2次元配列で出力して。RGB値は0から255の範囲とする。"
405         data = {
406              'model': 'gpt-4',
407              'messages': [{'role': "user", 'content': prompt1 }]
408             }                                       #5色の生成を要求
409         #CHATGPTの応答を取得                        #デバッグ用
410         chat_response2 = get_chat_response(data)    #リスト形式に変換
411         print(chat_response2)                       #デバッグ用
412         RGB = eval(chat_response2)
413         print(RGB)
414         LED3.value(0)
415         #最初のRGB値でLED制御
416         for j in range(0, NUM_LEDS):                #制御実行
417             drawpix(j, RGB[0][0], RGB[0][1], RGB[0][2])
418         sm.put(ar, 8)
419         #LED制御開始
420         if First == True:
421             # 独立スレッドとして別コアで実行
422             _thread.start_new_thread(LED_Control, ())
423             First = False
424         else:
425             running = True
```

以上ですべてのプログラムが完成します。ちょっと長いですが、多くはこれまでの章で使ったプログラムですので、コピーペーストでできる部分が多くあります。

6-6-5 動作確認

電源オンかリセットで動作を開始し、LED1とLED2が点灯します。このLEDが消灯したらネットワークとの接続が完了で、続けてLED3だけが点灯してNTPにアクセスします。正常に時刻が取得できたらLED3が消灯し準備完了となります。

SW1を押せば作詞を要求し、ChatGPTからの応答があれば、詩を液晶表示器に表示し、続けてローマ字変換を開始して詩を朗読します。

OpenWeatherMapとの接続がタイムアウトになった場合は、リセットしてやり直す必要があります。

朗読が終了したら、SW4が押せる状態となるので、SW4を押せばChatGPTから色データを取得してテープLEDの点灯が開始されます。あとは永久にゆっくり色を変化させることを繰り返します。この間でも作詞要求はできますのでSW1を押せば次の別の詩を生成します。

実際に表示された詩の例が図6-6-15となります。

●図6-6-15　作詞例

(a) 環境情報表示

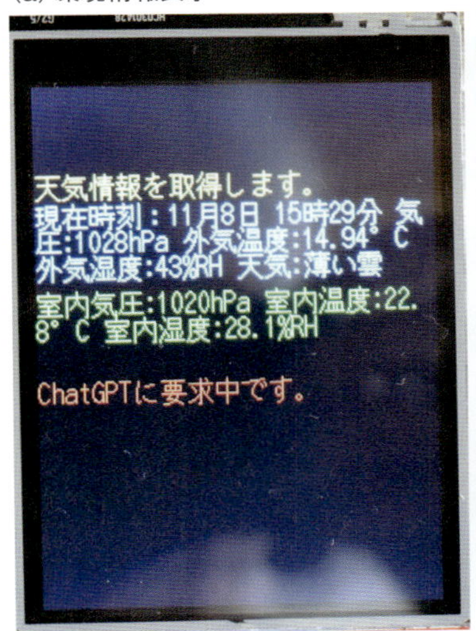

(b) 詩の表示

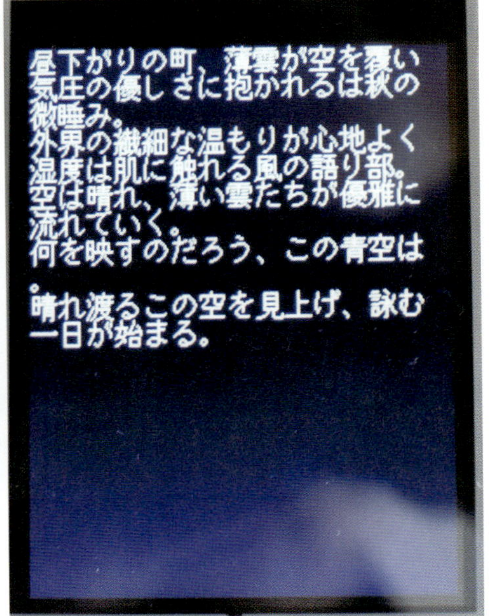

索引

■数字・記号

3V3（OUT）……17
3V3_EN……17

■アルファベット

ACアダプタ……17
ADコンバータ……79
aia……153
Alexa……129
Ambient……286, 298, 308
App Inventor Setup……154
AQM0802……38, 68
AQM1602A……39
Arduino IDE
　Preferenceの追加……28
　インストール……26
　ダウンロード……26
　ボードのインストール……28
　ボードの選択……28
　ライブラリのインストール…31
ATP3012F6-PU……327
Basic Board……32
BLE（Pico）……108, 231
BLE（スマホ）……230
BLEライブラリ……110
Bluetooth Classic（Pico）……103
Bluetooth Classic（スマホ）……222
Bluetooth Low Energy（Pico）……108
Bluetooth（スマホ）……214
BluetoothLE……234
Bluetoothクライアント……218
Bluetoothサーバ……214
BME280……33, 64
ChatGPT……311, 314, 325
ChatGPT4o……241
Cortex M33……15
CO_2センサ……279
CO_2モニタ……279
CP73827……288
CPU……14
CSV……173
DCDCコンバータ……17
DCモータ……42, 91
DHT31……37
DRV8835……267
Firmware……19
FSR406……77
FT-DC-002……267
Fusion……48
Google home……129
GPIO……16, 50
GPIO割り込み……50, 53
GPS……204
GPT-4o-m……314
HT82V73A……328
HTTPサーバ……253
I^2C……15, 62, 68
IoT Board……36
JSON……174
LED……32, 118, 119
loop()関数……27
LPF25HB……37
M0＋Cortex……15
main.py……24
Matter……129
MCP73827-4-2……289
MH-Z19C……280
MicroPython……19
MIT App Companion……152, 154, 156
MIT App Inventor2……140
　アプリのダウンロード
　　Android……154
　　iPhone/iPad……156
　画面作成……146, 163
　登録……141
　プログラミング……169
MOSFET……43
MOSFETトランジスタ……18
MSP2807……312
NDS9936……44
NJL7502……78
No Drive to Deploy……30
OLED……39, 44, 74, 75, 87
Open Block Java Library……141
OpenAI……314
OpenAIのAPI……314, 318
OpenStreetMap……196
OpenWeatherMap……325, 331
Pico Board……42
PIO……115
print文……65
PWM……91, 92, 96
QT095B……44
RCサーボモータ……42, 96
RISC-V Core……15
RT6154……17
RTC……60

SCL……62
Screen……146
SD1331……44, 87
SDA……62
SEN0114……79
SEN0793……79
Serial Bluetooth Terminal
……105, 113
setup()関数……27
SHT30……302
SK6812……120
sleep……56
SPI……15, 87
SPP……222
SSD1306……39, 73
ST7032……68
SwitchBot……129
TeraTerm……84
Thonny
　インストール……20
　エディタ画面……22
　ダウンロード……20
　ライブラリ……23
TinyDB……258
TTモータ……91
UART……82
UART受信割り込み……85
uf2……19
USBシリアル変換器……83
UUID……109
VBUS……17
VSYS……17
Webコンポーネント……249
Wi-Fi（Pico）……99, 249
Wi-Fi（スマホ）……241, 249, 253

■あ行
明るさ……78, 203
圧力センサ……77
アナログ出力センサ……77
アナログ入力……16
アニメーション……191
アプリのアイコン……167
位置……204
緯度……204
イベントドリブン……141
色……175
液晶表示器……38, 68, 72, 312
オーディオアンプIC……327
温湿度センサ……37, 302
音声合成IC……326
音声認識……187

■か行
ガーバーデータ……48
ガーベージコレクション……292
拡張コンポーネント……161
画像……185
加速度……203, 205
カラー OLED……87
気圧センサ……37
ギヤードモータ……91, 266
キャンバス……191
クイズマシン……311
グラフ……209, 260
グローバル変数……176
クロック……14
経度……204
コア……124, 271
高度……204
小型DB……258
コンポーネント……148, 160
　サイズ……166
　削除……164
　名前の変更……164
　配置……164

■さ行
サーバ……100
サーボモータ……42, 96, 281
作詞マシン……325
辞書……174
自動起動……24
磁場……203
ジャイロ……203
車体キット……267
順方向電圧……51
条件式……170
照度……203
照度センサ……78
植栽水やり器……300
ショットキーバリアダイオード……17
シリアル通信……82
水位センサ……302
スイッチ……50
数学……171
スコープ……261
ステーションモード……100
ステートマシン……115
ストレージ……258
スピナー……191
スペース……166
スマート電球……129
スライダ……183
スレッド……125, 271
センサ（Pico）……33, 77

センサ（スマホ）……200
センス方式……53
セントラル……108
ソケット……100

■た行

タイマ……56
ダウンカウンタ……116
タクトスイッチ……33
地図……196
チャート……209, 260
チャッタリング……33, 54
チューブポンプ……301
超音波距離センサ……268
ディクショナリ……174
抵抗内蔵LED……32
データベース……258
テープLED……120, 281, 328
テキスト……172
テキストボックス……182
テキスト読み上げ……187
デザイナー……146
デジタル入出力……16, 43
デュアルコア……124
天気情報……325
電源……17
時計……60, 202
土壌水分センサ……78
ドライバIC……44
ドローイング……191

■な行

内蔵ブロック……169
入出力ピン……16, 50
塗りつぶしペアレント……166

■は行

バイパスコンデンサ……34
バウンス……33
パスコン……34
バックパック……178
バッテリ……18
ハブミニ……129
パレット……148
ビルド……145, 152
ピン配置……16
ファイル……258
ブートスイッチ……18, 19
フォント……319
複合センサ……33
プッシュプル構成……51
プラグミニ……129
プリント基板……48
プルアップ抵抗……51
プルダウン抵抗……51
フルブリッジ……267
フロー制御……170
プロシージャ……170
ブロック……149
ブロックエディタ……149
　基本……169
　便利機能……177
ブロックプログラミング……169
ペリフェラル……108
変数……176
方位……203, 205
ホームオートメーション……129
ポーリング方式……53
ボタン……183, 184
ボット……129
ポンプ……301

■ま行

マーカー……198
マルチコア……124
水やり……300
見出し部……181
ミューテータ……172
メディア……186
メモリ……14
モータドライバ……267

■や行

有機EL表示器……39, 44, 73, 75
ユーザーインターフェース……180

■ら行

ライト……203
リアルタイムクロック……60
リスト……173
リストピッカー……218
リストビュー……234
リセットスイッチ……18
リチウム電池……266, 288
リチウム電池充電器……288
リチウム電池充電専用IC……289
リモコンカー……266
レイアウト……163
ロジック……170

■わ行

割り込み……50, 53, 57

図版・写真の出典

■第2章

図2-1-1　https://datasheets.raspberrypi.com/picow/pico-w-datasheet.pdf
図2-1-2　https://datasheets.raspberrypi.com/pico/Pico-Pinout.pdf
図2-1-4　右側IC　https://akizukidenshi.com/goodsaffix/mtb060p06i3.pdf
図2-1-5　https://datasheets.raspberrypi.com/picow/pico-w-datasheet.pdfを元に説明を追加
図2-4-2　右側グラフ　https://akizukidenshi.com/goodsaffix/OSR6LU5B64A-5V.pdf
写真　https://akizukidenshi.com/catalog/g/g106245/
図2-4-3　写真　https://akizukidenshi.com/catalog/g/g103650/　を元に説明を追加
グラフ　https://akizukidenshi.com/goodsaffix/ts-0606_20200714.pdf
図2-4-4　写真　https://akizukidenshi.com/catalog/g/g109421/
中央図　https://akizukidenshi.com/goodsaffix/AE-BME280_manu_v1.1.pdf
図2-5-2　写真　https://akizukidenshi.com/catalog/g/g112125/
図2-5-3　写真　https://akizukidenshi.com/catalog/g/g113460/
下図　https://akizukidenshi.com/goodsaffix/ae-lps25hb.pdf
図2-5-5　写真　https://akizukidenshi.com/catalog/g/g108896/
図2-5-6　写真　https://akizukidenshi.com/catalog/g/g112031/
図2-6-2　写真　https://akizukidenshi.com/catalog/g/g114435/
図2-6-3　写真　https://akizukidenshi.com/catalog/g/g116757/
右図　https://akizukidenshi.com/goodsaffix/NDS9936.pdf

■第3章

図3-1-1　https://datasheets.raspberrypi.com/picow/pico-2-w-pinout.pdfを元に説明を追加
図3-5-3　https://akizukidenshi.com/goodsaffix/st7032.pdf　A1
図3-6-1　右グラフ　https://akizukidenshi.com/goodsaffix/94-00004_Rev_B%20FSR%20Integration%20Guide.pdf
図3-6-2　写真　https://akizukidenshi.com/catalog/g/g102325/を元に説明を追加
グラフ　https://akizukidenshi.com/goodsaffix/NJL7502L.pdf
図3-6-3　左写真　https://akizukidenshi.com/catalog/g/g113550/
図3-6-3　右写真　https://akizukidenshi.com/catalog/g/g107047/
図3-7-2　写真　https://akizukidenshi.com/catalog/g/g108461/
図3-9-1　写真　左上　https://akizukidenshi.com/catalog/g/g118271/
右上　https://akizukidenshi.com/catalog/g/g118270/
左下　https://www.digikey.jp/ja/products/detail/adafruit-industries-llc/3777/8687221
右下　https://www.digikey.jp/ja/products/detail/adafruit-industries-llc/3802/9342523

図3-10-1 写真 左上 https://akizukidenshi.com/catalog/g/g108761/
中 https://akizukidenshi.com/catalog/g/g112534/
下 https://akizukidenshi.com/catalog/g/g112534/
図3-14-2 写真 https://akizukidenshi.com/catalog/g/g112982/
図3-15-1 図 https://datasheets.raspberrypi.com/rp2040/rp2040-datasheet.pdfのp.14図を一部加工
図3-16-1、図3-16-5
写真 左 https://www.switchbot.jp/products/switchbot-plug-mini
中左 https://www.switchbot.jp/products/switchbot-color-bulb
中右 https://www.switchbot.jp/products/switchbot-bot
右 https://www.switchbot.jp/products/switchbot-hub-mini

■第6章

図6-1-2 写真 https://akizukidenshi.com/catalog/g/g113651/
図6-1-3 写真 https://akizukidenshi.com/catalog/g/g109848/
図6-1-4 写真 https://akizukidenshi.com/catalog/g/g111009/
図 https://akizukidenshi.com/goodsaffix/hc-sr04_v20.pdf
図6-2-1 写真 上 https://www.switchbot.jp/products/switchbot-plug-mini
下 https://www.ohm-electric.co.jp/product/c17/c1703/1570/
図6-2-2 写真 https://akizukidenshi.com/catalog/g/g116142/
図 https://akizukidenshi.com/goodsaffix/MH-Z19C_20210518.pdf
図6-3-2 写真 https://www.digikey.jp/ja/products/detail/microchip-technology/MCP73827-4-2VUA/458364
図 https://ww1.microchip.com/downloads/aemDocuments/documents/APID/ProductDocuments/DataSheets/21704B.pdf
図6-4-1 写真 https://akizukidenshi.com/catalog/g/g117533/、https://www.marutsu.co.jp/contents/shop/marutsu/img/goods/020/1633805/1633805_2.jpg、https://akizukidenshi.com/catalog/g/g117213/、https://akizukidenshi.com/catalog/g/g104497/、https://akizukidenshi.com/catalog/g/g117213/
図6-4-2 写真 https://akizukidenshi.com/catalog/g/g117533/
図6-4-3 写真 https://www.marutsu.co.jp/contents/shop/marutsu/img/goods/020/1633805/1633805_2.jpg
図6-4-4 写真 https://akizukidenshi.com/catalog/g/g117213/
図6-5-2 写真 https://akizukidenshi.com/catalog/g/g116265/
図6-6-2 写真 https://akizukidenshi.com/catalog/g/g109973/
図 https://akizukidenshi.com/goodsaffix/atp3012_datasheet.pdf
図6-6- 写真 https://akizukidenshi.com/catalog/g/g117849/
図 HOLTEK社 HT82V739データシート

※Webサイトは2025年3月現在の情報です。

プログラムなどのダウンロードについて

以下のWebサイトから、本書で作成した例題のプログラムと回路図がダウンロードできます。zipファイルですので、適宜解凍してお使い下さい。

https://gihyo.jp/book/2025/978-4-297-14842-3/support

●回路図（Hardwareフォルダ）

・「○○_SCH」は回路図
・「○○_BRD」は配置図
・「Gerber」フォルダは、プリント基板発注用のデータ

●プログラム（Programフォルダ）

章ごとに作成したプログラムが格納されています。

・「○○.py」はThonnyで開くMicroPythonのプログラム
・「○○.ino」はArduino IDEで開くスケッチ
・「lib」フォルダは共通して使えるライブラリ
・「○○.aia」はMIT App Inventor2のプログラム

なお、ソースリスト中にWi-FiのSSIDやパスワード、クラウドサービスのIDなどが入っているものは、そのままでは動作しません。読者の方の環境に書き換える必要があります。

参考文献

1. 「Getting started with Raspberry Pi Pico-series」
2. 「Raspberry Pi Pico W Datasheet.pdf」
3. 「Raspberry Pi Pico python sdk.pdf」
4. 「rp2040 datasheet.pdf」
5. https://appinventor.mit.edu/
6. https://micropython.org/
7. https://www.raspberrypi.com/

■著者紹介
後閑 哲也　Tetsuya Gokan
1947年　愛知県名古屋市で生まれる
1971年　東北大学　工学部　応用物理学科卒業
1996年　ホームページ「電子工作の実験室」を開設
子供のころからの電子工作の趣味の世界と、仕事として
いるコンピュータの世界を融合した遊びの世界を紹介
2003年　有限会社マイクロチップ・デザインラボ設立
著書　「改訂新版 電子工作の素」「電子工作入門以前」「逆引き PIC電子工作 やりたいこと事典」
「SAMファミリ活用ガイドブック」「Node-RED 活用ガイドブック」
「PIC18F Qシリーズ活用ガイドブック」「改訂新版 8ピンPICマイコンの使い方がよくわかる本」
「C言語＆MCCによる PICプログラミング大全」「IoT電子工作 やりたいこと事典」ほか

Email　gokan@picfun.com
URL　http://www.picfun.com/

●カバーデザイン　平塚兼右（PiDEZA）
●本文デザイン・DTP　(有)フジタ
●編集　藤澤奈緒美

ラズパイPico W 本格入門
with MIT App Inventor2［Pico W / Pico 2 W 対応］

2025年5月2日　初版　第1刷発行

著　者　後閑　哲也
発行者　片岡　巌
発行所　株式会社技術評論社
東京都新宿区市谷左内町21-13
電話　03-3513-6150　販売促進部
03-3513-6166　書籍編集部
印刷／製本　株式会社シナノ

定価はカバーに表示してあります。

ISBN978-4-297-14842-3 C3055
Printed in Japan

■注意
本書に関するご質問は、FAXや書面でお願いいたします。電話での直接のお問い合わせには一切お答えできませんので、あらかじめご了承下さい。また、以下に示す弊社のWebサイトでも質問用フォームを用意しておりますのでご利用下さい。
ご質問の際には、書籍名と質問される該当ページ、返信先を明記してください。e-mailをお使いの方は、メールアドレスの併記をお願いいたします。

■連絡先
〒162-0846
東京都新宿区市谷左内町21-13
(株)技術評論社　書籍編集部
「ラズパイ Pico W 本格入門」係
FAX番号：03-3513-6183
Webサイト：https://gihyo.jp/book